煤炭高等教育“十四五”规划教材

实用矿山压力控制

宋振骐　郝　建　张学朋　刘建康　编著

应急管理出版社
·北　京·

图书在版编目（CIP）数据

实用矿山压力控制／宋振骐等编著．--北京：应急管理出版社，2021

煤炭高等教育“十四五”规划教材

ISBN 978-7-5020-8971-9

Ⅰ.①实… Ⅱ.①宋… Ⅲ.①矿山压力—控制—高等学校—教材 Ⅳ.①TD3

中国版本图书馆 CIP 数据核字(2021)第 209976 号

实用矿山压力控制（煤炭高等教育“十四五”规划教材）

编　　著　宋振骐　郝　建　张学朋　刘建康
责任编辑　成联君　尹燕华
责任校对　孔青青
封面设计　于春颖

出版发行　应急管理出版社（北京市朝阳区芍药居 35 号　100029）
电　　话　010-84657898（总编室）　010-84657880（读者服务部）
网　　址　www.cciph.com.cn
印　　刷　廊坊市印艺阁数字科技有限公司
经　　销　全国新华书店

开　　本　787mm×1092mm $^{1}/_{16}$　**印张**　$21^{3}/_{4}$　**字数**　530 千字
版　　次　2021 年 12 月第 1 版　2021 年 12 月第 1 次印刷
社内编号　20211162　**定价**　72.00 元

前　言

人类社会发展的历史，就是一部追求身心健康的生存条件（包括美好的生活条件和生存环境）的相应工程创新发展的历史。其中保证人们健康生存的“基础设施建设工程”和“生活工作条件建设工程”首当其冲，相应的资源、能源开发工程，可以说是重中之重。

资源、能源开发工程是国民经济建设的基础，是带动国民经济发展的火车头。相关结论在英国、法国、德国、俄罗斯以及美国工业革命和国民经济发展的历程中都已得到充分证明。我们新中国成立初期国民经济快速恢复，第一个五年计划国民经济的高速健康发展，改革开放以来特别是2005年至2015年近10年煤炭、钢铁工业发展带动国民经济高速发展，GDP年增长持续超过10%的成就，同样都充分说明保持我国采矿工程特别是以煤为主体的能源保障工程健康发展的重要意义。

我国是美国之后的世界第二大经济体，但人均GDP只占美国的1/7，远远落后于世界发达国家。我国人均电力消耗量为3927 kW·h，远低于俄罗斯的6603 kW·h，这充分说明，要满足我国国民经济高速发展，实现人均GDP接近发达国家的“强国之梦”，资源、能源保障体系的建设刻不容缓。以煤为主体“煤电一体化”的发展战略，在近期（至少是50年内）仍将处于不可动摇的地位。

新中国成立以来，伴随我国煤炭生产建设的发展，煤炭开采理论建设取得了巨大成就。我国“实用矿山压力控制理论”是新中国成立后从事“矿山压力”研究的先驱平寿康教授、钱鸣高院士以及包括刘听成、陆士良、乔福祥等老教授在引进苏联、波兰等先进采煤国家研究成果的基础上，指导我国研究人员深入煤矿现场与生产第一线的领导、工程技术人员共同创造的成果，为我国取得煤炭高速发展和新技术成就护了航，为我国煤矿进入智能化发展阶段奠定了基础。

“实用矿山压力控制理论”研究取得的重要成就包括以下三个方面：

（1）从解决煤矿安全高效开采和重大事故及环境灾害控制的实际需要出

发，创造性地建立了以揭示采动上覆岩层运动和支承压力分布发展变化规律为核心的科学理论体系。严格地区分和科学地定义了相关的学术名词和术语。

(2) 根据针对具体煤层条件（包括煤层地理、地质条件和不同采动条件）科学定量决策需要，建立了随采场推进运动和支承压力分布的“动态结构力学模型”和相应“事故灾害控制的结构力学模型”，为实现煤矿安全高效开采决策和灾害监控的“信息化”（即在可靠的地理、地质信息和不同采动条件下岩层运动和支承压力分布信息基础上决策）、“智能化”（即在正确的监控理论和定量决策模型的指导下依靠智能通信网络计算机决策和监控）和“可视化”（即通过设计和网络视频形象化地输出决策和实时监控结果）奠定了扎实的理论基础。

(3) 应用“实用矿山压力控制理论”指导生产现场安全生产，特别是开采方法和开采技术革新及重大事故灾害控制实践方面取得了重要成就。

全书分为两篇。上篇以1989年中国矿业大学出版社出版的《实用矿山压力控制》一书为基础内容，在学习和继承苏联、波兰社会主义国家在矿山压力研究成果的基础上，重点归纳了我国煤矿生产现场实现安全、高效生产以控制重大事故，特别是当时占事故比重60%的顶板事故的研究成果，是现场实用矿压理论以顶板事故预测预报和控制实践为主体的基础部分。山东矿业学院矿山压力研究所师生，包括刘义学、邓铁六、蒋宇静、蒋金泉、宋扬、王春秋、刘先贵、林紫阳、马俊亭、赵振远、姜福兴、谭云亮、石永奎等同志，深入我国煤矿现场研究实践，为此做出了重大贡献。下篇以2017年中国科学院技术科学部发表的“采矿工程学科发展战略研究组”的“战略研究报告”为基础，归纳了煤矿瓦斯煤层突出、冲击地压、透水、突水等动力事故灾害及地表塌陷、环境灾害控制研究的成果，强化了相关事故和环境灾害控制理论和模型的建设，深化了“实用矿山压力控制理论”的研究。奠定了煤矿重大事故和环境灾害控制从传统的主要依靠统计经验决策向计算机智能决策理论转化的基础。

全书的重点包含以下两个部分：

(1) 实用矿山压力控制的理论和模型的建设，为煤矿事故和环境灾害智能化决策和实时监控及相应计算机决策软件的开发及相应对称信息基础的建设提供基础。

(2) 我国煤矿重大事故和环境灾害控制研究实践及相应案例的分析研究，

是控制理论建设的研究和实践基础。

本书再版目的旨在学习和总结煤矿科技工作者在开采理论和技术研究与实践已取得的成果的基础上，深化煤炭地下开采理论和技术研究，为力争在最短的期间内在全国煤矿实现依靠智能电网提供动力、智能通信网络提供信息，依靠智能生产装备生产、智能信息采集装备采集信息，实现煤矿安全高效生产，有效控制环境灾害的决策和实时监控的“信息化”“智能化”和“可视化”，实现高技术武装低成本运行的智能化矿井建设目标，为国民经济的发展和人类命运共同体的建设做出贡献。

中国科学院院士
山东科技大学
宋振骐

2021 年 6 月

目　次

上　篇

下　　篇

上　篇

第一章　矿山压力及矿山压力显现

正确地建立“矿山压力”及“矿山压力显现”的基本概念，弄清它们之间的联系及区别，是正确进行矿山压力控制研究和实践的基础。

第一节　矿山压力及其在围岩中的分布

一、矿山压力的概念

在煤或岩层中开掘巷道和进行回采工作称为对煤（岩）层的“采动”。

采动后，在煤（岩）层中形成的空间称为“采动空间”，如图 1-1 中 A 所示。

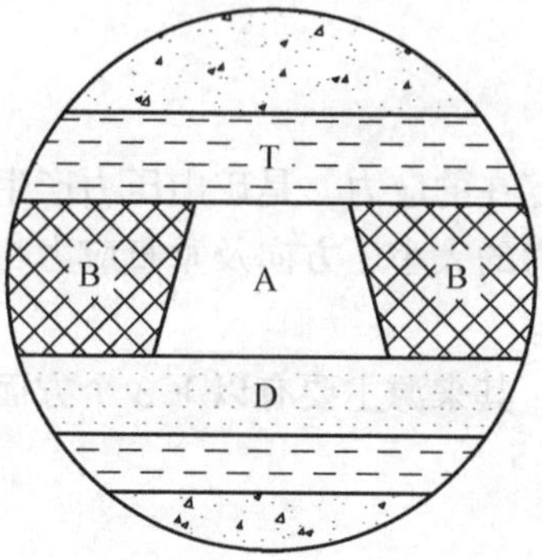

A—采动空间；B—两帮；D—底板；T—顶板

图 1-1　采动空间与围岩

采动空间周围岩体包括图 1-1 中所示的顶板（T）、底板（D）及两帮（B）岩层，统称为“围岩”①。

煤及岩层采动前，一般都在覆盖层重力、构造运动作用力等地质力的作用之下，处于三向受力的原始平衡状态。煤及岩层采动后，由于支承条件改变，其原始平衡状态即遭破坏，各岩层边界上的作用力及分布在各点的应力（包括大小及方向）随之改变。假设地表是水平的，岩层水平赋存，且只受到覆盖岩层重力的作用，则该岩层采动前后垂直应力变化的一般情况如图 1-2 所示。

采动后重新分布于围岩各个层面边界上的力及岩层中各点的应力将促使该部分岩体产生变形或遭受破坏，从而向已采空间运动。采动后作用于岩层边界上或存在于岩层之中的这种促使围岩向已采空间运动的力（即采动后促使围岩运动的力），称为矿山压力。显然，

① 严格的围岩定义是指岩体中原岩应力（包括大小、方向）发生了变化的部分或应力重新分布的部分。由于此定义比较抽象，实际意义不大，因此仍用文中的简单概念。

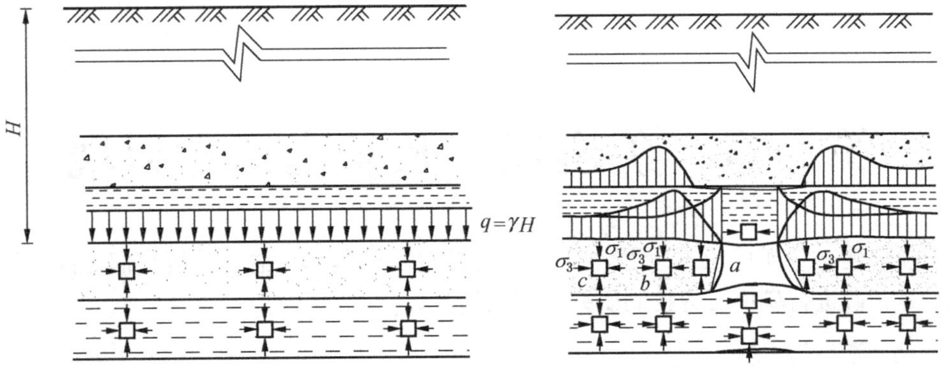

图 1-2 开采前后应力分布

按此概念定义的“矿山压力”既是分布于岩层内部各点的应力，又包括了作用于围岩任何一部分边界上的外力。例如，上覆岩层的重力、膨胀压力及储存在岩层中的弹性能释放时产生的冲击力等。前者着眼于研究岩层破坏的原因，后者着眼于已破坏岩体再次运动的条件。

二、矿山压力的来源

采动前，原始岩层中已经存在的应力，是矿山压力产生的根源。采动前的原始应力场的特征，包括原岩中各点主应力的大小、方向及垂直应力与水平应力间的比值等，决定了采动后围岩应力重新分布的规律。

采动前原岩中各点的应力，其来源主要有以下 3 个方面：

（1）覆盖岩层的重力。

（2）构造运动的作用力。

（3）岩体膨胀的作用力，包括岩体因温度升高或遇水膨胀而产生的力等。

研究及实践已基本证明，在未受构造运动影响的地区，处于某一深度的岩层中，覆盖岩层重量所引起的垂直应力可由下式表示：

$$\sigma_{z1} = \gamma H \tag{1-1}$$

式中 σ_{z1}——作用于该点的垂直压应力，Pa；

H——该点距地表的深度，m；

γ——覆盖岩层的平均重力密度，kN/m^3。

如果假设该岩层是基本均质的弹性体，其弹性模量用 E 表示，则对照图 1-3 所示的单元体的平衡条件有

$$\sigma_{x1} = \sigma_{z1}$$

$$\varepsilon_{x1} = \frac{\sigma_{x1}}{E} - \mu\left(\frac{\sigma_{y1}}{E} + \frac{\sigma_{z1}}{E}\right) = 0 \quad 即 \quad \sigma_{x1} - \mu(\sigma_{y1} + \sigma_{z1}) = 0$$

由此可得出该点在垂直压应力的作用下产生的水平压应力为

$$\sigma_{x1} = \sigma_{z1} = \frac{\mu}{1-\mu}\sigma_{y1} = \lambda\gamma H \tag{1-2}$$

式中　μ——岩石的泊松比（横向变形比例系数）；

λ——侧压系数，可由泊松比获得。

$$\lambda = \frac{\mu}{1-\mu} \tag{1-3}$$

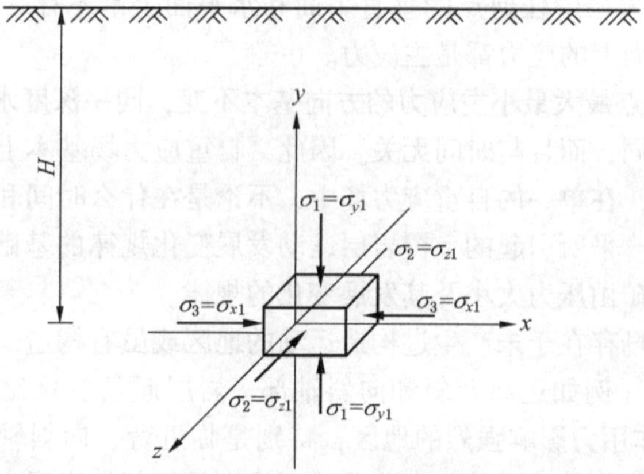

图 1-3　单元体受力状态

显然，μ 值越大，则该岩石在垂直压应力作用下产生的水平压应力（即侧向压应力）也将越大。

井下各种岩石的泊松比值相差很大，硅质及硅质胶结的坚硬砂岩 μ=0.1~0.15；泥质胶结的岩石，如泥质页岩 μ=0.3~0.35；含蒙脱石等成分的泥质胶结岩石，遇水时 μ 值可达到 0.5。此时，λ=1，岩石将处于静水压力状态之下，这些正是软岩中开掘巷道维护困难的原因。

在一般采深条件下，井下常见岩石的泊松比见表 1-1。

岩石在高压下进入塑性状态或遭受破坏后，其 μ 值将明显增大，并迅速向 λ=1 的静水压力状态转化。

表 1-1　井下常见岩石泊松比

岩石名称	泊松比 μ	岩石名称	泊松比 μ
石灰岩	0.18~0.27	砂质页岩	0.20~0.35
细砂岩	0.11~0.20	泥质页岩	0.30~0.45
中粒质砂岩	0.10~0.15		

现场实践证明，处于浅部 μ 值很小的高强度岩层（例如砂岩）在埋藏深度超过 1500 m 的条件下，其 μ 值可接近 0.5，即 λ 值将趋近于 1。这正是当开采深度超过一定数值以后，水平挤压力（侧压力）随开采深度的增加往往会出现呈非线性比例大幅度增长的原因。

综上所述，可以看到由覆盖层重量决定的重力原始应力场有以下特点：

（1）垂直应力及水平应力都是压应力，且水平应力是由垂直应力的作用所引起的。因此，在一般深度条件下，水平应力都要比垂直应力小得多。

（2）垂直压应力随深度的增加呈正比例增加。但是伴生的水平压应力在深度超过一定数值以后，随深度增加是非线性的。增加的比例随围岩性质的不同而不同，其基本规律是随采深的增加，其增长比例逐渐扩大。此外，由于各类岩石从弹性状态过渡到塑性状态均需达到一定的应力值，其水平应力随深度增加而迅速增长的情况都有一定的深度界限。因此，矿山压力随采深增加而呈比例增加的说法是不确切的。为了正确解决矿山压力控制问题，必须找出不同岩石水平压应力迅速增长的深度界限。

(3) 在采动前，岩层中任何点的垂直平面和水平面上都不存在剪应力分量。也就是说，分别作用于两平面上的应力都是主应力。

(4) 应力场中各点最大最小主应力的方向基本不变，同一深度水平处于同一岩层中的应力值大小也基本相同，而且与时间无关。因此，自重应力场基本上是一个比较均一的稳定应力场。也就是说，在单一的自重应力场中，不论是在什么时间和什么地点进行开采工作，都可以在掌握了开采所引起的上覆岩层运动发展变化规律的基础上，直接根据覆盖岩层的重量预测和推断矿山压力大小及其发展变化的规律。

单一的自重应力场存在于未产生过构造运动的地区或虽有构造运动，但受构造运动作用力影响不大的部位（例如远离背斜和向斜轴部、岩层倾角变化比较平稳的单斜构造部位)。在受构造运动作用力影响强烈的地区，特别是临近背、向斜轴等构造线的部位，构造运动形成的应力场往往是重要的。在这些地区特别是深部的岩层中各点的应力（包括大小和方向）将是自重应力场和构造应力场在该点应力的综合叠加，其最大主应力的大小和方向，在多数情况下往往是由构造运动形成的应力所决定的。

构造运动作用力来源于地壳的运动。关于地壳运动的动力来源问题，有地壳收缩说、槽台说、海底扩张说、地壳板块运动说及我国李四光等学者的地质力学及岩浆活动隆起和侵入说等各种学派和学说。目前，仍然是众说纷纭。这些学说就推动力的方向而言，都承认有垂直地表（垂直方向的推力）和平行地表（水平方向的推力）两个方向，只是在出现先后及主次关系的认识上有所不同而已。

垂直方向推动力形成的构造（即垂直成因构造）多是图 1-4a 所示的简单隆起或单一的背斜构造。在这类简单的构造单元中，靠近背斜轴部的岩层往往同时受到强烈挤压而出现压薄的现象。该部分岩层中常有很高的垂直压应力和水平压应力，储存有较大的弹性能。相反，处于该构造两翼边缘的岩层中往往会有拉应力存在。显然，在这样的构造单元中，如果在背斜轴附近开掘和维护巷道，特别是当巷道平行其轴线（垂直最大主应力方向）时，会遇到很大的困难，可能会出现岩石大面积挤压坍塌，甚至产生冲击地压等严重情况。

水平方向推动力为主的构造（即水平成因构造）多是背斜向斜交错出现的波浪形式，每一个背斜构造单元各部分岩层中的应力分布情况如图 1-4b 所示，即靠近背斜轴部，往往出现岩层变厚和层间分离的现象。因此，该部位的岩层中，垂直及水平压应力值将较小，当岩层的挠度超过限度时，甚至会出现较大的拉应力。显然，在这个部位岩层中平行于轴线开掘和维护巷道也会遇到很大的困难。如果巷道开在强度较高呈脆性破坏的岩层中，同样有产生冲击地压的危险。

在国外一些开采深度较大的矿井中进行应力测量的结果发现，垂直成因的构造单元中，背斜轴部岩层中的垂直应力可达到自重应力（γH）的 3~4 倍。水平成因构造单元中的水平方向最大主应力可以比垂直应力高出 3~5 倍，达到自重应力值的 8~10 倍，甚至更大。

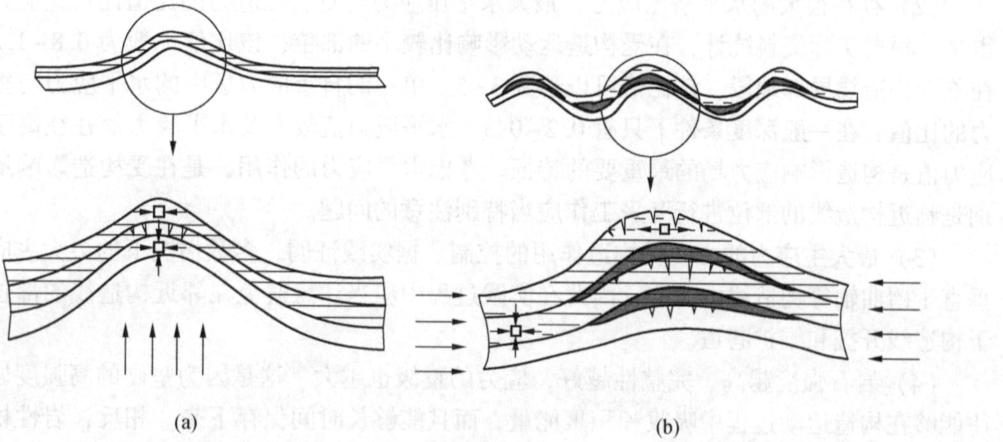

图 1-4　构造应力

如果以 σ_{y2} 代表来自垂直方向推动力产生的构造应力值，则由此伴生的水平方向构造应力值将由下式表示：

$$\sigma_{x2}=\sigma_{z2}=\frac{\mu}{1-\mu}\sigma_{y2}=\lambda\sigma_{y2} \tag{1-4}$$

如果构造运动推动力来自水平向，其最大水平应力值以 σ_{x2} 表示，则处于深部的岩层，同样可以假设 $\varepsilon_{y2}=\varepsilon_{z2}=0$，由此可以得出其他两个方向的构造应力值，即

$$\sigma_{y2}=\sigma_{z2}=\frac{\mu}{1-\mu}\sigma_{x2}=\lambda\sigma_{x2} \tag{1-5}$$

必须指出，在水平成因构造的应力场中，对于埋藏深度较小，覆盖层总厚度不大的岩层，或者被冲刷剥蚀部分露出地表的岩层，经历长时间的流变过程之后，可以出现 $\varepsilon_{y2}\neq 0$ 或者 $\varepsilon_{z2}\neq 0$ 的情况。在这种情况下，水平面上两个方向的主应力往往并不相等。实测证明，最小水平应力与最大水平应力的比值往往可以达到 0.5~0.8。水平方向两个主应力往往差别较大，是构造应力场的一个重要特点。

综上所述可知，受构造运动作用的地区，天然的原始应力场中各点的应力是自重应力与构造运动残余应力叠加的结果，如果假设构造应力场中 3 个主应力轴与自重应力场的三轴相重合，则各点的应力值将是两个应力场所形成应力的代数和，即

$$\sigma_y=\sigma_{y1}+\sigma_{y2} \tag{1-6}$$

$$\sigma_z=\sigma_{z1}+\sigma_{z2} \tag{1-7}$$

$$\sigma_x=\sigma_{x1}+\sigma_{x2} \tag{1-8}$$

受构造运动影响的原始应力场有如下特征：

（1）各点应力受构造影响，即使同一深度水平，各点间的应力在大小、方向、垂直应力和水平应力的比值等各个方面都有很大的差别。两个方向上的水平应力往往也并不相等。因此，受构造运动影响的原始应力场是应力分布很不均匀而且在一定程度上受到时间影响的应力场。在这样的原始应力场中进行开采工作，必须考虑时间、地点特别是构造条件（包括构造单元的性质、构造线分布等）对矿山压力的重要影响。为了有效地控制矿山压力的显现，有关巷道的布置和维护、开采程序设计等重大决策，都应当以实际构造条件为依据，在对应力场各点应力状态做出正确推断的基础上进行。

（2）存在很大的水平挤压应力，最大水平压应力与垂直压应力的比值比自重应力场大得多。根据实际资料统计，在受构造运动影响比较小的部位，该比值一般为0.8~1.5，而在临近构造线局部地段，该比值可以达到3~5。单一的自重应力场中的水平应力与垂直应力的比值，在一般深度条件下只有0.2~0.3。水平应力值较大及水平应力值往往高于垂直应力值是构造影响应力场的最重要的特征。考虑水平应力的作用，是在受构造影响地区特别是临近构造线的部位进行开采工作应当特别注意的问题。

（3）最大主应力的方向受构造作用的控制。据实践证明，多数情况下的最大主应力都垂直于褶曲轴等构造线的方向。因此在实践过程中应当注意避免在邻近构造线的部位平行于构造线开掘和维护巷道。

（4）岩石强度越高，完整性越好，应力的量级也越大。这是因为坚硬的高强度岩石往往能够在构造运动过程中吸收和积聚能量，而且能够长时间保存下来。相反，岩性松软或强度低的岩层，或者强度虽高但已遭破坏的岩层，积聚能量的能力很弱，积聚的能量也很容易在长时间的流变过程中释放掉。这是在受构造影响的坚硬岩层或者其相邻接的岩层中开掘巷道，容易产生瓦斯或者煤层突出、冲击地压等事故的一个重要原因。

（5）埋藏深度越大的岩层，构造应力的量级也越大。相反，在地壳浅部的岩层中，特别是节理裂隙比较发育或塑性变形能力较强的岩层中，由于很难积聚新的构造应力，而且原有的构造应力在长时间的流变中被解除。这也正是处于地壳浅部的一些岩层中，即使经历过比较强烈构造运动的影响（形成断裂、断裂构造线纵横交错），却仍保留了单一自重应力场特征的一个重要原因。构造运动对原始应力场的影响在一定深度条件下强化的特点告诉人们，在讨论矿山压力控制设计问题时，不能简单地注意开采深度的影响，更重要的是要根据矿井具体地质条件，找到矿压控制设计决策必须做出变化的临界深度界限。

（6）岩层中有较多的断裂破坏是经历过构造运动的标记，也是确定构造应力场以及最大主应力可能方向的判据。例如图1-5a所示岩层，距地表深度不大，厚度方向上的大小断裂破坏纵横交错，靠背斜轴岩层上表面张裂破坏发育；下部存在很多由压缩引起的“X”形断裂，锐角迎向厚度方向：背斜两翼有拉伸的正断层出现，据此可以判断出该构造是垂直成因构造。最大压应力σ_1垂直岩层层面。由于岩层两翼受拉，最小水平主应力方向与背斜轴垂直。可以推断这一构造破坏发展的大致过程是：在垂直推力作用下，岩层首先受到压缩，垂直及水平应力逐渐增加；随后岩层隆起，在隆起过程中岩石垂直方向上的压力继续增加，两侧水平方向的压力因岩层受到拉伸而停止增长，甚至有所下降；结果逐渐扩大了压力差，导致了岩层厚度方向上的剪切破坏（即X型破坏），一直到两翼大断裂出现为止。与此同时，由于隆起超过岩层的抗弯（拉）强度极限，因此平行隆起轴向伴有大量的拉裂破坏。显然，由于该构造运动发展过程已经完成，岩层破坏又比较严重，所以可以预计应力场中的构造应力已大部分释放，现存的原始应力场将更多地显示出单一自重应力场的特征。相反，如果岩层埋藏深度较大，只是在背斜轴部见到岩层的压薄和锐角向厚度方向的X型破坏（图1-5b），则可以预计该应力场可能储存有较高的构造应力，最大主应力方向垂直于岩层层面。

如果是水平推力σ_x形成的构造应力场，则当σ_z方向不容许变形（即$\varepsilon_x=0$）而垂直方向有变形（即$\varepsilon_y \neq 0$）时，σ_y将变成最小主应力，则在岩层厚度方向将出现X型剪切破坏，破坏交线的锐角方向与水平最大主应力方向相同，如图1-6a所示。相反，如果$\varepsilon_y=$

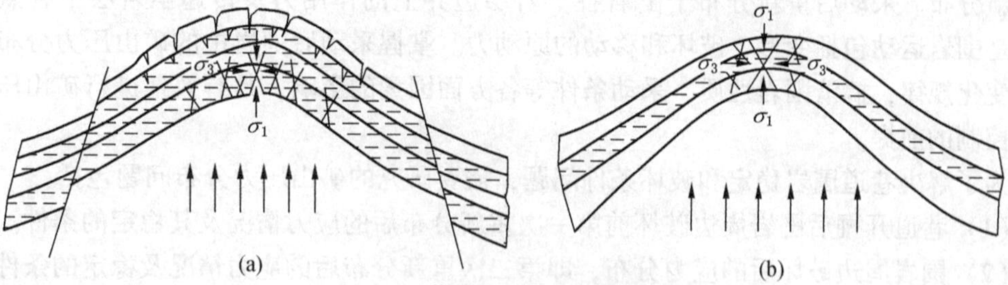

图1-5 构造部位岩层破坏状况

0，而 $\varepsilon_x \neq 0$，σ_z 为最小主应力，则剪切破坏将在岩层的平面方向产生，其状况如图 1-6b 所示。

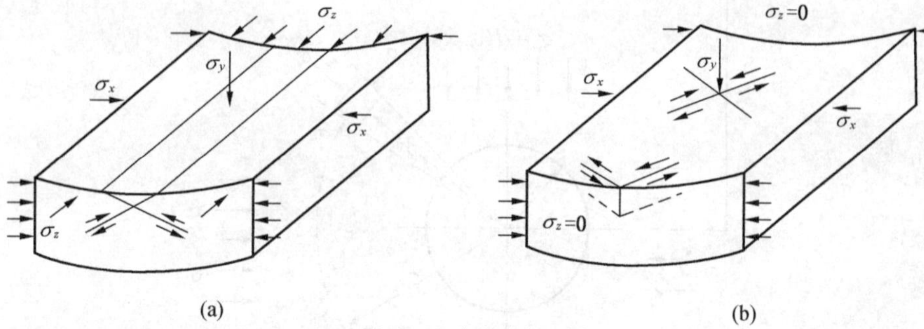

图 1-6 岩层破坏形式

一些研究得出，由温度升高引起岩石膨胀而产生的应力 σ_T 值及其影响因素可以由下式表示：

$$\sigma_T = \alpha \cdot \beta \cdot E \cdot H = 3H \tag{1-9}$$

式中 σ_T——岩体的温度膨胀应力，kN/m^2；

β——岩体的线膨胀系数，1/℃；

H——岩体的埋藏深度，m；

E——岩体的弹性模量，MPa；

α——岩体的温度梯度，℃/m。

显然，σ_T 值主要与开采深度有关。在一般深度条件下，由于温度应力与自重应力及构造应力相比很小，因此，只是在开采深度比较大的条件下才需要考虑。

泥质岩石特别是含有蒙脱石等吸水性很强的成分情况下，遇水膨胀可以产生很高的膨胀应力，这是巷道矿山压力的一个重要来源。我国吉林省梅河、舒兰等矿务局的一些矿井中，在软岩中开掘和维护巷道遇到较大的困难，主要是膨胀压力作用的结果。在易于膨胀的岩石中维护巷道，切断水源，防止水对岩石的浸透是控制巷道矿压显现的关键。

三、矿山压力的分布

（一）巷道围岩矿山压力的分布及稳定的条件

岩层采动后，由于边界条件的改变，原岩应力场中临近已采空间的一部分，各点的应力状态包括大小、方向、水平应力和垂直应力的比值等都将发生变化，这种变化称为应力的重新分布。采动后重新分布于围岩各个岩层边界上的作用力及传递至岩层中各点的应力，是围岩运动包括变形、破坏和移动的原动力。掌握采动后围岩中的矿山压力分布及其发展变化规律，搞清围岩性质、采动条件等各方面因素的影响，是有效地进行矿山压力及岩层控制的前提。

为了解决巷道围岩稳定和破坏条件问题，需要研究的矿山压力分布问题包括：

(1) 巷道开掘后围岩周边破坏前第一次重新分布后的应力情况及其稳定的条件。

(2) 围岩周边破坏后的应力分布，即第二次重新分布后的应力情况及稳定的条件。

在距地表深 H 处开掘如图 1-7 所示圆形巷道，如果原岩应力场是单一的自重应力场，假设围岩是均质、连续的弹性体，则巷道周边破坏前任一点应力可由下式表示：

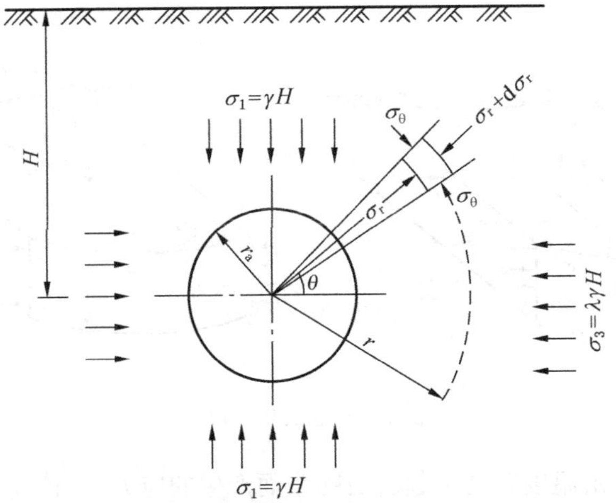

图 1-7 圆形巷道围岩应力状况

$$\sigma_\theta = \frac{\sigma_1}{2}[(1 + C^2)(1 + \lambda) + (1 + 3C^4)(1 - \lambda)\cos 2\theta] \tag{1-10}$$

$$\sigma_r = \frac{\sigma_1}{2}[(1 - C^2)(1 + \lambda) - (1 - 4C^2 + 3C^4)(1 - \lambda)\cos 2\theta] \tag{1-11}$$

$$\tau_{r\theta} = \frac{\sigma_1}{2}[(1 - 2C^2 - 3C^4)(1 - \lambda)\cos 2\theta] \tag{1-12}$$

$$C = \frac{r_\theta}{r}$$

式中 σ_θ——该点的切向应力；

σ_r——该点的径向应力；

$\tau_{r\theta}$——该点的剪切应力；

θ——该点的径向方位夹角；

r——该点距巷道中心的距离；

r_0——圆形巷道半径；

σ_1——应力场最大主应力，该应力方向垂直于水平面，$\sigma_1=\sigma_y=\gamma H$。

令 $r=r_0$，则 $C=1$。由此可将巷道周边各点的应力简化为

$$\sigma_r=\tau_{r\theta}=0$$

$$\sigma_\theta=(1+2\cos 2\theta)\sigma_1+(1-2\cos 2\theta)\lambda\sigma_1$$

或

$$\sigma_\theta=(1+2\cos 2\theta)\sigma_1+(1-2\cos 2\theta)\sigma_3 \tag{1-13}$$

式中 $\sigma_3=\lambda\sigma_1$ 为该应力场的最小主应力。

由式（1-13）可知，巷道周边各点的应力是侧压系数（也是最大最小主应力比例系数）λ 值和径向方位角 θ 值的函数，其中当 $\theta=0$ 及 $\theta=180°$ 时（即巷道两边缘处）的应力值为

$$\sigma_\theta=(3-\lambda)\sigma_1 \tag{1-14}$$

当 $\lambda=0$（坚硬的岩石），则 $\sigma_\theta=3\sigma_1$（岩石受压缩）；

$\lambda=1$（塑性岩石），则 $\sigma_\theta=2\sigma_1$（岩石受压缩）；

$0<\lambda<1$（一般情况岩石），则 $\sigma_\theta=2\sim3\sigma_1$（岩石受压缩）。

巷道顶部（$\theta=90°$）及底部（$\theta=270°$）边缘的应力值为

$$\sigma_\theta=(3\lambda-1)\sigma_1 \tag{1-15}$$

当 $\lambda=0$，则 $\sigma_\theta=-\sigma_1$（岩石受拉伸）；

$\lambda=1$，则 $\sigma_\theta=2\sigma_1$（岩石受压缩）；

$\lambda=0.33$，则 $\sigma_\theta=0$；

$\lambda=0\sim0.33$，则 $\sigma_\theta=-\sigma_1\sim0$（岩石受拉伸）；

$\lambda>0.33\sim1$，则 $\sigma_\theta=0\sim2\sigma_1$（岩石受压缩）。

在不同 λ 条件下，巷道周边其他部位的切向应力值，可以由图 1-8 中相应的曲线表示。例如，要得到巷道周边上方位角为 θ 的任意点 A 在 $\lambda=0$ 时的切向应力 σ_θ 值，只要延伸该点与巷道中心连线 OA 与 $\lambda=0$ 的切向应力曲线相交，则交点 A' 至 A 点的距离（即线长 $\overline{AA'}$）即为该周边上 A 处的切向应力值。

由图 1-8 可知，在 $\lambda\neq1$ 即两向主应力不等的应力场中开掘的巷道，周边的最大压应力产生在与最小主应力方向垂直（即 $\theta=0$）的周边上，其应力集中系数高达 2~3，因此该处是受压破坏最危险的部位。此外，该条件下巷道周边垂直于最大主应力处可能产生拉应力，是围岩受拉破坏最危险的部位。

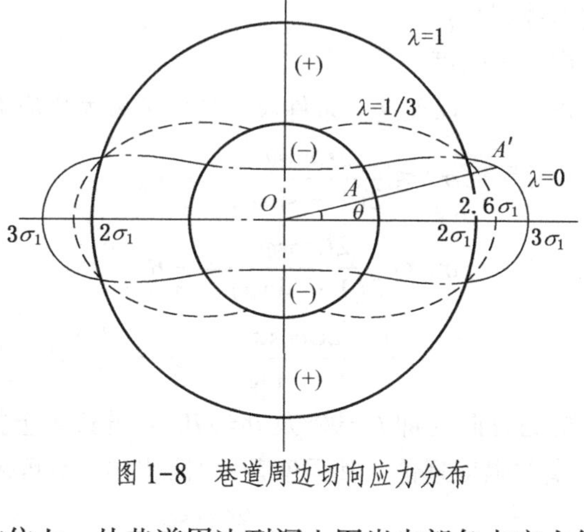

图 1-8　巷道周边切向应力分布

在上述两个危险方位上，从巷道周边到深入围岩内部各点应力值，其大小分布规律如

图 1-9 所示。显然，不论是从岩体受压破坏还是被拉坏而言，巷道周边的应力条件都要比围岩深部恶劣得多。

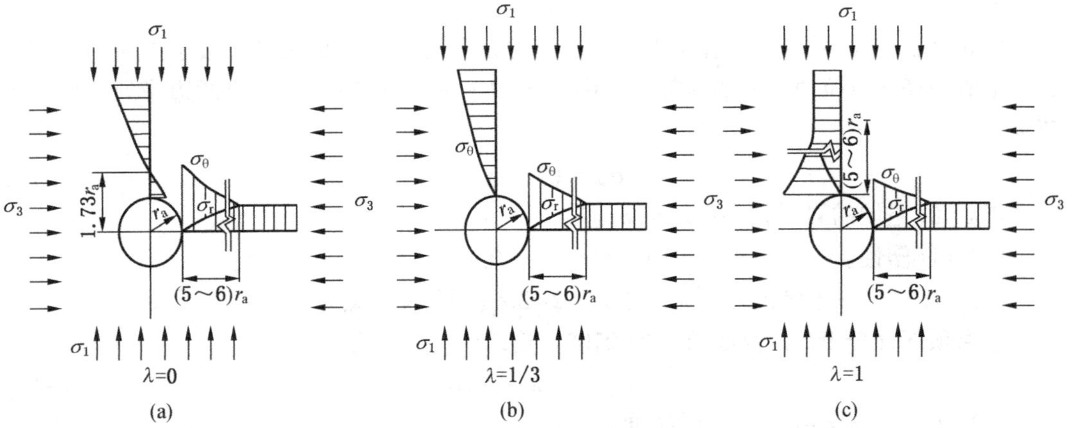

图 1-9　巷道围岩应力分布

综上所述，可得以下结论：

（1）围岩的破坏将从巷道的周边开始。因此，周边的稳定性是巷道围岩稳定的条件，也是第一次重新分布（即弹性状态下分布）的应力得以保持的前提。

（2）巷道周边破坏，将首先从垂直两个主应力方向的部位开始，其中垂直于最大主应力方向的部位容易在拉应力作用下破坏，而垂直于最小主应力方向的部位则将因集中了较高的压应力而破坏。

（3）巷道开出后，围岩第一次稳定得以保证的条件有两个。

一是垂直于最小主应力方向（即 $\theta=0°$ 及 $\theta=180°$）周边上的切向应力值 σ_θ 满足图 1-10 所示的莫尔-库伦强度条件，即

$$\sigma_\theta \leqslant R_c = \frac{2C\cos\varphi}{1-\sin\varphi} \tag{1-16}$$

式中　C——岩石的黏结力；

φ——岩石的内摩擦因数；

R_c——岩石的单向抗压强度。

为此，在既定岩石条件下，保证这一条件应力场中的最大主应力 σ_1 值为

当 $\lambda=1$ 时，$$\sigma_1 \leqslant \frac{2C\cos\varphi}{2(1-\sin\varphi)} = \frac{1}{2}R_c$$

当 $\lambda=0$ 时，$$\sigma_1 \leqslant \frac{2C\cos\varphi}{3(1-\sin\varphi)} = \frac{1}{3}R_c$$

当 $0<\lambda<1$ 时，$$\sigma_1 = \left(\frac{1}{2} \sim \frac{1}{3}\right)\frac{2C\cos\varphi}{1-\sin\varphi} = \left(\frac{1}{2} \sim \frac{1}{3}\right)R_c$$

二是垂直于最大主应力方向（即 $\theta=90°$ 及 $\theta=270°$）的边界上拉应力 $-\sigma_\theta$ 应当小于岩石的抗拉强度 R_b。若用莫尔强度理论，其强度条件对照图 1-10 可表达为

$$-\sigma_\theta \leqslant R_b \leqslant \frac{2C\cos\varphi}{1-\sin\varphi} \tag{1-17}$$

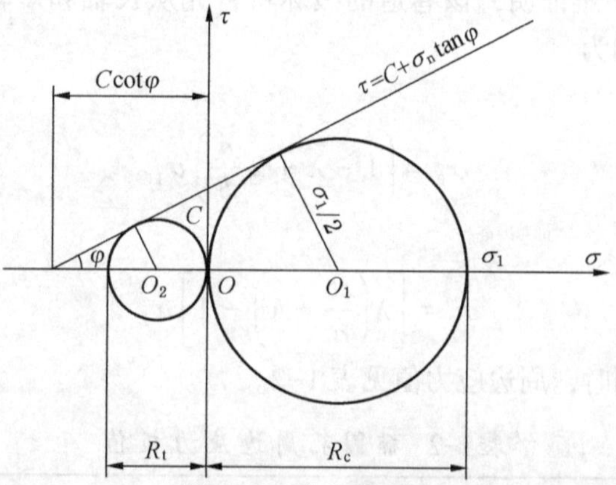

图 1-10 应力莫尔圆

在深部开掘椭圆巷道，假设围岩是完全均质的弹性体，该应力场中最大主应力 σ_1 方向与巷道长轴垂直（图 1-11），则根据弹性力学理论可以推出巷道各点切向周边应力 σ_θ 值：

$$\sigma_\theta=\frac{(a+b)^2(\sigma_3-\sigma_1)\sin^2\theta-b^2(\sigma_3-\sigma_1)+2ab\sigma_1}{(a^2-b^2)\sin^2\theta+b^2} \tag{1-18}$$

或

$$\sigma_\theta=\frac{\{(\lambda-1)[(a+b)^2\sin^2\theta-b^2]+2ab\}\sigma_1}{(a^2-b^2)\sin^2\theta+b^2} \tag{1-19}$$

式中 σ_1——应力场最大主应力；

σ_3——应力场最小主应力；

λ——最小最大主应力比值，即 $\lambda=\dfrac{\sigma_3}{\sigma_1}$；

θ——周边上任意点的径向方位角；

a、b——椭圆的长轴与短轴的长度。

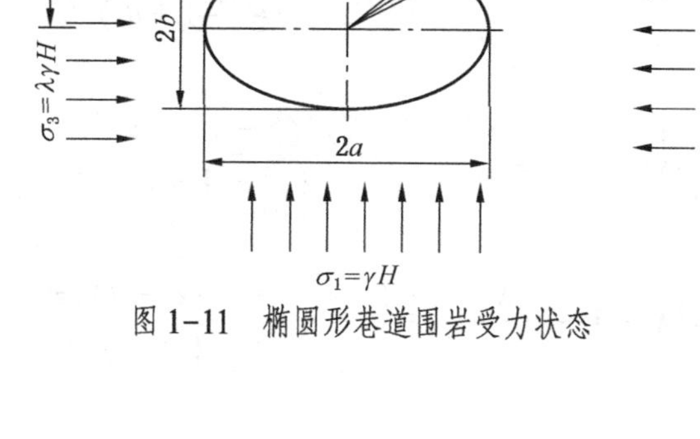

图 1-11 椭圆形巷道围岩受力状态

根据式（1-19）不难证明，该巷道的破坏将首先从长轴和短轴两个端点的周边上开始，该处的应力值分别为

当 $\theta=0°$时，

$$\sigma_\theta = \left(1 - \lambda + 2\frac{a}{b}\right)\sigma_1 \tag{1-20}$$

当 $\theta=90°$时，

$$\sigma_\theta = \left[\lambda\left(\frac{2b}{a} + 1\right) - 1\right]\sigma_1 \tag{1-21}$$

λ 值及轴长比不同时，周边应力值见表 1-2。

表1-2　椭圆孔周边应力极值

λ	θ/(°)	$b:a=K$								
		2/1	1.75/1	1.50/1	1.25/1	1/1	1/1.25	1/1.50	1/1.75	1/2
1	0	1.00	1.14	1.33	1.60	2.00	2.50	3.00	3.50	4.00
	90	4.00	3.50	3.00	2.50	2.00	1.60	1.33	1.14	1.00
0.75	0	1.25	1.39	1.58	1.85	2.25	2.75	3.25	3.75	4.25
	90	2.75	2.37	2.00	1.62	1.25	0.95	0.75	0.60	0.50
0.50	0	1.50	1.64	1.83	2.10	2.50	3.00	3.50	4.00	4.30
	90	1.50	1.25	1.00	0.75	0.50	0.30	0.16	0.07	0
0.25	0	1.75	1.89	2.08	2.35	2.75	3.25	3.75	4.25	4.75
	90	0.25	0.12	0	-0.12	-0.25	-0.33	-0.42	-0.47	-0.50
0	0	2.00	2.14	2.33	2.60	3.00	3.50	4.00	4.50	5.00
	90	-1.00	-1.00	-1.00	-1.00	-1.00	-1.00	-1.00	-1.00	-1.00

注：表中符号，压应力为正，拉应力为负，表中数值均应乘以 γH。

由表 1-2 可知，长轴与最大主应力方向垂直的椭圆巷道，其周边应力集中程度要比圆形巷道高得多。即同样最大主应力，椭圆巷道受到破坏的可能性更大。

椭圆巷道在上述两个方位上围岩深部的切向应力（σ_θ）及径向应力（σ_r）大小分布情况如图 1-12 所示，其相应的计算公式如下：

当 $\theta=0°$时，

$$\sigma_\theta = \frac{\sigma_1}{(1-d)^2}\left\{(\lambda-1)^2 + \xi\frac{\lambda d^2[-(\xi^2-1)+(1-2d)d]-(1-2d)(\xi^2-1)+(2-3d)d^2}{(\xi^2-1+d^2)^{3/2}}\right\} \tag{1-22a}$$

$$\sigma_r = \frac{\sigma_1}{(1-d)^2}\left\{1-\lambda-\xi\frac{\lambda d[(d-2)(\xi^2-1)-d^2]+\xi^2-1+d^3}{(\xi^2-1+d^2)^{3/2}}\right\} \tag{1-22b}$$

当 $\theta=90°$时，

$$\sigma_\theta = \frac{\sigma_1}{(c-1)^2}\left\{\lambda-1-\eta\frac{\lambda(\eta^2-1+c^2)+c[(c-2)(\eta^2-1)-c^2]}{(\eta^2-1+c^2)^{3/2}}\right\} \tag{1-23}$$

$$\sigma_r=\frac{\sigma_1}{(c-1)^2}\left\{(1-\lambda)c^2+\eta\frac{\lambda[(2c-1)(\eta^2-1)+(3c-2)c^2]-c^2[\eta^2-1+(2c-1)c]}{(\eta^2-1+c^2)^{3/2}}\right\} \tag{1-24}$$

式中 λ 为侧压系数；$\xi=\frac{x}{a}$；$\eta=\frac{y}{b}$；$c=\frac{a}{b}$；$d=\frac{b}{a}$。

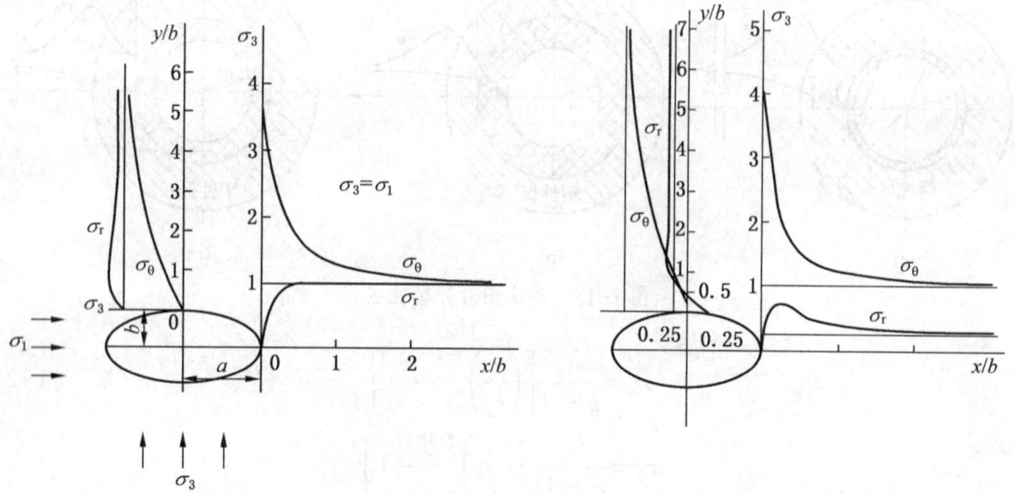

图 1-12 椭圆巷道围岩应力分布

由图 1-12 可以看出，就围岩稳定条件而言，围岩周边的应力情况要比深部各点的应力情况恶劣得多。因此，上述两个部位周边上的应力不超过相应的强度极限，是围岩应力第一次重新分布后保持稳定的条件。

分析所列圆形及椭圆形巷道周边应力的表达公式不难发现，在同一最大主应力作用下，轴比相同$\left(\text{即}\frac{a}{b}\text{相等}\right)$的巷道周边应力值相同。也就是说，巷道围岩各点应力值大小只取决于巷道断面的形状，与断面的大小无关。这一结果可以用来解释回采工作面从开切眼推进开始，在煤层上的支承压力随工作面推进步距增加而增加，以及增加到一定的数值以后保持稳定的原因。其中，开始一段煤层上支承压力高峰随工作面推进逐步上升，可以看成是顶板未明显运动，随工作面推进，轴比$\left(\frac{a}{b}\right)$不断变化。支承压力高峰增加到一定的数值后，趋于稳定的原因可以看成是上覆岩层离层，沉降运动发展到一定程度，轴比基本稳定的结果。此外，这一结果还可以说明在一些构造成分比较均匀、厚度较大的岩层中开掘大断面巷道，当支护方法相同时，其压力显现往往并不比小断面巷道明显的原因。因此，在生产现场，不能简单得出巷道围岩压力随断面增加而增加的结论。

在无支护条件下，圆形及椭圆形巷道第一次压力重新分布（即围岩周边处于弹性状态的应力分布）后，巷道保持稳定是其周边最大切向应力在该岩石的单向抗压强度范围内（即 $\sigma_{max}<R_c$）。如果应力接近这一极限，则巷道周边附近岩体的体积随应力增加而增加，亦即产生“扩容”现象。此后，如果周边应力继续增加，或“扩容”情况得不到控制，围岩周边将遭到破坏。围岩中的应力将重新分布，包括应力范围扩大和应力高峰向深部转

移等。由于围岩周边破坏而引起的围岩应力场中应力的重新分布，可以称为第二次重新分布，也即围岩的一部分进入塑性状态后的应力分布。当 $\lambda=1$ 时，该分布状况下围岩各点的主应力以莫尔强度理论作为破坏条件得出的结果如图 1-13a 所示。其中塑性区的应力表达式为

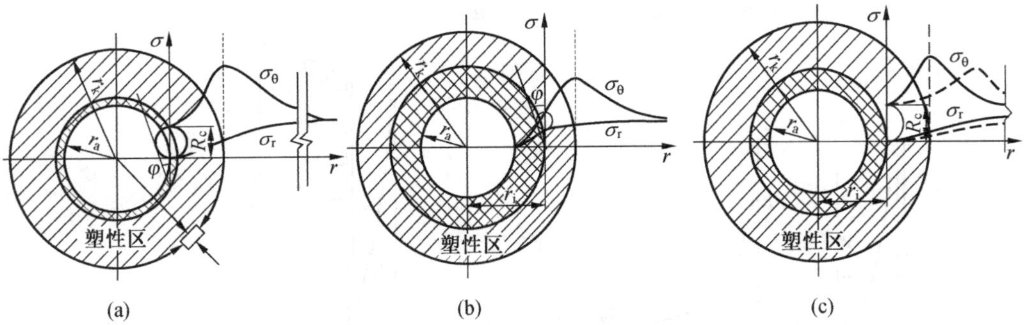

图 1-13 巷道围岩弹塑性区

$$\sigma_r=\frac{R_c}{\xi-1}\left[\left(\frac{r}{r_a}\right)^{\xi-1}-1\right] \tag{1-25}$$

$$\sigma_\theta=\frac{R_c}{\xi-1}\left[\xi\left(\frac{r}{r_a}\right)^{\xi-1}-1\right] \tag{1-26}$$

$$\tau_{r\theta}=0$$

式中 R_c——岩石单轴抗压强度；

ξ——塑性系数，$\xi=\frac{1+\sin\varphi}{1-\sin\varphi}$；

r_a——巷道半径；

r——所求应力处半径。

弹性区中各点应力表达式则为

$$\sigma_r=\sigma_1\left(1-\frac{r_K^2}{r^2}\right)+\sigma_{rK}\cdot\frac{r_K^2}{r^2} \tag{1-27}$$

$$\sigma_\theta=\sigma_1\left(1+\frac{r_K^2}{r^2}\right)-\sigma_{rK}\cdot\frac{r_K^2}{r^2} \tag{1-28}$$

$$\tau_{r\theta}=0 \tag{1-29}$$

式中 r_K——塑性区半径；

σ_1——最大主应力，在单纯重力应力场中 $\sigma_1=\gamma H$；

σ_{rK}——塑性区与弹性区交界处的径向应力。

利用弹、塑性交界处（即 $r=r_K$）应力相同原理（即将条件 $r=r_K$ 分别代入塑性区和弹性区应力公式求出应力并使之相等），可以求得塑性区半径 r_K 及该处径向应力分布分别为

$$\sigma_{rK}=\frac{R_c}{\xi-1}\left[\left(\frac{r_K}{r}\right)^{\xi-1}-1\right] \tag{1-30}$$

$$r_K=r_\theta\left[\frac{2\sigma_1(\xi-1)+R_c}{(\xi+1)R_c}\right]^{\frac{1}{\xi-1}} \tag{1-31}$$

将 $r=r_K$ 代入式（1-28）即可求出弹塑性区交界处的切向应力值为

$$\sigma_\theta = 2\sigma_1 - \sigma_{rK} \tag{1-32}$$

由式（1-30）与式（1-31）可知，当巷道半径一定时，若外力不变，塑性区半径（r_K）越大，即应力高峰位置深入围岩深部越远，则应力峰值将越低。国内外一些矿井在有冲击地压危险的煤层中，利用高压注水、松动爆破等方法收到良好的效果，就是因为这些方法同时达到了扩大塑性区范围（σ_{rK}增加，向采动空间运动阻力加大）和降低了支承压力高峰数值（降低可能释放的能量）的双重目的。

如果围岩进入塑性状态后没有支护的约束，很容易产生较大的塑性变形。随着塑性变形的发展，岩石的黏结力 C 与摩擦阻力也将随之降低，图 1-13a 所示的初始塑性极限平衡状态遭受破坏，围岩中的应力分布进入到图 1-13b 所示状态。在该状态下，塑性区中邻近巷道边缘部分的岩体黏结力已基本消失，即 $C\approx0$，主要靠破碎岩块间的摩擦力维持。如果及时架设支架，提供给围岩约束力，则可以阻止塑性破坏的继续发展，形成图 1-13c 所示的稳定状态。

在无支护条件下，圆形及椭圆形巷道周边岩体处于单向应力状态，即 $r=r_a$ 时，$\sigma_r=0$。一旦周边应力超出岩石的单向抗压强度 R_c(譬如采深较大时)，周边岩体将出现破坏失稳。此时：

$$\sigma_\theta \big| r=r_a \geqslant R_c$$

巷道周边岩体破坏失稳后，围岩中的应力重新分布，应力分布范围及应力高峰都向着深部转移，从而造成深部岩体的破坏。巷道围岩进入塑性状态的范围随之扩大，塑性变形逐渐增加。为了维护巷道周边岩体的稳定，必须通过架设支架来提供径向应力 $\sigma_r\big|r=r_a=P_0$(图 1-14)，改变周边岩体应力状态。维护巷道周边稳定所需的支护强度 P_0 与垂直地应力 σ_1 之间的关系可按以下方法求出。

首先，根据图 1-14 可得：

$$\sigma_\theta = P_0\left(\frac{1+\sin\varphi}{1-\sin\varphi}\right) + \frac{2C\cos\varphi}{1-\sin\varphi} \tag{1-33}$$

将式（1-14）与式（1-16）代入式（1-33），并进行化简可得 P_0 与 σ_1 间的关系：

$$P_0 = \frac{1-\sin\varphi}{1+\sin\varphi}\left[(3-\lambda)\sigma_1 - R_c\right] \tag{1-34}$$

支护反力与垂直地应力成正比，σ_1 越大（即采深越大），巷道周边岩体所受切向应力越大，维持其稳定时所需的支护强度 P_0 越大。很显然，如果巷道所处位置很深，维持其周边稳定所需支护反力超出支护能力的范围，周边岩体的破坏是阻止不了的。

巷道周边岩体应力超出弹性极限后进入塑性状态，在巷道四周形成一塑性破坏区。塑性破坏区内岩体的黏结力已基本消失，主要依靠破碎岩块间的摩擦阻力维持暂时的稳定。这时，如果不及时支设支架进行抵抗，塑性区范围会逐渐扩大，以致影响生产。通过增设支架（$P_0>0$）可以增加破碎岩块间的摩擦阻力，提高未破碎区岩体的侧向应力，使巷道围岩应力状态由两向转为三向，对塑性区范围的扩展起到抑制作用，这在图上表现为莫尔圆上移（图 1-15）。考虑支护的约束作用后，塑性区范围（$r_a\leqslant r<r_K$）内任一点应力为

$$\sigma_r = \left(P_0 + \frac{R_c}{\xi-1}\right)\left(\frac{r}{r_a}\right)^{\xi-1} - \frac{R_c}{\xi-1} \tag{1-35}$$

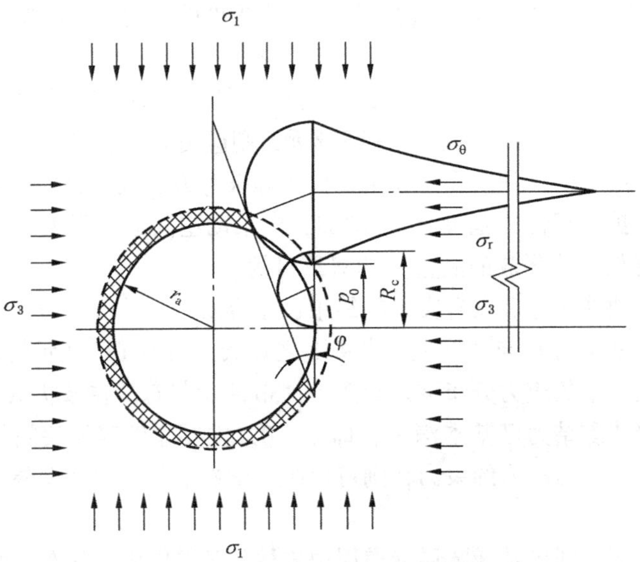

图 1-14　支架对围岩应力状态的影响

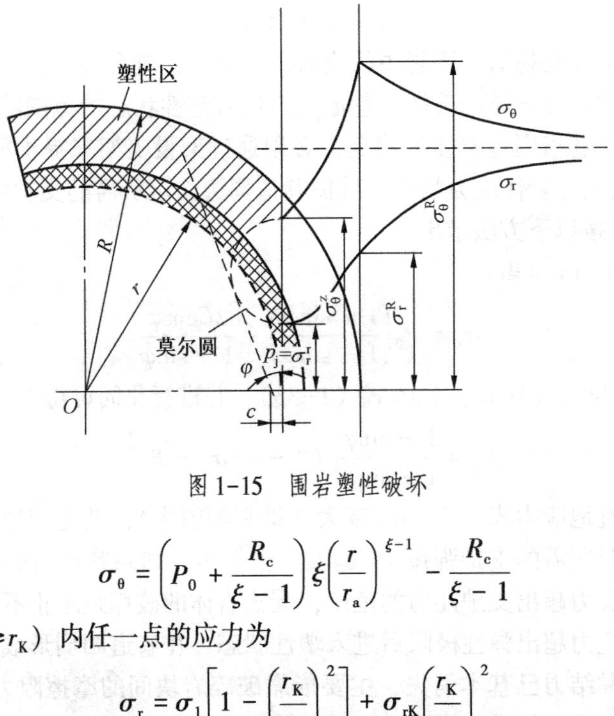

图 1-15　围岩塑性破坏

$$\sigma_\theta = \left(P_0 + \frac{R_c}{\xi - 1}\right)\xi\left(\frac{r}{r_a}\right)^{\xi-1} - \frac{R_c}{\xi - 1} \tag{1-36}$$

弹性区域（$r \geqslant r_K$）内任一点的应力为

$$\sigma_r = \sigma_1\left[1 - \left(\frac{r_K}{r}\right)^2\right] + \sigma_{rK}\left(\frac{r_K}{r}\right)^2 \tag{1-37}$$

$$\sigma_\theta = \sigma_1\left[1 + \left(\frac{r_K}{r}\right)^2\right] - \sigma_{rK}\left(\frac{r_K}{r}\right)^2 \tag{1-38}$$

根据弹塑性交界处应力连续条件可以得到交界处径向应力 σ_{rK} 为

$$\sigma_{rK} = \left(P_0 + \frac{R_c}{\xi - 1}\right)\left(\frac{r_K}{r_a}\right)^{\xi-1} - \frac{R_c}{\xi - 1} \tag{1-39}$$

由于在弹性区域（即 $r \geqslant r_K$）内

$$\sigma_r + \sigma_\theta = 2\sigma_1 \tag{1-40}$$

显然，上式在弹塑性交界处（$r \geqslant r_K$）依然成立。将有关参数代入上式，并结合莫尔-库伦破坏准则，可以得到弹塑性交界处径向应力更简单的表达式为

$$\sigma_{rK} = \sigma_1(1 - \sin\varphi) - C\cos\varphi \tag{1-41}$$

由式（1-41）可知，σ_{rK} 仅与 σ_1、φ 和 C 有关，而与支护强度 P_0 大小无直接关系。

塑性区半径 r_K 与支护强度 P_0 间的关系为

$$r_K = r_a\left[\frac{2}{\xi+1}\frac{R_c + \sigma_1(\xi - 1)}{R_c + P_0(\xi - 1)}\right]^{\frac{1}{\xi-1}} \tag{1-42}$$

或者

$$P_0 = \frac{2}{\xi^2 - 1}\left(\frac{r_a}{r_K}\right)^{\xi}[R_c + \sigma_1(\xi - 1)] - \frac{R_c}{\xi - 1} \tag{1-43}$$

上式表明：P_0 与 r_K 之间存在着反比例关系，P_0 越大，塑性区范围越小。在生产现场，根据实际需要来改变 P_0 大小，可以改变巷道围岩塑性区范围。同样，一旦确定出满足安全和生产的 r_K 后，可以确定出相应所需支护强度 P_0 大小。这一点对于指导现场巷道维护与支护设计将起到积极作用。譬如，当采深比较大、巷道围岩强度又比较低时，依靠支架维持巷道周边岩体稳定难以实现。在这种条件下，如果在一定范围内允许巷道围岩出现塑性破坏（$r_K > 0$），借助已破碎岩体的阻止作用，可以明显降低维持巷道围岩稳定所需的支护反力大小。

（二）采场（回采工作面）围岩矿山压力分布及随采场推进发展变化规律

1. 既定采深 H 条件下采场四周煤壁支承压力的分布

既定采深 H 条件下采场四周煤壁上支承压力分布因开采煤层抗压强度 R_T、采高 h_T、工作面长度 L 及顶板裂断来压步距 C 的差异分以下三种情况：

（1）压力高峰在煤壁边缘，压力分布如图 1-16a 所示。相应条件如下：

$$K_{max}\gamma H < R_T$$

式中　K_{max}——侧压力系数。

（2）煤壁边缘压缩破坏即 $K_{max}\gamma H \geqslant R_T$ 出现塑性破坏区 x_0。该区域宽度 x_0 受采高 h_T、工作面长度 L、基本顶来压步距 C 等采动条件影响。采高、工作面长度和顶板断裂来压步距越大，则 x_0 越大。该条件下支承压力分布特征如图 1-16b 所示。

（3）工作面长度 L 大于基本顶岩梁裂断步距 C_0，基本顶裂断实现的条件下，随基本顶来压的实现出现内外两个应力场分布，如图 1-16c 所示。

2. 当 $K_{max}\gamma H \geqslant [R_T]$ 的既定采深 H 条件下，采场四周煤壁支承压力分布发展变化的规律

满足上述采深条件、工作面长度超过基本顶第一次裂断步距 C_0，基本顶裂断来压得以实现的情况下，随采场推进四周煤壁支承压力分布发展的规律如图 1-17 所示。

在推进方向，随采场推进伴随着上覆基本顶的运动，工作面煤壁都将出现塑性破坏和“内应力场”的发展过程。两侧支承压力分布则在下位岩梁第一次裂断形成“内应力场”之后，随采场推进的每一次明显变化与上位基本顶岩梁的裂断沉降紧密相关，与采场（工作面）推进的位置没有直接联系。

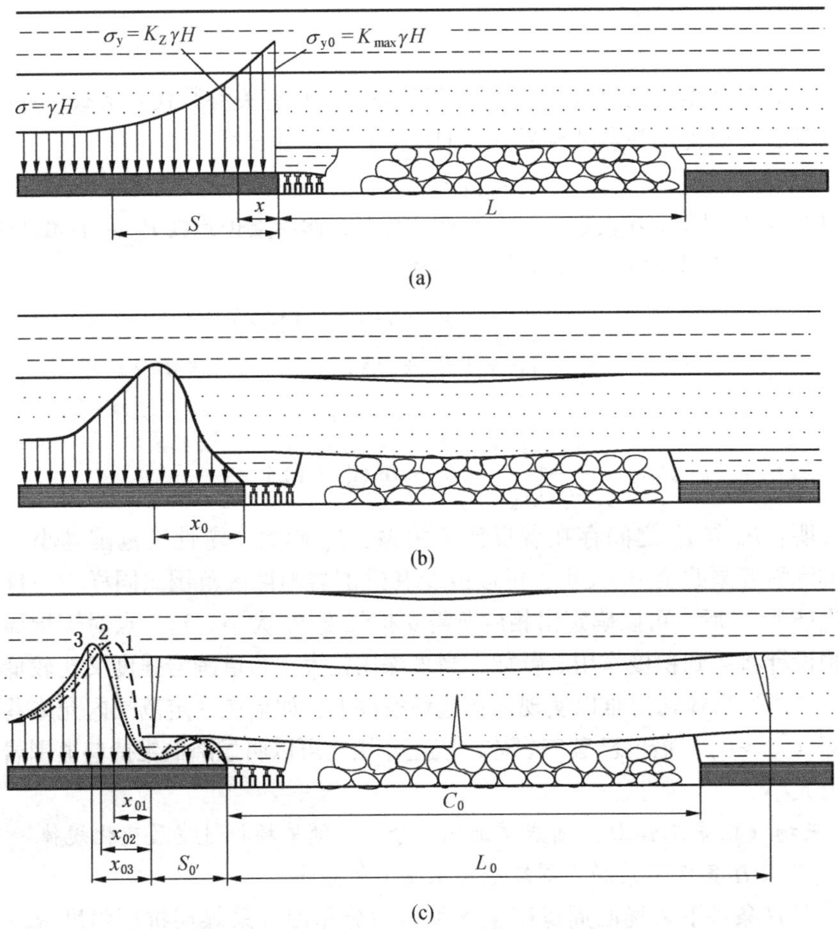

图 1-16 采场支承压力分布图

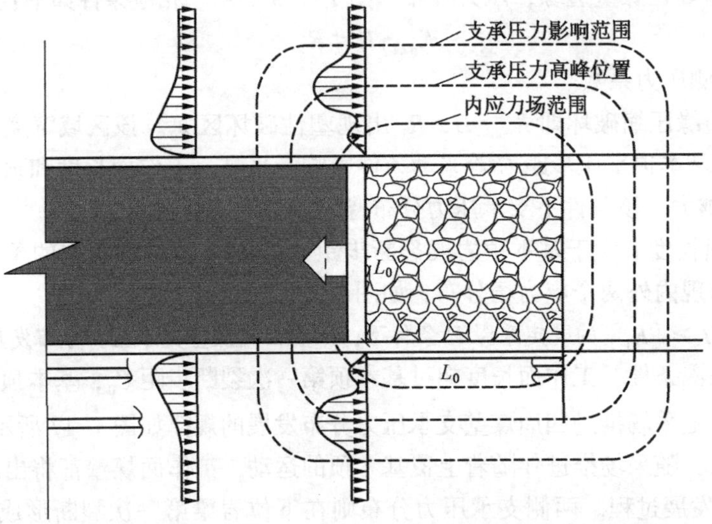

(a) 工作面推进至既定位置两侧支承压力分布

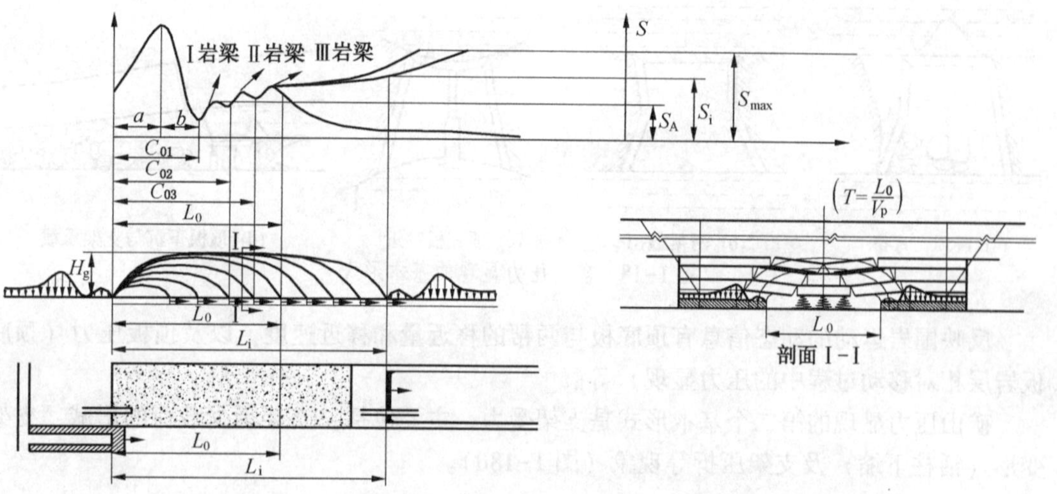

(b) 工作面两侧分布的内应力场应力分布变化规律

图 1-17　采场支承压力分布发展变化规律

第二节　矿山压力的显现

一、矿山压力显现的概念及显现的形式

如前所述，煤及岩层一经采动，应力将重新分布。其中，处于采动边界部位承受较高的压力作用，约束条件和受力状况都发生明显改变。当该部位承受的压力值没有超出其允许的限度时，围岩处于稳定状态；当该部位煤（岩）体所承受的压力值超出其允许的限度时，围岩处于不稳定状态。当采动边界部位的煤（岩）体所承受的压力值超出其允许极限后，围岩运动将明显表现出来，即产生煤（岩）体扩容后的塑性破坏、煤（岩）帮片塌、顶板下沉与底板鼓起等一系列矿压现象。

在围岩明显运动过程中，由于已破碎煤（岩）体的作用力以及仍处于连续状态的顶板岩层的弯曲下沉等，支架受力与变形也将明显地表现出来。

我们把采动后，在矿山压力作用下通过围岩运动与支架受力等形式表现出来的矿山压力现象，称为"矿山压力显现"。

采动过程中，矿山压力显现的基本形式包括围岩的明显运动与支架受力两个方面。

巷道围岩运动包括以下几种形式：

（1）两帮运动。两帮运动主要指巷道两帮的弹性变形、裂隙扩展、两帮岩体扩容后产生的塑性破坏与塑性流动，以及两帮岩体向着采动空间内的移动（包括两帮鼓出、片帮等缓慢移动，以及煤或岩体突出、在动压冲击下的高速移动），如图 1-18a~图 1-18c 所示。

（2）顶板运动。顶板运动是指巷道及工作面顶板岩层的弯曲下沉、裂断破坏以及破碎岩石的垮落（图 1-18a）。

（3）底板运动。底板运动是指巷道及工作面底板岩层的鼓起、隆起、层理滑移及裂断破坏等（图 1-18c）。

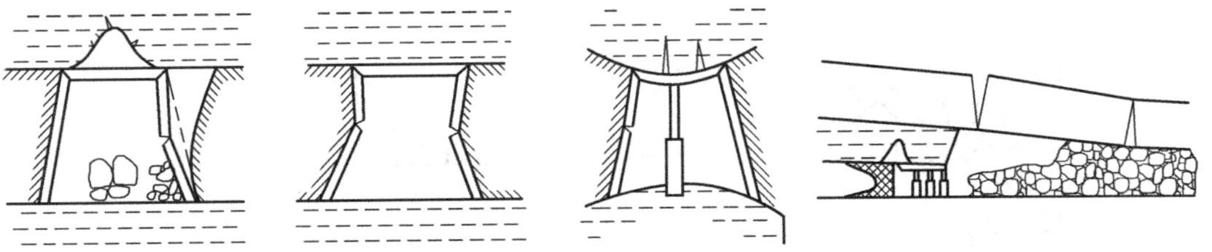

(a) 冒顶、片帮　(b) 两帮鼓出　(c) 顶底板移近　(d) 顶板下沉与支架承载

图 1-18　矿山压力显现的基本形式

反映围岩运动的动态信息有顶底板与两帮的移近量和移近速度，以及顶板压力（顶底板岩层相对移动过程中的压力显现）等。

矿山压力显现的第二个基本形式是支架受力，主要包括：支架承受载荷的增减、支架变形（活柱下缩）及支架压折等现象（图 1-18d）。

二、矿山压力显现的条件

矿山压力显现是矿山压力作用下围岩运动的具体表现。由于围岩的明显运动是在满足一定力学条件后才会发生，所以矿山压力显现是有条件限制的，而且不同层位巷道、不同围岩条件及不同巷道断面尺寸，围岩运动发展情况大不相同。深入细致地分析围岩的稳定条件，找到促使其运动与破坏的主动力，以及由此可能引起的破坏形式，以此为基础创造条件，把矿山压力显现控制在合理的范围内，是矿山压力控制的根本目的。

1. 两帮岩体破坏条件（受压岩体破坏条件问题）

如图 1-2b 所示，采动后围岩应力重新分布，两帮岩体承受较高应力作用。由于两帮岩体（图 1-2b 中 a 点）在图示平面内处于单向应力状态，根据莫尔-库伦准则可以求得两帮岩体不发生剪切破坏的条件为

$$\sigma_1 < \frac{2C\cos\varphi}{1-\sin\varphi} \tag{1-44}$$

两帮岩体破坏前承受的垂直应力为

$$\sigma_1 = K\gamma H$$

由上面两式可得两帮岩体处于稳定状态时的采深应满足下列关系式：

$$H < \frac{2C\cos\varphi}{K\gamma(1-\sin\varphi)} \tag{1-45}$$

假如巷道两帮岩体的有关力学参数为 $\varphi=25°$；$C=3$ MPa；$K=2.5$；$\gamma=25$ kN/m^3，则临界采深为 $H<150$ m。由此可以看出，当巷道所处采深大于 150 m 后，两帮岩体将会产生剪切破坏，应力将重新分配。如果没有外界约束，破坏会继续向深部发展。

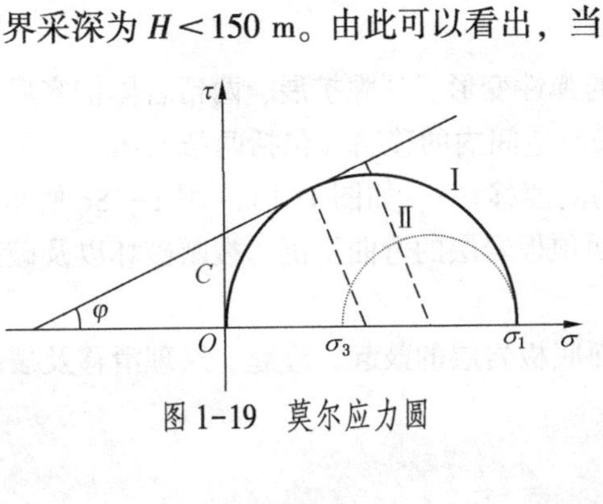

图 1-19　莫尔应力圆

通过架设支架，对两帮岩体提供一侧向应力 σ_3，使两帮岩体由单向应力状态转化为双向应力状态（图 1-2b 中 b 点），可以阻止破坏的发展。反映在图 1-19 中是莫尔应力圆由位置Ⅰ转移到位置Ⅱ，岩体处于稳定状态。此时侧

向应力为

$$\sigma_3 > \frac{\sigma_1(1-\sin\varphi)-2C\cos\varphi}{1+\sin\varphi} \tag{1-46}$$

式（1-46）中的 σ_3 是没有考虑两帮岩体与顶底板之间摩擦力作用的值。只要 σ_3 满足上式就能保证岩体的稳定。如果考虑摩擦力作用，则 σ_3 更易满足式（1-46）。越是深部岩体，σ_1 逐渐趋于原始应力，两帮岩体与顶底板之间的摩擦力越大，岩体稳定越容易实现。

2. 顶板岩层破坏条件（悬露岩层破坏条件）

图 1-20 所示为巷道顶板岩层同时受到两个力的作用，一是其自重，另一个是轴向推力 N。轴向推力 N 是由作用在巷道两侧的支承压力 $\sigma_x = K_x\gamma H$ 所引起。在自重作用下，顶板岩层弯曲下沉，并在两嵌固端产生最大弯矩，即

$$M_A = M_B = \frac{1}{12}ql^2 \tag{1-47}$$

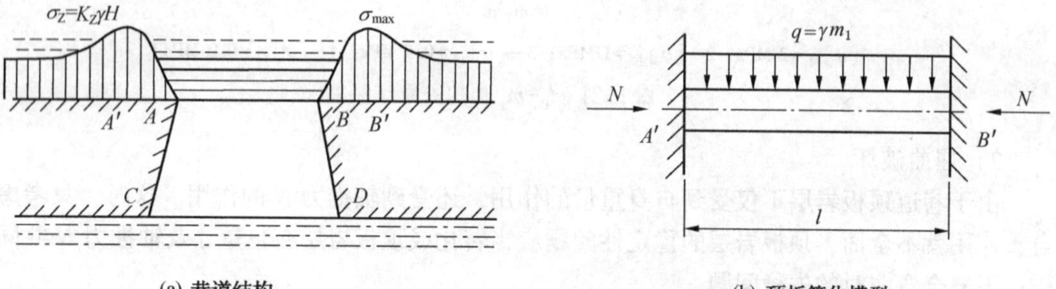

图 1-20　巷道顶板岩层受力状况

如果巷道宽度 l 超过顶板岩层维持平衡时的极限，两端拉应力超限发生断裂，以至于垮落。另一方面，由于自重作用下顶板岩层弯曲下沉，这时轴向力 N 将加剧顶板岩层的弯曲，当 N 超过某一界限时，顶板岩层会因屈曲而失稳、垮落。显然，顶板岩层破坏形式是以相应的破坏条件为前提。

1）受拉破坏

如果按照传统的分析方法，即顶板岩层两端嵌固，在自重作用下两嵌固端所受弯矩超出允许限度而产生拉破坏，则条件为

$$\frac{M_A}{W_A} \geqslant [\sigma]_{拉}$$

化简得

$$l \geqslant \sqrt{\frac{2m_1[\sigma]_{拉}}{\gamma}} \tag{1-48}$$

式中　l——巷道宽度，m；

m_1——顶板岩层分层厚度，m；

$[\sigma]_{拉}$——顶板岩层抗拉强度，Pa；

γ——顶板岩层重力密度，25 kN/m^3 左右。

当巷道宽度与顶板岩层分层厚度满足式（1-48）时，顶板岩层将产生拉破坏。图 1-21 所示为不同 $[\sigma]_{拉}$ 时，m_1 与极限跨度 l_0 间的关系曲线。从图中可清楚看出，当 $[\sigma]_{拉}$ 相同时，分层厚度越小，受拉破坏时的极限跨度越小。由于巷道宽度有限，且顶板岩层分层

厚度一般不会很小，除非巷道宽度大于 5 m，分层厚度小于 0.2 m，顶板岩层一般不会仅因自重作用受拉破坏。

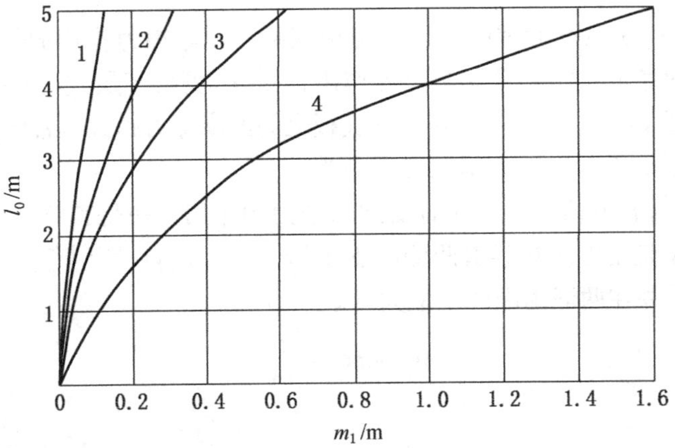

1—$[\sigma]_{拉}$=2 MPa；2—$[\sigma]_{拉}$=1 MPa；3—$[\sigma]_{拉}$=0.5 MPa；4—$[\sigma]_{拉}$=0.2 MPa

图 1-21　l_0-m_1 间的关系

2）屈曲破坏

由于巷道顶板岩层不仅受到自身重量的作用，还受到轴推力 N 的作用。这时，只考虑自重作用就不全面，顶板岩层的稳定性问题应当转化成顶板岩层在自重 q 及轴推力 N 共同作用下复合弯曲时的失稳问题。

将图 1-20b 放大成图 1-22 所示的状况。梁$\overline{AB}$在自重作用下弯曲变形，轴向压力 N 在梁的各个截面上又产生一个分布弯矩 $N\omega$。由于这一弯矩作用，将使梁的弯曲在原有基础上进一步加剧。而且梁变形后 N 又将产生新的弯曲变形，……如果 N 不大，则弯曲变形很小，影响不大。当轴向压力 N 达到一定限度后，由 N 产生的弯曲变形将是一个恶性循环，梁将无法达到新的平衡状态而导致破坏，这就是顶板岩层的屈曲破坏。

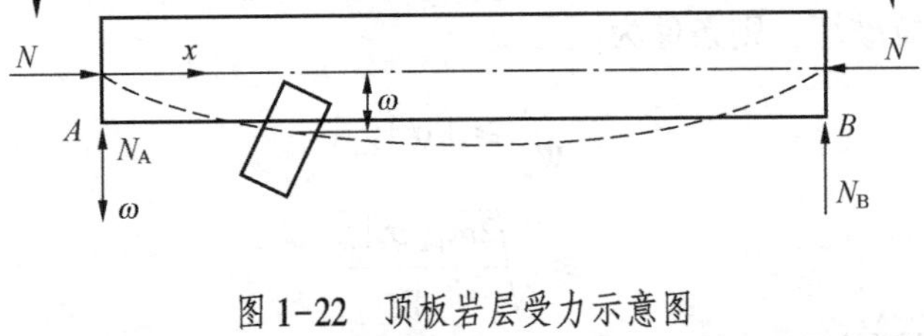

图 1-22　顶板岩层受力示意图

如图 1-22 所示，在 N 及自重作用下，梁的弯曲变形方程为

$$\frac{d^2\omega}{dx^2}=-\frac{M_x}{EJ} \tag{1-49}$$

式中 $M_x = N_A X - M_A - \frac{1}{2}qx^2 + N\omega = \frac{qlx}{2} - \frac{ql^2}{12} - \frac{1}{2}qx^2 + N\omega$。则

$$\frac{d^2\omega}{dx^2}=-\frac{1}{EJ}\left(\frac{qlx}{2}-\frac{ql^2}{12}-\frac{1}{2}qx^2+N\omega\right) \tag{1-50}$$

令 $K^2=\frac{N}{EJ}$，则上式化简为

$$\frac{d^2\omega}{dx^2}+K^2\omega=-\frac{qK^2}{2N}\left(lx-x^2-\frac{l^2}{6}\right) \tag{1-51}$$

上式是一个标准的二阶常微分方程。齐次方程 $\frac{d^2\omega}{dx^2}+K^2\omega=0$ 的通解是

$$\omega_1=A\cos Kx+B\sin Kx \tag{1-52a}$$

其中 A、B 是两个待定常数。对应于非齐次项 $-\frac{qK^2}{2N}\left(lx-x^2-\frac{l^2}{6}\right)$ 的特解是

$$\omega_2=\frac{q}{2N}\left(x^2-lx+\frac{l^2}{6}-\frac{2}{K^2}\right) \tag{1-52b}$$

因此，方程的通解为

$$\omega=\omega_1+\omega_2=A\cos Kx+B\sin Kx+\frac{q}{2N}\left(x^2-lx+\frac{l^2}{6}-\frac{2}{K^2}\right) \tag{1-53}$$

边界条件为

$$\begin{cases}\omega\big|_{x=0}=0\\ \left.\frac{d\omega}{dx}\right|_{x=\frac{l}{2}}=0\end{cases}$$

代入上式并解之，得两待定常数为

$$A=\frac{q}{N}\left(\frac{1}{K^2}-\frac{l^2}{12}\right)$$

$$B=A\tan\left(\frac{Kl}{2}\right)=\frac{q}{N}\left(\frac{1}{K^2}-\frac{l^2}{12}\right)\tan\left(\frac{Kl}{2}\right)$$

将 A、B 代回就可得到在 q 及 N 作用下顶板岩层的弯曲变形表达式。很显然，在 $x=\frac{l}{2}$ 处梁挠度最大，其值为

$$\omega_{\max}=\omega\big|_{x=\frac{l}{2}}=-\frac{q}{NK^2}-\left[\left(1-\frac{l^2K^2}{12}\right)\sec\left(\frac{Kl}{2}\right)-\left(\frac{l^2K^2}{24}+1\right)\right] \tag{1-54}$$

由于考虑了 N 的作用，较 q 单独作用时的最大挠度 ω_0 为大，ω_0 值为

$$\omega_0=\frac{1}{384}\cdot\frac{ql^4}{EJ}$$

$$\frac{\omega_{\max}}{\omega_0}=-\left(\frac{4}{Kl}\right)^2\left\{6\left(\frac{2}{Kl}\right)^2\left[1-\sec\left(\frac{Kl}{2}\right)\right]+2\sec\left(\frac{Kl}{2}\right)+1\right\}>1 \tag{1-55}$$

在 $x=\frac{1}{2}$ 处的弯曲拉应力为

$$\sigma\big|_{x=\frac{l}{2}}=\left.\frac{M_x}{W}\right|_{x=\frac{l}{2}}-Nm_1=\left[\left(\frac{ql^2}{24}+N\omega_{\max}\right)\left(\frac{m_1^2}{6}\right)\right]-Nm_1$$

$$=\frac{\gamma l^2}{4m_1}+\frac{6\gamma}{m_1K^2}\left[\left(1-\frac{l^2K^2}{2}\right)\sec\left(\frac{Kl}{2}\right)-\left(\frac{l^2K^2}{24}+1\right)\right]-Nm_1 \tag{1-56}$$

上式中的第二部分是由于 N 的作用而附加的一项。式中 $\sec\left(\frac{Kl}{2}\right)$，当$\frac{Kl}{2}$满足下式时为无穷大

$$\frac{Kl}{2}=\frac{\pi}{2}+n\pi \quad (n=0,1,2,\cdots)$$

即

$$\frac{Nl^2}{EJ}=\pi^2(1+2\pi)^2 \tag{1-57}$$

当 $\sec\left(\frac{Kl}{2}\right)\to\infty$，意味着梁失去抵抗轴向压力 N 的能力，发生屈曲破坏现象。使梁达到屈曲时的最小轴向压力 N_{cr}为（$n=0$）

$$N_{cr}=\frac{\pi^2EJ}{l^2} \tag{1-58}$$

若将$\frac{1}{2}Kl$ 中的 K 值用 N_{cr}表示时：

$$\frac{1}{2}Kl=\frac{1}{2}\sqrt{\frac{Nl^2}{EJ}}=\frac{\pi}{2}\sqrt{\frac{N}{N_{cr}}}$$

$$\frac{\omega_{max}}{\omega_0}=-\left(\frac{4}{\pi}\sqrt{\frac{N_{cr}}{N}}\right)^2\left[6\left(\frac{2}{\pi}\sqrt{\frac{N_{cr}}{N}}\right)^2\left(1-\sec\frac{\pi}{2}\sqrt{\frac{N}{N_{cr}}}\right)+2\sec\left(\frac{\pi}{2}\sqrt{\frac{N_{cr}}{N}}+1\right)\right] \tag{1-59}$$

$\left(\frac{\omega_{max}}{\omega_0}\right)$与$\left(\frac{N}{N_{cr}}\right)$间的关系见表 1-3 及如图 1-23 所示。从图中可以看出：当$\frac{N}{N_{cr}}<0.6$时，$\frac{\omega_{max}}{\omega_0}$变化很小；当$0.6<\frac{N}{N_{cr}}<0.8$时，变化幅度增大；而当$\frac{N}{N_{cr}}\geqslant 0.8$时，$\frac{\omega_{max}}{\omega_0}$明显增大，以致趋于无穷大。这就是说，巷道顶板岩层所受轴向压力 $N>0.8N_{cr}$时，变形（下沉）明显增大，严重时产生垮落。

表 1-3　$\left(\frac{\omega_{max}}{\omega_0}\right)$与$\left(\frac{N}{N_{cr}}\right)$间的关系

$\frac{N}{N_{cr}}$	0.1	0.2	0.3	0.4	0.5	0.6	0.7	0.8	0.9
$\frac{\omega_{max}}{\omega_0}$	1.10	1.23	1.39	1.60	1.90	2.35	3.00	4.58	9.03

假设巷道围岩侧压系数为 λ，巷道周边支承压力为 $K_0\gamma H$，则顶板岩层所受到的轴向压力 N 可近似认为是

$$N=\lambda K_0\gamma H \tag{1-60}$$

很显然，当 $\lambda K_0\gamma H\geqslant 0.8N_{cr}$时，顶板下沉明显增大，如果不及时地加以限制，就会引起冒顶事故。

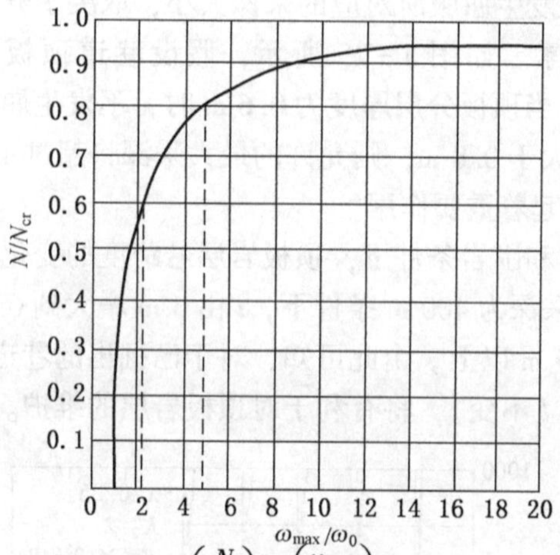

图 1-23　$\left(\frac{N}{N_{cr}}\right)$与$\left(\frac{\omega_{max}}{\omega_0}\right)$间的关系

将 N_{cr} 代入 $\lambda K_0\gamma H \geqslant 0.8N_{cr}$ 并化简得

$$\frac{K_0Hl^2}{Em_1^3} \geqslant \frac{\pi^2}{15\gamma\lambda} \tag{1-61}$$

式（1-61）表明：

（1）巷道所处层位越深，跨度越大，顶板岩层强度越低及厚度越小，越容易产生屈曲破坏。其中 m_1 的作用最为明显，l 次之，H 与 E 的影响最小。

（2）图 1-24a～图 1-24c 表示采深分别为 300 m、500 m、800 m 时，不同 E 的下分层厚度 m_1 与跨度 l 间的关系。很显然，在同一采深下，顶板岩层强度越高，变形能力越小，在同一分层厚度下不发生屈曲现象时允许的巷道跨度越大。或者说，在同一跨度下不发生屈曲时所允许的顶板岩层厚度越小。例如，采深为 500 m 时，如果顶板岩层 $E=5\times10^3$ MPa，则对应跨度 6 m 时不发生屈曲现象的最小分层厚度为 0.3 m。而当弹性模量 $E=1\times10^3$ MPa 时，分层厚度必须大于 0.6 m 才可保证在此条件下不发生屈服破坏。

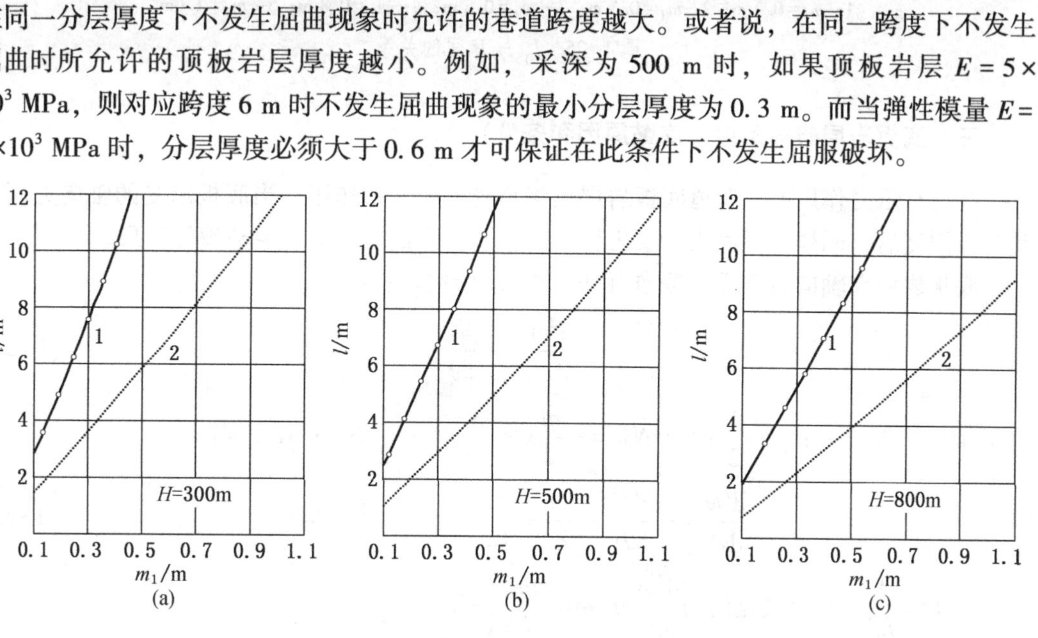

图 1-24　H 不同时 m_1 与 l 间的关系

(3) 巷道顶板岩层不发生屈服所对应的采深大小，取决于分层厚度、巷道跨度及顶板岩层变形能力大小等因素。如图 1-25 所示，假设巷道顶板岩层的弹性模量 $E=2\times10^3$ MPa，巷道宽 5.0 m，当顶板分层厚度为 0.6 m 时，不发生屈曲现象允许的最大采深不到 200 m。如果分层厚度大于 0.8 m，则允许的最大采深将超过 400 m。由此可知，分层厚度对于维持顶板岩层稳定起着重要作用。

(4) 在既定巷道层位和围岩条件下，顶板岩层悬跨度的变化也将对其屈曲产生明显影响。如图 1-25 所示，在采深为 400 m 条件下，l 由 3 m 增大到 6 m 时，所需的分层最小厚度将由 0.46 m 增大到 0.9 m 以上。由此可知，对于已掘出的巷道，维护巷道两帮煤（岩）体的稳定不让其破坏（即 l 不变），将有利于对顶板岩层的维护。

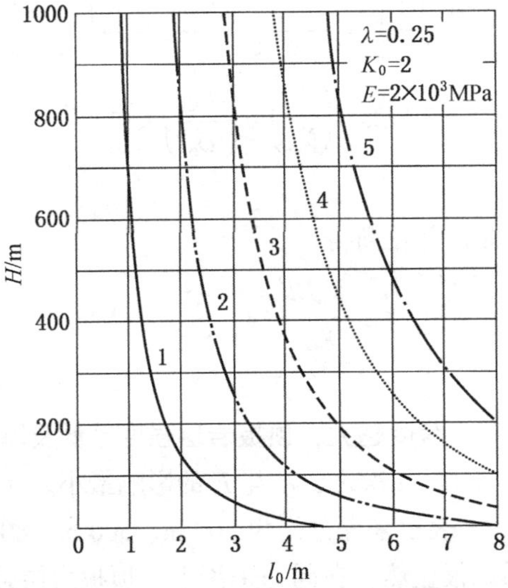

1—$m_1=0.3$ m；2—$m_1=0.5$ m；3—$m_1=0.6$ m；4—$m_1=0.8$ m；5—$m_1=1.0$m

图 1-25　l_0 与 H 间的关系

三、底板岩层破坏条件（底鼓原因和条件）

在支承压力作用下，巷道底板岩层也将承受轴向力的作用。当底板承受的轴向力超过其允许限度后，同样会因底板岩层失稳而引起严重底鼓、底板岩层破裂等后果。

底板岩层在轴向力 N 及自重作用下，弯曲变形方程为

$$\frac{d^2\omega}{dx^2}=-\frac{M_z}{EJ} \tag{1-62}$$

由于 $M_z=-N_A x+M_A+\frac{1}{2}px^2+N\omega=-\frac{ql}{2}x+\frac{1}{12}ql^2+\frac{1}{2}qx^2+N\omega$，则

$$\frac{d^2\omega}{dx^2}=-\frac{1}{EJ}\left(-\frac{qlx}{2}+\frac{1}{12}ql^2+\frac{1}{2}qx^2+N\omega\right) \tag{1-63}$$

令 $K^2=\frac{N}{EJ}$，则上式化简为$\frac{d^2\omega}{dx^2}+K^2\omega=-\frac{qK^2}{2N}\left(-lx+x^2+\frac{l^2}{6}\right)$。

与式（1-51）比较可以发现，仅等式右边差一负号，因此方程的通解为

$$\omega = A\cos Kx + B\sin Kx - \frac{q}{2N}\left(x^2 - lx + \frac{l^2}{6} - \frac{2}{K^2}\right) \tag{1-64}$$

同样，根据边界条件

$$\begin{cases} \omega\big|_{x=0} = 0 \\ \dfrac{d\omega}{dx}\bigg|_{x=\frac{l}{2}} = 0 \end{cases}$$

求解出两待定常数为

$$A = -\frac{q}{N}\left(\frac{1}{K^2} - \frac{l^2}{12}\right)$$

$$B = A\tan\left(\frac{Kl}{2}\right) = -\frac{q}{N}\left(\frac{1}{K^2} - \frac{l^2}{12}\right)\tan\left(\frac{Kl}{2}\right)$$

梁中最大弯曲拉应力发生在 $x=\frac{1}{2}$处，其大小为

$$\begin{aligned} \sigma\big|_{x=\frac{l}{2}} &= \frac{M_x}{\omega}\bigg|_{x=\frac{l}{2}} - Nm_1 = \left(-\frac{ql^2}{24} + N\sigma_{\max}\right)\left(\frac{m_1^2}{6}\right) - Nm_1 \\ &= -\frac{rl^2}{4m_1} + \frac{6r}{m_1K^2}\left[\left(\frac{l^2K^2}{12} - 1\right)\sec\left(\frac{Kl}{2}\right) + \left(\frac{l^2K^2}{24} + 1\right)\right] - Nm_1 \end{aligned} \tag{1-65}$$

因此，使梁达到屈曲时的最小轴向压力 N 为

$$N_{cr} = -\frac{\pi^2 EJ}{l^2} \tag{1-66}$$

当巷道底板岩层所受轴向力 $N \geqslant 0.8N_{cr}$时，将发生屈曲现象，即产生明显底鼓、破裂现象。式（1-66）表明，当顶、底板岩性相同时，底板岩层产生屈曲的临界轴向力与巷道顶板岩层屈曲破坏的最小轴向压力 N_{cr}相同。所不同的是，对于巷道顶板岩层来说，自重帮助其下沉，亦即帮助顶板岩层出现屈曲（由自重产生的弯曲沉降为 N 提供了力臂）。而底板岩层的自重阻止其变形（阻止底板岩层鼓起），对屈曲起到了抑制作用。

理论分析及实践都证明，矿山压力显现是有条件的，因此，人为创造条件，完全可以使其控制在安全合理的范围内。

第二章 采场上覆岩层运动发展的基本规律

采动后，促使围岩运动的矿山压力取决于悬露岩层的面积、厚度及压力传递情况。随着采场不断推进，矿山压力的大小和分布处于不断变化的过程中。巷道和采场支架上的受力是围岩运动的结果，受力的性质、大小和发展变化的规律与上覆岩层运动更是不可分割。所谓矿山压力的控制，包括支承压力和支架受力的控制，就其实质而言，就是岩层运动的控制。

第一节 采场上覆岩层运动破坏的基本形式

由于上覆悬露岩层运动破坏的形式决定着矿山压力显现规律及其控制要求。所以，必须研究上覆岩层运动及至破坏的基本形式。

一、运动的两种形式

上覆岩层悬露后发展到破坏，基本有弯（拉）破坏和剪（切）断破坏两种运动形式。

1. 弯（拉）破坏的运动形式

弯拉破坏的发展过程：随采场推进，上覆岩层悬露（图 2-1a）→在其重力作用下弯曲（图 2-1b）→岩层悬露达到一定跨度，弯曲沉降发展至一定限度后，在伸入煤壁的端部开裂（图 2-1c）→中部开裂形成“假塑性岩梁”（图 2-1d）→当其沉降值超过“假塑性岩梁”允许沉降值时，悬露岩层即自行垮落（图 2-1e）。

岩层运动由弯曲沉降发展至破坏的力学条件是岩层中的最大弯曲拉应力达到其抗拉强度。即：

$$\sigma_{tmax} = [\sigma_t] \tag{2-1}$$

式中 σ_{tmax}——悬露岩层中的实际最大拉应力，Pa；

$[\sigma_t]$——悬露岩层的允许拉应力，Pa。

悬露岩层中部拉开后，是否发展至垮落，则由其下部允许运动的空间高度决定。只有其下部允许运动的空间高度超过运动岩层的允许沉降值，岩层运动才会由弯曲沉降发展至垮落。否则，将保持“假塑性岩梁”状态，如图 2-2 所示。由此，煤层上方第 n 个岩层弯曲破坏发展至垮落的条件可由下式表示：

$$\begin{cases} S_n > S_0 \\ S_n = h - \sum_{i=1}^{n-1} m_i(K_A - 1) \end{cases} \tag{2-2}$$

式中 S_n——悬露岩层下部允许运动空间高度，m；

S_0——悬露岩层发展为“假塑性岩梁”的允许沉降值，m；

h——煤层开采高度，m；

$\sum_{i=1}^{n-1} m_i$——已垮落岩层的厚度，m；

K_A——已垮落岩层的碎胀系数。

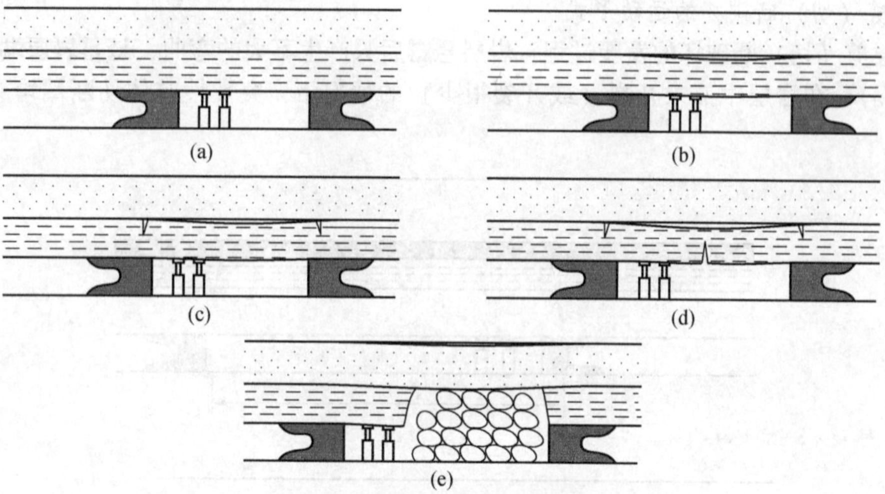

图 2-1　上覆岩层弯曲破坏发展至垮落

反之，悬露岩层弯曲破坏后保持“假塑性岩梁”状态的条件为

$$S_n < S_0 \tag{2-3}$$

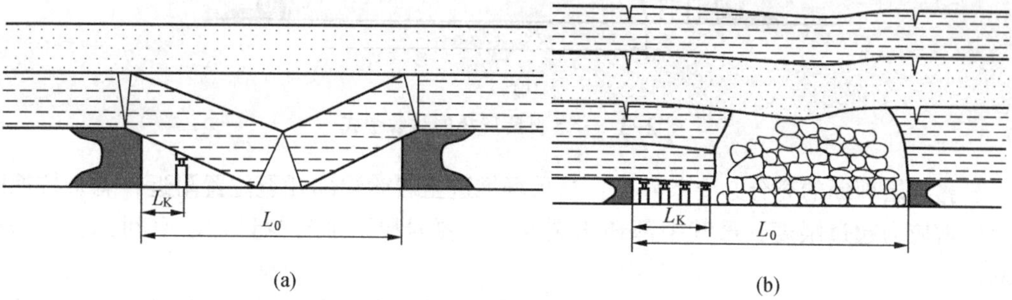

图 2-2　岩层弯曲破坏形成“假塑性岩梁”

在岩层可以由弯曲发展至破坏的条件下，由于其运动是逐渐发展的，所以，采场矿压显现比较缓和。如图 2-2a 所示，此时为保证岩层运动时采场安全，支架必须能支撑垮落岩层（直接顶）在控顶区上方的全部岩重，此时必须把“假塑性岩梁”的运动控制在要求的位置上，当允许“假塑性岩梁”沉降至最终位置（即无须控制）时，支撑“假塑性岩梁”的支架阻力可以为零，但最大不必超过岩梁跨度$\frac{1}{4}$的岩重。即支护阻力 p 可以表示为

$$A \leqslant p \leqslant A + \frac{m_E \gamma_E L_0}{4L_K} \tag{2-4}$$

式中 A——支撑垮落岩层（直接顶）所必需的支护阻力，Pa；

m_E——“假塑性岩梁”的厚度，m；

γ_E——“假塑性岩梁”的重力密度，kN/m^3；

L_0——“假塑性岩梁”初次裂断步距或跨度，m；

L_K——控顶距，m。

2. 剪（切）断破坏的运动形式

岩层剪（切）断破坏的发展过程：岩层悬露后只产生不大的弯曲，悬露岩层端部开裂（图 2-3a）→在岩层中部未开裂（或开裂很少）的情况下，突发性整体切断塌垮（图 2-3b）。

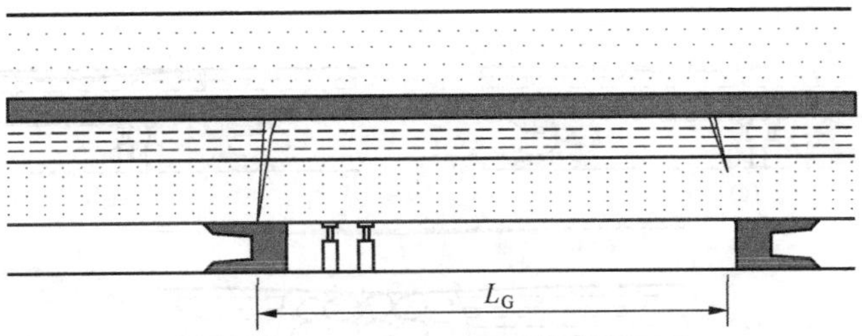

(a)

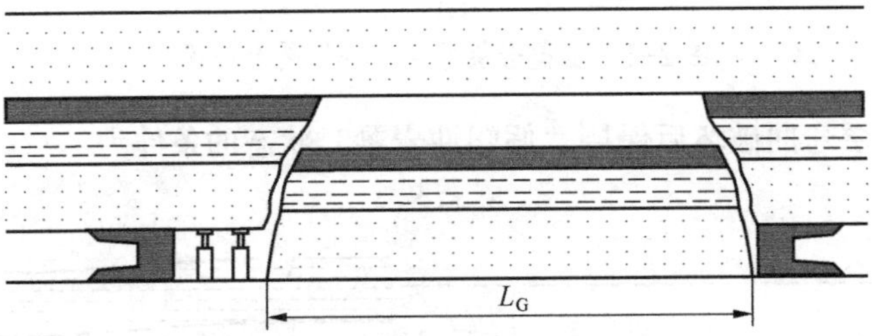

(b)

图 2-3 岩层剪断破坏的运动形式

悬露岩层剪断的充分必要条件是：当采场推进至岩梁端部开裂位置附近，剩余抗剪断面上的剪应力超过限度，虽其中部还未裂开，只要岩层下部有少量运动空间，岩层即被剪断。

对这类破坏形式，由于岩层剪断运动迅猛，回采工作面将受到明显的动压冲击。此时如果支架阻力不足，极易发生顶板沿煤壁切下的重大冒顶事故（图 2-4a）。即使回采工作面顶板不垮落，也会发生顶板台阶下沉（图 2-4b），使支柱回撤工作非常困难。

为此，要控制回采工作面顶板整体切断，采场支架必须具有较高的初撑力，其工作阻力应能防止顶板沿煤壁切断，而把切断线推至控顶距之外。支架缩量可按在煤壁处出现台阶下沉而支柱又不致被压死考虑。对于图 2-4b 所示情况，估算的支护强度 p_T 和支柱额定缩量 ε 分别为

$$p_T \geq A + \frac{m_K \gamma_K L_G}{2L_K} \tag{2-5}$$

$$\varepsilon \geq h - m_Z(K_A - 1) \tag{2-6}$$

式中 m_K——可能整体切断的岩层厚度，m；

γ_K——可能整体切断的岩层平均重力密度，kN/m^3；
L_G——可能整体切断的岩层极限跨度或切断步距，m；
其他符号同前。

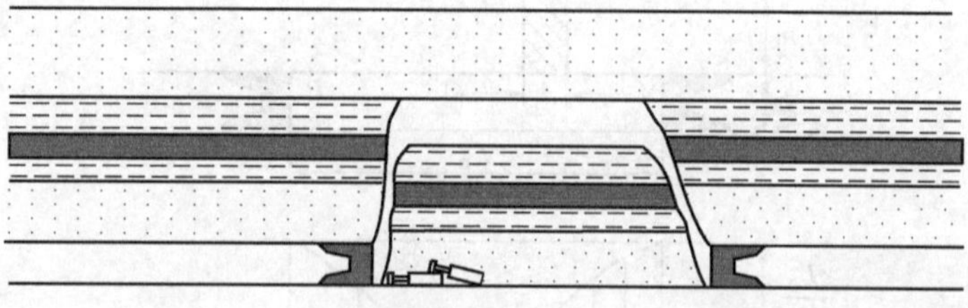
(a)

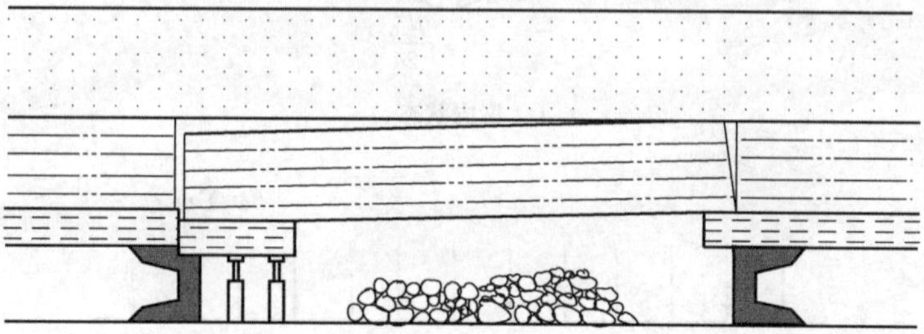
(b)

图 2-4　剪断运动形式对工作面的威胁

由上述可见，两种岩层破坏形式在运动发展过程中，回采工作面矿压显现特点及控制要求方面存在重要差别。因此，深入研究这两种破坏形式形成的力学条件及其在生产实践中的判断方法，是十分必要的。

二、岩层运动发展至破坏的力学条件

1. 弯（拉）破坏的力学过程及其条件

岩层弯坏的力学过程，就是其支承（约束）条件由嵌固梁向简支梁发展的过程。因为回采工作面的倾斜长度通常较悬露岩层的极限跨度大得多，可将悬露岩层视为一端由工作面煤体、另一端由边界煤体支承的两端嵌固的“梁”。其上覆岩层的重量可通过该“梁”传递至两端的支撑点（即工作面前方和后方煤体）上。为此，只要分析上述两类梁的应力状态，（图 2-5），将不难得到弯坏的力学条件。

对于图 2-5 所示的岩梁，在上覆均布载荷和本身自重的作用下，岩梁中部 O 点开裂的条件是其弯矩达到使拉应力超限的数值。即

$$\sigma_0 = \frac{M_0}{W} = [\sigma_t] \tag{2-7}$$

式中　σ_0——O 点的实际拉应力；
M_0——O 点的弯矩；
W——岩梁的截面模量。

对于嵌固梁来说，其端部和中部弯矩分别为

端部：
$$M_A = \frac{qL_0^2}{12} = \frac{(q_1 + q_2)L_0^2}{12} \tag{2-8}$$

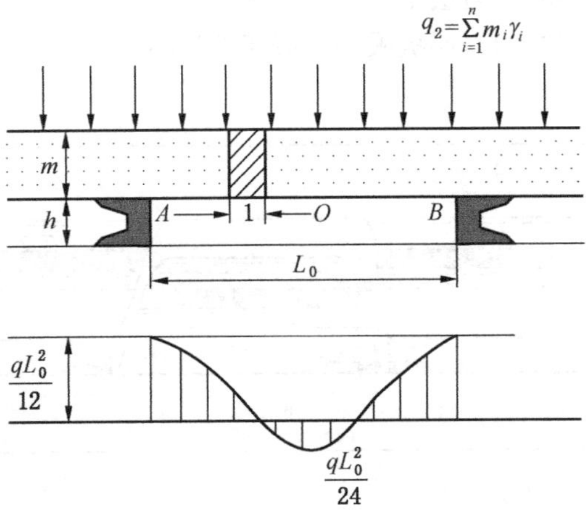

(a) 嵌固状态

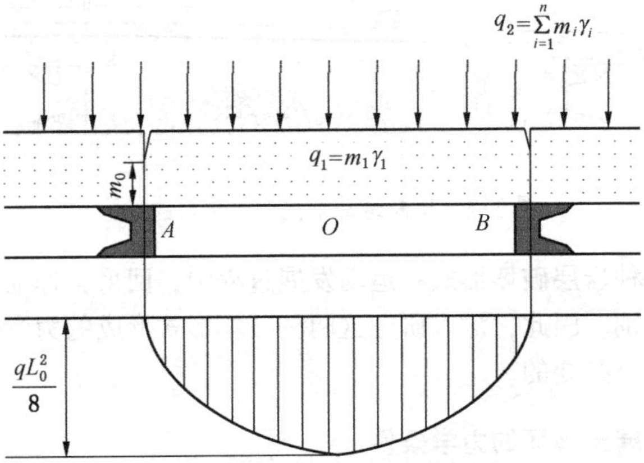

(b) 简支状态

图 2-5 岩梁的支承条件与弯矩

中部：
$$M_0=\frac{qL_0^2}{24}=\frac{(q_1+q_2)L_0^2}{24} \tag{2-9}$$

而简支梁其端部和中部弯矩则为

端部：
$$M'_0=0 \tag{2-10}$$

中部：
$$M'_0=\frac{qL_0^2}{8}=\frac{(q_1+q_2)L_0^2}{8} \tag{2-11}$$

比较嵌固梁与简支梁的弯矩，可以看出，嵌固梁端部与中部弯矩之和正好与简支梁中部弯矩相等。梁端开裂后，端部弯矩向中部转移就是按照这一规律进行的。因此，只要岩梁端部拉开后，支承条件迅速向简支梁转化，且中部拉开导致弯坏是必然的。

至此，悬露岩层由弯曲发展至破坏的力学过程和条件，可以大致归纳如下：

(1) 工作面推进至岩梁悬跨度极限值 L_0 时，梁端弯矩 M_A 为

$$M_A=\frac{(q_1+q_2)L_0^2}{12}$$

梁端的拉应力 σ_A 为

$$\sigma_A = \frac{M_A}{W} = \frac{\frac{(q_1 + q_2)L_0^2}{12}}{\frac{m^2}{6}} = \frac{q_1 + q_2}{2m^2}L_0^2 \geqslant [\sigma_t] \quad (2-12)$$

由于悬露岩层弯曲下沉后与其上部岩层离层，而不受其上部岩层重力的作用。因此，当悬露岩层上部无比其更软弱的岩层时，该岩层只受本身重力的作用，其端部裂断时的拉应力 σ_A 可按下式计算：

$$\sigma_A = \frac{\gamma L_0^2}{2m} \geqslant [\sigma_t] \quad (2-13)$$

当悬露岩层上部存在较其软弱的岩层时，则形成由不同岩性的岩层组成下硬上软的组合岩梁，其端部裂断时的拉应力 σ_A 为

$$\sigma_A = \frac{\left(m + \sum m_i\right)\gamma}{2m^2}L_0^2 \quad (2-14)$$

式中　m——强度高的下部支托层厚度，m；

　　m_i——随支托层同时运动的上部较软弱岩层的厚度，m。

（2）在梁端部开裂发展的过程中，随着端部弯矩减少，梁的中部弯矩将逐渐增加；随着支承条件向简支梁的转化，中部拉应力将向接近 $\sigma'_0 = \frac{3\left(m + \sum_{i=1}^{n} m_i\right)\gamma}{4m^2}L_0^2$ 的数值发展。

（3）在嵌固梁向简支梁转化的过程中，当岩梁中部拉应力 σ'_0 达到 $\frac{\left(m + \sum m_i\right)\gamma}{2m^2}L_0^2$ 时，中部必然拉开，岩梁发展至垮落或保持“假塑性岩梁”状态。

（4）岩梁端部和中部开裂的力学条件应为 $\sigma_A = \sigma'_0 \geqslant [\sigma_t]$。为了便于应用，其力学条件可用岩梁悬露的极限跨度 L_0 表示。

$$L_0 = \sqrt{\frac{2m^2[\sigma_t]}{\left(m + \sum m_i\right)\gamma}} \quad (2-15)$$

当 $\sum_{i=1}^{n} m_i = 0$，即单一岩层弯曲破坏时

$$L_0 = \sqrt{\frac{2m[\sigma_t]}{\gamma}} \quad (2-16)$$

显然，L_0 值随岩梁厚度 m、允许抗拉强度 $[\sigma_t]$ 的增加而增大，随支托层上的软岩厚度 $\sum m_i$ 的增加而减小。

2. 岩层剪坏的力学过程和条件

悬露岩层剪坏的条件是：梁端开裂后，其端部抗剪断面上最大剪应力 τ_{max} 超限。即

$$\tau_{max} = [\tau] \quad (2-17)$$

式中　$[\tau]$——岩层的抗剪强度。

梁端抗剪断面上的最大剪应力τ_{max}为

$$\tau_{max} = \frac{3Q_{max}}{2S} \tag{2-18}$$

对照图 2-5 岩梁的受力情况，最大剪应力 Q_{max}和抗剪断面 S 分别为

$$Q_{max} = \frac{(q_1 + q_2)L_G}{2} = \frac{\left(m + \sum m_i\right)\gamma L_G}{2}$$

$$S = 1 \times m_c = m_c$$

式中　m_c——岩层端部开裂后的残余厚度，m。

将此结果代入式（2-18），整理后即得以岩梁悬露跨度表示的剪坏力学条件为

$$L_G = \frac{4m_0[\tau]}{3\left(m + \sum m_i\right)\gamma} \tag{2-19}$$

当悬露岩层只受自重作用时，$\sum m_i = 0$。则

$$L_G = \frac{4m_0[\tau]}{3m\gamma} \tag{2-20}$$

式中符号含义同前。

至此，可将岩梁剪坏的力学过程归纳如下：

（1）当岩梁悬跨度达到极限跨度 L_0 时，梁端因拉应力超限而开裂。

（2）当工作面煤壁推至开裂位置或构造断裂面附近，在梁中部拉应力的大小仍未达到超限的情况下，由于悬露岩层端部残余抗剪断面不足，其剪应力超限，造成岩层沿工作面煤壁附近整体切断而垮落。如果工作面支护有较高的初撑力和足够的阻力，岩层将沿放顶线切下。

三、采场上覆岩层破坏形式的判断

由上述岩层破坏形式的力学条件分析可知，理论上判断岩层的破坏形式很简单，即

（1）$L_0 < L_G$ 时，岩层在悬跨度的中部被拉坏，形成弯拉破坏形式。

（2）$L_0 \geqslant L_G$ 时，岩层在端部被剪坏，形成剪断破坏形式。

由此可以导出剪断破坏时的岩层临界厚度 m_0 为

$$m_0 = \sqrt[3]{\frac{8m_c^2[\tau]^2}{9\gamma[\sigma_t]}} \tag{2-21}$$

当实际的岩层厚度大于 m_0 时，即有出现整体剪断的危险。

由式（2-21）可见，岩层剪断的临界厚度 m_0 主要由下列因素决定：

（1）悬露岩层的岩石力学性质。主要是岩石的抗剪强度和抗拉强度。两者相比，抗剪强度的影响更大。$[\tau]$ 越大，岩层剪断的可能性就越小；而随 $[\sigma_t]$ 的增大，m_0 将减小。

（2）岩层的残余抗剪厚度 m_c。由上式可见，m_c 越大，m_0 就越大，岩层就越不容易剪断。而 m_c 的大小，取决于悬露岩层在其悬跨度中部的挠曲程度。在岩梁弯沉不受下部自由空间高度限制时，岩层中部的挠曲程度主要由岩层刚度和支承体（煤体或岩层）刚度决定。换言之，此条件下，岩梁残余抗剪厚度是由岩梁刚度和支承体（煤体或岩层）的刚度决定的。刚度条件越好，岩梁的抗剪厚度越大，临界厚度越大。但必须说明，越是这样的

岩层，往往出现大范围的剪切塌垮，从而威胁采场生产的安全，务必引起注意。

为了保障采场生产的安全，必须对顶板岩层的破坏形式进行预估。上述理论分析为现场实际研究提供了可靠的依据。在现场对岩层运动形式进行判断，可借助于井下岩层动态观测研究方法进行。该方法的测试系统如图 2-6 所示。该方法采用的测试仪器为 0.01 mm 精度的顶板动态仪。根据观测得到的采场推进过程中巷道和采场的顶底板相对移近速度的变化情况，就可对岩层运动形式进行判断。如果实测的动态曲线变化规律如图 2-7a 所示，岩层将呈现弯（拉）破坏的运动形式。相反，动态曲线如图 2-7b 所示，巷道顶底板移动在长时间不明显的情况下突然增加，而采场顶板动态仍没明显变化，岩层即可能呈现剪断破坏的运动形式。

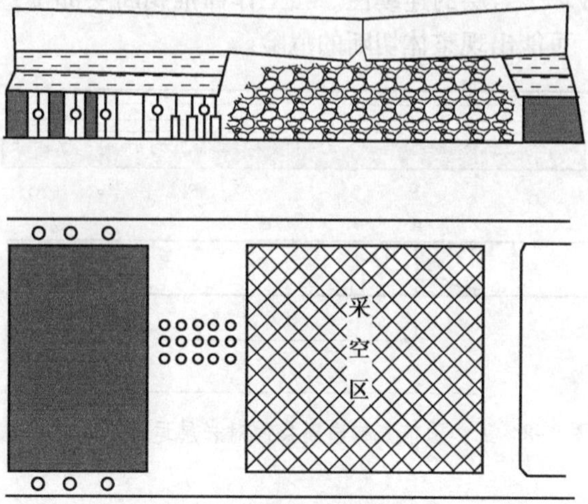

图 2-6　井下动态观测测区布置

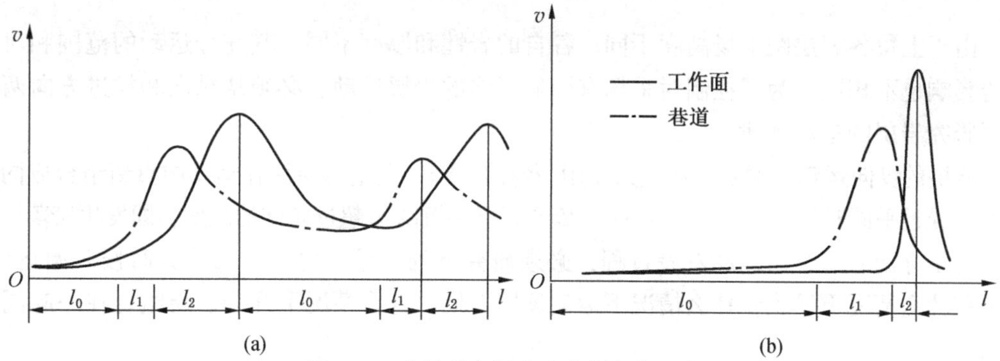

图 2-7　采场顶底板移近速度变化示意

四、采场上覆岩层破坏形式的转化

岩层破坏的两种形式是随地质条件和采动条件的变化而相互转化的。

(1) 当工作面推至端部开裂位置附近，提高推进速度可能会使原来呈弯坏运动的岩层转变为剪断破坏的运动形式。这就是在日常来压比较均匀的采场，高产后往往出现切顶事故的原因。

（2）强制放顶改变坚硬岩层的厚度，可以排除整体切断塌垮的威胁，从而使破坏形式转化为弯坏形式。

（3）改变开采程序。如坚硬岩层覆盖的厚煤层或近距离煤层，当采用下行式开采时，顶分层（或上煤层）的坚硬顶板可能整体切断，威胁生产。同时，塌垮的大块造成底分层（或下一煤层）假顶管理困难。为此可采用上行式开采程序，先采底分层（或下煤层）。这一方面是由于硬岩离采场位置较高，又有较大的残余厚度作为垫层，因而可防止坚硬岩层剪断，另一方面，最后开采顶分层时，由于坚硬岩层受重复采动影响，已经形成裂缝，突然剪断的可能性就大大减小，从而可形成弯坏的形式。

（4）在推进方向遇到图 2-8 所示的断层，原弯坏的岩层可能向整体切断的运动形式转化。这是因为断层破坏了岩层的连续性。当工作面推到断层部位，岩层悬露尚未达到中部裂断所必需的跨度，可能出现整体切断的危险。

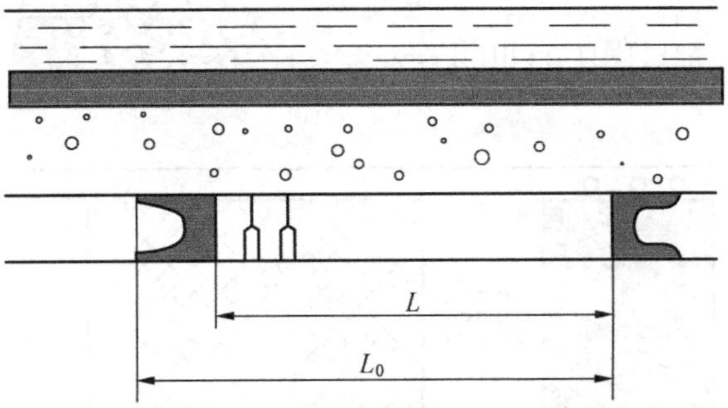

图 2-8　工作面前方构造断裂面对岩层运动形式的影响

第二节　采场上覆岩层纵向运动发展的基本规律

由于上覆各岩层距采场高度不同，各自的岩性和厚度不同，其充分运动的范围和对采场的影响也不相同，为了控制对采场有明显影响的岩层运动，必须从纵向和推进方向两个方面研究岩层的运动规律。

岩层的纵向运动一般是：在重力作用下弯曲沉降→发生离层后在运动中重新组合成同时运动（或近乎同时运动）的“假塑性”传递岩梁→沉降值超过允许的限度，即发生垮落。

为了弄清岩层纵向运动发展过程，必须研究下列问题：每一岩层什么时候开始运动？离层在什么情况下发生？什么情况下运动逐层发展？什么情况下几个岩层组合在一起同时运动？

一、覆岩运动组合的力学分析

（一）离层发生的位置和条件

由材料力学可知，单一的均质梁发生弯曲时，在平行于中性轴的各平面上产生剪应力，其大小分布情况如图 2-9a 所示。对于组合梁，弯曲时接触面上必然出现剪应力。

采场上方悬露的上覆岩层，可视为在均布载荷作用下的多层嵌固梁（图 2-9b 所示为两个高强度岩层夹持低强度岩层组成的嵌固梁）。该岩梁弯曲沉降过程中，也必然在平行

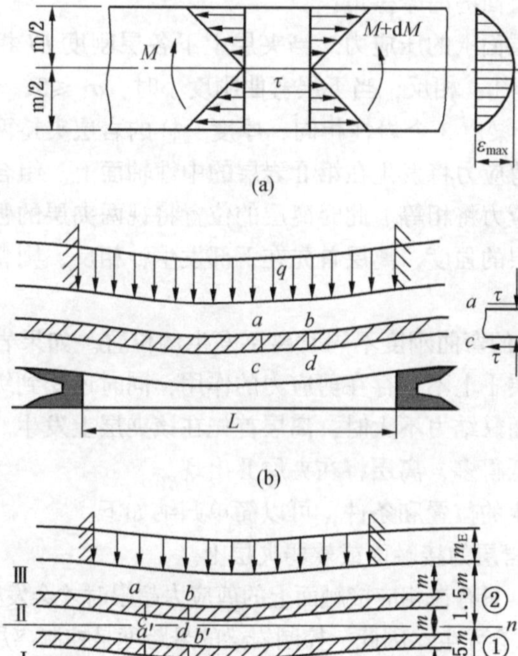

图 2-9 层间剪应力与离层

于轴向的各层面（或接触面）上出现剪应力。随采场推进，剪应力随岩梁悬跨度和外载的增加而增加，当剪应力的值超过层面上（或软弱夹层的接触面上）黏结力和摩擦阻力所允许的限度时，层面或软弱夹层的接触面即被剪坏，岩层的离层随即发生。因此，离层发生的力学条件可归纳为

$$\tau = C + \sigma_n \tan\varphi \tag{2-22}$$

式中 τ——层面上（或软弱夹层接触面）的剪应力；

C——接触面或层面的黏结力；

φ——接触面或层面的内摩擦角；

σ_n——接触面或层面上的压应力。当夹层上下各层刚度 EI 相同，或上部弯曲刚度小时，$\sigma_n>0$；相反，当下层弯曲刚度小时，$\sigma_n\leqslant 0$。

图 2-9c 所示的组合梁由 3 个岩性相同、厚度一样的岩层夹持两个软夹层组成。当岩梁弯曲下沉时，其最大剪应力将发生在第Ⅱ岩层的中性轴面上。组合梁的两个夹层距中性轴面距离相同，因此剪应力将相等。此时离层的位置将视两夹层的强度差别而异。如果下部夹层强度低于上部夹层的强度，离层首先在下部发生；相反，则将首先在夹层Ⅱ和Ⅲ两岩层间出现。

图 2-9d 所示为岩层的弯曲刚度不同时离层发生的位置。如果岩层Ⅰ的弯曲刚度比岩层Ⅱ、Ⅲ小得多，在夹层Ⅰ上不仅存在剪应力的作用，同时还受到纵向拉应力的作用。当夹层Ⅰ强度不高，接触面黏结力不大时，离层首先在该夹层上发生。如果岩层Ⅰ、Ⅱ的强度和弯曲刚度较岩层Ⅲ低得多，离层将在夹层Ⅱ出现。

综上所述，离层发生的位置和条件，可以简单归纳如下：

(1) 离层将发生在岩层的接触面或软弱夹层上。

(2) 接触面的破坏，只有在相应接触面上的剪应力超限时才会发生。即悬露岩层的跨度达到极限跨度时，离层才会发生。因此，控制岩梁的悬跨度是控制离层发生的重要方法。

(3) 离层出现的位置取决于组合岩梁中各岩层的弯曲刚度和各夹层的强度。当下部岩层弯曲刚度小，夹层（或接触面）强度低时，离层在下部发生；反之，离层可能先在上部夹层出现。

(二) 岩层纵向运动的总趋势

各岩层受回采工作面推进的影响，其悬露时间、悬露跨度和所受外载由下而上是不相同的。一般来说最下部的岩层最先悬露，越靠上部的岩层，悬露越晚；各岩层的悬露跨度由下向上是依次递减的。研究结果表明，如果下部岩层端部断裂前悬跨度为 L_1，则上部岩层的反弯点将由两端向回采工作面方向移动，约从 $0.1L_1$ 外开始，其实际悬跨度 L_2 将比下部岩层小 0.2 倍，即 $L_2=0.8L_1$ 或 $L_1=1.25L_2$。

由于岩梁的悬露跨度由下而上依次减小，而剪应力大小又与岩梁悬跨度成比例，因此剪应力大小亦是由下而上递减的。由此可见，即使各岩层的岩性、厚度均相同，各接触弱面的抗剪强度也相同，按式（2-22）判断，离层从下开始向上逐步发展，所以岩层的运动发展趋势是由下而上的。

此外，形成岩层纵向运动由下而上发展的另一个重要原因是：作用于各岩层的外载是由下而上递减的，以有限元计算相邻岩层的垂直应力，得到同样的结果。如图 2-10 所示，该图说明工作面推进到 28 m 时上覆岩层的离层情况。采场上方第一岩梁与第二岩梁离层部发展到工作面内距煤壁 3 m 时，两层间垂直应力最大值在煤壁前方 6.75 m 处，应力集中系数为 1.479(图 2-10c)。第二岩梁与上部岩层也发生离层，离层位置发展到工作面内距煤壁 6 m 时，层间接触垂直应力峰值在煤壁前方 12.75 m 处，应力集中系数为 1.225(图 2-10d)。比较图 2-10c 与图 2-10d，可见前者垂直应力曲线较后者陡，说明前者外载较后者大。剪应力也具有同样的情况，由下而上看，顶板离层也具有逐渐减小的趋势。

综上所述，岩层纵向运动的基本趋势是由下而上发展的。

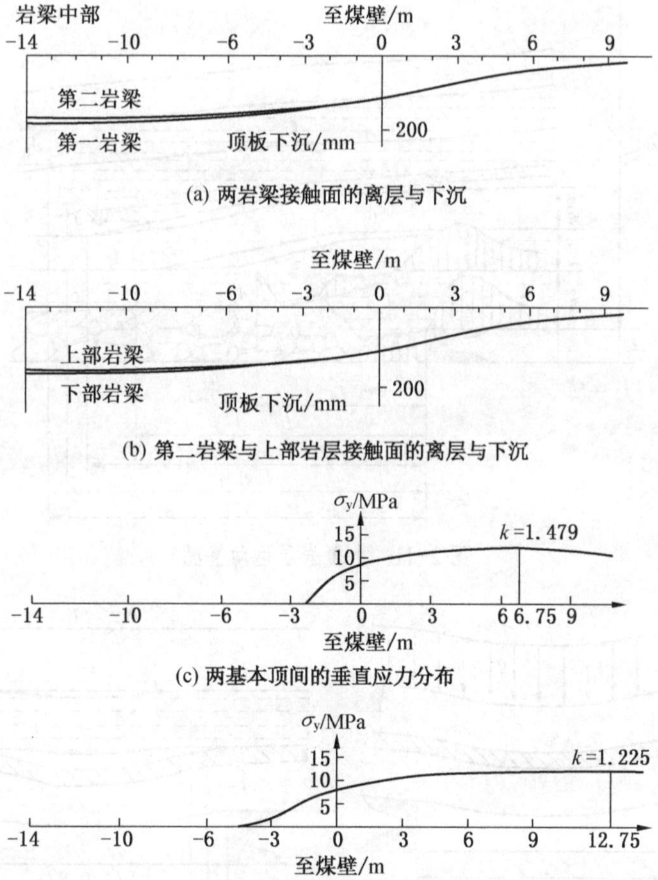

(a) 两岩梁接触面的离层与下沉

(b) 第二岩梁与上部岩层接触面的离层与下沉

(c) 两基本顶间的垂直应力分布

(d) 第二岩梁与上部岩层间的垂直应力分布

图 2-10　工作面推进 28 m 时顶板离层与应力分布

（三）传递岩梁形成的力学原理

如图 2-11 所示，采场上覆岩层中除临近煤层的采空区已垮落岩层外，其他岩层保持"假塑性"状态，两端由煤体支承，或一端由工作面前方煤体支承，一端由采空区矸石支承，在推进方向上保持传递力的联系。因此，可把每一组同时运动（或近乎同时运动）的岩层看成一个运动的整体，称为"传递力的岩梁"，简称"传递岩梁"。

对于相邻的两岩层，是同时运动组成一个传递岩梁，还是分开运动形成两个传递岩梁，可以用两岩层沉降中最大曲率（ρ_{max}）或最大挠度（ω_{max}）进行判断。

当 $\rho_{max上} \geqslant \rho_{max下}$ 或 $\omega_{max上} \geqslant \omega_{max下}$ 时，两岩层组合成一个传递岩梁同时运动（图 2-12a）。

当 $\rho_{max上} < \rho_{max下}$ 或 $\omega_{max上} < \omega_{max下}$ 时，两岩层将形成两个传递岩梁分别运动（图 2-12b）。

由材料力学知：固定梁弯沉时的最大曲率和挠度分别为 $\rho_{max}=\dfrac{\gamma L^2}{2Em^2}$，$\omega_{max}=\dfrac{\gamma L^4}{32Em^2}$。简支梁弯曲时最大曲率 $\rho_{max}=\dfrac{3\gamma L^2}{2Em^2}$；最大挠度 $\omega_{max}=\dfrac{5\gamma L^4}{32Em^2}$。显然，任何支承条件下梁的最大曲率和挠度可表示为 $\rho_{max}=\alpha\dfrac{\gamma L^2}{Em^2}$，$\omega_{max}=\beta\dfrac{\gamma L^4}{Em^2}$，其中 α、β 为由梁的支承条件决定的系数。

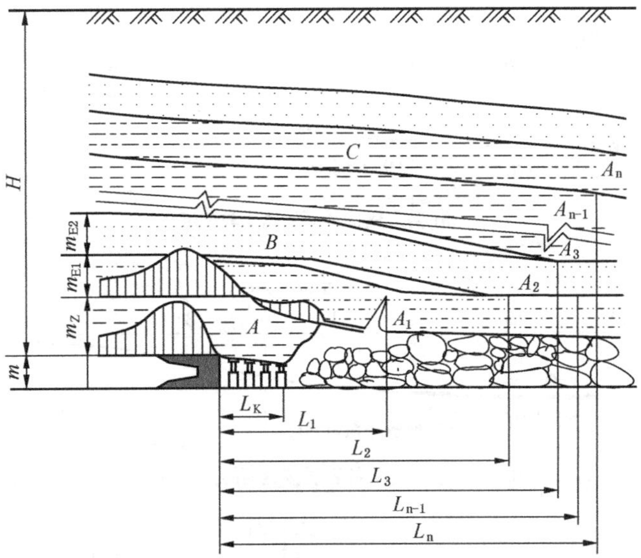

图 2-11 上覆岩层运动情况

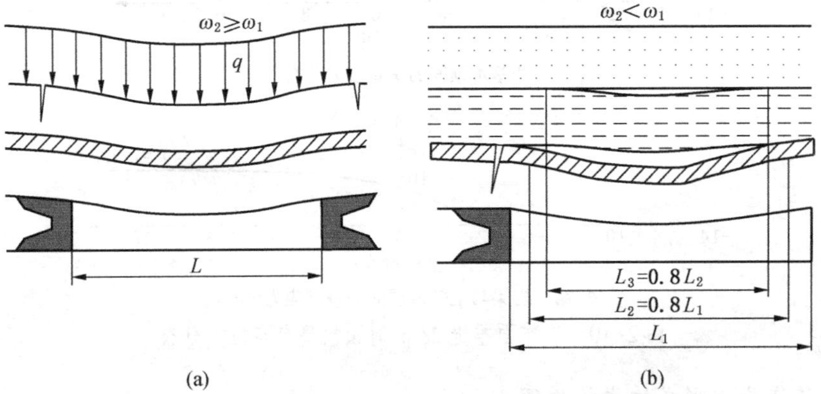

图 2-12 传递岩梁的形成

当岩梁的支承条件一定，其曲率和挠度与岩梁的跨度 L、厚度 m 及弹性模量 E 有关。其中跨度 L 的影响最大，厚度 m 的影响次之，弹性模量 E 的影响相对较小。

1. 两岩层在外载（上部岩重）作用下开始运动

如图 2-12 所示，两岩层的悬露跨度相同，即

$$L_{上}=L_{下}=L$$

此时，两岩层是组成一个梁同时运动，还是形成两个梁分开运动，主要由弹性模量 E 和岩层厚度 m 决定。

当弹性模量 E 相同，即 $E_{上}=E_{下}$ 时，岩梁组合与否，由岩层厚度 m 的大小判定。

（1）当 $m_{下}<m_{上}$ 时，由于下部岩层先悬露，其悬露跨度先于上部岩层达到极限值，端部首先裂开，支承条件由固定梁向简支梁发展。此时 $\rho_{下}>L_{上}$，$\omega_{下}>\omega_{上}$，上下部岩层将形成独立运动的传递岩梁分开运动，且下部岩层的运动先于上部岩层。上部岩层的厚度越大，上部岩层滞后下部岩层运动的时间越大。

（2）当 $m_{下}>m_{上}$ 时，$\rho_{下}<L_{上}$，$\omega_{下}<\omega_{上}$，上部岩层与下部岩层组成一个传递岩梁同时

运动。

当岩层厚度相同（或相差不大），即 $m_{下}=m_{上}$ 时，运动的组合情况将由两岩层的弹性模量 E 决定。

（1）当 $E_{下}<E_{上}$ 时，$\rho_{下}>L_{上}$，$\omega_{下}>\omega_{上}$，下部岩层独立形成传递岩梁先于上部岩层运动。

（2）当 $E_{下}>E_{上}$ 时，$\rho_{下}<L_{上}$，$\omega_{下}<\omega_{上}$，两岩层组合成一个传递岩梁同时运动。

当出现 $E_{下}<E_{上}$、$m_{下}>m_{上}$ 或 $E_{下}>E_{上}$、$m_{下}<m_{上}$ 的复杂情况时，由两岩层同时运动的临界条件 $\omega_{下}=\omega_{上}$ 或 $E_{下}\ m_{下}^2=E_{上}\ m_{上}^2$ 推导出下列两岩层组合与否的条件：

（1）$E_{下}\ m_{下}^2>E_{上}\ m_{上}^2$ 时，上下两岩层同时运动；

（2）$E_{下}\ m_{下}^2<E_{上}\ m_{上}^2$ 时，上下两岩层分开运动，且下部岩层先运动。

2. 两岩层在自重作用下弯曲沉降分析

如图 2-12b 所示，两岩层在自重作用下弯曲时，由于 $L_{下}=1.25L_{上}$，下岩层的跨度和弯矩先于上岩层达到极限。在此条件下，两岩层的组合运动情况由 $\omega_{下}=\omega_{上}$ 或 $E_{下}\ m_{下}^2=1.25^4E_{上}\ m_{上}^2$ 的临界条件导出。

（1）当 $m_{下}=m_{上}$ 时，应根据岩性对运动组合情况进行判断。

若 $E_{下}<E_{上}$，则 $\omega_{下}>\omega_{上}$，下部岩层必然先行运动。

若 $E_{下}>E_{上}$，只有当 $E_{下}\geqslant 1.25^4E_{上}$ 时，上下两岩层才能同时运动。

（2）当 $E_{上}=E_{下}$ 时，则应根据岩层厚度来进行判断。

若 $m_{下}<m_{上}$，则 $\omega_{下}>\omega_{上}$，下部岩层先运动。

若 $m_{下}>m_{上}$，则两岩层同时运动的条件为：$m_{下}\geqslant 1.25^4m_{上}$。

（3）如果出现 $E_{下}<E_{上}$，$m_{下}>m_{上}$ 或 $E_{下}>E_{上}$，$m_{下}<m_{上}$ 的复杂情况。上下两岩层同时运动的临界条件为

$$E_{下}\ m_{下}^2\geqslant\left(\frac{L_{下}}{L_{上}}\right)^4E_{上}\ m_{上}^2=1.25^4E_{上}\ m_{上}^2$$

否则，则两岩层分开运动。

（4）即使 $m_{上}=m_{下}$ 和 $E_{上}=E_{下}$，但随采场推进下部岩层将先达到极限弯矩，满足 $\omega_{上}<\omega_{下}$ 的条件，因此必然先行破坏，两岩层分别形成传递岩梁依次运动。上部岩层岩性强度越高（$E_{上}$ 值越大）、厚度 $m_{上}$ 越大，显著运动滞后的时间就越长。

为了便于判断岩层的运动组合情况，现将我国一些煤矿顶底板岩石的强度值和弹性模量列于表 2-1 及表 2-2，供参考。

表 2-1　几种岩石的弹性模量与泊松比值

岩石种类	弹性模量 $E/(10^3\ \text{MPa})$			泊松比 μ	
	压缩		拉伸		
	平行层理	垂直层理	平行层理	平行层理	垂直层理
花岗岩	60	60	22	0.05~0.25	0.05~0.25
石灰岩	26.8	29	26	0.16~0.27	0.19~0.39
砂岩	37.4	39.8	37	0.12	0.14~0.20

表 2-1 (续)

岩石种类	弹性模量 $E/(10^3$ MPa)			泊松比 μ	
	压缩		拉伸		
	平行层理	垂直层理	平行层理	平行层理	垂直层理
砂质页岩	36.3	24.2	13	0.25	0.16
泥质页岩	25	15	11	0.15~0.39	0.1~0.48
黏土	0.3	—	—	—	—
煤	10~20	—	—	0.1~0.5	0.1~0.5

表 2-2　我国若干煤田顶底板岩石强度

岩石种类		抗压强度/(10 MPa)	抗拉强度/(10 MPa)	抗剪强度/(10 MPa)
砂岩类	细砂岩	10.60~14.50	0.56~1.80	1.78~5.45
	中砂岩	8.75~13.60	0.61~1.43	1.36~3.72
	粗砂岩	5.80~12.50	0.55~1.19	1.26~3.10
	粉砂岩	3.70~5.60	0.14~0.25	0.70~1.17
砾岩类	砂砾岩	7.10~12.40	0.29~0.99	0.72~2.94
	砾岩	8.20~9.60	0.41~1.20	0.67~2.69
页岩类	砂质页岩	4.00~9.20	0.40~1.21	2.10~3.05
	页岩	1.90~4.00	0.28~0.55	1.60~2.35
灰岩类	石灰岩	5.40~16.10	0.79~1.41	1.00~3.10
	煤	0.50~5.00	0.20~0.50	0.11~1.65

二、覆岩运动组合的实测研究例证

开滦范各庄矿通过地面钻孔观测研究了上覆岩层运动随采场推进的发展变化规律，较好地证明了上述力学分析和推断。其中部分结果揭示了下列岩层运动纵向发展规律（图2-13）。

（1）纵向运动发展的总趋势是由下而上的。由于悬露时间和跨度的差别，越靠上部的岩层，运动滞后时间越长。由图 2-13b 可见，高部位岩层④中的观测点 N_4 滞后岩层③中观测点 N_3 的时间，远比 N_2 滞后 N_1 的时间长得多。

（2）离层首先发生在不同岩层的接触面上，或者发生在低强度的夹层中。这可从图 2-13c、图 2-13d 所表示的离层纵向和走向分布情况看到。观测点 N_1 和 N_2 分别设在低强度的粗砂岩（岩层①）和强度略高一点的粉砂岩（岩层②）中。随采场推进，两岩层的接触面上首先破坏离层，离层达最大值到重新闭合所经历的时间很短（工作面推进达 25 m）。但是紧接着发生离层的位置并不是发生在粉砂岩中的相邻两测点 N_2 和 N_3 间，而是发生在低强度的夹层—煤线上（即 N_3 与 N_4 间）。

（3）离层的位置取决于低强度的软弱夹层所处的位置。上部岩层存在低强度的软弱夹层，离层先在软弱夹层上发生。图 2-13c 中距煤层高度 8 m 处；图 2-13d 中 N_{3-4}先于 N_{2-3}

出现离层，其离层值大于下部。N_{3-4}离层由最大值到重新闭合经历的时间比下部大，足以证明上述结论是完全正确的。

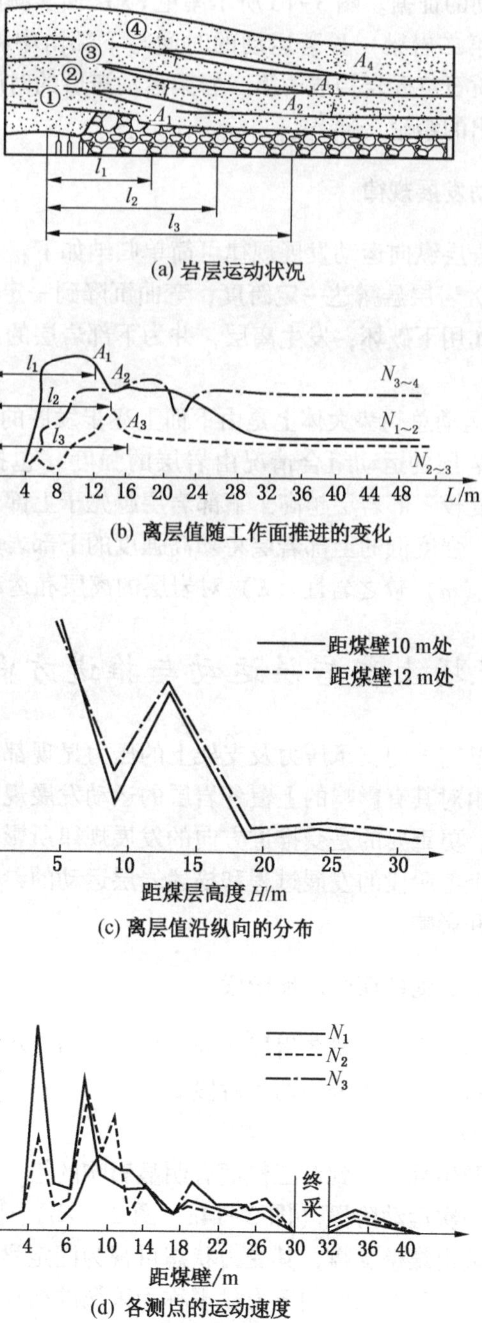

(a) 岩层运动状况

(b) 离层值随工作面推进的变化

(c) 离层值沿纵向的分布

(d) 各测点的运动速度

图 2-13 范各庄五煤层顶板岩层的离层与组合运动

此外，图 2-13d 还表明，N_{2-3}是在粉砂岩由煤线处离层后，在继续沉降的过程中，由于同一岩性的粉砂岩存在着弱面，离层照样在弱面上发生。只是由于岩性相同，离层发生的时间较晚，产生的离层值较小，重新闭合经历的时间较短而已。

上述力学分析的有关结论，在井下实测研究中同样得到证实。例如，从图 3-15 所示淮南谢一矿 2912 面的实测结果中，可以找到低强度的页岩层和上覆已冒岩石随下部强度较高的砂质岩同时运动的证据。图 3-16 所示南屯 8302 面实测的结果说明：厚度相近、强度略低的细砂岩层（第二岩梁）显著运动的时间与下部由中粒砂岩组成的第一岩梁很接近；而由高强度厚铁质石英砂岩构成的第三岩梁运动滞后的时间都很长。这些都同样证明了上述力学分析所得出的结论。

三、覆岩纵向运动发展规律

根据上述分析，岩层纵向运动发展规律可简单归纳如下：

（1）随采场推进，岩层悬露达一定跨度，弯曲沉降到一定值后，强度低的软弱夹层或接触面在轴向剪应力作用下破坏，发生离层，并为下部岩层的自由沉降和运动向上部岩层发展创造了条件。

（2）岩层的纵向运动总趋势大体上是由下而上逐步发展的。

（3）离层后上下岩层的运动组合情况由岩层的强度（包括岩性、厚度、裂隙等）差别决定。上部岩层强度较下部岩层越高，下部岩层越先于上部岩层运动，上部岩层运动滞后的时间越长。相反，强度低的上部岩层将随高强度的下部岩层同时运动。

（4）岩层的厚度（m）较之岩性（E）对岩层的离层和运动组合的影响重要得多。

第三节　采场上覆岩层运动与推进方向上发展的规律

随采场推进，煤壁前方的支承压力及支架上的压力显现都在不断地变化。采场矿压显现的发展变化规律是由对其有影响的上覆各岩层的运动发展规律决定的，除了岩层运动的纵向发展规律影响外，更重要的是受推进方向的发展规律所影响。因此，必须进一步研究岩层运动在推进方向上各阶段的发展过程和描述岩层运动的参数，从而揭示岩层运动在推进方向上的发展规律和影响。

一、采场上覆岩层运动的两个发展阶段

在采场推进过程中，由于上覆各岩层承受的矿山压力大小不同和支承（约束）条件的差异，就其运动发展状况来说可分为两个阶段。

1. 第一次运动阶段

从岩层由开切眼开始悬露，到对工作面有明显影响的第一、二个传递岩梁第一次裂断运动结束为止，为第一次运动阶段（图 2-14a、图 2-14b）。其中包括直接顶岩层第一次垮落。该阶段岩层两端由煤壁支撑，其受力状态可视为固定梁。

采场各岩层第一次运动在采场的压力显现称为采场的初次来压。由于任何岩层第一次运动步距相对日常情况下的运动步距要大得多，因此初次运动来压面积大，强度高，并且可能伴随发生动压冲击。在控制岩层运动和矿压显现时，一定要十分注意这一特点，以保证回采工作面在初次来压期间的安全。

2. 周期性运动阶段

从岩层第一次运动结束到工作面采完，顶板岩层按一定周期有规律的断裂运动，称为

周期性运动阶段（图 2-14c～图 2-14f）。在此发展阶段岩层的约束条件发生了根本性变化：直接顶岩层在采场里为一端固定的“悬臂梁”。直接顶上方各岩梁为一端由煤壁支承，另一端为由采空区矸石支撑的不等高的传递岩梁。此时，运动步距较初次运动步距小得多。

岩层周期性运动在采场的矿压显现称为采场周期来压。这个阶段岩层的完整性比第一次运动前差，运动步距又较小，因此周期来压时的强度较初次来压时要小。两个阶段采场的矿压显现强度差别较大，因此，控制岩层运动和矿压显现的要求也不相同。当两个运动阶段压力强度差别很大时，不仅要尽可能扩大推进方向上的距离，而且支架的选型和设计必须分别考虑。显然，如果按初次来压设计和选择支架，周期来压阶段支架的阻力不能充分发挥，将带来较大浪费。

二、岩层运动发展的过程

在上述两个发展阶段中，岩层运动都将经历以下两个发展过程。

1. 相对稳定过程

我们把岩梁运动幅度小，对回采工作面矿压的影响不明显的过程，称为岩梁处于相对稳定过程。描述该过程长短的参数是岩梁的相对稳定步距，即岩梁处于相对稳定状态时工作面推进的距离，用 b 表示，如图 2-14a～图 2-14e 所示。

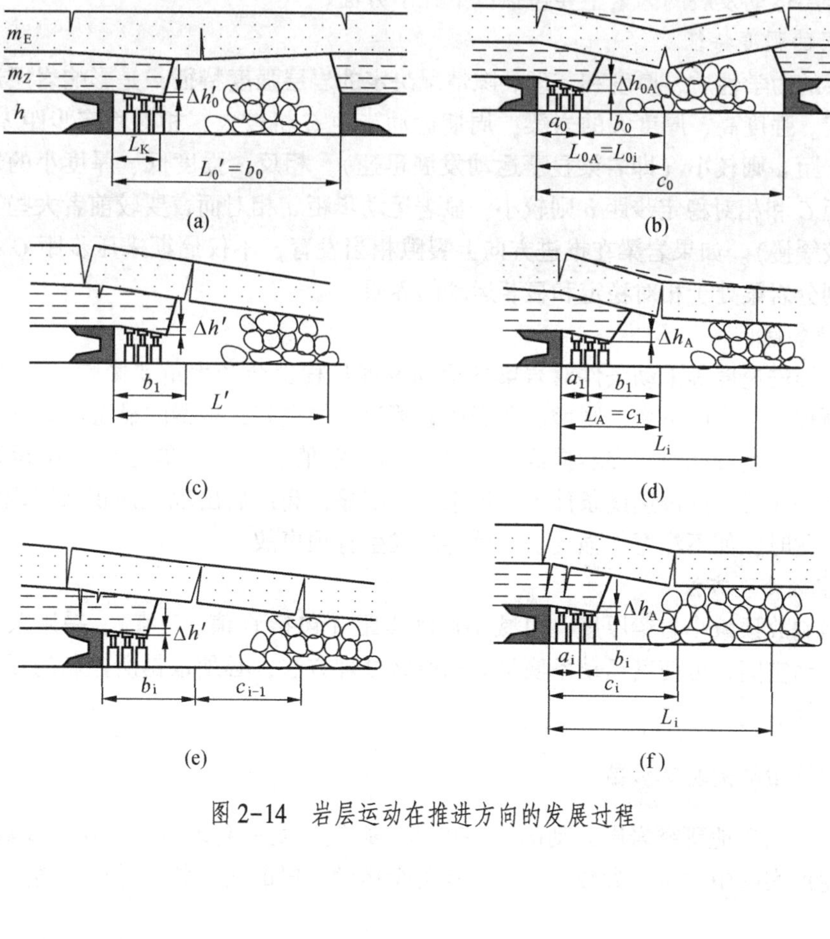

图 2-14　岩层运动在推进方向的发展过程

2. 显著运动过程

我们把梁运动幅度较大，对采场矿压影响极为明显的过程，称为岩梁处于显著运动过程，即通常所说的“来压”过程。描述这一运动过程的参数是岩梁的显著运动步距，也就是从岩梁大幅度运动开始，到运动基本结束为止，工作面推进的距离，用 a 表示，如图2-14b~图 2-14f 所示。

岩梁经历了一次相对稳定和显著运动的全过程，就完成了一个运动周期，描述岩梁运动周期长短的参数是周期来压步距 c，它是指岩梁完成一次周期性运动工作面推进的距离。由此，描述上述运动过程的各参数，存在如下关系：

$$C = a + b \tag{2-23}$$

式中 C——岩梁的周期来压步距；

a——岩梁的显著运动步距；

b——岩梁的相对稳定步距。

岩梁的来压步距是反映岩梁强度特征和对工作面影响程度的重要参数，是顶板分类的重要指标。运动步距不同，来压强度也不同，对于顶板的控制要求也可能有区别。来压步距不同的回采工作面，日常的顶板控制工作也要分别对待。

三、影响岩层运动发展的因素

影响岩层运动发展的因素主要包括以下几个方面。

1. 岩层的强度特征

由岩层的力学性质、厚度和节理裂隙情况决定的岩层强度特征，是影响岩层运动发展的内在因素。强度高、厚度大的岩梁，周期运动步距 C 将较大，相对稳定步距 b 也较大，显著运动步距 a 则较小（即岩梁显著运动发展迅速）。相反，强度低、厚度小的岩梁，周期来压步距 C 和相对稳定步距 b 则较小，显著运动步距 a 相对而言要较前者大些（即显著运动发展较缓慢）。如果岩梁在推进方向上裂隙相当发育，不仅周期来压步距 C 小，而且有时很难划分岩梁处于相对稳定和显著运动的界限。

2. 采动条件

采高、推进速度等采动条件对岩梁的运动发展过程也会产生重要影响。如加大采高，而工作面顶板垮落高度不变，则增加了岩梁显著运动的空间，岩梁的显著运动更明显。

当岩层的强度较低时，突然提高推进速度到某定值后，有可能导致岩梁运动步距扩大。有些矿井在日常推进速度条件下采场来压不明显，高产后出现大面积来压现象，就是这个原因。此时，如不注意加强支护，就容易发生冒顶事故。

3. 采空区处理方法

采用强制放顶减小岩梁厚度，可减小运动步距（包括 C 值、b 值）。采用采空区充填减小岩梁运动空间，可使其运动不明显。采空区处理方法，必须根据所控制的顶板类型和需要加以选择。

四、岩梁运动的基本参数

为了深入细致地研究岩层运动的发展规律，必须建立一套既符合岩层运动客观实际，又易于在生产实践中标定的参数，对岩梁在各个运动阶段的运动状态进行描述。

（一）第一次运动阶段的基本参数

在采场第一次运动阶段，表达岩梁运动状态的参数如图 2-14a、图 2-14b 所示。

1. 表达岩梁运动过程的基本参数

表达岩梁运动过程的基本参数包括：

（1）岩梁的相对稳定步距 b_0。

（2）岩梁的显著运动步距 a_0。

（3）岩梁的初次来压步距 C_0。

其相互关系为 $C_0=a_0+b_0$。

2. 表达来压结束时刻（显著运动结束时）岩梁位置状态（即位态）的参数

1）来压结束时的采场顶板下沉量

来压结束时的采场顶板下沉量决定于支架对顶板的工作状态（控制程度）。当支架对岩梁运动不进行限制（即采取给定变形工作状态）时，来压结束时的采场顶板下沉量以 Δh_{0A} 表示，其大小与岩梁的初次来压步距 C_0、采高、冒高等有关。当支架对岩梁来压结束时的位置进行限制（即采取限定变形工作状态）时，以 Δh_0 表示，其大小由工作面支护强度决定。

2）来压结束时的岩梁跨度

来压结束时的岩梁跨度同样也是由支架对顶板的工作状态决定。在给定变形条件下，来压结束时的岩梁跨度以 L_{0A} 表示，其大小由岩梁运动步距决定；在限定变形条件下，以 L_0 表示，其大小由支护强度决定，且有

$$\Delta h_{0A}=\frac{l_K[h-m_E(K_A-1)]}{L_{0A}}\approx\frac{2l_K[h-m_Z(K_A-1)]}{C_0} \tag{2-24}$$

式中　h——采高；

l_K——控顶距；

m_Z——直接顶厚度；

K_A——触矸点下部已垮落岩层的碎胀系数，一般为 1.25~1.30。

3. 表达来压前夕岩梁的位态参数

（1）初次来压前夕岩梁的最大跨度 $L'_0=b_0$。

（2）初次来压前夕工作面顶板下沉量 $\Delta h'_0$。

（二）正常推进阶段的基本参数

表达岩梁运动过程的参数有岩梁的相对稳定步距 b，岩梁的显著运动步距 a，岩梁的周期来压步距 C，且有 $C=a+b$；表达周期来压结束时的位态参数有来压结束时采场顶板下沉量和来压结束时的岩梁跨度。

（1）来压结束时采场顶板下沉量。与初次来压结束时的回采工作面顶板下沉量一样，支架对顶板的工作状态不同，来压结束后的顶板下沉量也不同。当支架在给定变形状态下工作时，回采工作面顶板下沉量用 Δh_A 表示，它是采场顶板最终下沉值，其大小决定于岩梁周期来压步距、采高和直接顶厚度等；当支架为限定变形状态时，回采工作面顶板下沉量以 Δh_i 表示，其大小由支架支护强度决定。

（2）来压结束时的岩梁跨度。来压结束时的岩梁跨度在给定变形条件下用最小跨度 L_A 表示；在限定变形条件下，可用岩梁周期来压结束的相对稳定跨度 L_i 表示。

上述位态参数间相互关系为

$$\Delta h_{\mathrm{i}} = \frac{l_{\mathrm{K}}[h - m_{\mathrm{E}}(K_{\mathrm{A}} - 1)]}{L_{\mathrm{i}}} \tag{2-25}$$

$$\Delta h_{\mathrm{A}} = \frac{l_{\mathrm{K}}[h - m_{\mathrm{E}}(K_{\mathrm{A}} - 1)]}{L_{\mathrm{A}}} \tag{2-26}$$

$$L_{\mathrm{i}} = \frac{\Delta h_{\mathrm{A}}}{\Delta h_{\mathrm{i}}} L_{\mathrm{A}} \tag{2-27}$$

表达周期来压前夕岩梁位态参数及其相互关系为

$$\Delta h' = \frac{l_{\mathrm{K}}[h - m_{\mathrm{E}}(K_{\mathrm{A}} - 1)]}{L'} \tag{2-28}$$

式中　$\Delta h'$——周期来压前夕回采工作面顶板下沉量；

　　L'——周期来压前夕岩梁的极限跨度。

无论回采工作面支架对顶板采取哪种工作状态，岩梁来压前的极限跨度均为

$$L' = L_{\mathrm{A}} + b \approx C + b \tag{2-29}$$

(三) 岩梁运动步距的力学分析

描述岩梁运动状态的参数中，最关键的是岩梁的周期来压步距 C 值，C 值一经确定，其他参数即有可能比较接近实际地估算出来。

1. 岩梁第一次来压步距 C_0

岩梁初次显著运动前夕，处于两端等高嵌固状态，其力学模型如图 2-15 所示。

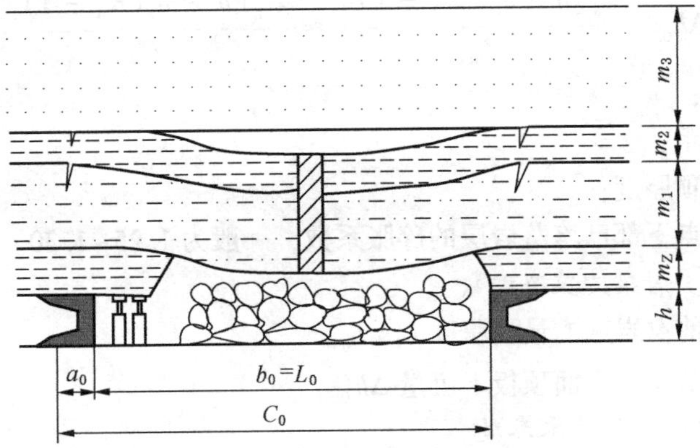

图 2-15　岩梁初次来压前夕力学模型

岩梁开始显著运动（回采工作面开始来压）的前提是在端部拉开，其力学条件为

$$\sigma = [\sigma_{\mathrm{t}}] \tag{2-30}$$

式中　σ——岩梁实际拉应力；

　　$[\sigma_{\mathrm{t}}]$——岩梁（m_1 岩层）的允许拉应力。

梁端实际拉应力可由下式表示：

$$\sigma = \frac{M}{W} \tag{2-31}$$

$$M = \frac{qL_0^2}{12} = \frac{(m_1 + m_2)\gamma L_0^2}{12} \tag{2-32}$$

$$W=\frac{m_1^2}{6} \tag{2-33}$$

式中，$M=\frac{qL_0^2}{12}=\frac{(m_1+m_2)\gamma L_0^2}{12}$为梁端弯矩；$W=\frac{m_1^2}{6}$为梁端截面模量。

将上式代入所给定的力学条件，即可近似求得梁端拉开的极限跨度为

$$L_0=\sqrt{\frac{2m_1^2[\sigma_t]}{(m_1+m_2)\gamma}} \tag{2-34}$$

式中　L_0——梁端开裂的极限跨度，m；

如前所述 $L_0=b_0\approx C_0$，则有

$$C_0=\sqrt{\frac{2m_1^2[\sigma_t]}{(m_1+m_2)\gamma}} \tag{2-35}$$

若为单一岩层组成的岩梁，则 $m_2=0$，此时有

$$C_0=\sqrt{\frac{2m_1[\sigma]}{\gamma}} \tag{2-36}$$

由此可得直接顶及传递岩梁初次来压步距表达式分别为

$$C_Z=\sqrt{\frac{2m_Z[\sigma]_Z}{\gamma_Z}} \tag{2-37}$$

$$C_E=\sqrt{\frac{2m_1^2[\sigma]_E}{(m_1+m_2)\gamma_E}} \tag{2-38}$$

式中　m_Z——直接顶第一次大面积垮落时的岩层厚度；

γ_Z、γ_E——直接顶及传递岩梁的平均重力密度。

如果岩梁初次来压步距过大，对工作面安全生产造成威胁，则可以通过强制放顶方法（图 2-16）减小来压步距。

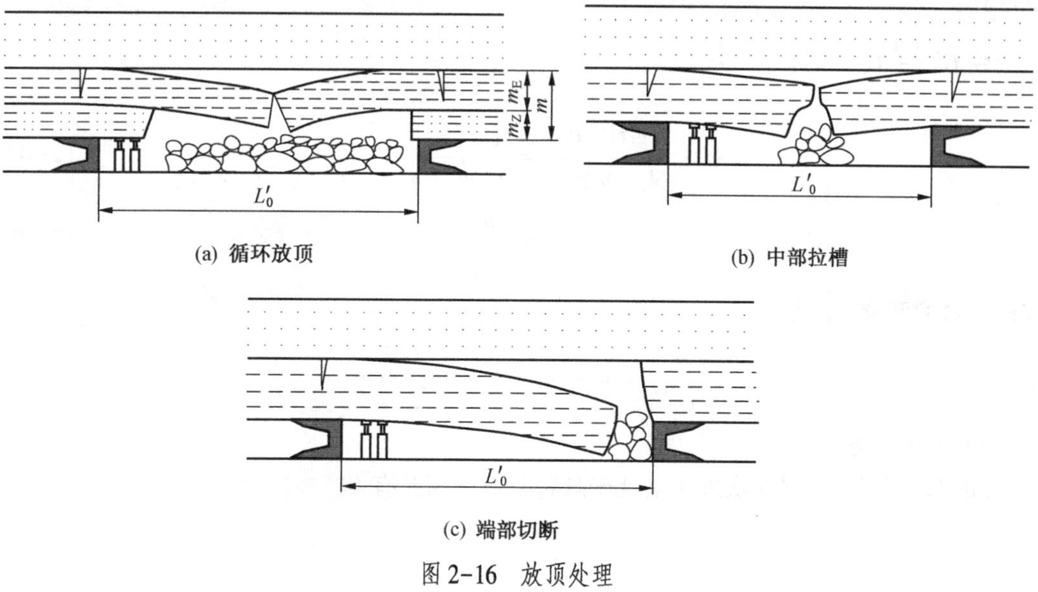

(a) 循环放顶　(b) 中部拉槽　(c) 端部切断

图 2-16　放顶处理

1）循环放顶

$$C'_0=L'_0=\sqrt{\frac{2m_0[\sigma_t]}{\gamma}} \tag{2-39}$$

若要求放顶后的来压步距 C'_0是未放顶时的$\frac{1}{n}$，则对要求的放顶厚度 m_{E1}可作如下推算：令 $C'_0=\frac{1}{n}C_0$，即有

$$\sqrt{\frac{2m_c[\sigma]}{\gamma}}=\frac{1}{n}\sqrt{\frac{2m[\sigma]}{\gamma}} \tag{2-40}$$

$$m_c=\frac{m}{n^2} \tag{2-41}$$

$$m_{E1}=m-m_c=\left(1-\frac{1}{n^2}\right)m \tag{2-42}$$

式中　m——岩梁厚度；

m_c——残余厚度；

m_{E1}——放顶厚度。

2）中部拉槽

中部拉槽方法是通过减小中部抗弯截面达到中部先拉开的目的。在一定跨度范围内，中部拉开后两端必然拉开。中部拉开步距就是来压步距。因此有

$$C'_0=\sqrt{\frac{4m_0^2[\sigma]}{m\gamma}}\quad\left(m_0\leqslant\frac{m}{\sqrt{2}}\right) \tag{2-43}$$

若要求中部拉槽后的来压步距 C'_0是未拉槽步距 C_0 的$\frac{1}{n}$，则对要求的拉槽厚度可作如下推算：

令 $C'_0=\frac{1}{n}C_0$，即有

$$\sqrt{\frac{4m_c^2[\sigma]}{m\gamma}}=\frac{1}{n}\sqrt{\frac{2m[\sigma]}{\gamma}} \tag{2-44}$$

$$m_c=\frac{m}{\sqrt{2n}} \tag{2-45}$$

因此，拉槽厚度 m_{E2}为

$$m_{E2}=m-m_c=\left(1-\frac{1}{\sqrt{2n}}\right)m \tag{2-46}$$

3）端部切断

端部切断后，岩梁初次来压前处于悬臂状态，因此有

$$C'_0=\sqrt{\frac{m[\sigma]}{3\gamma}} \tag{2-47}$$

比较三种强制放顶方法，采用端部切断（$m_E=m$）方法后，有$\frac{C'_0}{C_0}=\frac{1}{\sqrt{6}}$；而若采用循环放顶，要达到同样效果时循环放顶厚度为$\frac{5m}{6}$；中部拉槽，要达到同样效果时拉槽厚度为$\left(1-\frac{1}{2\sqrt{3}}\right)m$。可见，中部拉槽的工作量最小，循环放顶的工作量最大。因此，建议在采取强制放顶减小岩梁初次来压步距时，优先采用中部拉槽处理方法。

2. 岩梁周期来压步距 C

岩梁初次来压结束后，其受力条件和支承条件发生了根本性变化。变化后的岩梁受力状态可以简化为一个不等高支承的铰接岩梁，其力学模型如图 2-17 所示。

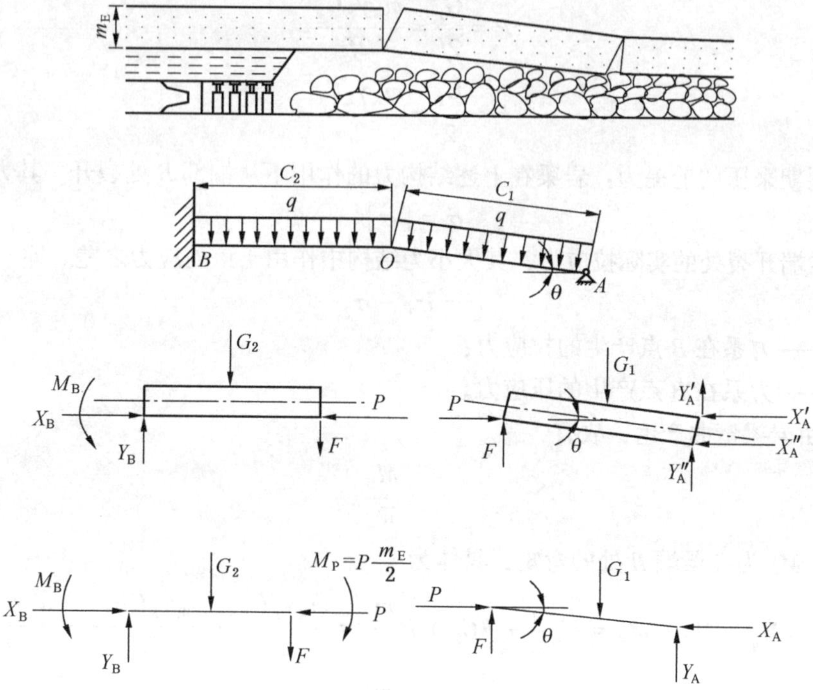

图 2-17　岩梁周期来压模型

该力学模型中的铰接岩梁由原已裂断的部分 C_1 及可以近似看成是处于悬臂梁受力状态的部分 C_2 组成。如果不考虑岩梁的挠曲，则 C_2 部分所受的结构力将包括：

（1）岩梁的自重：$G_2=m_E\gamma_E C_2$。

（2）C_1 部分通过铰接点 O 的推压力 P 及相应的摩擦力 $F=Pf$。

（3）将铰接点 O 的偏心力 P 移至岩梁中心$\left(\frac{m}{2}\text{处}\right)$所产生的附加力偶矩：$M_P=\frac{m_E}{2}P$。

（4）支架反力 R_T。由于支架对岩梁采取等压工作状态，因此在岩梁端部未裂断前可以不加考虑。

根据图 2-17 所示铰接岩梁中 C_1 部分的平衡条件，令 $\sum M_A=0$，则 $G_1\frac{C_1}{2}\cos\theta=$

$PC_1\sin\theta+FC_1\cos\theta$，即 $2P\tan\theta+2F=G_1$。

在极限条件下 $F=Pf$，代入上式得

$$P=\frac{G_1}{2f+2\tan\theta} \tag{2-48}$$

$$F=Pf=\frac{fG_1}{2f+2\tan\theta} \tag{2-49}$$

式中，f 为摩擦系数；$G_1=m_E\gamma_E C_1$。

当岩梁沉降值 S_A 在较小的情况下，$\tan\theta\approx\sin\theta=\frac{S_A}{C_1}$。

由于一般情况下 C_1 比 S_A 大得多，因此当 $\tan\theta\approx0$ 时，P 及 F 可以简化为

$$P=\frac{G_1}{2f}=\frac{m_E\gamma_E C_1}{2f} \tag{2-50}$$

$$F=\frac{G_1}{2}=\frac{m_E\gamma_E C_1}{2} \tag{2-51}$$

采场周期来压的前提为：岩梁在上述结构力的作用下从端部 B 处裂开。其力学条件为

$$\sigma=[\sigma] \tag{2-52}$$

σ 为梁端开裂处的实际拉应力，其大小为结构中作用于该处应力之差。即

$$\sigma=\sigma_1-\sigma_2 \tag{2-53}$$

式中　σ_1——力系在 B 点产生的拉应力；

σ_2——力系在 B 点产生的压应力。

σ_1 是由岩梁弯曲产生，故有

$$\sigma_1=\frac{M_B}{W_B} \tag{2-54}$$

式中，M_B 为在梁端 B 处的弯矩，具体为

$$M_B=M_q+M_F+M_P=\frac{G_2C_2}{2}+FC_2+P\frac{m_E}{2}=\frac{m_E\gamma_E C_2^2}{2}+\frac{m_E\gamma_E C_1C_2}{2}+\frac{m_E^2\gamma_E C_1}{4f}$$

$$W_B=\frac{m_E^2}{6}$$

代入上式得

$$\sigma_1=\frac{3\gamma_E C_2^2}{m_E}+\frac{3\gamma_E C_1C_2}{m_E}+\frac{3\gamma C_1}{2f} \tag{2-55}$$

σ_2 是由压力 P 造成的，该值为

$$\sigma_2=\frac{p}{m_E}=\frac{\gamma_E C_1}{2f} \tag{2-56}$$

由此可得，B 点的实际拉应力为

$$\sigma=\sigma_1-\sigma_2=\frac{3\gamma_E C_2^2}{m_E}+\frac{3\gamma_E C_1C_2}{m_E}+\frac{\gamma_E C_1}{f} \tag{2-57}$$

使 $\sigma=[\sigma_t]$，即可求得该周期来压步距 C_2 为

$$C_2 = \frac{-3f\gamma_E C_1 + \sqrt{9f^2\gamma_E^2 C_1^2 - 12f\gamma_E^2 m_E C_1 + 12f^2\gamma_E m_E[\sigma]}}{6f\gamma_E} \tag{2-58}$$

研究证明，忽略根号中的负数项（即认为 P 对 B 点的压应力与移动该力至岩梁中部后，附加力偶矩产生的拉应力相抵消），并不影响计算结果。因此 C_2 的表达式可简化为

$$C_2 = -\frac{1}{2}C_1 + \frac{1}{2}\sqrt{C_1^2 + \frac{4m_E[\sigma]}{3\gamma_E}} \tag{2-59}$$

其中 γ_E 近似取 25 kN/m³，$[\sigma]$ 的单位为 kN/m²。

由式（2-59）可知，周期来压步距随岩梁厚度 m_E 及强度 $[\sigma]$ 增加而增加。当考虑力 P 的作用时，随 C_1 的增加而略有减小。因此如果各次周期来压步距依次用 C_1、C_2、…、C_{2n} 表示，则将有 $C_2 > C_1$；$C_3 < C_2$；$C_4 > C_3$，…，$C_{2n} > C_{2n-1}$，$C_{2n+1} < C_{2n}$。

即各次周期来压步距并非都完全相等，而是呈一大一小的周期性变化。这个变化将随来压次数的增加，差值越来越小。例如初次来压结束后的初次周期来压步距就比较小。这是因为悬臂端铰接岩块长度为第一次来压步距的一半。该长度比日常周期步距大得多。由于第一次周期来压步距 C_1 较小，第二次周期来压步距 C_2 将增加，相反第三次周期来压步距由于 C_2 增加而减小，依次逐渐趋向基本相近。计算及实践结果证明，经过两三个周期以后，步距的差别实际上已很小。因此采场进入正常推进阶段后，把周期来压步距看成基本相同是可行的。

在式（2-59）中，如果令 $C_1=0$，即 C_2 处于自由悬臂状态，则有

$$C_2 = \sqrt{\frac{m_E[\sigma]}{3\gamma_E}} \tag{2-60}$$

显然，该结果与按悬臂梁直接推导的结果完全相同，证明公式推导是正确的。

3. 周期来压步距（C）与初次来压步距（C_0）（即 L_0）之间的关系

对于同一岩梁，第一次来压和周期来压的力学条件是相同的。即

$$\sigma_0 = \sigma_1 = [\sigma] \tag{2-61}$$

式中　σ_0——初次来压前夕梁端拉应力，$\sigma_0 = \frac{M}{W} = \frac{\gamma_E C_0^2}{2m_E}$；

σ_1——周期来压前夕梁端的拉应力。

如图 2-17 中 C_1 用 $\frac{C_0}{2}$ 表示，原周期来压步距 C_2 用 C_1 表示，则已知其梁端拉应力的表达式为

$$\sigma_1 = \frac{3\gamma_E C_1^2}{m_E} + \frac{3\gamma_E C_0 C_1}{2m_E} + \frac{\gamma_E C_0}{2f} \tag{2-62}$$

使 $\sigma_0=\sigma_1$，则得初次周期来压步距为

$$C_1 = \frac{-1.5fC_1 + \sqrt{8.25f^2C_0^2 - 6fm_E C_0}}{6f} \tag{2-63}$$

同样可以证明，忽略根号中的负数项不影响所得结果。按此考虑得

$$C_1 = \frac{-1.5fC_0 + \sqrt{8.25f^2C_0^2}}{6f} = 0.2287C_0 \approx \frac{C_0}{4} \tag{2-64}$$

上述结果都是在 S_A 值与 C_0 值相比很小，使得 $\tan\theta=0$ 的情况下取得的。如果采高（h）较大，冒高很小，则 S_A 可能较大，$\tan\theta$ 值可能大到不容忽视的程度。在这种情况下，随 $\tan\theta$ 值增加，P 值及 F 值将减小，因此促使岩梁裂断的弯矩 M_p 及 M_F 也都将减小。结果，在同样的 C_0 条件下求得的第一次周期来压步距 C_1 将增大，两者的比值也将加大。当铰接岩梁转变为不受外载的自由悬臂梁时，第一次周期来压步距 C_1 达到最大值。由前述所知，该值的力学表达式为

$$C_1=\sqrt{\frac{m_E[\sigma]}{3\gamma_E}} \tag{2-65}$$

又知

$$C_0=\sqrt{\frac{2m_E[\sigma]}{\gamma_E}}$$

故有 $\frac{C_1}{C_0}=0.4$，即 $C_1=0.4C_0$。

如将式（2-59）中的 C_1 用 $\frac{C_0}{4}$ 代入，同样可以得到

$$C_2\approx 0.31C_0\approx\frac{1}{3}C_0 \tag{2-66}$$

此后的周期来压步距逐渐趋近于 $\frac{1}{3}C_0$。

综上所述可得以下结论：

（1）岩梁的运动步距随岩梁的厚度 m_E、强度 $[\sigma]$ 增加而增加。

（2）随采高增加和冒高减小（即岩梁沉降值 S_A 值加大），岩梁的周期来压步距将增加。

（3）由于支承条件和受力情况的变化，周期来压步距 C 与初次来压步距 C_0 相比要小得多。其比值一般为 $\frac{1}{4}\sim\frac{1}{3}$。周期来压步距 C 与初次来压步距 C_0 的这种比例关系，在我国一些矿井的回采工作面生产实践中得到了证实。

（四）岩梁运动步距的实测研究方法及研究的初步结果

在现场确定岩层运动的步距，仍然是采用以顶底板相对移近量和移近速度为主体的岩层动态观测研究方法。其简单步骤如下：

（1）采用顶板动态仪测定每一推进循环的采场及巷道顶板下沉量 Δh 及平均沉降速度 V 值。

（2）绘制采场及巷道顶板下沉量、沉降速度等随推进距离变化的关系图 $\Delta h=f(L)$ 及 $V=\varphi(L)$，如图 2-18 所示。

（3）分析研究各动态曲线，对岩梁的运动步距（包括 a、b、c 各值）进行标定。

在我国的一些矿井中实际观测所得几种岩层第一次垮落和第一次裂断步距见表 2-3。

周期来压步距与初次来压步距间的关系见表 2-4。由表中数值明显可知，岩性强度高和厚度大的岩梁，周期来压步距与第一次来压步距间的实际比值比强度低的岩梁要大一些。这是由于强度高的岩层，完整性较好，出现的挠度较小。表中高强度砂岩的比值是在强制放顶的情况下取得的。在强制放顶的情况下，岩梁的抗弯断面与直接顶连成一个整

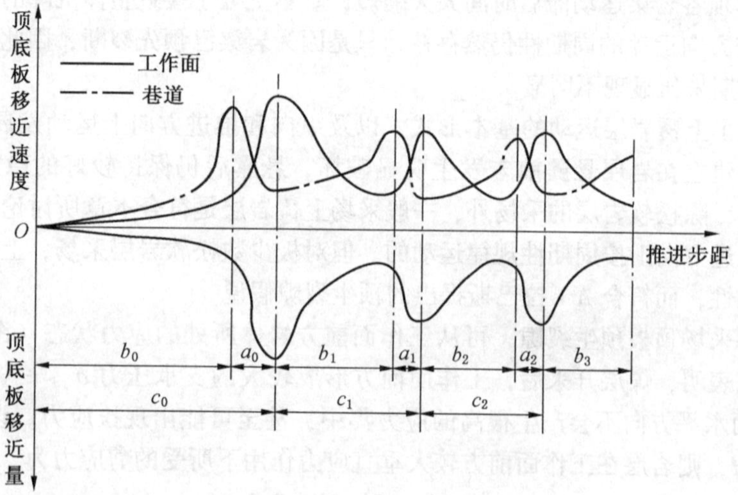

图 2-18　岩梁运动步距的确定

体，因此周期来压步距要比一般的情况下大得多。

表 2-3　矿井中第一次垮落和第一次裂断步距实测值

岩性及强度特征	直接顶初次垮落步距/m	岩梁初次来压步距/m	备注
页岩及低强度的粉砂岩	小于 8~10		
一般砂页岩	12~15	15~20	
层理不发育的厚层砂质页岩及小厚度的砂岩	15~20	20~30	开滦、淮南
厚度 4~5 m 的细粒及中粒砂岩	25~30	35~45	开滦、阳泉
厚度大于 8~10 m 的砂岩	50~60	60~70	大同
高强度的砂质砂岩	60~70		京西
石灰岩（裂隙发育）		20~25	肥城

表 2-4　周期来压步距与初次来压步距间的关系

岩梁强度特征	比例关系	组成顶板的岩层举例	备注
一般中等强度	$C=\left(\frac{1}{3}\sim\frac{1}{4}\right)C_0$	一般砂质页岩；厚度不十分大的砂岩；石灰岩	开滦、阳泉
强度较小	$C=\left(\frac{1}{4}\sim\frac{1}{5}\right)C_0$	页岩；厚度小的砂质页岩及裂隙层理发育的其他岩层	平顶山、淮南
强度较大	$C=\left(\frac{1}{1.5}\sim\frac{1}{2}\right)C_0$	厚度大于 5~6 m 的砂岩及高强度的砂质砂岩	大同、京西

五、厚煤层分层开采下部分层开采时岩层运动特点

开采厚煤层下部分层岩层运动的实际情况，可以从本章所附研究报告中看到。在井下进行实际观测研究，也同样得到相同的结果。这些结果可简单归纳如下：

（1）由于岩层已经破坏，所以岩层运动发展比较稳定，强度大大降低。

（2）基本顶各岩梁运动滞后时间大大缩短，基本上处于接近整体沉降的情况。

（3）推进方向运动的周期性仍然存在，只是因为岩梁已预先裂断，因此来压前后强度差别不大，周期来压显现不明显。

本章讨论了上覆岩层运动的基本形式，以及纵向和推进方向上运动发展的基本规律。这些规律都是建立在岩层悬露前未发生明显破坏、悬露后仍保持较好的稳定性的基础之上。实践证明，除松软岩层的采场外，一般采场上覆岩层是符合本章所讨论的纵向组合成传递岩梁、推进方向上按周期性规律运动的。但对极少数松软岩层采场，上覆岩层运动没有明显的周期性，而符合 A·拉巴斯提出的预生裂隙假说。

松软岩层采场顶板预生裂隙，可从工作面前方岩体所处的应力状态（图 2-19）来加以解释。研究表明，煤层开采后，工作面前方形成较大的支承压力 σ_y，一般 σ_{ymax} 值达到 $(2\sim3)\gamma H$，而水平方向不会产生很高的应力集中，甚至可能出现拉应力。设 σ_{ymax} 附近 $\sigma_x=\lambda\gamma H=0.3\gamma H$，则岩层在工作面前方较大垂直应力作用下所受的剪应力为

$$\tau_{max}=\frac{(2\sim3)\gamma H-0.3\gamma H}{2} \tag{2-67}$$

若 $H=400$ m，$\gamma=25$ kN/m^3，则

$$\tau_{max}=0.85\sim1.35\ \text{MPa} \tag{2-68}$$

一般页岩的 $[\tau]=0.4\sim1.2$ MPa。煤层的 $[\tau]=0.25\sim0.5$ MPa。对于软弱岩层采场，岩层强度本来就很低，临近采场的顶板岩层又将在工作面前方的支撑压力区内产生剪破裂，出露前形成预生裂隙，岩层运动没有明显的周期性，预生裂隙假说可以较好地解释这类采场的矿压显现规律。由于工作面前方垂直集中应力是随距煤层高度的增加而降低的，因而产生预生裂隙的高度是有限的。

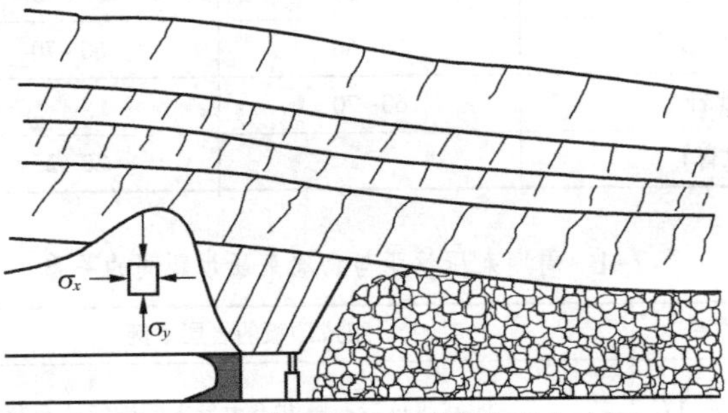

图 2-19　松软岩层采场覆岩的预先破坏

一般采场中，强度中等以上的岩层产生预生裂隙极少，主要是依靠自身的强度呈周期性运动。临近采场的较软弱的顶板岩层也将发生预先破坏，附着在下部强度较高的岩层上共同运动，组成传递岩梁。

第三章　采场上覆岩层运动波及的范围

随采场推进上覆岩层将沿纵向和推进方向发生运动，并逐渐扩展到地表。为达到控制的目的，应进一步了解影响采场矿压显现大小的运动岩层范围。

第一节　影响采场矿压显现的覆岩运动

了解和研究影响采场矿压显现的岩层组成，是认识影响采场矿压显现大小的基础，是正确判断和估算这部分岩层的运动范围，进行采场矿压控制的前提。

一、“三带”的划分

根据回采工作面推进到使上覆岩层充分运动的一定范围后，岩层运动（或破坏）发展程度，可将上覆岩层划分为3个带：

垮落带（冒落带）：即图2-11中A所示部分。该部分岩层在采空区已经垮落，在采场由支架暂时支撑，在推进方向上不能始终保持传递水平力的联系。

裂隙带：即图2-11中B所示部分。该范围内的岩层，在推进方向上裂隙较发育，各岩层的裂隙深度已扩展到（或接近扩展到）全部厚度。这一带裂隙的形状好像龟壳，因此也叫龟裂带。

缓沉带：即图2-11中C所示部分。缓沉带的岩层在采场推进很长一段距离后才会运动，其运动缓慢，运动结束后在推进方向上形成的裂隙，无论在数量上，还是深度上都较前一带少和小。

上述两带与垮落带相比，其结构特征有着显著的不同，主要表现在后两带的岩层在推进方向上能始终保持传递水平力的联系。为此我们把两带中每一组同时运动（或近于同时运动）的岩层作为一个运动整体，称为一个“传递水平力的岩梁”（传递岩梁）。裂隙带是由运动强度较大、运动结束后推进方向上裂隙比较发育的传递岩梁组成。缓沉带则是由运动和缓、运动结束后在推进方向上裂隙发育程度低的传递岩梁组成。

二、影响采场矿压显现的岩层组成

由上述分析可见，由于“三带”内各岩层距采场高度和运动强度不同，它们的运动对采场矿压显现影响的程度和运动结束后各自的力学特征均不一样，因此控制采场矿压显现只需控制那些运动对采场有影响的一部分岩层。依据这一出发点，把影响采场矿压显现的岩层分为直接顶和基本顶两部分。

1. 直接顶

直接顶是指在采空区已垮落，在采场内支架暂时支撑的悬臂梁，其结构特点是在推进方向上不能始终保持水平力的传递。因此，控制直接顶的基本要求是：当其运动时，支架应能承担其全部岩重。

2. 基本顶

基本顶是指运动时采场矿压显现有明显影响的传递岩梁的总和，第一次来压后，是一组在推进方向上能传递水平力的不等高裂隙梁。

对于基本顶各岩梁控制的基本要求是：防止由于基本顶运动对采场产生动压冲击和大面积切顶事故发生，把基本顶岩梁运动结束时在采场造成的顶板下沉量控制在要求的范围内。显然，如果基本顶岩梁运动没有动压冲击，岩梁运动结束后的自由位态所造成的采场顶板下沉量满足生产要求，此时支架可不承担基本顶岩梁的岩重。换句话说，对这部分岩梁，支架承担的压力大小取决于所控制的岩梁位态。

三、影响矿压显现的岩层组成的变化

由前述可见，影响采场矿压显现的岩层是由直接顶和基本顶两部分组成的。但不是说所有采场都同时出现直接顶和基本顶。煤层赋存情况不同，采动条件不一样，影响采场的运动岩层的组成是变化的，而且可以互相转化。

在不采取专门措施处理顶板的情况下，由于直接覆盖层的强度、变形能力和上覆各岩层排列组合情况不同，影响采场矿压显现的岩层组成，有以下 3 种情况：

(1) 一般情况：有直接顶和基本顶这类采场的直接覆盖层强度不高，变形能力较弱，其强度由下而上按递增情况排列。

(2) 缓慢下沉：只有基本顶，而无直接顶，如图 3-1a 图所示。形成这类采场顶板的条件是直接覆盖岩层的变形能力超过采高，岩层运动没有发展到垮落的程度。

(3) 整体塌垮：只有直接顶，而无基本顶，如图 3-1b 所示。这种采场直接覆盖岩层坚硬、厚度大、强度高、变形能力弱，上覆岩层强度按递减趋势排列。

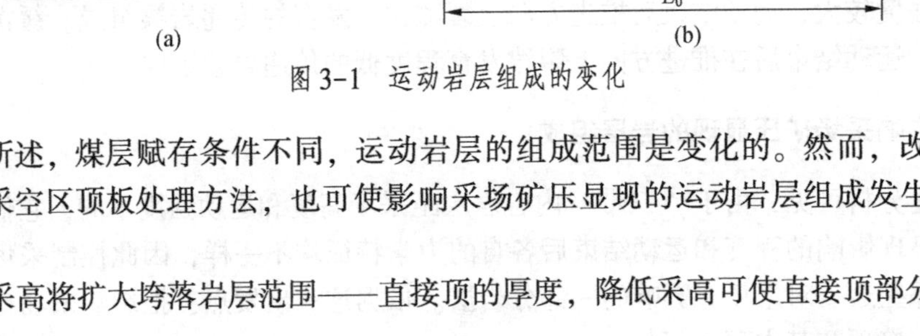

图 3-1　运动岩层组成的变化

综上所述，煤层赋存条件不同，运动岩层的组成范围是变化的。然而，改变采动条件，改变采空区顶板处理方法，也可使影响采场矿压显现的运动岩层组成发生变化或转化。如：

增加采高将扩大垮落岩层范围——直接顶的厚度，降低采高可使直接顶部分岩层转化为基本顶。

提高推进速度到某一值后，可使缓慢下沉的顶板向一般情况的顶板变化。

采用充填的方法处理采空区，可使采场不出现垮落岩层——直接顶，而全部变为基本顶；坚硬的岩层采取强制放顶措施后，原呈整体塌垮的岩层可向一般情况的顶板转化。

改变开采程序，可使原来开采时垮落（或整体切断）的岩层向不出现直接顶的缓慢下沉采场转化。

第二节 直接顶厚度（冒高）的确定方法

选择采场控顶方法、采场支架设计和选型及日常顶板控制等有关采场顶板控制的重大问题，都与直接顶厚度（冒高）大小联系在一起。冒高的大小，还决定了裂隙带发展的高度，也决定了各岩层稳定期限的长短，对“三下采煤”的开采设计有重要影响。此外，为释放瓦斯，控制采场及周围巷道矿山压力等目的所进行的开采程序设计，也都必须以搞清冒高大小及其变化规律为前提。

冒高有明显的规律性，在一定的采动条件下有确定的数值，不是不可捉摸的。同时必须认识到，即使在同一岩层条件下，不同的采动条件、不同的开采程序和时空关系，可能有不同的冒高值。因此，不能简单地抓住一个数值随意套用。我们的任务就是，在搞清这些因素影响、不同条件下冒高变化和发展的基础上，按照需要和可能，通过开采设计进行必要的控制。

一、开采单一煤层和厚煤层顶分层的岩层厚度（冒高）及其推断方法

根据对岩层破坏发展规律的不同理解，目前有关推断冒高的方法和表达公式基本上有以下两大类。

（一）不考虑岩梁本身沉降的推断方法

这种推断方法认为，悬空岩层的垮落由下而上，一直发展到自然接顶为止。在这个自然垮落的发展过程中，不考虑岩层本身沉降的影响。这种推断方法的几何模型如图 3-2 所示。其冒高表达式及推导如下：

$$m_Z + h = Km_Z$$

由此导出的直接顶厚度 m_Z 为

$$m_Z=\frac{h}{K-1} \tag{3-1}$$

式中 h——采高；

K——已垮落岩层的碎胀系数。

这种推断方法对于厚度不大、强度不高的岩层覆盖的采场，特别是在第一次来压阶段，计算的结果可能与实际情况比较接近。

但是，这种方法没有考虑岩层垮落多数都是由弯曲沉降发展而来的实际情况，没有考虑未垮落岩层本身的沉降。因此，还不能完善地解释和表达冒高变化的各种情况，例如，对于实际垮落为零的缓沉采场，用这个公式就无法做出解释。

（二）考虑岩层沉降的推断方法

这种推断方法认为，除了整体切断的岩层以外，所有岩层的垮落都是由弯曲沉降运动发展而来的。因此，确定冒高值必须考虑岩梁的沉降和岩层变形能力的影响以及下部允许运动空间的高度。

这种推断方法的几何模型如图 3-3 所示。显然，图中未冒岩梁（m_E）的沉降值，满

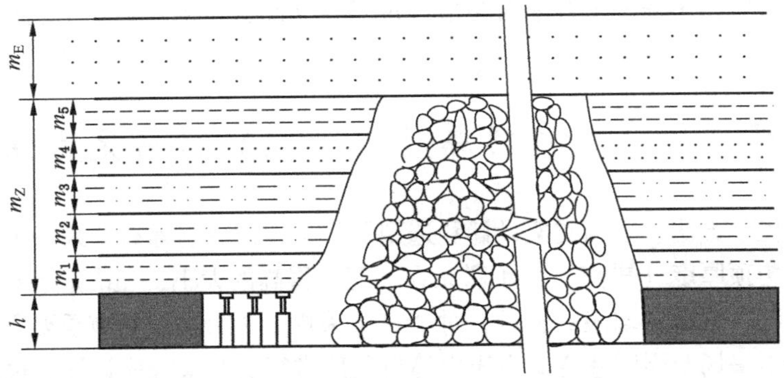

图 3-2　不考虑岩层弯曲沉降时的垮落高度

足了下式所表达的条件：

$$S_A = h - m_Z(K_A - 1) \leqslant S_0 \tag{3-2}$$

式中　S_A——岩梁实际沉降值；

S_0——该岩梁保持假塑允许的沉降值；

h——采高；

m_Z——直接顶厚度（即冒高）；

K_A——岩梁触矸处下部已冒岩层的碎胀系数。

由式（3-2）可以直接推导出直接顶厚度（m_Z）的表达式为

$$m_Z = \frac{h - S_A}{K_A - 1} \tag{3-3}$$

其中 $S_A \leqslant S_0$。

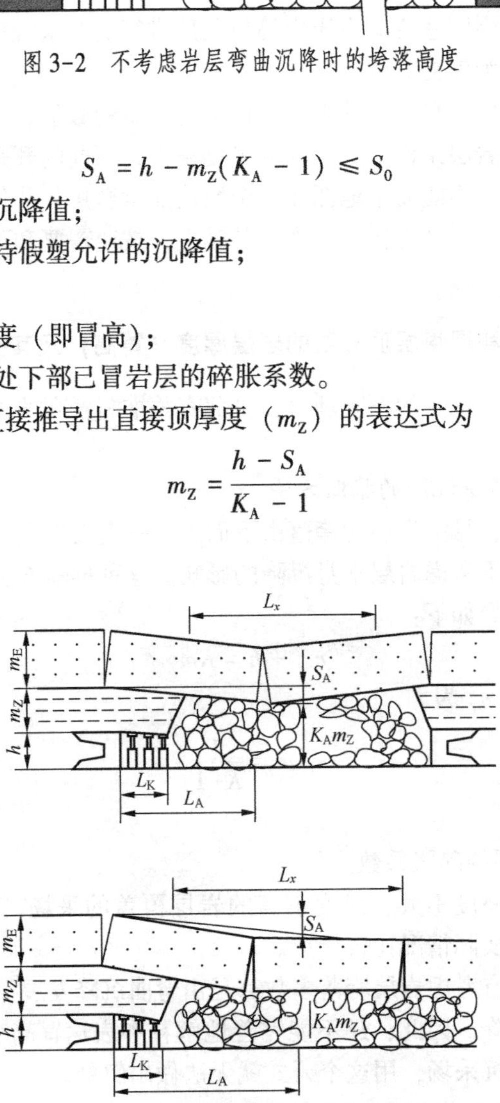

图 3-3　考虑岩层弯曲沉降时的冒高

对照图 3-3 可以发现，当运用式（3-3）推断冒高时，要遵守 S_A 值及 K_A 值在同一地点选取的原则，可以用距煤壁任何距离处的数值代入，都不影响计算结果。但是，绝不能由此认为 S_A 及 K_A 值可以在任意位置选取。因为公式规定 S_A 值的限制，即 $S_A \leqslant S_0$。而 S_0

是保持该岩梁处于“假塑性岩梁”状态的运动极限值（或沉降极限值），有明确的物理含意。因此，原则上 S_A 的取值位置是固定的，该位置应当是该岩梁显著运动发生后，从下部开始触矸位置起，到运动被迫停止时整个触矸范围的反力中心。显然，这个触矸范围（即图中 L_x）的大小和反力中心位置，是由该岩梁分配到该处的岩重所决定的。由于该支承范围内的矸石都处于承压状态，因此，反力中心 A 点的碎胀系数 K_A 必然有确定的数值。这个数值是以矸石确实对岩梁起到支承作用为准。根据初步研究，该值变化于 1.25~1.35 之间。

（三）影响直接顶厚度的主要因素

从式（3-3）可以引出以下几个影响直接顶厚度（即冒高）的主要因素。

1. 采高 h 的影响

从式（3-3）中可知，如果上覆各岩层厚度都不大，强度和变形能力基本相同，则可以得出冒高与采高近似成正比的结论。因此，在生产现场，把改变采高看作控制采场矿压和上覆岩层破坏范围的手段是十分正确的。

在运用这个关系解决岩层控制有关问题时，当然必须十分注意冒高并不可能随采高变化而连续变化的现实。一般来说冒高的变化是跳跃式发展的。在具体决策时，必须细致地研究上覆各岩层的厚度、岩性（强度）、变形能力及层理等情况。注意找到冒高发生突变的采高界限。否则，可能收不到预期的效果。

2. 岩梁的允许沉降值 S_0 及岩梁的实际沉降值 S_A 的影响

由式（3-3）可知，在一定采高（h）条件下，S_0 值对冒高估算结果影响很大，例如当采高 $h=2m$ 时，如果取 $K_A=1.25$，则：

当 $S_0=S_A=0$ 时，$$m_Z=\frac{h-S_A}{K_A-1}=\frac{h}{1.25-1}=4h=8\ \text{m}$$

当 $S_0=S_A=0.5h$ 时，$$m_Z=\frac{h-S_A}{K_A-1}=\frac{h-0.5h}{1.25-1}=2h=4\ \text{m}$$

当 $S_0=S_A=h$ 时，$$m_Z=\frac{h-S_A}{K_A-1}=\frac{h-h}{1.25-1}=0\ \text{m}$$

因此，必须对各类岩层的假塑性沉降值 S_0 进行认真的研究。根据目前在实验室和现场的初步研究结果，S_0 值的大小主要由岩层的厚度、强度及在推进方向上的裂隙发育情况等因素所决定。

实验室的研究证明，对于结构简单的均质岩层，在不出现整体切断运动形式的情况下，岩层厚度越大，可能的 S_0 值也将越大，如图 3-4 所示，一般可以认为岩层断裂后形成三铰拱结构，当中部铰高于两端铰时，岩层保持传递岩梁状态；随着岩层弯曲沉降，当中部铰与两端铰在同一线上时，达到岩层的极限沉降值 S_0。S_0 可由下式表示：

$$S_0=m\cos\left(\tan^{-1}\frac{m}{C_0}\right) \tag{3-4}$$

式中 S_0——岩梁的允许沉降值；

m——岩层厚度；

C_0——岩梁的运动步距。

当 m 值相对 C_0 小得很多时，$\tan^{-1}\dfrac{m}{C_0}\approx 0$，则 $S_0\approx m$。

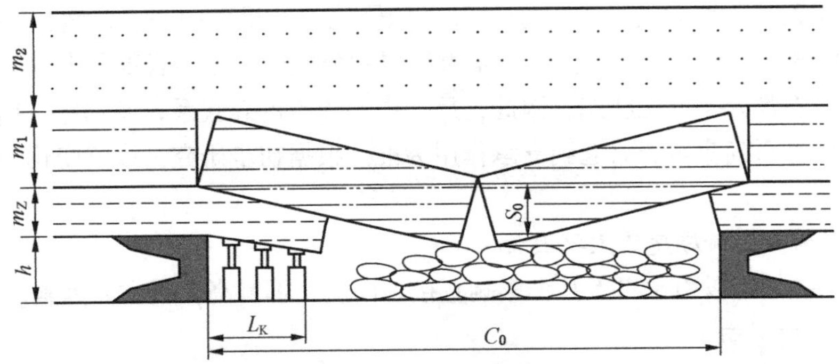

图 3-4　岩梁允许沉降值 S_0

显然，如果上述论断符合客观实际，只要知道采场上覆岩层的厚度分布情况，就可以确定冒高。例如图 3-5 所示采场，采高为 2.5 m，上覆岩层厚度分布情况为 $m_1=1.5$ m；$m_2=1$ m；$m_3=3$ m；$m_4=5$ m。根据以上原理不难推断出该采场的冒高为 2.5 m，即冒到 m_2 为止，m_3 仍将处于假塑性岩梁状态，这是因为：

对 m_1 层：$S_0=m_1=1.5$ m，如保持 m_1 层不冒，则下部必需的垮落岩层厚度为

$$m_Z=\frac{h-S_0}{K_A-1}=\frac{2.5-1}{1.25-1}=4\ \text{m}$$

而该岩层下部实际垮落层厚度为零，可见 m_1 岩层必然垮落。

对 m_2 层：$S_0=m_2=1.0$ m，保持不垮下部必需的垮落岩层厚度为

$$m_Z=\frac{h-S_0}{K_A-1}=\frac{2.5-1}{1.25-1}=6\ \text{m}$$

而该岩层下部的岩层厚度仅有 1.5 m，m_2 层必然垮落。

对 m_3 层：$S_0=m_3=3.0$ m，保持不垮下部必需的垮落岩层厚度为

$$m_Z=\frac{h-S_0}{K-1}=\frac{2.5-3.0}{1.25-1}=-2\ \text{m}<0$$

即该岩层不会垮落。在下部已垮 2.5 m 的情况下，其实际沉降值 S_A 为

$$S_A=h-m_z(K_A-1)=2.5-2.5(1.25-1)=1.875\ \text{m}<S_0$$

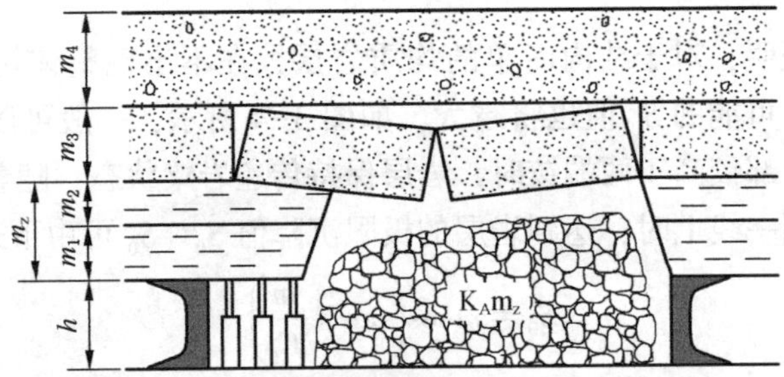

图 3-5　采场冒高示例

上述推断在由石灰岩所覆盖的采场得到了较直接的证明，具体实例如下：

（1）峰峰矿区开采野青煤层，厚度为 0.7~1.2 m，直接覆盖的石灰岩厚度为 1.6~2.2 m，没有发生垮落，随采场推进缓慢下沉。

（2）肥城陶阳矿开采九煤层 9002 工作面，采高为 1.2~1.5 m 左右。顶板为泥灰岩，随采场推进厚度由开切眼处的 0.4 m 逐渐增加到接近 2 m。结果，在推进过程中，泥灰岩的运动出现两种截然相反的情况，在泥灰岩厚度小于采高的一段，基本上是随撤随垮，当工作面推进 16~18 m，泥灰岩层厚度增加到接近 2 m 的情况下，泥灰岩即呈缓沉运动，不再出现垮落的情况（即 $S_0=m>h$，$m_z=0$）。

（3）肥城陶阳、大封等矿井开采厚度为 1.8~2.2 m 的八煤层。直接覆盖层是 4 m 左右的石灰岩，分两层，下层厚度为 2 m 左右，推进方向上裂隙比较发育。结果，尽管采高较大，随采场推进，一般都不出现垮落的情况。

除上述所列情况外，上述结论在由其他岩层（如页岩、粉砂岩、砂质页岩及砂岩）直接覆盖的采场，没有得到肯定的论据。究其原因，主要是这些岩层多数是非均质的。节理、裂隙情况比较复杂，其 $S_0<m_0$。其中，在推进方向上的裂隙发育程度，对岩梁允许沉降值 S_0 的影响最大。

推进方向的岩层裂隙发育程度，对岩梁允许沉降值 S_0 的影响有以下两种情况：

第一种情况：岩层的分层厚度小，岩性强度比较低（如泥质胶结的岩层）。在这种情况下，裂隙的存在将增加岩层的可冒性，裂隙越发育越易垮落。页岩、泥质胶结的砂质页岩等岩层往往在厚度超过采高很多的情况下，仍不能保持其假塑性岩梁状态的原因就在于此。

第二种情况：岩层厚度大，在厚度方向整体性好（节理层理不发育），岩性强度又比较高时，推进方向上的裂隙，将增加岩梁的变形能力。S_0 值可以达到很大数值，如前述一些石炭岩层的实例，特别是在采高超过 2 m 时仍然不冒。其根本原因，就是岩性比较坚硬、裂隙发育的结果。

总之，影响 S_0 的因素是比较复杂的，理论上和实践上都难以得到可靠的结论。

一些现场实测研究了岩层弯曲沉降时的实际沉降值 S_A，将 S_A 用采高表示，则

$$S_A = K_s h \tag{3-5}$$

式中　h——采高；

K_s——岩层在未垮落和未发生剪断情况下实际沉降值和采高的比例系数（表 3-1），它是在岩层厚度为 3~5 m 的一般厚度条件下得到的。

表 3-1　岩层在未垮落和未发生剪断情况下实际沉降值和采高的比例系数

岩层的岩性名称	K_s 值	资料来源
高强度的砂质砂岩	0.10~0.15	北京矿务局（强制放顶）
中粒或细粒硬砂岩	0.15~0.25	大同矿务局（强制放顶）
一般砂岩及砂质页岩	0.35~0.40	开滦煤矿、兖州南屯矿
粉砂岩及泥灰岩	0.40~0.50	肥城陶阳、范各庄矿
裂隙发育的石灰岩	≥1	肥城陶阳、大封等矿

显然，从表 3-1 中所列数据不难得出一般岩层条件下：

$$m_Z=\frac{h-S_A}{K_A-1}=\frac{h-(0.35\sim0.5)h}{1.3-1}=(2.1\sim1.6)h_0$$

即冒高为采高两倍左右的经验公式。

3. 岩梁触矸处已垮岩层碎胀系数 K_A 的影响

岩层触矸处已垮落岩层的碎胀系数，是以确实对岩梁起到支承作用为前提的，绝不能采用岩层垮落后处于松散堆集状态的数值。初步证明，岩梁触矸处下部已垮岩层的碎胀系数，主要与下述条件有关：

(1) 岩层的岩石力学性质及结构情况。强度高、节理裂隙发育的砂岩或坚硬砂岩强制放顶时，$K_A=1.3\sim1.35$；强度较低的一般岩层（粉砂岩、页岩等），$K_A=1.25\sim1.28$。

(2) 岩层破坏形式。如岩层垮落由弯曲沉降发展而来，可采用上述数值；岩层整体切断，K_A 值可按 1 考虑。

K_A 值对冒高的影响也是必须注意的，显然，由式（3-3）可知，K_A 越大，则冒高（m_Z）值越小。当岩层坚硬，产生整体切断时，$K_A=1$、$m_Z=\infty$。表明上部软岩随其下部坚硬岩层整体塌落时，上覆岩层将垮到上部坚硬岩层为止，甚至达到地表。

4. 采空区顶板处理方法的影响

改变采空区顶板处理方法，可以改变冒高值，如：

(1) 采用充填法可以减小冒高值，当充填高度为 h_Z 时，减少后的冒高值可用下式表示：

$$m_Z=\frac{(h-h_Z)-S_A}{K_A-1} \tag{3-6}$$

式中符号同前。显然，当充填高度 h_Z 等于采高 h 时，$m_Z=0$。

(2) 采用强制放顶可以将可能整体塌落的采场向一般采场转化。此时冒高值即为强制放顶的岩层厚度，可根据控顶要求，人为决定。

5. 开采程序的影响

在有整体切落危险的坚硬顶板岩层条件下，实行反程序开采，可避免切落危险。因为，先开采下分层或下部近距离煤层时，可使该岩层产生裂隙，待开采顶分层时呈弯曲沉降运动状态，冒高转化为零。因此，对由较坚硬岩层覆盖的厚煤层或近距离煤层，应试用反程序开采，以排除顶板剪断的威胁。

二、开采厚煤层下部分层直接顶（冒高）的确定

开采厚煤层下部各分层时，垮落岩层的厚度是否增加？这个问题众说纷纭，有的研究认为开采下部分层的冒高值，按采出煤层总厚度成比例地扩展；有的研究则认为开采下部分层的冒高值，只与本分层的采高成一定的比例，与采出煤层的总厚度无关；还有的研究得出开采分层的冒高基本不变。这些结论多数都能在一定条件下反映客观实际，不应简单地加以肯定或否定，而应搞清这些结论存在的条件，发现它们之间的联系，找出规律。

（一）开采厚煤层下部分层冒高的推导

图 3-6 所示为厚煤层上下分层回采的模型，由图可见，在开采上分层已垮落岩层厚度为 m_c 的条件下，开采下分层时可能垮落的岩层总厚度 m_Z 值为

$$m_Z=m_c+m_g$$

式中，m_g 近似为开采下部分层新垮岩层厚度。利用图 3-6 中的几何关系，不难导出：

$$m_g + K_c m_c + h_g = S'_A + (m_g + m_c)K'_A$$

整理得

$$m_g = \frac{(h_g - S'_A) - m_c(K'_A - K_c)}{K'_A - 1} \tag{3-7}$$

$$m_Z = \frac{(h_g - S'_A)}{K'_A - 1} + m_c\left(1 - \frac{K'_A - K_c}{K'_A - 1}\right) \tag{3-8}$$

式中　h_g——本分层采高；

S'_A——开采本分层时岩浆的实际沉降值；

K'_A——开采本分层时，岩梁触矸处下部垮落岩层碎胀系数；

m_c——开采上分层时已垮出岩层厚度；

K_c——本分层工作面所在位置上部原垮落岩层碎胀系数。

显然 m_Z 值与上分层冒高 m_c、本分层工作所在位置原垮落岩层碎胀系数（残余碎胀系数）K_c 及本分层采高 h_g 的大小有关。

当两分层采高相同，并忽略两个分层岩梁沉降值及碎胀系数间的差别时，开采本分层新增加的冒高及垮落岩层总厚度（累计厚度）分别为

$$m_g = m_c\left(1 - \frac{K_A - K_c}{K_A - 1}\right) \tag{3-9}$$

$$m_Z = m_c + m_g = m_c\left(2 - \frac{K_A - K_c}{K_A - 1}\right) \tag{3-10}$$

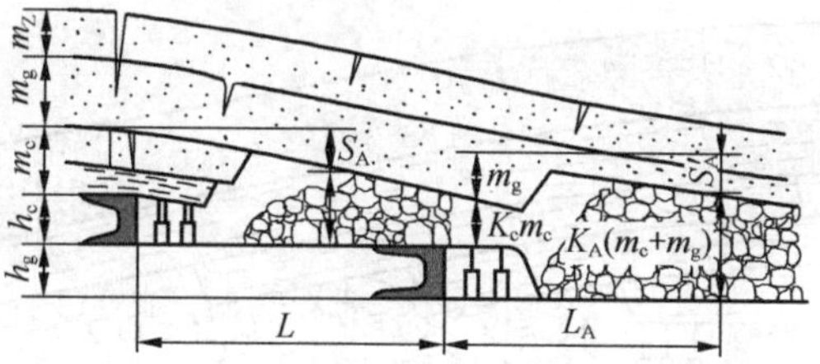

图 3-6　开采厚煤层上下分层回采模型

（二）影响因素分析

由式（3-7）及式（3-8）可知，开采下分层新冒岩层厚度 m_g、累计厚度 m_Z 与下列因素有关。

1. 采高 h_g

由式（3-7）及式（3-8）可知，采高增大则 m_g 及 m_Z 都要增大。其中，当 $K_c = 1$ 的条件下：

$$m_g = \frac{h_g - S_A}{K_A - 1} - m_c$$

当 $h_g > h_c$ 时，$m_Z = \frac{h_g - S_A}{K_A - 1}$；当 $h_g \leq h_c$ 时，$m_Z = \frac{h_g - S_A}{K_A - 1} = m_c$。显然，当 $h_g > h_c$ 时，m_Z 随 h_g 增加近似按比例增大。

2. 原垮落岩层残余碎胀系数 K_c

由式（3-9）及式（3-10）可知，当 $K_c=1$ 时，$m_g=0$；$m_Z=m_c$。说明当上分层开采时间很长，原垮落岩层再经压实的情况下，只要不增大采高，不会增加垮落岩层的厚度，这个结论在我国范各庄矿岩层运动研究中已经得到证实。

当 $K_c=K_A$ 时，即下分层工作面紧跟着上分层工作面，处在运动岩梁刚触矸的位置，则得

$$m=m_c\left(1-\frac{K_A-K_A}{K_A-1}\right)=m_c$$

$$m_Z=m_c\left(2-\frac{K_A-K_A}{K_A-1}\right)=2m_c$$

在这种情况下，冒高将扩大一倍，累计厚度为原上部分层开采的两倍。

如果用 m_{c1} 表示开采第一个分层时的冒高值，则在各分层采高相等、顶板岩层分层厚度不大、各分层工作面错距都很小的情况下，由上述推断不难得出开采第 n 个分层时垮落岩层的累计厚度值为

$$m_{Zn}=n\cdot m_{c1} \tag{3-11}$$

以上说明，在上部分层工作面垮落岩层未经压实的情况下，开采下部分层时的冒高将扩大，如果分层工作面之间的错距小到上部分层岩梁刚触矸的位置，则冒高将以开采分层数为倍数的比例扩展。如图 3-7 所示情况，开采第三分层时的冒高为

$$m_{Z3}=3m_{c1}$$

上述结果曾在枣庄矿厚煤层开采中部分得到证实。

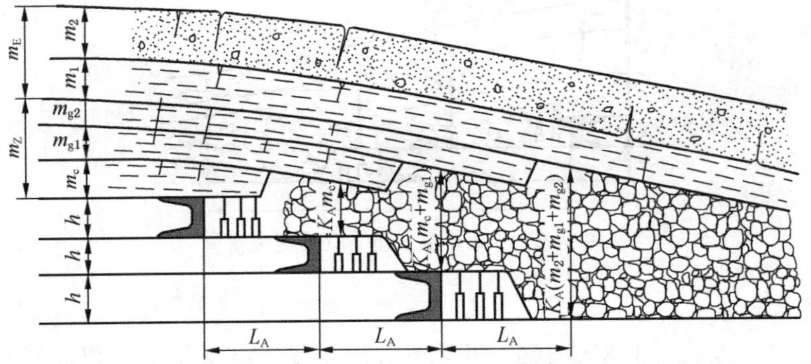

图 3-7　开采下部分层时的冒高

（三）分层工作面所在位置残余碎胀系数 K_c 值的确定

开采下部分层垮落高度的扩大情况是由 K_c 决定的，K_c 值的大小，取决于垮落岩层的压实情况，由分层工作面间的距离确定。

由图 3-8 可知，顶分层工作面垮落岩层厚度 m_c 可用下式表达：

$$m_c=\frac{h_c-S_c}{K_c-1}$$

由此可导出距煤壁为 L_c 处的残余碎胀系数：

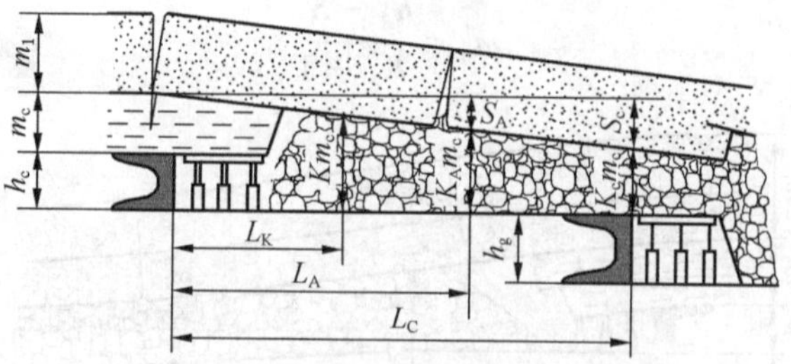

图 3-8 顶分层工作面垮落岩层厚度

$$K_c = 1 + \frac{h_c - S_c}{m_c} \tag{3-12}$$

根据开滦范各庄矿实测研究资料建立的岩梁沉降值 S_c 的实验表达式为

$$S_c = \frac{L_c}{0.35L_c + 12} \tag{3-13}$$

将式（3-13）代入式（3-12），即得距煤壁为 L_c 处的 K_c 值表达式为

$$K_c = 1 + \frac{1}{m_c}\left(h_c - \frac{L_c}{0.35L_c + 12}\right) \tag{3-14}$$

如果 m_c 以采高两倍表示，则

$$K_c = 1.5 - \frac{L_c}{h_c(0.7L_c + 24)} \tag{3-15}$$

式中 L_c——距煤壁距离；

m_c——上分层冒高；

h_c——上分层采高。显然，K_c 值随 L_c 增加而减少，随 h_c 的增加而增加。

上述结果只能在 $L_c < 80 \sim 100$ m 的范围内，当 $L_c > 100$ m 时，K_c 值约为 1.025~1.0 的范围。

（四）结论

（1）开采厚煤层下部分层新垮落的岩层厚度，是由该分层的采高及工作面所在位置上部垮落岩层的残余碎胀系数决定的。当各分层采高接近时，起决定作用的是残余碎胀系数（K_c）值。

（2）在采高相近的情况下，如果分层工作面错距很大（超过 100 m）或压实时间很长（超过 3 个月），即 K_0 值接近 1 时，可以得出开采下部分层冒高基本不扩展的结论。

（3）当分层工作面之间错开距离很小（如 $L_c < 15 \sim 20$ m），即 $K_c = K_A$ 的情况下，开采第 n 个分层垮落岩层的累计厚度将是第一分层的 n 倍。

（4）控制已垮岩层压实的距离和时间，是防止开采下部分层冒高扩大的关键。

三、开采近距离下部煤层的垮落岩层厚度

1. 开采近距离下部煤层垮落层厚度的两种情况

开采近距离下部煤层时，其垮落岩层厚度可能出现两种情况：

（1）未冒通情况。即煤层间距 L_m 值大于该煤层单独开采可能的冒高值，其状况如图 3-9 所示。此时，该煤层的冒高 m_d 为

$$m_d = \frac{h_d - S_A}{K_A - 1}$$

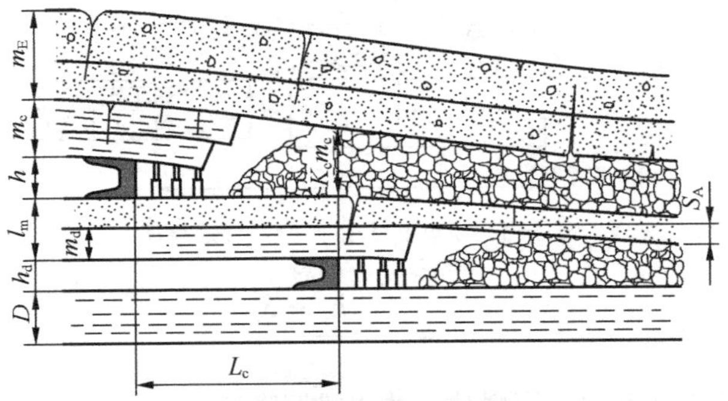

图 3-9　未冒通情况下的垮落岩层

(2) 已冒通的情况。即 $l_m < m_d$。其状况如图 3-10 所示。

此时，开采下煤层新垮的岩层除层间距 l_m 外，还可能扩展到上部煤层未垮的岩层，即垮落的岩层总厚度为

$$m_Z = m_c + l_m + m_g \tag{3-16}$$

式中　m_c——开采下煤层时，上煤层增加的冒高值（即扩展的岩层厚度）。

2. 冒通情况下的垮落岩层厚度

由图 3-10 所示几何关系可得

$$m_g + K_c m_c + l_m + h_d = S_A + (m_g + m_c + l_m)K_A$$

整理得

$$m_g = \frac{h_d - S_A}{K_A - 1} - \frac{m_c(K_A - K_c)}{K_A - 1} - l_m \tag{3-17}$$

式中　m_g——下煤层扩展的冒高值；

m_c——上煤层原冒高；

K_0——上煤层原垮落岩层残余碎胀系数；

S_A——岩梁触矸处的沉降值；

K_A——岩梁触矸处碎胀系数；

h_d——下煤层采高；

l_m——煤层间距。

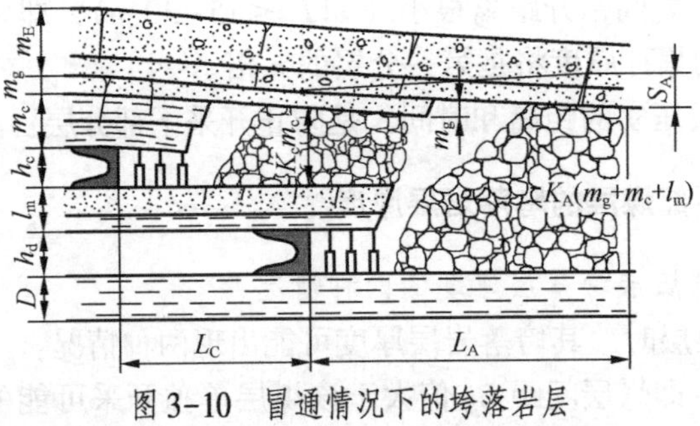

图 3-10　冒通情况下的垮落岩层

式中，当 $h_d=h_c$ 时，在开采上煤层下部分层冒高未增加的情况下，则有

$$m_g=m_c\left(1-\frac{K_A-K_c}{K_A-1}\right)-l_m \tag{3-18}$$

分析上述公式可以看到，在层间距 l_m 已定的情况下，m_g 与采高（h_d）及上煤层原冒岩层残余碎胀系数 K_c 有关。开采下煤层冒高越大，上层煤可能向上扩展的岩层厚度也越大。当采高已定时，则 m_c 值由 K_c 决定，其中

当 $K_c=K_A$ 时
$$m_g=\frac{h_d-S_A}{K_A-1}-l_m \tag{3-19}$$

当 $K_c=1$ 时
$$m_g=\frac{h_d-S_A}{K_A-1}-m_c-l_m \tag{3-20}$$

由式（3-20）可知，只有当下煤层采高 h_d 大于上部煤层采高时 m_g 才有可能大于零，而当 $h_d\leqslant h_c$ 时，所得 m_g 将小于零，即此公式不能在这种情况下采用。

求出 m_g 值，即可以根据式（3-16）推出开采下部煤层垮落岩层的总厚度。其中

当 $m_g\leqslant 0$，即 $K_c=1$ 时：

$$m_Z=m_c+l_m \tag{3-21}$$

当 $m_g>0$，即 $K_c>1$ 的情况下：

$$m_Z=m_g+m_c+l_m$$

将 m_g 代入上式即得

$$m_Z=\frac{h_d-S_A}{K_A-1}+m_c\left(1-\frac{K_A-K_c}{K_A-1}\right) \tag{3-22}$$

如果此条件下 K_c 值增加到 K_A，即 $K_c=K_A$，则

$$m_Z=\frac{h_d-S_A}{K_A-1}+m_c \tag{3-23}$$

式（3-22）表达了开采近距离下部煤层可能达到的最大冒高数值。该值随采高（h_d）及开采上部煤层已垮落的岩层厚度（m_c）增加而增加。

3. 开采近距离下部煤层时，保证冒高不扩大的条件

冒高不扩展（即 $m_g=0$）的条件，可由式（3-17）导出，其表达式为

$$l_{mc}=\frac{h_d-S_A}{K_A-1}-\frac{m_c(K_A-K_c)}{K_A-1} \tag{3-24}$$

（1）当 $K_c=1$ 时：

$$l_{mc}=\frac{h_d-S_A}{K_A-1}-m_c \tag{3-25}$$

（2）如果 $m_c=\dfrac{h_c-S_A}{K_A-1}$，则当 $h_d=h_c$ 时：

$$l_{mc}=\frac{h_c-S_A}{K_A-1}-\frac{h_c-S_A}{K_A-1}=0$$

（3）$K_c=K_A$ 时：

$$l_{m0}=\frac{h_d-S_A}{K_A-1} \tag{3-26}$$

式中如 $h_d=h_0$（上部煤层采高），则

$$l_{m0}=\frac{h_0-S_A}{K_A-1}=m_0 \quad \text{（即上煤层顶分层冒高）}$$

上列各式中的 l_{m0}值，是各种条件下保证冒高不扩展的最小层间距离，当实际层间距 l_m 大于此值时，就要考虑冒高可能扩展。

上列各式说明，在采高一定的情况下，最小层间距 l_{m0}是由残余碎胀系数 K_c 的大小决定的。由此可知，在层间距 l_m 已定的情况下，防止冒高扩大的关键是控制 K_c 值，也即控制上下煤层工作面间的距离（即错距）和已冒岩层压实的时间。

综上所述，关于开采近距离下部煤层冒高扩展的初步研究结果，可归纳如下：

(1) 近距离煤层开采的冒高问题，可分是否冒通两种情况考虑。是否冒通，由煤层的实际间距与单独考虑下煤层开采时可能垮落岩层厚度的关系确定。

(2) 在冒通的情况下，上煤层冒高可能扩展的数值由下煤层采高和上煤层开采原垮落岩层的残余碎胀系数决定。开采下煤层垮落的岩层总厚度，针对不同的 K_c 值分别为

$$K_c=1 \qquad m_Z=m_c+l_m$$

$$K_c>1 \qquad m_Z=\frac{h_a-S_A}{K_A-1}+m_c\left(1-\frac{K_A-K_c}{K_A-1}\right)$$

$$K_c=K_A \qquad m_Z=\frac{h_a-S_A}{K_A-1}+m_c$$

(3) 在层间距已定的情况下，控制上下煤层开采工作面间的距离或已冒岩层压实的时间，是防止冒高扩展的关键。

四、冒高值的实测研究方法及基本结果

对于冒高值的研究，我国现场采取的研究方法基本上分为以下两大类。

(一) 地面打钻观测方法

该方法通过钻孔观测各岩层的运动。常用的方法有下列两种。

1. 注水法

向钻孔中注水，根据泄水速度确定岩层的破坏情况。

这种方法在工作面的后方进行，因此所得结果受打钻时间的影响，特别是当已垮落岩层充分压实的情况下，通过裂隙带及垮落带泄水速度差别的界限有时难以划分。尽管如此，这种研究方法仍然取得了很多重要的成果。

2. 直接观测法

直接观测法是在工作面前方超前打钻，在各岩层中固定基点直接观测各岩层运动情况的方法。这种方法所得结果是比较可靠的，其缺点是工艺复杂。由于测点牵引钢丝（或钢绳）容易在运动中相互干扰。因此，设置基点数目受到限制。我国开滦范各庄矿，采用这种观测方法取得了很多重要的成果。该矿所用的测试方法、分析方法可以从所附研究报告看到。其中有关直接顶研究的基本结论如下：

(1) 开采薄煤层及厚煤层顶分层的冒高值为采高的两倍左右。

(2) 由于分层错距在 150 m 以上，因此在开采厚煤层下部分层时冒高没有扩展，即仍然为采高的两倍。

（3）实测研究所得冒高值推断公式的各参数为

$$S_A = 0.39h \qquad K_A = 1.28$$

由此所得冒高按公式推断结果为

$$m_Z = \frac{h - S_A}{K_A - 1} = \frac{h - 0.39h}{1.28 - 1} = 2.2h$$

（二）井下岩层动态观测研究法

该研究方法的测试系统已在第二章介绍过。

为确定直接顶厚度所必需的实测数据包括：岩梁的运动步距（包括相对稳定和显著运动步距）、采场来压前后的顶板下沉量 $\Delta h'$ 及 Δh、采场来压前后的支架承载值 P'_0 及 P_0。

根据实测数据估算直接顶厚度可以采用下列方法：

（1）用来压前或来压结束后重新推进时支架承载值 P'_0 进行估算。

采用 P'_0 估算直接顶厚度的力学模型如图 3-11 所示，图 3-11a 所示为来压前夕的采场状态。显然，此时基本顶未动，直接顶在基本顶支承压力作用下已有不同程度的破坏，因此实测所得支架承载值，主要是直接顶造成的，可依此反推直接顶的厚度。

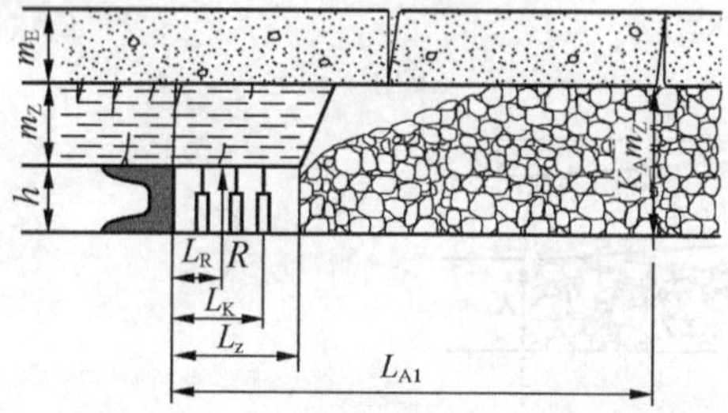

(a) 来压前夕

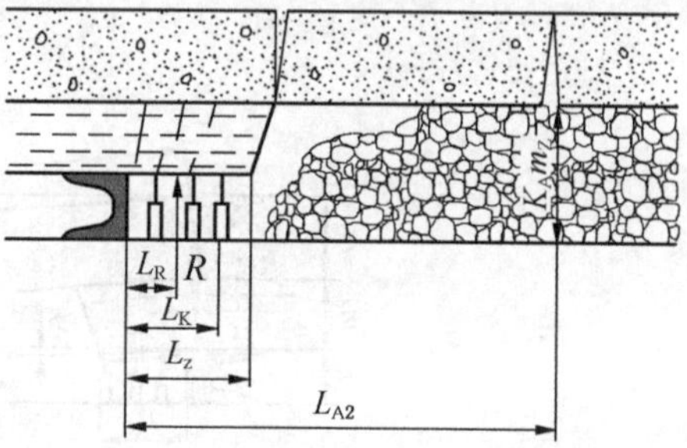

(b) 来压后重新推进

图 3-11 用 P'_0 推算冒高

用 P'_0 估算的基本公式为 $P'_0 = m_Z \gamma_Z f_Z$，则

$$m_Z = \frac{P'_0}{\gamma_Z f_Z} \tag{3-27}$$

式中 P'_0——来压前夕或来压后重新推进时的支架承载值，N/m^2；

γ_Z——直接顶岩层的平均重力密度，N/m^3；

f_Z——考虑直接顶力矩的系数，可由下式表出：

$$f_Z = \frac{l_Z^2}{2n_Z L_K^2}$$

式中 l_Z——直接顶悬跨度；

L_K——采场控顶距；

n_Z——支架合力作用点距煤壁距离与控顶距间的比例系数，即：

$$n_Z = \frac{L_R}{L_K}$$

式中 L_R——采场支架合力作用点距离煤壁的距离，此值可视所用支柱类型而定，如果采场支架辅助性支护结构（鞋及帽等）压缩量很小，在不发生破底钻顶的情况

下，L_R 值分别为

恒阻支柱：$L_R \approx 0.5L_K$；

微增阻（HZWA）：$L_R \approx 0.5 \sim 0.6L_K$；

急增阻（HZJA）：$L_R = 0.7L_K$。

当 $l_Z = L_K$，$n_Z = 0.5$ 时，$f_Z = \dfrac{L_K^2}{2 \times 0.5L_K^2} = 1$，此时

$$P'_0 = m_Z \gamma_Z$$

$$m_Z = \frac{P'_0}{\gamma_Z}$$

（2）用来压前后采场顶板下沉量估算。采用来压前后顶板下沉量估算的几何模型如图 3-12 所示。图 3-12a 所示为来压前夕的采场状态，岩梁触矸处的下沉量 S'_A 为

$$S'_A = \frac{\Delta h' L'}{L_K}$$

图 3-12b 所示为来压结束时的采场状态，岩梁的沉降值 S_A 为

$$S_A = \frac{\Delta h \cdot L}{L_K}$$

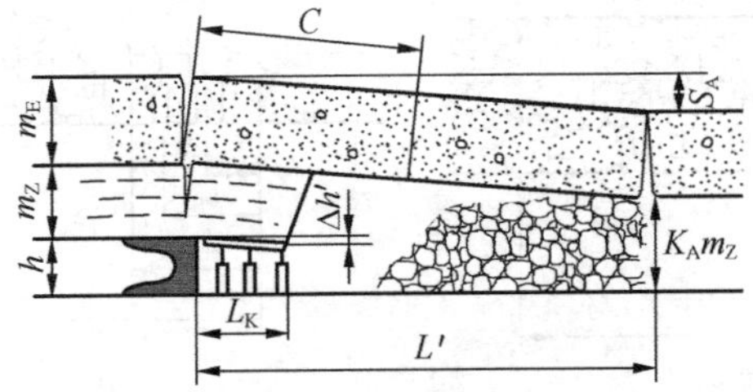

(a) 来压前夕

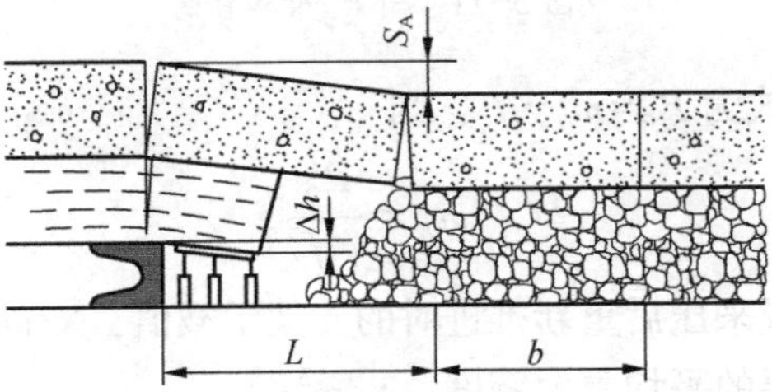

(b) 来压结束时

图 3-12 采用来压前后顶板下沉量估算的几何模型

当支架承载能力不是很大，接近给定变形工作的情况下，两种状态之间近似存在着下列关系：

$$S'_A \approx S_A$$

$$L' = L + b$$

联立解上述方程即得岩梁触矸处沉降值为

$$S_A = \frac{\Delta h' \cdot \Delta h \cdot b}{L_K(\Delta h - \Delta h')} \tag{3-28}$$

式中 b——岩梁相对稳定步距；

L_K——控顶距；

$\Delta h'$——来压前采场顶板下沉量；

Δh——来压完成时刻采场顶板下沉量。

将 S_A 代入式（3-3）即可以算出近似冒高值 m_Z。

用这种方法计算冒高时，来压结束时的采场顶板下沉量 Δh，越接近支架处于“给定变形”状态的最终顶板下沉量 Δh_A 值时，结果越接近实际。

采场最终顶板下沉量 Δh_A，在实测得岩梁来压步距 C 的情况下，可用下式估算：

$$\Delta h_A = \frac{L_K S_A}{C} \tag{3-29}$$

若使式（3-28）中 $\Delta h = \Delta h_A$，则得

$$S_A = \frac{\Delta h' \cdot \Delta h_A b}{L_K(\Delta h_A - \Delta h')} \tag{3-30}$$

联立解式（3-29）和式（3-30）得

$$S_A = \frac{\Delta h'(b + C)}{L_K} \tag{3-31}$$

同样，将 S_A 代入式（3-3）即可求出 m_Z 值。

当实测得到采场来压最终顶板下沉量 Δh_A 时，可由式（3-29）求出 S_A，再求得 m_Z。

上述方法所得出的结果，应结合钻孔柱状图或石门剖面揭示的岩层情况分析做出判断。

表 3-2 为一些矿井实测研究的结果，这些结果说明采用上述推断方法推断出直接顶厚度，与根据钻孔柱状图所推断的直接顶厚度基本上是比较接近的。所有结果说明在一般岩性和厚度条件下，冒高值约为采高的两倍。

第三节 基本顶范围及其确定方法

如前所述，基本顶是指对采场矿压有明显影响的传递岩梁总和，是一个相对的概念。基本顶的范围，在支架阻抗力一定的条件下有确定的数值。但是，当支架的阻抗力差别很大时，基本顶的范围有可能会发生变化。例如，采用高阻力（或高支撑能力）的支架，高部位岩梁的运动可能对采场支架的实际承载值和顶板下沉量有明显的影响；相反，如果采用低阻力的支架，则高部位岩梁的运动对采场支架的实际承载值和顶板下沉量没有明显的影响。因此，对基本顶的范围（总厚度）问题，既要看到在一般阻抗力支架条件下有既定的数值，又不能看得过死。当前有关基本顶范围的结论，都是针对目前控制顶板的一般要求做出的。

关于基本顶的范围，曾经在开滦范各庄矿岩层运动实测的研究中进行了探讨，初步认为基本顶范围约为采高的 5~6 倍。经过最近几年井下实测研究的验证，在一般岩层条件下，这个结论比较接近客观实际。

井下采用岩层动态观测研究方法确定基本顶厚度，包括以下两方面的工作内容：

（1）确定各传递岩梁的位置及厚度。

（2）确定影响采场的传递岩梁数目。

表 3-2 矿井实测直接顶厚度

各矿工作面（编号）	采高/m	直接顶		基本顶		估算的直接顶厚度											冒高/采高	备注
						直接承载值推断				按顶板下沉量推算/m								
		岩性	厚度/m	岩性	厚度/m	步距/m	P'_0/(10^4 N/m^2)	γ/(kN/m^3)	m_2/m ($m_2=\frac{P'_0}{\gamma}$)	$\Delta h'$	Δh	B	L_K	S_A/m	$m_Z=\frac{h-S_A}{K-1}$			
资兴周沅山（1279）	2.0	砂岩 砂页岩 合计	2.0 2.2 4.2	砂岩	4.5	12	11~13	2.5	4.4~5.2	0.09~0.12	0.18 0.20	11 12	4.0	0.5	5.00 3.66 (4.33)		2.01	
山家林（165）	0.85~1.15 1.05	泥灰岩 页岩 平均	1.2~2.5 1.7	石灰岩			4.48	25	1.79	0.09 0.089	0.129 0.053	8 10.8	4.0	0.6 0.47	1.33 1.68		1.62	
山家林（232）	1.2	砂砾岩 泥岩 细砂岩 合计	0.75 2.0 2.75	中砂岩			8~10	28	3.2~4.0	0.013	0.112	12	4.2		3.3~3.8		2.75	支护强度高
甘林（2806）	1.27 2.6	灰黑色页岩	2.16	页岩	8.34	7	11	27	3.7	0.146	0.278	7.3	4.3	0.57	2.29		1.8~2.8	
南屯（8303）	2.6	砂岩		粗砂岩	5.6	7~8	14.7	25	5.88	0.137	0.258	9	4.2	0.66	6.66		2.3~2.6	
南屯（8302）	2.4	灰白岩英砂岩		灰白石英砂岩	3.5	8~9	14.2	25	5.68	0.25	0.375	6	4.2	1.07	4.65		1.9~2.4	

前者主要通过钻孔柱状图或石门剖面所揭示的岩层分布情况，根据第二章所述传递岩梁组合规律进行判断。利用上述规律，我们可以根据图 3-13 所示的岩层分布情况确定出传递岩梁位置和厚度分别为

第一岩梁（m_1）：由 3.5 m 的中砂岩及 0.9 m 的页岩组成，全部厚度为 4.4 m。

第二岩梁（m_2）：由 1.1 m 厚的中砂岩和 3.0 m 厚的页岩及 0.4 m 厚的煤层组成，总厚度为 4.5 m。

第三岩梁（m_3）：由 8 m 厚的砂质页岩组成。

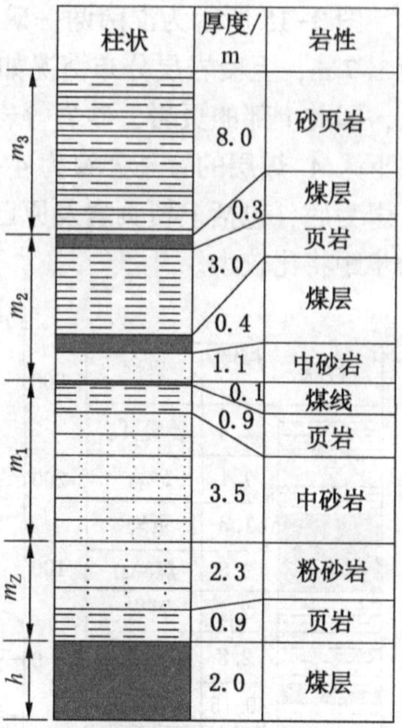

图 3-13　岩层分布情况

组成基本顶的岩梁数目，可以根据实测所得采场顶板下沉量 Δh、下沉速度 v、支柱承载值 R_p 与工作面推进步距 L 间的关系进行推断。例如，实测得到 $v=f(L)$ 及 $\Delta h=\varphi(L)$ 等动态曲线如图 3-14a 所示，从中可推断出影响采场的传递岩梁数目为一个；而图 3-14b 所示曲线，则说明影响采场的岩梁为两个。

上述动态曲线的指标（Δh 及 v）值，都必须是分推进步距（即分推进循环）计算结果。只要符合此要求，则可以采用任一控顶排作为其对比基础。计算的差值范围，可以是从该观测排设点开始，也可以用两个生产循环之间的变化值为依据。例如，某采场采用3~4 排控顶，以第 4 控顶排作为对比基础，则该推进循环步距的顶板下沉量为

$$\Delta h_{4-0}=S_4-S_0 \qquad (3-32)$$

或

$$\Delta h_{4-3}=S_4-S_3 \qquad (3-33)$$

式中　S_4——该循环读数（即处于第四控顶排时的读数）；

S_0——原始读数（即刚设点时读数）；

S_3——上循环读数（即原处于第三控顶排时的读数）。

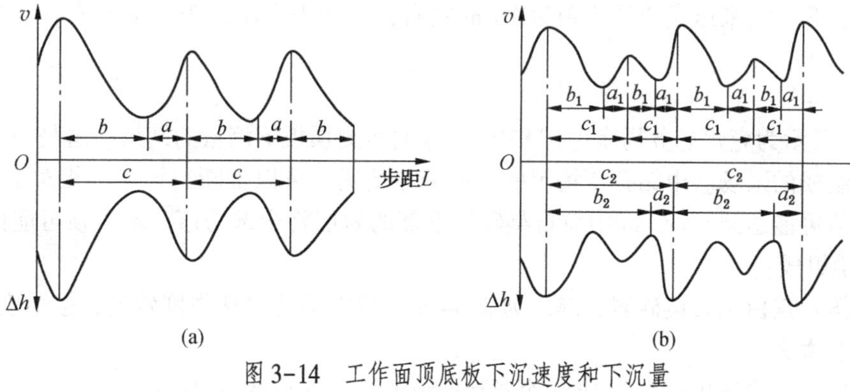

图 3-14　工作面顶底板下沉速度和下沉量

同理，该推进循环（步距）的顶板平均沉降速度为

$$V_{4-0}=\frac{\Delta h_{4-0}}{T_{4-0}} \tag{3-34}$$

或

$$V_{4-3}=\frac{\Delta h_{4-3}}{T_{4-3}} \tag{3-35}$$

式中 T_{4-0}——从测点设置开始到进入第四控顶排所经历的时间；

T_{4-3}——从第三进到第四控顶排所经历的时间。

图 3-15 所示为淮南谢一矿 2912 工作面实测所得结果。该工作面开采 A_1 煤层，采高为 1.7 m，上覆岩层分布情况如图中钻孔柱状图所示。其中，由于 A_3 煤层已分两个分层采出，因此上部的页岩、砂岩等岩层都早已垮落，处于完全破坏的状态。由此不难算出该条件下采 A_1 煤层的冒高大致为 4 m 左右；基本顶只能有一个岩梁，该岩梁以 2.8 m 的砂质页岩为底，包括上覆页岩及原已垮落的全部岩层，厚度约为 10 m。由于岩梁强度不高，运动步距将比较小。

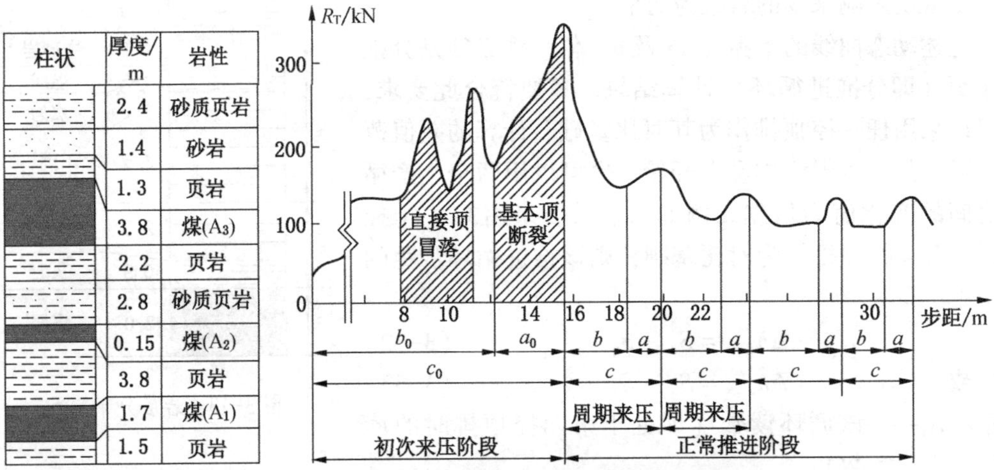

图 3-15 淮南谢一矿 2912 工作面支柱承载值变化

显然，图中实测动态曲线 $R_T=f(L)$ 基本上证实了上述判断。该曲线说明基本顶由单一岩梁组成，第一次来压完成的步距为 16 m 左右，周期来压步距为 4 m 左右，约为第一次来压步距的 $\frac{1}{4}$。

图 3-16 所示为兖州矿务局南屯矿 8302 工作面实测顶板下沉量的结果。这是一个基本顶由多岩梁组成的采场。由钻孔所揭示的岩层分布情况，可以推断出该采场相对于 2.6 m 采高的冒高值可能达到 6 m，即中粒石英砂岩下部的岩层将全部垮落。基本顶可能由以下 3 个传递岩梁组成：

第一岩梁：灰白色石英砂岩，厚度为 3.54 m。该岩梁的岩性强度较高，但厚度不大，运动步距不会太大。

第二岩梁：由深灰色细砂岩和粉砂岩互层组成，总厚度为 3.21 m。由于该岩梁是互层，细砂岩的实际厚度将比较小，显然由此可以推断该岩梁将随下部岩梁一起发生运动。

第三岩梁：灰白色粗粒铁质石英砂岩，强度很高，厚度达到 11 m，因此该岩梁的来压强度将较高，运动步距也比较大。

图中实测动态曲线同样证实所做判断，即基本顶由3个岩梁组成，第一岩梁运动步距为8~10 m；第二岩梁由于强度较低，因此跟得较紧，与第一岩梁仅相差2 m；第三岩梁的运动步距则在24 m左右，由于支架阻力小，来压强度显现很高，来压完成时的顶板下沉量达到日常的3倍。

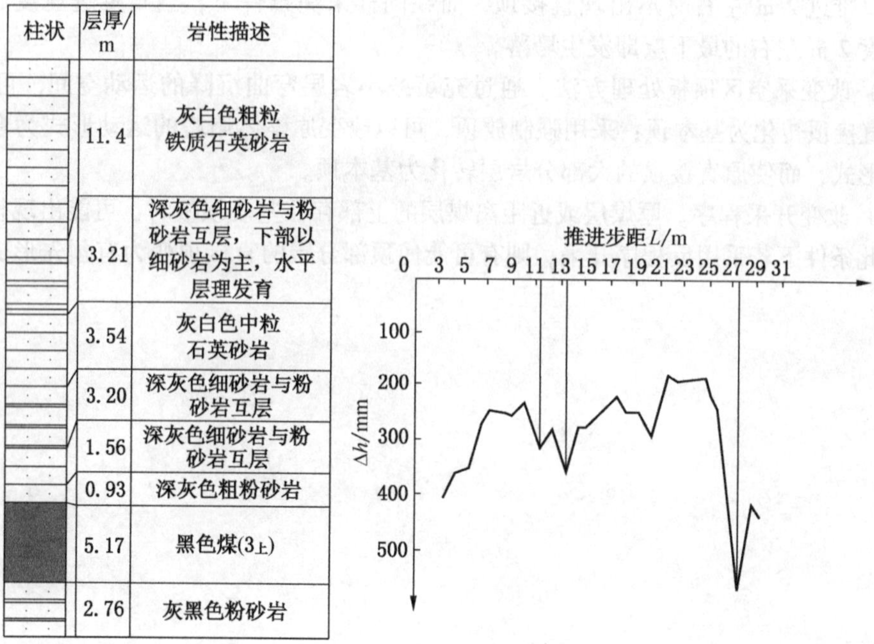

图3-16　兖州矿务局南屯矿8302工作面实测顶板下沉量变化

第四节　直接顶与基本顶的相互转化

对同一采场，当地质条件、采动条件发生变化或改变采空区顶板的处理方法时，直接顶和基本顶之间有可能相互转化。原属直接顶的岩层可能变成基本顶，同样，原属基本顶的岩层也可以转化为直接顶，搞清两者转化的原因和条件，是预测采场矿压显现的基础。根据需要，创造条件促进这种转化，是控制采场上覆岩层运动和矿压显现的手段。

直接顶与基本顶的转化，即岩层运动形式的转化，已在第二章中简述，这里简单总结一下。

实践证明，可能造成直接顶和基本顶两部分岩梁转化的原因，主要有以下几个方面：

（1）地质条件的变化，主要是岩层厚度和断层等构造的影响。岩层厚度变小，其允许沉降值 S_0 相应地减小，原处于基本顶的岩层可能垮落；相反岩层变厚，原垮落的岩层则可能向基本顶转化。

大的断层构造，可以切割传递岩梁，使很大范围内的基本顶向直接顶转化，如第二章所述，这是十分危险的。

（2）采动条件的变化，主要是采高和推进速度的变化。增加采高，允许岩梁弯曲沉降的实际空间增大，可能造成$S_A > S_0$，因此，基本顶中的岩梁可能转化为直接顶；相反，降低采高，原直接顶则可能转化为基本顶。在同样采高条件下，如果因岩层的岩性或厚度变化而扩大了直接顶的范围，则允许岩梁运动的空间减小，运动减级，由此影响采场的移顶范围会相对地减小；相反，随直接顶变薄，基本顶范围将相应扩大。

改变推进速度到一定限度，也可能造成两者间的转化。肥城大封矿八层煤，石灰岩顶板在每日推进 2 m 左右时不出现直接顶，而在同样采高条件下，当日推进速度超过 4 m 后，厚度 2 m 左右的最下层即发生垮落。

(3) 改变采空区顶板处理方法。通过充填减小岩层弯曲沉降的运动空间，可使$S_A < S_0$，原直接顶转化为基本顶；采用强制放顶，可以改变原整体塌垮的运动形式为弯曲沉降的运动形式，而使原直接顶的大部分岩层转化为基本顶。

(4) 改变开采程序。厚煤层或近距离煤层的上部存在坚硬顶板时，可能出现整体切断现象。此条件下若采用反程序开采，则有可能使顶部分层的直接顶变为有预先形成裂隙的基本顶。

第四章　采场矿山压力显现与上覆岩层运动间的关系

采场矿山压力研究的基本任务，一是为回采工作面顶板控制服务，解决顶板控制方案及支护选型计算等方面的问题，二是为回采工作面周围巷道矿山压力控制服务，解决巷道布置和维护方面的问题。显然，如果没有一个正确适用的办法找到需要控制的岩层范围，不了解该范围岩层运动的规律，包括一次运动的面积、厚度、运动可能的方向以及实现的条件等，则所采取的控制方案就只能是盲目的，所选支架不是安全上不可靠，就是在经济上不合理。同样，如果没有一种简单易行的办法在生产现场找到支承压力高峰的位置，找到可以布置和维护巷道的低应力区的范围及其进入稳定阶段的时间，解决巷道矿山压力控制问题就没有基础。鉴于煤矿地层赋存条件多变，采场经常不断地移动，无论上覆岩层的运动情况或矿山压力的分布，都是在不断变化。这一情况促使了解和掌握岩层运动和矿山压力分布的情况变成了一项经常性工作，不可能采用打钻观察、岩体应力测量等工程量大、工艺复杂的技术，一劳永逸地解决问题。因此，为生产现场找到一种简单易行的办法去搞清采场围岩的应力分布，推断上覆岩层的运动，是矿山压力研究从定性到定量发展的一项紧迫任务。

除直接顶外，其他岩层的运动很难在井下直接看到，但是，由这些岩层运动所导致的顶底板位移及支架受力等压力现象则比较容易在井下观测到。同样，采场周围岩体中的应力分布真实情况也是不可见的，但在矿山压力作用下产生的围岩破坏及相应部位的顶底板位移和支架承载等现象的变化，却是可以观察到的。跟踪这些“显现”的变化，推断压力高峰的转移则是完全可能办到的。因此，我们的目的就是要通过在回采工作面和采场周围巷道中比较容易观测到的顶底板位移和支架承载等压力显现，推断矿山压力的分布，推断上覆岩层运动，找到需要控制的岩层范围，为采场矿山压力控制设计提供基础。实现这一目标的关键就是要从理论上深入研究和揭示采场矿山压力显现与矿山压力分布和上覆岩层运动间的关系，本章将着重介绍这方面的有关研究成果。

如前所述，采场支架受力等矿山压力显现是相对的，对围岩运动的抵抗程度不同，就有不同的结果。在找到需要控制的岩层范围之内，为了达到顶板控制设计合理的目标，还必须知道选择不同的支架工作状态，把有关岩层的运动控制到要求的限度，所需的支架阻力应该是多少，与此同时还必须解决对顶板控制效果的判断问题。包括支架实际上是在什么样的状态下工作？工作阻力是否有富裕？是否需要调整以及调整的数值等方面的问题。解决这些问题有赖于深入研究顶板来压时支架与围岩的关系。

第一节　采场支承压力分布及随采场推进发展变化的规律

一、采场支承压力及其显现

煤层采出后，在围岩应力重新分布的范围内，作用在煤层、岩层和矸石上的垂直压力称为“支承压力”。显然由此定义的支承压力分布范围将包括高于和低于原始应力的整个区间。

在单一自重应力场条件下，采场周围岩体上的支承压力来源于上覆岩层的重量，上覆岩层运动状态与支承压力分布如图 4-1 所示。假设煤及岩层水平赋存，并将采场上覆岩层简化为图 4-1b 所示多层的组合岩梁结构，则在支承压力影响范围内，距煤壁 x 处煤层单位面积上承受的压力（σ_y）值可以近似看成是上覆各岩梁在该处作用力的总和。即

$$\sigma_y = \sum_1^n m_i\gamma_i + \sum_1^n m_i\gamma_i L_i C_{ix} \tag{4-1}$$

式中　σ_y——距煤壁 x 处煤层上的支承压力；

n——直接作用于该处的传递岩梁的数目（或称为直接覆盖岩梁数），也就是在该处上方未出现离层的岩梁数；

m_i——各传递岩梁的厚度；

γ_i——各传递岩梁的平均重力密度；

L_i——各传递岩梁的跨度；

C_{ix}——各传递岩梁传递至该处的重量比例（传递比率）。

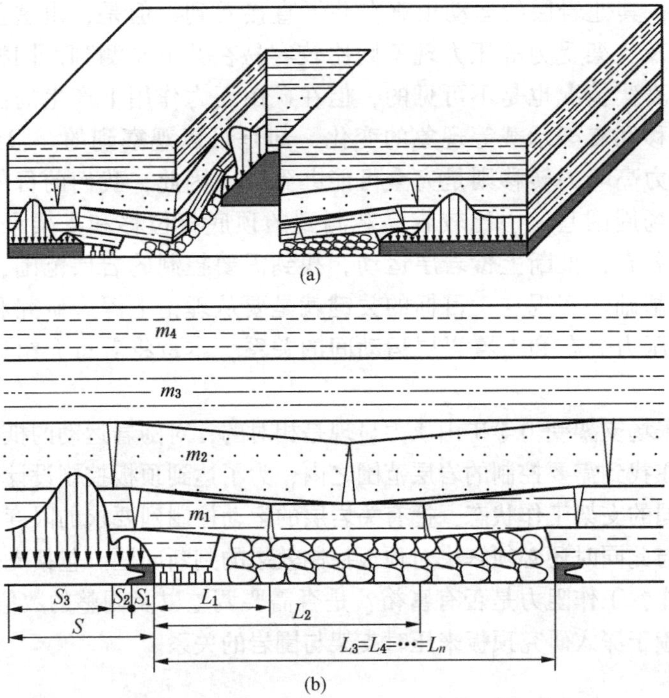

图 4-1　上覆岩层运动状态与支承压力分布

式（4-1）表明，煤壁前方各处的支承压力都可以看成是下列两部分作用力的合成。

（1）直接覆盖岩梁的单位岩重，即 $\sum_{1}^{n} m_i \gamma_i$ 部分。这部分作用力与直接覆盖岩层总厚度成正比。

（2）直接覆盖岩梁悬跨部分传递至该处的作用力。即 $\sum_{1}^{n} m_i \gamma_i L_i C_{ix}$。这部分作用力在分配比率不变的情况下，与各传递岩梁的厚度和跨度成正比。

直接覆盖于煤层一定部位上的岩梁数（n），由该处煤层的支承能力和上覆岩层的强度及其运动发展情况所决定。煤层支承能力越低，可能承受的岩梁数将越少。图 4-1b 中 S_1 部位承受的支承压力主要是由岩梁 m_1 的重量决定，而 S_2 部位则包含有 m_1 及 m_2 两个岩梁的作用，S_3 部位将受到上至地表所有传递岩梁的影响。

各传递岩梁传递至煤层各部位的重量比例，即传递速率 C_{ix} 值的大小，与该处煤层强度（支承能力）和岩梁自身的强度和运动的发展情况有关。煤层强度越低，岩梁自身强度越高，则该岩梁压力的传递范围将越大，各处的 C_{ix} 值将相对减小；相反，煤层强度越高，岩梁强度越低，则该岩梁压力的传递范围将越小，该范围各处 C_{ix} 值将相对增加。如果岩梁在该处裂断，则该岩梁的重量将主要分配在裂断线以内的部位。

在支承压力作用下发生的煤层压缩和破坏，相应部位的顶底板相对移动以及支架受力变形等现象统称为支承压力的显现，支承压力显现可以在回采工作面和临近的巷道中观测到。在回采工作面可以看到的现象有煤壁的片塌和底板鼓起等。在超前巷道中，除了两帮煤壁的压缩和片塌外，顶底板移近和支架受力等压力显现也都是比较容易观测到的。

支承压力的存在是绝对的。支承压力的显现是支承压力作用的结果，就其显现的形式和程度而言，则是相对的，有条件的。因为，只有当煤层承受的压力值达到其扩容破坏的强度极限时才会发生明显压缩和破坏。而巷道支架受力或变形，不仅取决于煤层破坏后顶底板的相对移动，而且与支架对顶底板运动的抵抗程度有关。总之，尽管支承压力的存在是支承压力显现的基础，但是不能简单地说有支承压力就一定有支承压力的显现，更不能说支承压力显现最明显的地方，就一定是压力高峰所在的部位，在生产现场经常会出现支承压力的大小和支承压力显现强度不一致，甚至截然相反的情况。造成这一情况的原因主要来自以下两个方面：

（1）这是相应部位岩层破坏情况和边界条件不同所致，其中靠采动边界部位的煤体在单向受力状态下极易破坏而失去支承能力；相反，距煤壁较远的深部煤体，由于处于三向受力的状态，其支承能力因水平约束力的存在可以比边缘部位高出数倍乃至数十倍。因此，在同样的压力作用下，靠近采动边缘的压力显现要比深部强烈得多。煤体各部支承能力的差别，是导致支承压力分布和压力显现强度不一致的内因。

（2）作为载荷上覆各岩梁，由于所处位置和强度的差别，加长采场推进过程中出露情况和边界条件的改变有先有后，其运动状态及向两支承端传递力的变化一般都是非同步的。而任何岩梁运动都可以强化其作用范围内的压力显现。作为外载的各岩梁非同步运动，是支承压力分布和显现不一致的客观条件。

在强调煤层某一范围内支承压力显现强度与支承压力大小分布并不一致的同时，应特别注意不要把这种不一致的规律与煤层某一部位压力显现强度变化和所承受的压力增量变化的对应关系混淆起来。前者是说明煤层某一范围内压力分布和压力显现间的关系，后者具体是讲具体部位压力显现变化和压力增量变化间的关系。分清这两个概念对于预测推断支承压力分布和上覆岩层的运动状况是十分重要的。

综上所述，可以明显地看出，在既定的开采强度条件下，煤层上支承压力分布和在工作面巷道中的显现，以及两者间的关系等，是由上覆岩层的状态和煤体本身各处的支承能力所决定。因此了解煤层受力分布状态及其破坏的发展过程，搞清上覆岩层的运动规律，就有可能对支承压力的分布和显现规律做出正确的判断。反过来说，只要正确地解释了支承压力分布，支承压力显现以及煤层支承能力的变化与上覆岩层运动发展间的关系，就能够达到通过压力显现推断压力分布和上覆岩层运动的目的。

二、采场推进过程中推进方向支承压力发展变化规律

理论研究与现场实践证明，从采场推进开始至基本顶各岩梁第一次来压结束期间的支承压力（图 4-2）及其显现的变化可以划分为以下 3 个阶段：

第一阶段：从采场推进开始至煤壁支承能力改变（即煤壁附近煤体进入塑性状态）之前。

在此阶段，随采场推进，通过处于相对稳定状态的基本顶岩梁传递至煤层上的压力将逐渐增加。但是，由于各点的应力没有达到煤体的破坏极限，因此，包括煤壁在内整个煤层都处于弹性压缩状态，支承压力的分布将是一条高峰在煤壁处的单调下降曲线，如图4-2a 所示。

由于此阶段煤及岩层都处于弹性状态，因此可以假设各岩梁的跨度相等（$L_i = L$），且认为在煤层同一位置的传递系数相同（$C_{ix} = C_x$）。由此式（4-1）所示的支承压力表达式简化为

$$\sigma_y = \sum_1^N m_i \gamma (1 + LC_x) = K_x \gamma H \qquad (4-2)$$

式中 N——从煤层到地表的覆盖岩梁数；

H——采深，$H = \sum_1^N m_i$；

K_x——应力集中系数，$K_x = 1 + LC_x$。

应力集中系数 K_x 值随岩梁跨度 L 的增大而增大。当 L 一定时，K_x 随至煤壁距离（x）增加而减小。有限元研究结果表明，其衰减规律可用下述渐衰函数表示：

$$K_x = 1 + K_0 e^{-bx} \qquad (4-3)$$

式中 K_0——与煤层有关的系数；

b——与矸石有关的系数；

e——自然对数的底。

在本发展阶段中，于超前巷道中观测到的顶底板移近量（Δh）等压力显现，其分布规律与支承压力 σ_y 的分布规律相同，如图 4-3 所示。

第二阶段：从煤壁支承能力开始改变起，到基本顶岩梁端部断裂前为止。进入此阶段，靠煤壁附近的应力值达到了每层的强度极限，随着煤体的破坏，其支承能力开始降低，这一趋势随采场的推进和岩梁悬跨度的增加将逐渐向煤壁前方扩展。与此同时，岩层

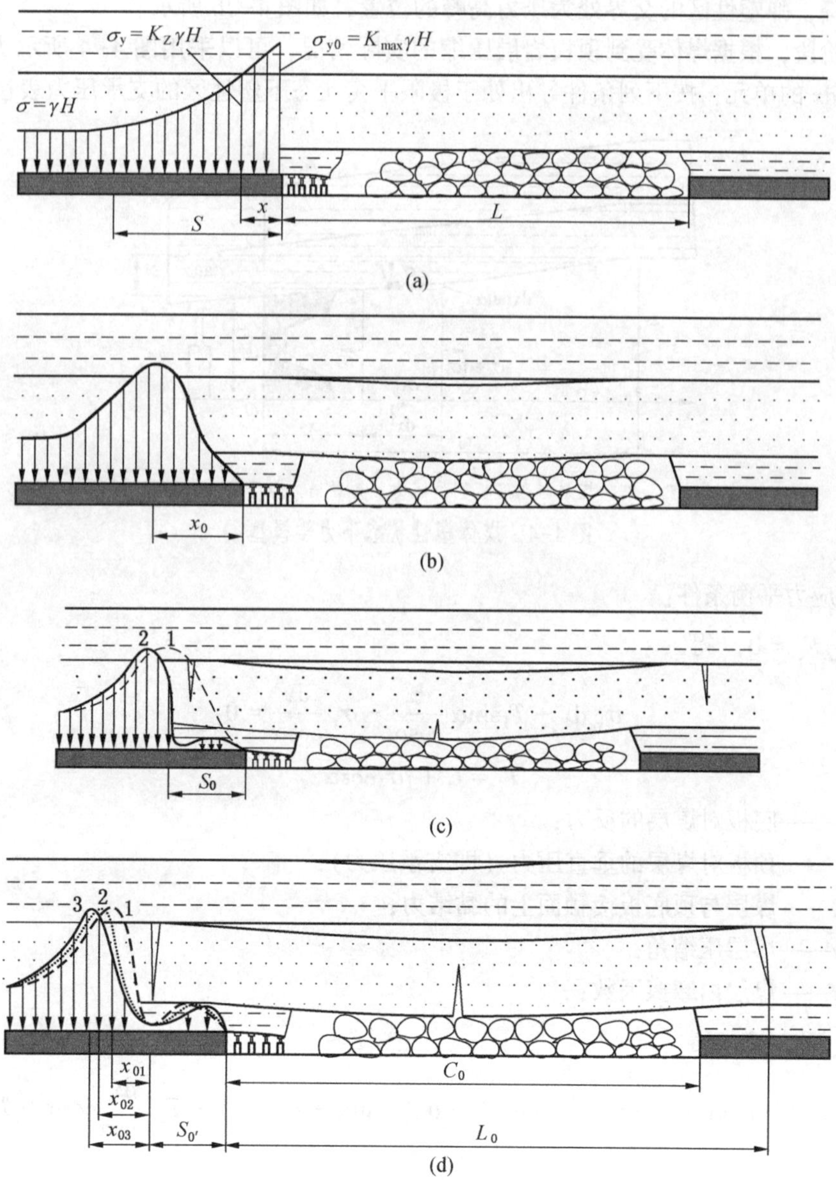

图 4-2　初次来压阶段支承压力分布

沉降幅度逐渐增大，由岩梁跨度中部开始的离层现象也将向两端扩展。一旦基本顶岩梁的作用力超过下部煤层的支承能力，离层就要深入煤壁前方并继续向前伸展。显然，在此阶段，对于煤体支承能力已经下降，特别是离层已经出现的部位，基本顶作为传递上部整体岩重的作用逐步下降，而作为形成支承压力的“载荷作用”将越来越占据主导地位。随煤体破坏的发展，煤壁附近的压力高峰将向煤体深部转移，煤层上支承压力的分布将分成两个区间：在塑性区（包括煤体已经完全破坏的部分）压力逐渐上升，在弹性区压力

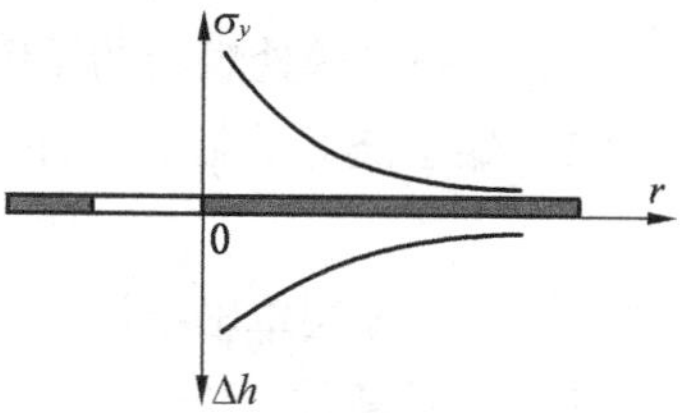

图 4-3　煤体弹性状态下支承压力与显现分布规律

则单调下降，弹塑性区的交界处为压力高峰的位置，如图 4-2b 所示。

在此阶段，根据煤体受到顶板岩层压缩的实际情况，可以采用图 4-4 所示力学模型，取宽度为 dx 的单元，按下列条件导出处于极限平衡状态下塑性区的支承压力表达公式。

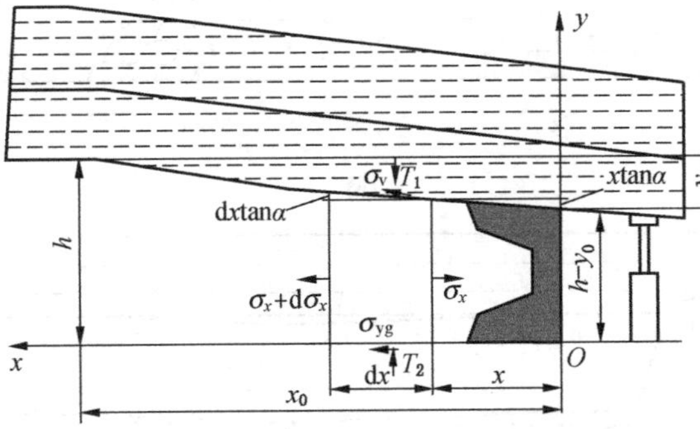

T_1、T_2—煤层与顶底板间的阻力，为黏结力与摩擦力之和

图 4-4　煤体塑性状态下力学模型

（1）应力平衡条件：

令 $\sum F_y = 0$，得

$$\sigma_{yg}dx + T_1\sin\alpha \frac{dx}{\cos\alpha} - \sigma_y \frac{dx}{\cos\alpha} = 0 \tag{4-4}$$

$$T_1 = C + f\sigma_y\cos\alpha \tag{4-5}$$

式中　σ_{yg}——底板对煤层的反力；

σ_y——顶板对煤层的垂直压力（即支承压力）；

C——煤层与顶底板接触面上的黏结力；

α——煤层压缩角；

f——煤层内摩擦因数；

令 $\sum F_x = 0$，得

$$(\sigma_x + d\sigma_{yg})(x\tan\alpha + h - y_0 + \tan\alpha dx) - \sigma_x(x\tan\alpha + h - y_0) - T_1 \frac{dx}{\cos\alpha}\cos\alpha - T_2 dx = 0 \tag{4-6}$$

$$T_2 = C + f\sigma_{yg} \tag{4-7}$$

式中　σ_x——煤体的水平应力；

h——煤层开采高度；

y_0——煤壁处煤层的压缩量。

（2）煤层破坏的临界条件：

$$\sigma_{yg} = \sigma_x + \sigma_c \tag{4-8}$$

式中　σ_c——煤层单轴抗压强度。

（3）边界条件：

$$\sigma_x |_{x=0} = 0 \tag{4-9}$$

对式（4-4）~式（4-8）进行整理可得下列微分方程：

$$\frac{d(\sigma_x + \sigma_c)}{dx} + \frac{A}{Kx + B}(\sigma_x + \sigma_c) = \frac{D}{Kx + B} \tag{4-10}$$

式中，$A = \frac{f(\cos^2\alpha - \sin\alpha\cos\alpha + 1)}{1 - f\sin\alpha\cos\alpha}$； $B = h - y_0$； $K = \tan\alpha$； $D = C(2 - f\tan\alpha) + \sigma_c\tan\alpha + \frac{Cf\cdot(\sin\alpha\cdot\cos\alpha - f\sin^2\alpha + \tan\alpha)}{1 - f\sin\alpha\cos\alpha}$。

求解微分方程（4-10）并代入式（4-9）边界条件$\sigma_x|_{x=0} = 0$，则得支承压力（σ_y）的表达式为

$$\sigma_y = \frac{DE}{A} + E\left(\sigma_c - \frac{D}{A}\right)\left(\frac{B}{Kx + B}\right)^{\frac{A}{K}} + F \tag{4-11}$$

式中，$E = \frac{\cos\alpha}{1 - f\sin\alpha\cos\alpha}$； $F = \frac{C\sin\alpha}{1 - f\sin\alpha\cos\alpha}$。

由于式（4-11）不便于分析，考虑到实际情况下 α 角很小，因此可以将式中诸系数展开成 α 的幂级数，取其主值部分，可实现下列简化：

$$\sin\alpha = \tan\alpha = K$$

$$\cos\alpha = 1$$

$$A = (1 - f^2)\alpha - 2f$$

$$D = 2C + (Cf + 2f + \sigma_c)\alpha$$

$$E = 1 + f\alpha$$

$$F = C\alpha$$

将简化后的各系数代入式（4-11），经整理简化后也取其主值，则得支承压力 σ_y 的表达式为

$$\sigma_y = \left(\sigma_c + \frac{C}{f}\right)\left(1 + \frac{\alpha x}{h - y_0}\right)^{\frac{2f}{\alpha}} \tag{4-12}$$

或

$$\sigma_y = \left(\sigma_c + \frac{C}{f}\right)\left(1 + \frac{\alpha x}{h - ax_0}\right)^{\frac{2f}{\alpha}} \tag{4-13}$$

煤层的压缩角 α 可由下式表达出：

$$\alpha = \tan^{-1}\frac{y_0}{x_0} \tag{4-14}$$

由式（4-14）可以看出，塑性区的压力分布为一单调上升的曲线。

在此阶段，压力显现分布规律与压力的分布规律不尽相同，压力显现总体上仍是一条高峰在煤壁处的单调下降曲线，但与压力分布相对照可以看出，在弹性区，压力显现与压力分布完全一致，在塑性区两者分布的变化趋势则完全相反，如图 4-5 所示。此外式(4-13）和式（4-14）中的参数 y_0、α、x_0 都是压力显现的参数，有这些参数与压力 σ_y 的关系，可以根据超前巷道中的实际压力显现推断压力的变化趋势。例如，发现距煤壁一定距离处的顶底板移近量或移近速度增加，可以推断支承压力值已经增长（x_0 不变，σ_y 随 α 的增大而增大）。同样，如果发现按预定的某一顶底板移近速度为基础的压力显现范围在扩大，则可以得出压力值在增长的结论（α 不变，σ_y 随 x_0 的增大而增大）。

第三阶段：从基本顶岩梁端部断裂起至岩梁中部触矸止。

在此阶段中，支承压力分布及显现随基本顶岩梁“显著运动”的发展而明显变化。其主要特征如下：

（1）岩梁端部断裂前夕，在断裂线附近将伴有压力的集中，如图4-2c中曲线1所示。

（2）岩梁断裂结束时，以断裂线为界将支承压力分布明显地分为两个部分，即在断裂线与煤壁之间（图4-2c中S_0范围）由已断裂岩梁自重所决定的“内应力场”，以及在断裂线外（图4-3c中S_0以远）由上覆岩层整体重量所决定的“外应力场”，两应力场中的压力分布没有密切的联系。在岩梁断裂结束时，两应力场中的压力分布如图4-2c中曲线2所示。

（3）两应力场形成后，随工作面推进，各自的应力高峰以断裂线为界向相反的方向发展（即呈“背向”转移变化）。其中：内应力场中的支承压力随工作面的推进，岩梁再次断裂，压力高峰逐渐增加，峰值位置逐渐移向煤壁，形成压力的“收缩”，直至岩梁中部触矸，压力峰值降到最低值为止。该过程中压力分布的变化趋势可从图4-2d中S_0'范围内曲线1、2、3的对比中看到。其中曲线1为岩梁断裂时的压力分布，曲线2为岩梁回转压力向煤壁方向收缩、集中的情况，曲线3为岩梁中部触矸后压力降低后的分布情况。与此相反，外应力场中的支承压力高峰区随采场推进和岩梁断裂线附近煤体破坏的发展，压力高峰逐渐降低，峰值作用位置逐渐移向前方（压力“扩展”），一直到煤体的支承能力与压力高峰的作用相抗衡为止。该过程中压力分布的变化趋势同样可从图4-3d中曲线1、2、3的对比中看到。图中x_{01}、x_{02}及x_{03}分别为随应力高峰推移逐渐扩展的塑性区范围。

在此阶段中，超前巷道中的压力显现的变化与压力分布的变化趋势相一致，其主要特征如下：

（1）岩梁断裂时，伴随着压力在断裂线附近的集中，该部位顶底板移近速度将突然增大。

（2）随岩梁断裂扩展或显著沉降，由于断裂线附近的压力突然下降，煤层顶底板的移近出现停滞甚至产生“反弹”现象（即观测位移的顶板动态仪将出现负值），相应部位支架载荷也将明显降低。

（3）岩梁断裂结束后，随工作面继续推进，内外应力场中的压力显现也将以裂断线为界呈背向转移变化。其中内应力场中的顶底板移近等压力显现将强化，直到岩梁中部触矸后，缓慢下降到最低值。外应力场中压力显现强化的部位前移，直到煤体的支承能力与高峰压力相抗衡的位置才停止。

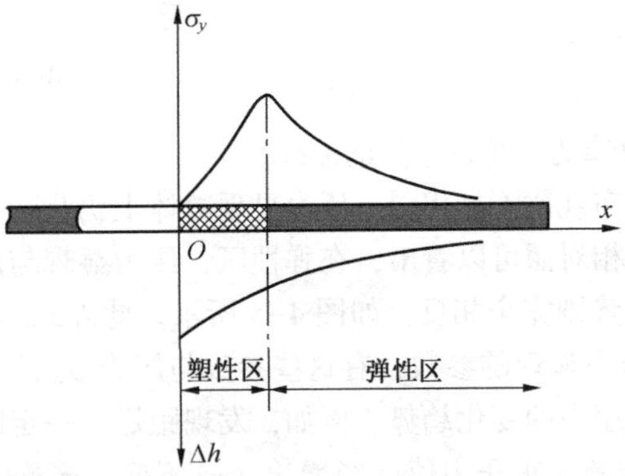

图4-5　煤体塑性破坏后支承压力及其显现分布规律

采场第一次来压阶段支承压力及其显现的上述发展变化规律，在生产现场矿山压力及顶板活动预测预报的广泛实践中得到证明。实验室相似材料和机械模拟研究以及有限元计算机模拟研究也都得到了相应的结果（图4-5）。

采场进入正常推进阶段后，支承压力分

布和显现的主要特点是伴随着上覆岩层的周期性运动而呈周期性变化，其变化的一般规律如图 4-6 所示。

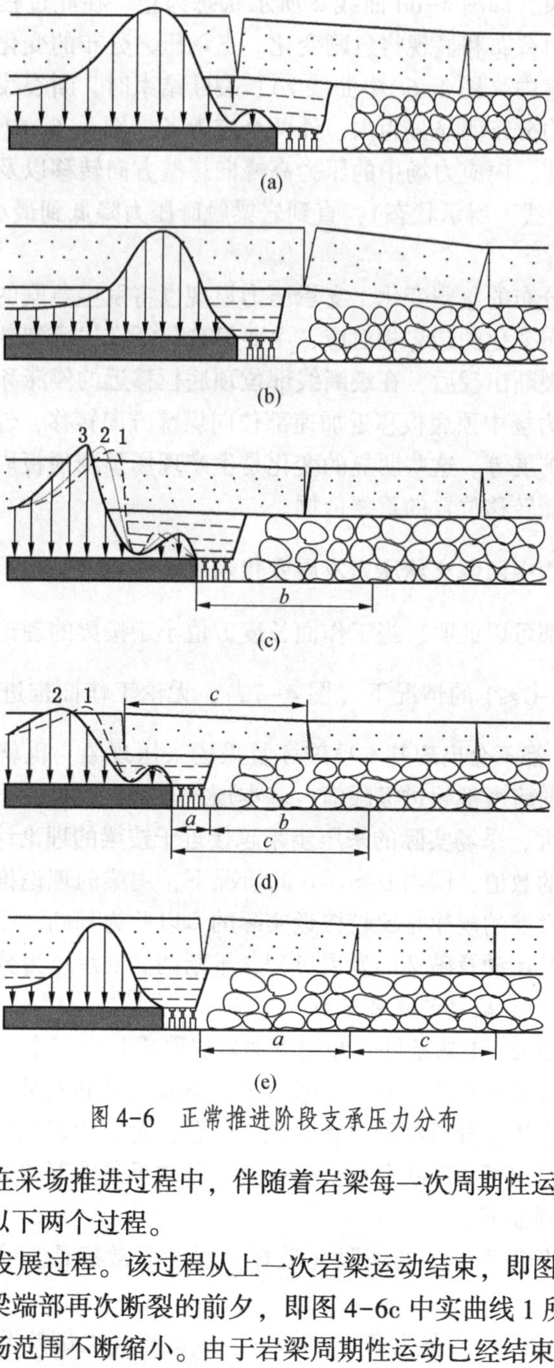

图 4-6 正常推进阶段支承压力分布

由图 4-6 可知，在采场推进过程中，伴随着岩梁每一次周期性运动，支承压力分布和显现的发展，包含了以下两个过程。

（1）相对稳定的发展过程。该过程从上一次岩梁运动结束，即图 4-6a 所示状态开始，到工作面推进至该岩梁端部再次断裂的前夕，即图 4-6c 中实曲线 1 所示状态为止。此时，随工作面推进内应力场范围不断缩小。由于岩梁周期性运动已经结束，其作用力主要较接点摩擦阻力与矸石的反力平衡，所以内应力场中煤层上所承受的压力将很小。在该发展过程中，对于随工作面推进而前移的外应力场，其支承压力分布的范围将因内应力场范围的缩小、水平约束阻力的降低而逐渐扩大（即塑性区范围向前方伸展），直到该岩梁再次裂断前夕达最大值为止。在此过程中，支承压力大小和分布的变化都是渐进的、均衡的，在巷道和工作面附近支承压力显现的变化也是平缓和比较均匀的。

（2）显著变化的发展过程。这个过程从岩梁裂断前夕即图 4-6c 曲线 1 所示状态开始，至基本顶岩梁运动结束，即图 4-6d 曲线 2 所示状态为止。在此过程中，随岩梁运动状态的明显改变，支承压力分布和显现将急剧变化。支承压力分布的变化主要包括：岩梁裂断时，在断裂部位应力集中（图 4-6c 中曲线 2）；裂断结束时，断裂线附近应力下降和迅速向两侧转移，支承压力分布明显分为内、外两个应力场（图 4-6c 中曲线 3）；随工作面推进和岩梁回转运动加速，内应力场中的压力高峰向煤壁方向转移以及外应力场中应力向纵深扩展（图 4-6d 中曲线 1 所示状态），直到岩梁触矸压力降低到最小值，即图 4-6d 中曲线 2 所示状态为止。

相应于支承压力分布的急剧变化，支承压力显现也将发生急剧的变化，其变化的发展趋势将与支承压力分布变化的趋势相对应，主要显现包括在岩梁裂断部位压力强化时刻顶底板移近加速，岩梁裂断出现后，在裂断线部位顶底板移近的停滞和回弹（位移增量出现负值）以及随后内应力场中顶底板移近加速部位向煤壁方向转移，外应力场中顶底板移近加速部位重新向前方扩展等。这些明显的变化是生产现场预测顶板周期来压，推断支承压力分布特别是压力高峰转移位置的重要依据。

三、采场推进过程中两侧支承压力发展变化规律

实践及理论推导都可以证明，当工作面长度 L 值小于按梁的理论推算出的基本顶破坏极限跨度 C_0，即 $\alpha=\dfrac{L}{C_0}C\leqslant 1$ 的情况下（图 4-7a），无论工作面推进到什么位置（即使推进步距超过数百米），都不会出现基本顶破坏及采场来压现象。也就是说，只有当工作面推进方向和两侧方向的跨度都超过极限值，基本顶才有来压的可能。实践还证明，工作面长度越大，即 α 值越大，采场实际的来压步距越接近于按梁的理论计算的数值。因此，当工作面长度达到足够的数值，即当 $\alpha\geqslant 4\sim 6$ 的情况下，用梁的理论推断推进方向，上岩层运动和支承压力分布发展的规律是比较接近实际的。以此为基础，可以根据“板”向周边传递作用力的特性和其运动及破坏的发展过程，推断两侧支承压力分布和发展的规律。

（一）“岩板”运动及破坏的发展过程

如果采场尺寸满足 $\alpha>1$ 的条件，并把上覆岩层看成是由多个“组合岩板”结构，则采场上覆岩层运动可以采用有关“板”的稳定和破坏的理论进行研究。研究表明，板的屈服线分析方法不仅可以用于分析混凝土板的破坏问题，对于“岩板”的破坏规律分析也是极为有效的。因此，可以用屈服线分析准则确定各种边界条件下“岩板”的屈服破坏线所在位置。这个分析准则如下：

（1）在临界载荷作用下产生的屈服（破坏）线，通常都是直线。板的刚度越大，屈服线发展越快。

（2）在板的固定边界形成最大弯矩的部位产生负的（上部拉开）屈服线。而最大正弯矩的位置（包括作用点或作用线）可以作为推断正屈服线方向和位置的起点。

（3）板的下沉运动是通过板各个方向的回转实现的。板的支承线就是各向回转的回转轴。

（4）屈服线产生在相邻两个板块的中部并通过两个回转轴的交点。

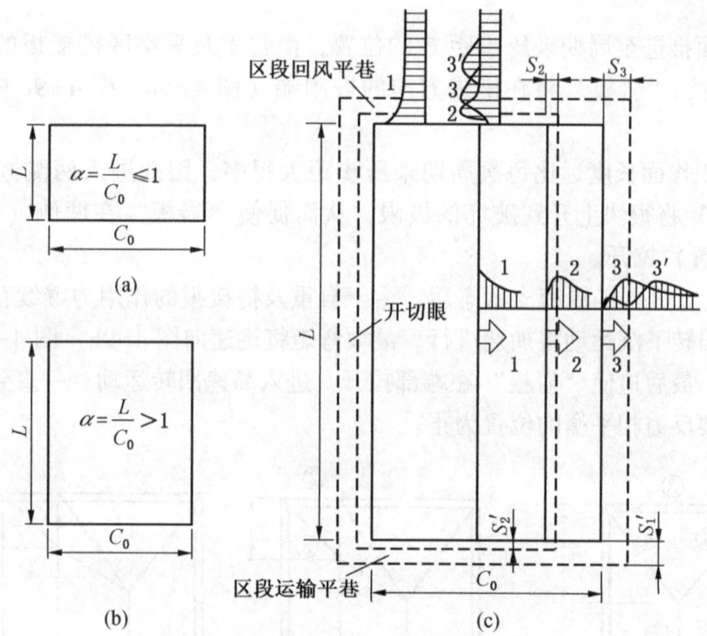

图 4-7　采场四周支承压力发展过程

按上述准则，用屈服线分析法推断出的矩形板屈服破坏线如图 4-8 所示。理论研究证明：当工作面长度与按梁推算的来压步距之比 $\alpha>1$ 的情况下，基本顶各“岩板”破坏和运动发展过程将如图 4-9 所示。其中第一次破坏的发展过程如下：

（1）推进方向两端拉应力超限，开裂从工作面中部开始逐步向两侧方向延伸，直至贯穿整个工作面长度，如图 4-9 中虚线①所示。

（2）“岩板”随平行于工作面的裂断发展，其约束条件由四方嵌固逐步向两侧嵌固的状态转化，弯矩进一步向两侧转移，从而导致“岩板”沿两侧嵌固端裂断，断线贯通后，如图 4-9 中虚线②所示。

（3）“岩板”四周裂断后，其最大弯矩将转向中央，促使其沿着图 4-9 中虚线③所示位置断裂，“岩板”的沉降加速。

（4）在“岩板”沉降加速的过程中，最大虚线④的位置集中，导致相应部位的开裂，“岩板”的高速沉降运动即开始。

（5）“岩板”沉降至中部（即图 4-9 中虚线③的部位）触矸，采场来压结束。

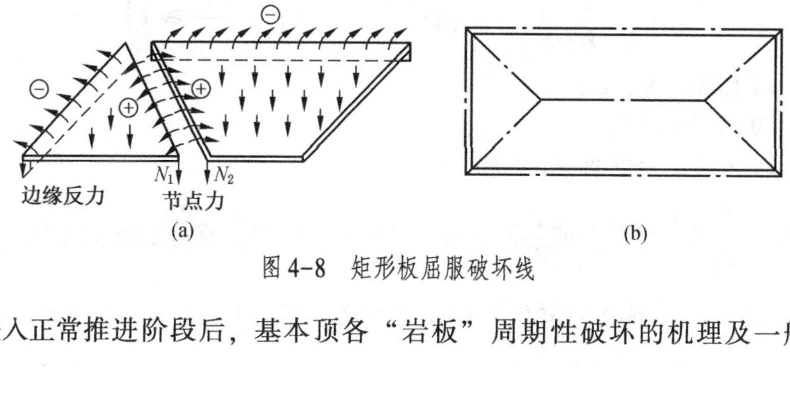

图 4-8　矩形板屈服破坏线

采场进入正常推进阶段后，基本顶各“岩板”周期性破坏的机理及一般发展过程如下：

（1）工作面推进至周期来压步距 C 的位置，由自重及采空区搭接板的作用力所形成的弯矩超过限度，“岩板”将在推进方向的嵌固端（图 4-9b、图 4-9c 中①所示部位）裂断。

（2）由于工作面长度远比每次周期来压步距大得多，因此进入两侧嵌固状态的“岩板”，其端部弯矩将很快上升到破坏的极限，从而促使“岩板”在两侧（即图 4-9b、图 4-9c 中②的位置）拉开。

（3）“岩板”进入四周简支状态后，由于自重及搭接板的作用力继续存在，以两个方向嵌固为轴的回转下沉运动将加速进行。最大弯矩将迅速向图 4-9b、图 4-9c 中③所示的中间部位转移，最后迫使“岩板”在端部拉开，进入高速回转运动，一直到其作用力与采空区矸石及支架反力相平衡的位置为止。

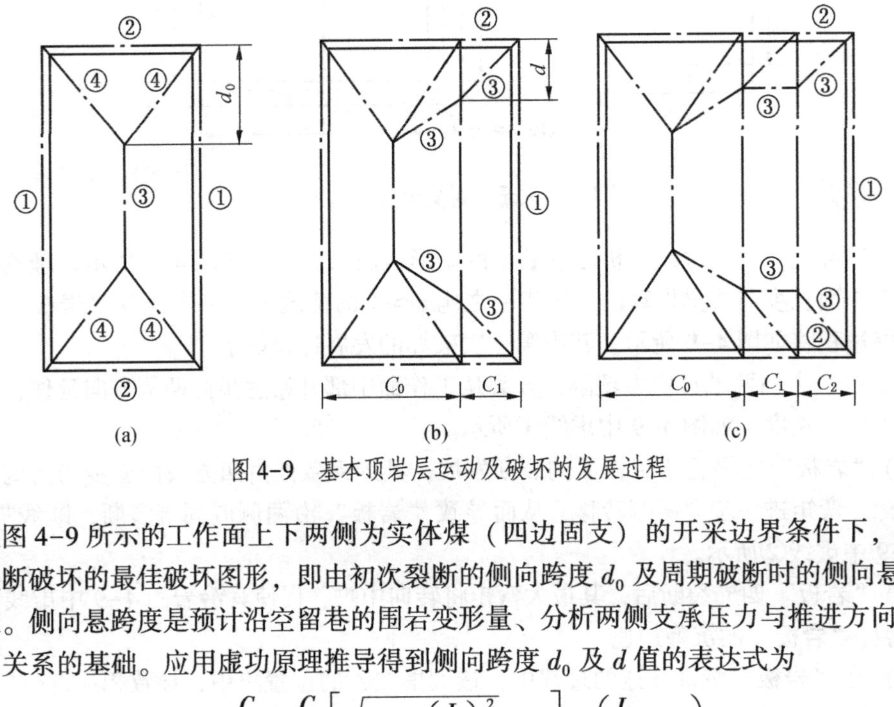

图 4-9 基本顶岩层运动及破坏的发展过程

在图 4-9 所示的工作面上下两侧为实体煤（四边固支）的开采边界条件下，基本顶岩层裂断破坏的最佳破坏图形，即由初次裂断的侧向跨度 d_0 及周期破断时的侧向悬跨度 d 所决定。侧向悬跨度是预计沿空留巷的围岩变形量、分析两侧支承压力与推进方向支承压力之间关系的基础。应用虚功原理推导得到侧向跨度 d_0 及 d 值的表达式为

$$d_0 = \frac{C_0}{2} - \frac{C_0}{L}\left[\sqrt{1 + 3\left(\frac{L}{C_0}\right)^2} - 1\right] \quad \left(\frac{L}{C_0} \geqslant 1\right) \tag{4-15}$$

$$d = \frac{2C}{17}\frac{C}{L}\left[\sqrt{100 + 102\left(\frac{L}{C}\right)^2} - 10\right] \quad \left(\frac{L}{C} \geqslant 1\right) \tag{4-16}$$

式中 L——工作面长度，m；

C_0——基本顶岩层初次裂断步距，m；

C——基本顶岩层周期裂断步距，m。

由此可见，$\frac{d_0}{C_0}$及$\frac{d}{C}$值随$\frac{L}{C_0}$或$\frac{L}{C}$值的增加而增大，但当$\frac{L}{C_0}$或$\frac{L}{C}$达到 6 以上，$\frac{d_0}{C_0}$值将稳定在（0.78~0.82）C_0，$\frac{d}{C}$值将稳定在（0.90~1.0）C。即对于一般长壁工作面，初次裂断的

侧向悬跨度为 $0.8C_0$ 左右，周期裂断的侧向悬跨度近似等于周期裂断步距 C。

在上述基本顶岩梁运动过程中，从第三个发展过程即"岩板"中部裂断开始到"岩板"沉降运动结束，就推进和两侧两个方向而言，在时间上将是同步的，因此，在两个方向的煤层上造成的支承压力分布和显现变化也将是同步的。这一结果证明，利用工作面两侧支承压力分布和显现的变化，推断采场上覆岩层运动，预测采场来压也是完全可能的。

（二）工作面两侧支承压力分布及显现的发展变化规律

在研究了推进方向支承压力发展规律和"岩板"运动的发展全过程的基础上，根据板结构的载荷传递特点，可以概括出该发展阶段工作面两侧煤层上支承压力分布和发展的基本规律。随采场推进，两侧支承压力分布将经历以下发展阶段：

第一阶段：上下两侧煤壁边缘处于弹性状态。煤壁边缘破坏前，即工作面推进至图4-7中位置1以前，两个方向上的压力高峰始终在煤壁上，峰值随推进步距增加而增大。

第二阶段：煤壁边缘破坏，部分进入塑性状态。工作面推进至图4-7中2的位置，周边压力超过煤层的强度，煤壁边缘遭到破坏而失去支承能力，压力高峰深入煤层前方，压力分布形成弹性和塑性两个区域。此阶段塑性区的形成及扩展都首先从推进方向开始，然后紧随着"板"的作用力向两侧转移，导致两侧塑性区形成。"板"的连续性和作用力在两个方向上随煤层破坏的发展而相互转移的规律，决定了两个方向上塑性区同时存在。在本阶段内随工作面推进及"板"的悬露面积增加，压力高峰将逐步向煤壁前方伸展、塑性区的范围也将相应扩大。

第三阶段：工作面推进到图4-7中3的位置，"板"将深入煤壁内部裂断，支承压力显现分为内、外两个应力场，两个方向支承压力分布随"板"的破坏和运动有明显变化。随着"岩板"沉降，内应力场压力峰值向煤壁前方收缩，外应力场压力峰值随着内应力场中煤层的再破坏和水平约束力降低而向深部扩展，直至"岩板"触矸，压力进入相对稳定的状态（即图中3′曲线）为止。此阶段的主要特点是压力分布和显现随基本顶运动发展有明显变化。

该阶段支承压力分布和显现与基本顶运动间的关系如图4-10所示。

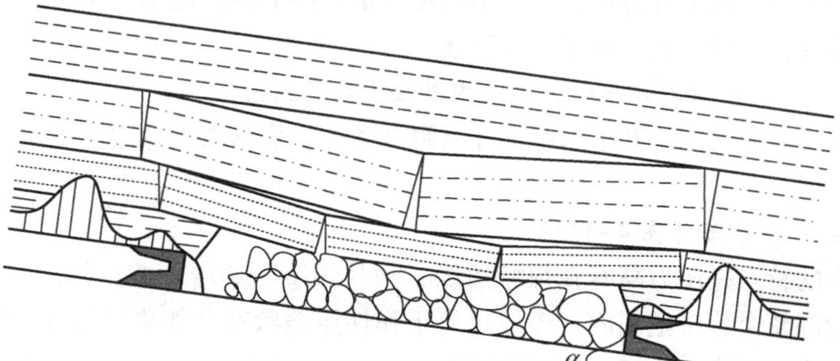

图4-10　侧向支承压力分布

在采场第一次来压阶段，煤体塑性破坏后，两侧煤层上支承压力变化规律如图4-7c所示。其主要特点是没有单一弹性分布（压力高峰在煤壁处）存在的时间。其他包括塑性区范围及压力峰值位置随工作面推进向煤层深部扩展规律等，与煤层边缘破坏前是相同的。

在采场进入正常推进阶段后，工作面两侧支承压力分布的基本特征是压力分布随着基本顶各“岩板”的周期性裂断而有明显变化。其他与第一次来压阶段基本一致。伴随着压力分布变化的压力显现，包括基本顶各“岩板”裂断前夕顶底板移近量加速，裂断时移近增量停滞和反弹，以及其后两个应力场中压力显现随压力高峰位置转移而变化等也都与第一次来压阶段相同。

综合两个阶段工作面两侧支承压力分布变化的规律，并与推进方向的规律进行对比，可以得到下列结论：

(1) 鉴于采场上覆岩层在破坏前能够保持向四周传递力的连续性及煤层各周边压力可以相互转移的规律，决定了两个方向上单一弹性分布存在的时间，即塑性区及出现塑性区时工作面推进的位置都相同。

(2) 尽管基本顶裂断在两个方向上略有先后，但其发展进程和出现的时间却是同步的。因此，在基本顶处于裂断破坏的“岩板”运动范围内，两个方向上支承压力分布及显现规律将基本相同。从基本顶裂断、压力分布及显现开始明显变化到进入相对稳定的发展过程，在时间上也基本是同步的。这个关系使我们有可能利用一个方向上支承压力分布的变化去推断另一个方向支承压力的分布。这个关系说明，在基本顶运动影响范围内，任何方向上超前煤壁的压力显现，都可以作为预报基本顶来压的根据。

(3) 与推进方向相比，工作面两侧支承压力分布和显现规律的最大差别，一是不存在内应力场分布范围收缩的情况，外应力场的扩展是通过内应力场扩展和煤层再度压缩破坏而实现的。二是基本顶中每一“岩板”运动的影响，对于任一部位来说都只有一次。这一特点有助于更准确地确定基本顶岩梁数目及有关的运动参数。例如在沿空留巷中的某一部位观测压力显现，可以经常观测到压力显现的周期性起伏现象。这里的每一次周期性起伏对应着基本顶中某一岩梁沉降，两次周期间的间隔对应着两岩梁运动滞后的时间。

四、关于两个应力场的理论

前面讲到的内外两个应力场，实践中已在一定条件下得到证实。下面就内外应力场产生的原因和条件，从理论上进一步加以阐述。

(一) 煤层上支承压力分布的构成及内外应力场的概念

研究证明，对应不同的开采深度和煤层强度条件，采场周围煤层上支承压力分布可能有以下 3 种情况。

1. 单一的弹性分布（图 4-11a）

这种分布的特点是压力高峰在煤壁边缘，随与煤壁距离增加按负指数曲线规律递减。在从煤壁开始的整个分布范围内，煤层都处于弹性压缩状态。如果以图 4-12 所示的无冲击倾向煤层全应力曲线表达煤层破坏全过程，则该范围内煤层处于曲线中的弹性变形阶段（即 *AB* 线段），所承担的压力与其弹性压缩变形量成正比。

此时，由于煤层边缘未遭破坏，覆盖岩层间保持了较高的接触应力，很难沿层面剪切滑移，这就决定了采场上段各传递岩梁间的离层不可能深入煤壁前方。因此，各岩梁的裂断只能在煤壁处发生，而且在岩梁裂断时，煤壁前方的巷道中除了可能观测到顶板反弹现象之外，将看不到顶底板移近等明显的压力显现。

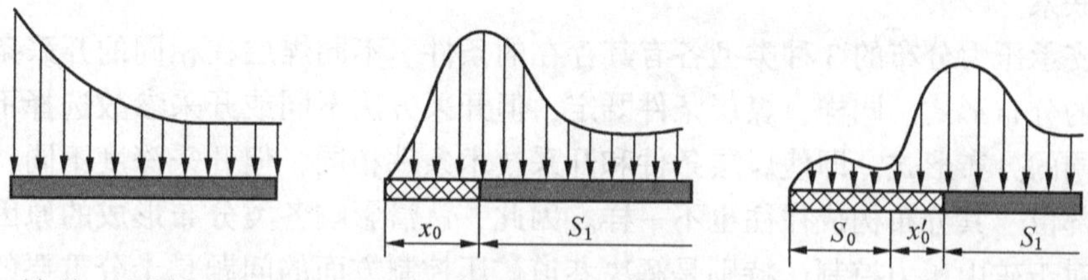

(a) 单一的弹性分布　(b) 出现塑性破坏区的分布　(c) 出现内应力场的分布

图 4-11　不同阶段支承压力的分布规律

2. 出现塑性破坏区的分布（图 4-11b）

该分布由塑性区 x_0 及弹性区 S_1 两个部分构成。其中弹性区煤层处于弹性变形状态，其压力分布是一个高峰在弹塑性交界处并向纵深发展逐渐下降至原始应力值的曲线，各部位压力与该处煤层的压缩成正比。相反，塑性区煤层已遭破坏，处于图 4-12 全应力曲线中的 *CDE* 段（即塑性流变阶段）。显然，进入该状态的煤层部位。如果没有水平应力的约束（除非压力完全解除），其变形都将会继续扩展。因此，足够的水平应力是该部位煤层在一定压力下能保持稳定的条件。鉴于从煤壁开始向纵深发展的各部位阻止煤层继续变形的水平应力逐渐增加，因此塑性区的压力分布是与水平应力分布趋势相同的从煤壁开始逐渐上升的曲线。

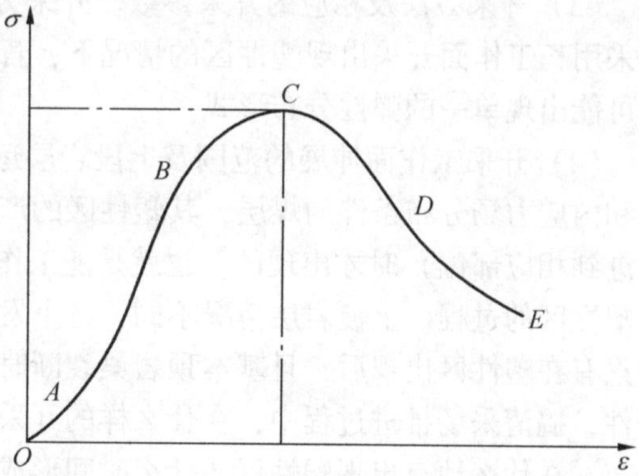

图 4-12　无冲击倾向煤的全应力应变曲线

此时，弹性区的压力来源于上覆岩层总体的重叠。与开采深度及由基本顶范围和岩梁跨度所决定的应力椭圆轴比呈近乎线性的比例关系。但是塑性区范围内的压力不再简单地与上覆岩层的总体作用力直接相关，其中邻近采场的一部分（即通常所说的基本顶范围）岩层的力将起重要的作用。当这部分岩层发生明显运动时，两者间的直接关系就能表现出来。

鉴于塑性区范围内煤层承载能力已大幅度下降，而且处于极不稳定的状态，因此当上覆岩梁自承能力一旦消失，相应部位的煤层压缩将加剧。在工作面及相邻的巷道中，煤层片帮、顶底板移近加速等压力显现都会明显地表现出来。

正因为塑性区煤层承载能力大幅度下降，而且处于极不稳定的状态，所以无法阻止上段岩梁弯曲沉降及岩梁间接触应力消失。这一切为各岩梁间的层面剪切破坏和深入煤壁的前方裂断创造了条件。

3. 出现内应力场的分布（图 4-11c）

这种分布的主要特点是岩梁深入塑性区裂断，原来完整的应力场以岩梁裂断线为界，明显地分为两个部分。一部分是由运动着的岩梁重量所决定的内应力场，如图 4-11c 中 S_0 所示，另一部分则是与上覆岩层总体的力相联系的外应力场，包括新扩展的塑性区 x_0' 及张性区 S_1 两个部分，如图 4-11 所示。此时外应力场压力的大小和影响范围与开采深度直接相关，但是内应力场的压力大小则仅取决于同时运动着的岩层跨度和厚度，与开采深度没有直接的联系。

上述支承压力分布的3种类型各有其存在的条件。不同煤层在相同的开采条件下，可能有不同的分布形式。同样，煤层条件既定，但开采方法不同或开采参数选择不一样，也可能有不同的分布形式。即使煤层条件和开采技术条件相同，但开采深度不同，工作面推进到不同部位，其分布构成往往也不一样。因此，认清影响各类分布形成的原因及其存在的条件，对于矿山压力控制，特别是解决巷道矿压控制方面的问题是十分重要的。研究证明，影响支承压力分布的主要因素有：

(1) 煤层的条件，包括煤层的强度、厚度、上覆岩层情况等。开采厚度小、强度高、上覆岩层强度低（运动步距小）的煤层，即使采用长壁开采，在工作面长度很大的情况下，也可能在很大的开采深度范围内保持单一的弹性分布形式。相反，开采厚度大、强度低的煤层，则很容易出现塑性区和形成内应力场。

(2) 开采深度。各种分布都是以一定的开采深度为前提。开采深度越大，出现塑性区和内应力场的可能性越大。因此，找到各种分布类型存在和转化的开采深度界限是研究支承压力分布的关键。

(3) 开采方法及相应的开采参数。开采方法不同，支承压力分布可能是大不一样的。在采用长工作面开采出现塑性区的情况下，若改用短工作面开采，留设足够宽的煤柱，则有可能出现单一的弹性分布形式。

(4) 开采工作面伸展的范围及上段岩层运动的发展情况。开采任何一个具备出现塑性区和内应力场分布条件的煤层，其塑性区的产生都是在开采范围扩展到一定程度（工作面推进到相应部位）时才出现的。也就是随工作面推进，都有一个由单一弹性分布发展到出现塑性区的过程。上覆岩层情况不同，各个发展阶段结束的时间、地点不一样。而内应力场只有在塑性区出现后，且基本顶岩梁裂断时才会明确地划分出来。针对不同的上覆岩层条件，搞清采场推进过程中，在什么样的开采范围内，采场四周煤体上保持着单一的弹性分布，在什么地点出现塑性区，什么时间形成内应力场等问题，对于正确解决巷道布置和维护方面的问题是十分必要的。

(二) 内应力场的范围及存在条件

内应力场的出现是以存在塑性区为前提的，因此其最大的可能范围将由塑性区的宽度 x_0 所限定。

如前所述，在考虑煤层压缩的条件下，塑性区各点的应力表达式为

$$\sigma_y = \left(\sigma_c + \frac{C}{f}\right)\left(1 + \frac{\alpha x}{h - \alpha x_0}\right)^{\frac{2f}{\alpha}}$$

由图4-4可知，当弹塑性区交界处的支承压力达到最大值，即当 $x=x_0$ 时，$\sigma_y=\sigma_{max}=K_{max}\gamma H$。将此条件代入上式即可求得塑性区范围 x_0 的表达式为

$$x_0 = \frac{h}{\alpha}(1 - \alpha_k^{\frac{2f}{\alpha}}) \tag{4-17}$$

式中　h——煤层的开采高度；

α——煤层的压缩角$\left(\alpha=\tan^{-1}\frac{y_0}{x_0}\right)$；

α_k——最大支承压力与煤层强度条件间的关系系数，其表达式为

$$\alpha_k = \frac{K_{max}\gamma H}{\sigma_c + \frac{C}{f}} \tag{4-18}$$

式中　H——开采煤层深度；

γ——上覆岩层平均重力密度；

σ_c——煤层单向抗压强度；

C——煤层与顶底板间的黏结力；

K_{max}——煤层上的最大应力集中系数。

分析式（4-17）及式（4-18）不难得出下列结论：

（1）开采深度 H 及应力集中系数 K_{max} 越大，则塑性区范围越大。在采深和覆盖岩层既定的条件下，煤层上的支承压力值，包括最大应力集中系数 K_{max} 及相应的压力高峰 $K_{max}\gamma H$ 也都有一定极限。因此可以肯定，在具体采高条件下，塑性区的最大范围也有确定的数值。只要掌握了支承压力分布和显现的变化规律，这个范围是可以通过实测找到的。

（2）煤层强度越高（即单向抗压强度 σ_c 值越大）、煤层与顶底板间的黏结力（C）越大，在同样深度条件下，塑性区的范围将越小。

（3）在一定采深和既定煤层条件下，塑性区范围与煤层开采厚度成正比。分层开采厚煤层时，塑性区的范围取决于分层开采的高度和开采分层所在的位置。采高越大，开采分层的累计厚度越大，则塑性区范围也越大。因此，那种不考虑采高大小及开采分层所在位置，简单地根据采深条件一成不变地划定塑性区及内外应力场范围，决定巷道开掘位置的做法是不妥当的。

由式（4-17）可知，当 $a_K = 1$ 时，$x_0 = 0$，即煤层不出现塑性区，自然也就不会出现内应力场。将 $a_k = 1$ 的条件代入式（4-18），即可得到满足相应条件的判别式为

$$[H] = \frac{\sigma_c + \frac{C}{f}}{K_{max}\gamma}$$

或

$$(\sigma_c)_{min} = K_{max}H\gamma - \frac{C}{f}$$

如果为保险起见，忽略煤层与顶底板间的黏结力（C），则上列判别式可简化为

$$[H] = \frac{\sigma_c}{K_{max}\gamma} \tag{4-19}$$

或

$$(\sigma_c)_{min} = K_{max}H\gamma \tag{4-20}$$

式中　$[H]$——在既定煤层条件下不出现内应力场的临界采深；

$(\sigma_c)_{min}$——在既定采深条件下，不出现内应力场的煤层最小单向抗压强度。

其他符号意义同前。

由上述判别式可知，内应力场存在的条件为 $H>[H]$ 或 $\sigma_c<(\sigma_c)_{min}$。

研究证明，自开切眼开始，随采场推进，煤层上的最大应力集中系数 K_{max} 变化的情况接近于椭圆孔应力集中随轴比变化的规律。即从工作面推进开始，K_{max} 值随推进步距，亦即轴比的增加而增加，到工作面推进至基本顶范围内的岩层第一次运动结束，由岩梁跨度和基本顶高度所决定的长短轴比趋于稳定而达到比较稳定的极限。图 4-13 所示为实验室

相似材料模拟研究的部分结果。这些研究结果充分说明，在既定的煤层条件下，采用长工作面开采，K_{max}值有既定的极限。这个极限值在一般岩层所覆盖的采场，变化于2~8之间。在多数情况下，$K_{max}=2.5$。如果以此为据，取煤层的单向抗压强度$\sigma_c=5\sim10$ MPa，上覆岩层平均重力密度$\gamma=2.5\times10^4$ N，则按上述判别式计算得到不出现内应力场的临界开采深度为

当$\sigma_0=5$ MPa时，$[H]=\dfrac{5\times10^4}{2.5\times2.5\times10^4}=80$ m；

当$\sigma_0=10$ MPa时，$[H]=\dfrac{10\times10^4}{2.5\times2.5\times10^4}=160$ m。

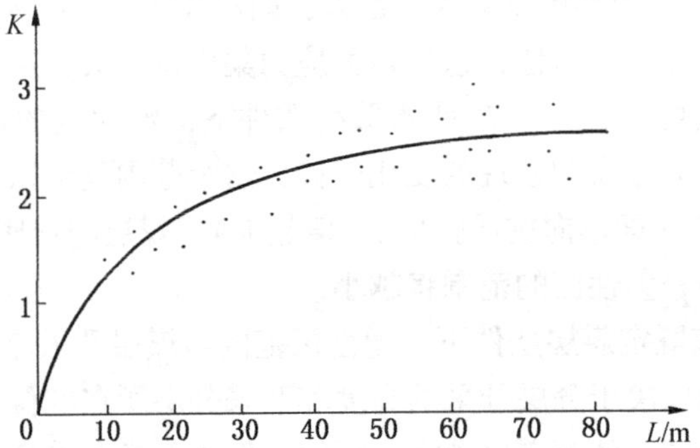

图4-13 支承压力集中系数与推进步距间关系的相似模拟研究结果

图4-14中曲线展示了长工作面开采不同煤层强度和可能的应力集中系数条件下，不出现内应力场的临界开采深度的变化趋势。可以在现场判定支承压力分布构成时进行参考。

由图中曲线可知，在一般煤层条件下，采用长工作面开采深度超过150 m，就有岩梁超前煤壁裂断形成内应力场的可能。在有塑性区的情况下，内应力场的具体界限由各岩梁强度和裂断所必需的嵌固力决定，岩梁重量越大，强度越高，裂断所必需的嵌固力越大，则该岩梁裂断所形成的内应力场范围越接近于塑性区的宽度。

（三）内应力场压力的大小及影响因素

内应力场压力来源于运动着的岩梁重量。图4-15所示为岩梁裂断完成后，内应力场中与煤壁距离x处的支承压力分布情况，其可由下式表出：

$$\sigma_y=G_x y_x \tag{4-21}$$

式中 G_x——该处煤层的刚度；

y_x——该处煤层的压缩量。

研究证明，塑性区中限制煤层纵向变形的水平应力σ_y，由煤壁开始向深部发展越来越大，其分布如图4-15所示。因此，由水平应力大小决定的煤层刚度G_x分布规律，也将是从煤壁开始向煤层纵深发展越来越大；相反煤层的压缩量y_x在煤壁处最大，向纵深发展越来越小。如果将图4-15中G_x及y_x分布近似看成是线性的，则内应力场中与煤壁距离x处的支承压力表达式可改写为

$$\sigma_y=\frac{G_0\overline{y_0}x(S_0-x)}{S_0^2} \tag{4-22}$$

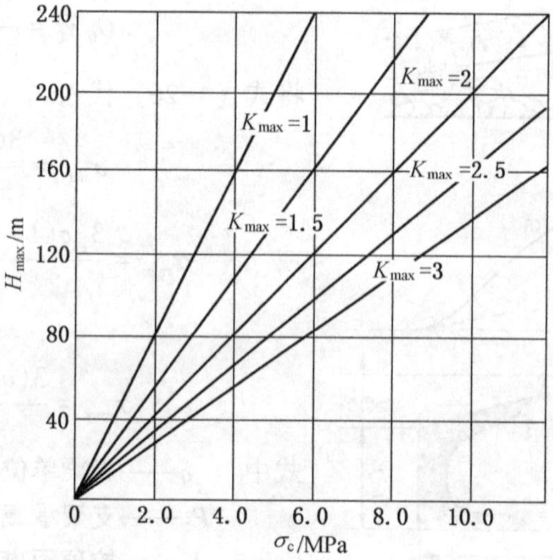

图 4-14　σ_c 与临界采深 H_{max} 间的关系

式中　G_0——裂断线处煤层的刚度；

y_0——煤壁处煤层的压缩量；

S_0——内应力场范围。

对式（4-22）求导，并使$\frac{d\sigma_{yx}}{dx}=0$，则得内应力场压力高峰所在位置为

$$x_0 = \frac{S_0}{2} \tag{4-23}$$

代入式（4-22）得该处最大压应力值为

$$\sigma_{max} = \frac{G_0\,\overline{y_0}}{4} \tag{4-24}$$

上述结果说明，内应力场中部应力最高，应力最大值在既定煤层条件下与煤壁的压缩量成正比。

针对图 4-15 所示弹性梁力学模型，在忽略岩梁铰接处摩擦阻力的情况下，其静力平衡方程为

$$\int_0^{S_0}\sigma_y dx + R_T = \frac{Q_T}{2} \tag{4-25}$$

式中　σ_y——内应力场各点应力；

R_T——支架反作用力；

Q_T——岩梁重力；

S_0——内应力场范围。

将式（4-22）代入式（4-25）得

$$\int_0^{S_0}\sigma_y dx = \frac{G_0\,\overline{y_0}}{S_0^2}\int_0^{S_0}(S_0 - x)\,dx = \frac{G_0\,\overline{y_0}}{6}\cdot S_0$$

将所得结果代入式（4-25）整理得

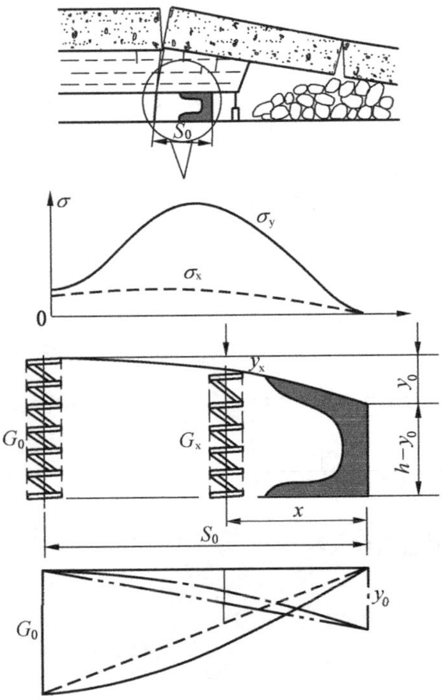

图 4-15 内应力场支承压力分布力学模型

$$G_0\,\overline{y_0} = \frac{3Q_T - 6R_T}{S_0} \qquad (4-26)$$

将式（4-26）代入式（4-24）即得

$$\sigma_{max} = \frac{3Q_T - 6R_T}{4S_0} \qquad (4-27a)$$

或

$$\sigma_{max} = \frac{3[q(L_0 + S_0) - 2P_T l_K]}{4S_0} \qquad (4-27b)$$

$$\sigma_{max} = \frac{3(qL - 2P_T l_k)}{4S_0} \qquad (4-27c)$$

式中 q——岩梁单位长度的重量；

P_T——支架承载力；

l_K——控顶距离；

L_0——岩梁悬跨度（从煤壁处算起）；

L——裂断的岩梁长度。

式（4-27c）为下部岩梁单独运动时的表达式，在多个岩梁同时运动的条件下，内应力场的最大应力值可近似由下式表示：

$$\sigma_{max} = \frac{3\left(q_s L_s + \sum_{1}^{n} q_i L_i \xi_c - 2R_T\right)}{4S_0} \qquad (4-28)$$

式中 q_s、q_i——下部及上部各岩梁单位长度重量；

L_s、L_i——下部及上部各岩梁的长度；

n——同时运动的上部岩梁数目；

ξ_c——考虑上部岩梁作用力位置的系数。

在岩梁沉降的过程中，ξ_c 值将随上下岩梁接触压力的合力作用点距压力峰值距离的增加而逐渐减小。

S_0 为由下部岩梁裂断线位置所决定的内应力场范围，可能有以下两种情况：

（1）下部岩梁在自身的重力作用下裂断，其裂断位置由该岩梁的强度条件决定。

（2）下部岩梁在上部岩梁重力作用下被迫裂断。此条件下裂断线至煤壁距离一般小于上部岩梁裂断形成的内应力场宽度。

分析上述各式，可得出影响内应力场压力大小的主要因素有以下几点：

（1）同时运动的岩梁数目及各岩梁的重量。参与运动的岩梁数目越多，各岩梁的厚度及跨度越大，则内应力场的压力也越大。

（2）内应力场中的最大支承压力值与分布范围 S_0 大小成反比。由底部岩梁裂断位置所决定的内应力场范围越小，则压力峰值将越高。

（3）改变采场支架的阻力，可以改变内应力场应力的大小和分布。

由式（4-27）可知，增加支架阻力 R_T 值，可以大幅度降低内应力场的最大应力 σ_{max}

值，从而能够有效地改善煤壁片帮等不利情况。内应力场范围越小，效果越明显。

(四) 外应力场应力分布特点及其稳定条件

外应力场的应力来源于悬露岩层的总体作用力，与悬露岩层的面积和总厚度保持近似线性的比例关系。当采深达到一定的界限后，推进方向和两侧外应力场应力分布的共同特点是同时存在弹性区和塑性区。

推进方向的外应力场分布范围随采场推进和基本顶的周期性运动而周期性地收缩和扩展，其中基本顶端部裂断前分布范围扩展到最大值，基本顶端部裂断后，由于基本顶压力转入内应力场，外应力场范围收缩到最小。

两侧外应力场分布范围同样在基本顶裂断前达到最大，裂断完成后由于基本顶压力向内应力场转移而收缩，压力高峰将随上覆岩层的沉降（即岩层压力向内应力场转移）而下降。外应力场应力稳定需要以下两个条件：

(1) 采场（工作面）停止推进。这是上段岩层运动停止的前提，也是阻止煤层破坏向纵深发展的条件。

(2) 基本顶运动停止。无论是上覆岩层压力向内应力场转移，还是煤层破坏向纵深发展，从而引起压力高峰前移，都将通过基本顶沉降运动表现出来。

上述两个条件中前者是必要条件，在工作面推进时，临近采场周围的支承压力是不可能稳定的。但是，不能说只要工作面停止推进，上覆岩层的运动、煤体边缘破坏的发展都会马上停下来。因为无论煤层破坏的发展或是上覆岩层运动都有一个发展过程，时间因素要起相当大的作用，这个作用对于由松软岩层覆盖的软煤层来说往往是决定性的。因此，只有第二个条件才是充分的。只要基本顶运动停下来，就可以肯定岩层压力转移基本稳定，内外应力场的应力分布范围、高峰位置等将趋于稳定。

(五) 关于基本顶的作用问题

基本顶对煤层上支承压力的作用包括以下两个方面：

(1) 作为传递上覆岩重的介质，起着中间垫层和支托层的作用，即上覆岩层压力只有通过它才能传递到煤层的各个部位。由于基本顶起着中间垫层的作用，因此当其运动状况发生变化，特别是产生断裂、破坏等情况时，必将在煤层上的相应部位引起支承压力明显变化，包括岩架裂断前后在裂断部位的压力集中，裂断时的反弹及裂断形成后分为内外两个应力场等。作为支托层，所有上覆岩层的重力都将通过它传递到应力场的所有部位。其中，当基本顶处于运动状态时，作用力的大部分将通过它传递到内应力场中，而在其进入稳定状态（即运动基本停止）时，通过咬合点又重新将上覆岩层的作用转移到外应力场的有关部位。

(2) 作为支承压力来源的一个组成部分。其中，当基本顶处于相对稳定状态时，它是外应力场压力来源的一个组成部分，但其重量在上覆岩层的总体中所占比例较小，特别是在煤层未遭到破坏前其作用不十分明显。相反。煤层遭到破坏，特别悬岩梁在端部裂断进入显著运动状态后，它将作为内应力场压力的主要来源。在采深较大的采场，周期来压前后经常观察到的煤壁片帮现象，正是基本顶载荷作用强化的结果。

从上述两个方面的作用可以明显看出，煤层上支承压力作用的明显变化包括上覆岩层重力在内外应力场的转移，都是通过基本顶岩梁运动状态的改变而出现的。因此，通过对基本顶运动状态的观察研究，推断支承压力分布的发展变化是完全可能的。

（六）两个应力场理论的实用意义

两个应力场的理论在下列方面为回采工作面顶板控制设计和加强顶板的日常管理提供了基础。

1. 预测预报采场来压和直接顶板的破碎情况

两个应力场理论的下列论点为预测预报基本顶来压和直接顶板的破碎规律提供了基础。

（1）在一般条件下，基本顶将在煤壁前方裂断。

（2）基本顶裂断时必将在断裂线附近引起支承压力显现的明显变化，因而能够根据煤壁前方支承压力显现的变化推断基本顶裂断的位置，从而能够找到支架需要控制的岩层范围（包括裂断后将进入显著运动的岩梁厚度及悬跨度），预测采场顶板来压的时间。

（3）在基本顶岩梁裂断回转的过程中，直接顶板将被迫断裂，使断裂部位附近原处于高压状态下的岩石水平约束力被解除，扩大了岩石两向应力差，从而导致直接顶板预生裂隙和超前破坏。因此，直接顶板的预先破坏将出现在顶板断裂线前方，伴随着基本顶来压而有规律地出现。

2. 划定了需要考虑控制的岩层范围，提供了采场支护设计的结构模型

两个应力场的理论为回采工作面顶板控制设计划定了下列岩层范围：

（1）在厚度方向包括直接顶和基本顶两个部分，该范围与推进方向上形成内应力场的岩层范围一致。

（2）在推进方向上等于基本顶岩梁的悬跨度，正常推进阶段其最大值等于岩梁前后两次来压步距之和。

根据上述范围所建立的采场支护设计的结构力学模型如图 4-16 所示。当支架对顶板起限定变形作用时，相应的关系方程为

$$\int_0^{S_{\min}} \sigma_y \mathrm{d}x + R_i = Q_i \tag{4-29}$$

或

$$R_i = Q_i - \int_0^{S_{\min}} \sigma_y \mathrm{d}x \tag{4-30}$$

$$Q_i = A + \frac{1}{2}\sum_{i=1}^{n} m_i \gamma_i L_i \tag{4-31}$$

式中 σ_y——内应力场中支承压力值；

R_i——支架反作用力；

A——直接顶作用力；

n——同时运动的基本顶岩梁数目；

m_i、γ_i、L_i——各岩梁的厚度、重力密度及悬跨度。

采场进入正常推进阶段后各岩梁单独来压时，L_i 的最大值可达到两次周期来压步距之和（即 $L_{\max}=2C$），最小值等于周期来压步距（即 $L_{\min}=C$）。岩梁在上部岩梁裂断作用下被迫运动时，L_i 值将小于自行裂断时的悬跨度。

利用两个应力场的理论，使我们有可能针对具体的煤层条件，根据基本顶裂断前后支承压力显现变化的下列规律，推断压力高峰所在位置、推断内外应力场的范围和进入稳定

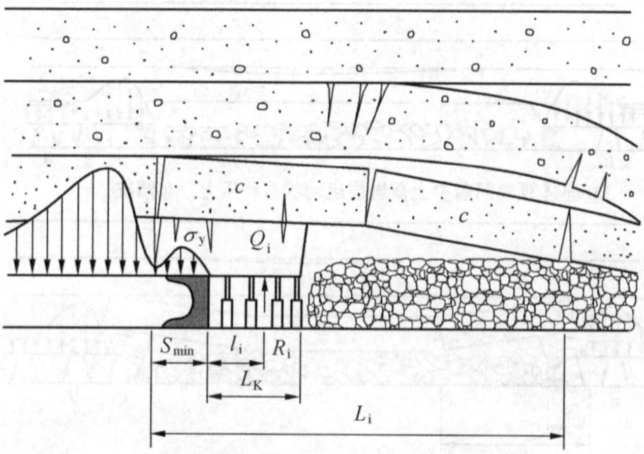

图 4-16　采场支护结构设计模型

状态的时间，从而能够比较接近实际地给出岩层运动和压力分布的动态结构力学模型（包括所列参数的数值），作为巷道矿压控制的基础。

（1）基本顶裂断前后，支承压力有明显变化的区域大致是有实用意义的支承压力影响范围。

（2）支承压力显现伴随着岩梁裂断前后压力集中转移发生突变的部位，大致是基本顶裂断的位置，也是内应力场划分的界线。

（3）岩梁裂断后，外应力场中压力显现重新加速所至的部位，大致是应力场高峰所在位置。

（4）内应力场压力显现强度突变的时刻，预示着基本顶岩梁在采空区触矸的时间。

（5）基本顶岩梁触矸后，内应力场范围压力显现再度回升，预示着基本顶以上岩梁的沉降和压力向内应力场转移，预示着煤层和采空区矸石再压缩过程开始。

（6）内应力场范围压力显现停滞，预示着煤层和采空区矸石的再压缩过程已经结束，岩层运动基本停止，内外应力场中的应力分布都将降低到最低的数值。

对应于上述压力显现发展过程所建立的岩层运动和压力分布的动态结构力学模型如图 4-17 所示。

在得到具体煤层的应力分布动态结构模型的基础上，可以就下列巷道矿压控制的重大问题做出决策和判断。

（1）决定巷道开掘位置，并选定其合理开掘时间。①回采工作面推进前预先开出的用煤柱维护的巷道，其合理位置在外应力场影响范围之外，即图 4-17 中 A 的位置；②采后掘进的巷道，可以选择在内应力场中，即图 4-17 中 S_0 的范围，其最有利的开掘时间应当在上覆岩层运动结束后，即图 4-17c 的力学模型形成之后。

（2）预计在不同位置和时间开掘与维护巷道的压力及变形发展情况。例如：①在外应力场中高应力部位维护的巷道，除非巷道支护阻力足以阻止采场上覆所有“传递岩梁”压力的作用，否则巷道破坏和长期维护工作将不可避免；②在内应力场维护的巷道，如在回采工作开始前预先掘出，也将承担采场上覆岩层传递的整体岩重的作用，直到图 4-17c 所示的应力分布状态形成为止。相反，如在图 4-17c 所示应力状态形成之后才开掘，支架将

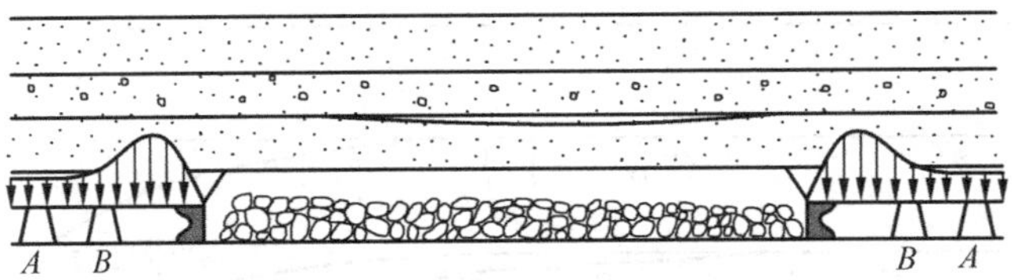

(a) 基本顶裂断前夕上覆岩层运动状态和压力分布情况

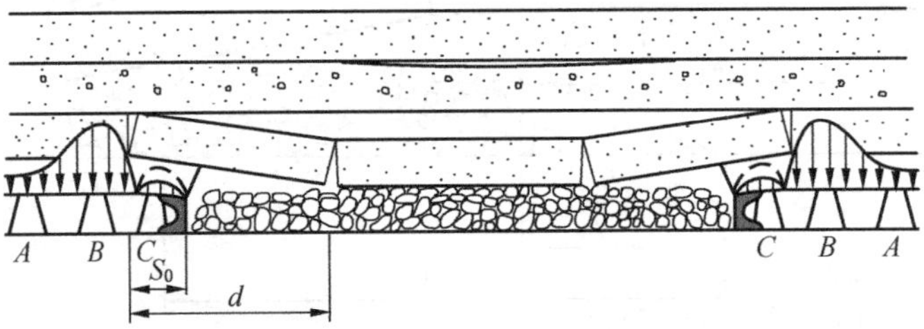

(b) 基本顶端部裂断形成及采空区触矸时上覆岩层运动状态和压力分布情况

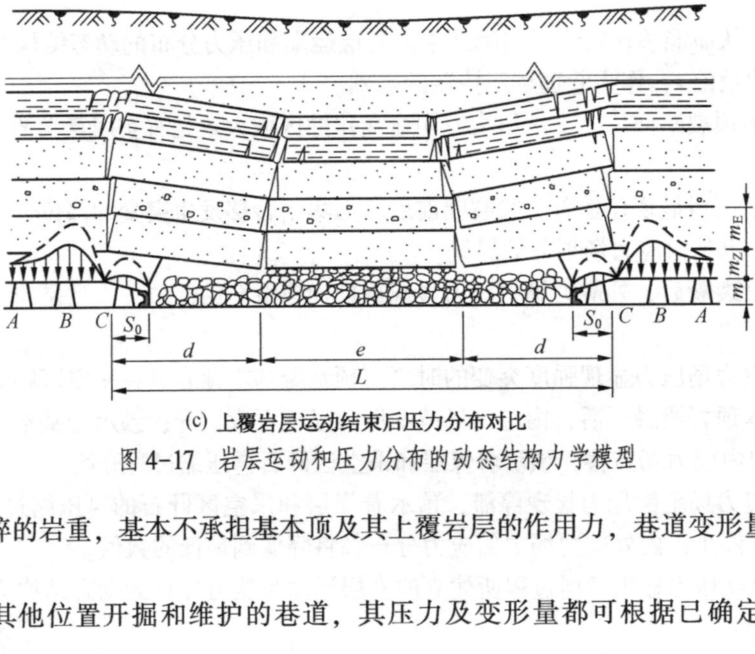

(c) 上覆岩层运动结束后压力分布对比

图 4-17　岩层运动和压力分布的动态结构力学模型

只承受已破碎的岩重，基本不承担基本顶及其上覆岩层的作用力，巷道变形量及维护工作量将很小。

（3）在其他位置开掘和维护的巷道，其压力及变形量都可根据已确定的力学模型推断。

五、采场动态结构模型及其形成发展的规律

（一）采动结构（力学）模型的组成及其功能

我们把描述采动过程中矿山压力来源的两个动力结构组成部分时空分布状况的模型，定义为“采动结构（力学）模型”（简称“采动结构模型”）。由于采动空间推进过程中，模型的各个组成部分的结构特征是不断变化的，因此该模型常称为“动态结构力学模型”。

在“实用矿山压力理论”的指导下，采用“岩层动态观察研究方法”和相应的监测手段，科学地确定不同采动条件下模型的结构特征及其动态发展规律，以及通过改变采动条件来改变和控制模型相应组成部分的结构特征参数，是有效预测和控制矿山压力及相关

事故灾害的基础。

回采工作面推进形成的结构模型如图 4-18 所示，其结构组成包括两个部分：

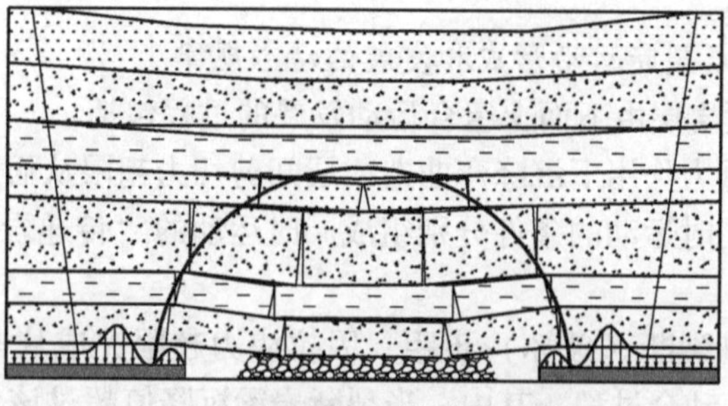

(a) 有内应力场结构模型

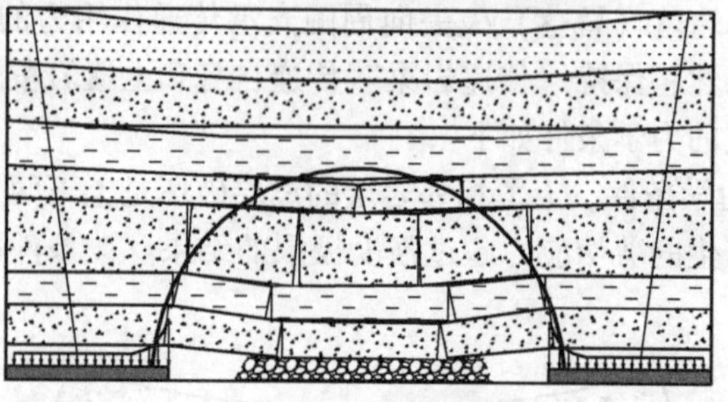

(b) 无内应力场结构模型

图 4-18　采场结构模型

（1）采场推进参与运动进入裂断破坏状态的上覆岩层范围（“采动覆岩破坏范围”）。包括图 4-18 中占采空区（老塘）已垮落的岩层和保持向四周煤（岩）支承上传递自身和上覆岩重的裂断岩层（“砌体梁”或“传递岩梁”）两个部分。该范围的边界由已经压缩破坏的煤层边界和相关岩层断裂边界连线——“裂断拱”所圈定。该范围相关岩层在裂断运动发生前后处于悬空状态时，都是分布在采动边界前方支承压力的重力组成部分。相关岩层裂断运动发生时储存的弯曲压缩弹性能量的释放以及其在沉降运动过程中的作用力，是采动空间周壁岩层冲击性破坏和已破坏的岩层向纵深发展的动力。显然，当相应采动条件下进入裂断破坏的岩层沉降运动全部实现时，采动空间围岩（顶底板及帮壁）运动破坏将停止并进入“完全”稳定的状态。此时，即使沿原采动边界开掘和维护新的通道，明显的矿山压力显现就不会出现。

（2）采场周壁前方分布的支承压力（“采动应力场的分布”）。在既定采深和覆岩条件下只要采高、工作面长度等采动条件相适应，采场推进到既定位置都将出现煤壁压缩破坏，煤壁前方支承压力分布出现两个应力场的情况。如前所述，此时如果采用留设煤柱护巷被迫在高应力部位开掘和维护巷道，在没有可靠的巷道支护条件下，冲击地压及煤与瓦斯突出等重大事故灾害将不可避免。相反采用无煤柱护巷开采部署，实现在“裂断拱”内岩层裂断沉降运动完成进入稳定后的内应力场中掘进和维护回采巷道，冲击地压等相关事故灾害即可排除。

（二）采动“动态结构模型”形成和发展的规律

如前所述，“采场结构模型”包括“裂断拱”所圈定的裂断破坏岩层范围和分布在

“裂断拱”周边处相关岩层的支承压力两个部分。显然深入地了解和掌握其结构组成特征和相关结构形成条件以及随采动推进形成发展的动态过程规律，是矿山压力显现及相关事故灾害控制研究的基础。

1.“裂断拱”内岩层裂断运动形成和发展的动态规律

随采场推进，上覆岩层由下而上组合运动发展的过程包括：

（1）相邻岩层在重力作用下沉降弯曲造成层间剪切力超限从而产生离层。

（2）相邻岩层按同时运动的条件分别组成同时运动的“传递岩梁”（传递岩板）在重力作用下继续沉降。

（3）悬跨面积达到裂断（破坏）步距，因拉应力超限完成从嵌固端裂断开始发展到中部开裂的裂断沉降运动全过程。其中，当裂断岩梁沉降值超过该传递岩梁支托层的厚度时，该岩梁将失稳破坏垮落（冒落）失去向周围支承传递作用力的结构力学联系。相反，即使该岩梁沉到底也仍然将保持“传递岩梁”传递自身和上覆岩重的结构力学特征。

上述发展过程形成的力学条件如下：

（1）层间离层的力学条件。上覆相邻岩层的离层破坏是上下两岩层接触面和夹持的软层在下沉弯曲过程中产生的剪切应力超过强度极限的结果。该条件可由图 4-19 和式（4-21）表出：

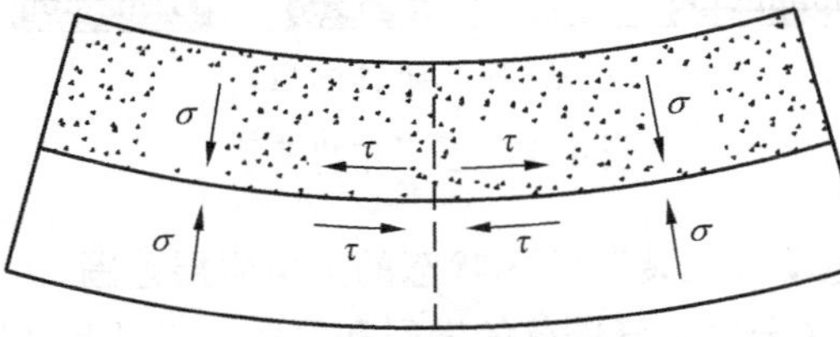

图 4-19　层间剪切破坏方式

$$\tau = \tau_0 = c + \sigma_n \tan\varphi \tag{4-32}$$

（2）产生离层的上下两岩层同时运动的力学条件。上部岩层（m_c）是否随下部岩层（m_s）同时运动的判断准则，可以由“挠度法”和“步距法”分别给出。

若采用挠度法，其判据如下：

当相邻岩层组成组合“传递岩梁”同时运动时，则

$$E_s M_s^2 \geq (1.15 \sim 1.25)^4 E_c M_c^2 \tag{4-33}$$

当相邻岩层组成单一“传递岩梁”分别运动时，则

$$E_s M_s^2 < (1.15 \sim 1.25)^4 E_c M_c^2 \tag{4-34}$$

式中，E_s 和 E_c 分别为下部岩层和上部岩层的弹性模量，也可改用岩层的抗拉抗压强度代替。

若采用裂断步距法，其判据如下：

当相邻岩层同时运动时，则

$$C_s \geq KC_c \quad (K>1) \tag{4-35}$$

当相邻岩层组成单一“传递岩梁”分别运动时，则

$$C_s < KC_c \quad (K<1) \tag{4-36}$$

（3）“传递岩梁”失去传递力联系塌垮的力学条件。一般岩层厚度条件下，传递岩梁

失稳垮落的条件是传递岩梁支托层的厚度（m_n）小于该岩梁的沉降值，即

$$m_n \leqslant h - \sum_{1}^{n-1} M_i(K_A - 1) \tag{4-37}$$

式中　h——采深；

M_i——下部已冒岩层厚度；

K_A——已冒岩层碎胀系数。

裂断拱内相关传递岩梁（或传递岩板）在采场推进过程中由下而上的发展过程包括两个发展阶段。即从图 4-20 所示的最下部岩梁第一次裂断运动实现开始，到最上部岩梁第一次裂断运动完成的“第一次来压”阶段和所有岩梁都进入周期性裂断运动的“正常推进”阶段。

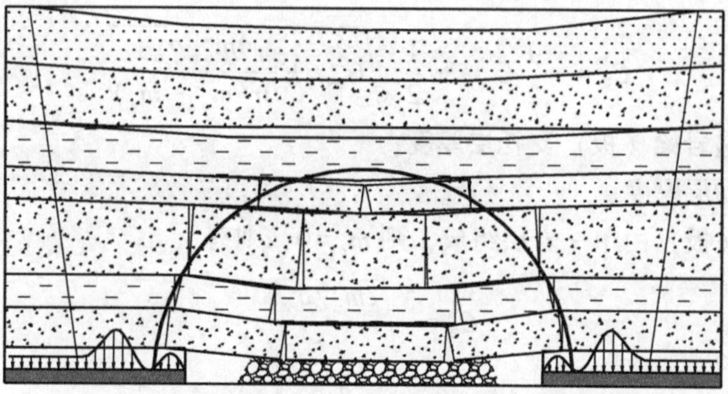

图 4-20 “裂断拱”内岩梁裂断运动发展规律

“裂断拱”内处于嵌固受力状态的每一“传递岩梁”（岩板）随采场推进裂断运动形成和发展的过程包括：

（1）嵌固边界（即端部）裂断进入铰支受力状态。

（2）最大弯矩转移到中部，导致中部开裂。

（3）岩梁（板）在重力作用下以四周边界支承为回转轴，实现嵌固边界裂断缝与中部裂断缝的贯通。

（4）岩梁（板）进入快速回转沉降过程，直至接触底部“支承”为止。

随采场推进处于“固支”（即两侧未经采动）状态的工作面完成上述裂断运动发展过程形成的裂断结构及相应的结构参数（d_0、e_0、d、e）如图 4-21 所示。

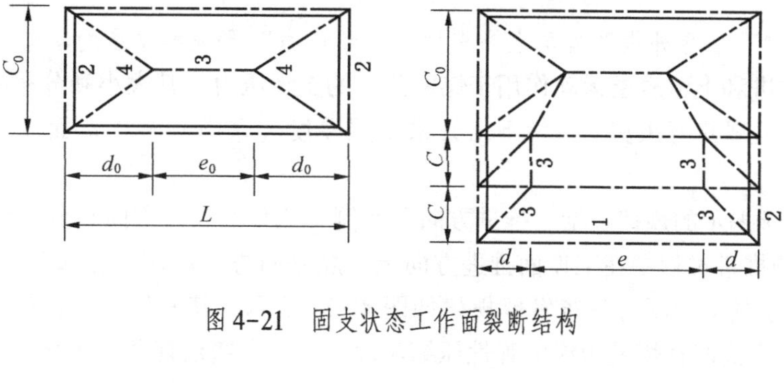

图 4-21　固支状态工作面裂断结构

采用岩板的极限分解法，根据虚功原理求得两侧裂断跨度值分别为

第一次裂断：
$$d_0=\frac{C_0^2}{2L}\left[\sqrt{1+3\left(\frac{L}{C_0}\right)^2}-1\right] \tag{4-38}$$

周期性裂断：
$$d=\frac{2C}{17}\left[\sqrt{10\left(\frac{C}{L}\right)^2+102}-10\frac{C}{L}\right] \tag{4-39}$$

式中 L——工作面长度；

C_0、C——该岩梁第一次裂断（来压）步距和周期裂断步距。按照岩梁裂断的力学条件分别为

$$C_0=\sqrt{\frac{2m_n^2[\sigma_n]}{(m_n+m_c)r}} \tag{4-40}$$

$$C_i=-\frac{1}{2}C_{i-1}+\frac{1}{2}\sqrt{C_{i-1}^2+\frac{4m_n^2[\sigma_n]}{3r(m_n+m_c)}} \tag{4-41}$$

式中 m_n——传递岩梁（板）支托层厚度；

m_c——随动层厚度。

当传递岩梁（板）由单一岩层组成，则 $m_c=0$，则有

$$C_0=\sqrt{\frac{2m_n[\sigma_n]}{r}} \tag{4-42}$$

$$C_i=-\frac{1}{2}C_{i-1}+\frac{1}{2}\sqrt{C_{i-1}^2+\frac{4m_n[\sigma_n]}{3r}} \tag{4-43}$$

研究证明如果忽略每次周期性裂断间的差异，可以取 $C=\frac{C_0}{3}$ 近似表达周期来压的步距值。

上述所列公式中 $[\sigma_n]$ 为岩梁支托层 m_n 的抗拉强度。

图 4-19 中，结构参数 e_0 及 e 对于近似水平煤层可近似求得

第一次裂断：
$$e_0=L-2d_0 \tag{4-44}$$

周期裂断：
$$e=L-2d \tag{4-45}$$

对于近水平煤层，在既定上覆岩层组成和既定工作面长度（L）条件下，采场推进至工作面长度 L 时，所形成的“裂断拱”所包含的传递岩梁和相应的结构参数如图 4-22 所示：

2.“裂断拱”边界外煤及岩层上分布的“支承压力”形成和发展的动态规律

随采场推进和上覆岩层运动作用于煤壁前方的支承压力，其大小和分布的特征及形成发展的规律，在既定开采深度条件下由开采煤层厚度（采高）和工作面长度等“采动条件”确定。

“理论”所揭示的规律包括：推进方向和两侧（工作面长度方向）两个部分：

（1）采场推进过程中在工作面推进方向上，煤壁前方支承压力分布和发展变化规律。“理论”所揭示的支承压力分布发展规律如图 4-23 所示。其发展过程包括：①煤壁未经压缩破坏，压力高峰在煤壁边缘的弹性压缩阶段 l_1；②煤壁出现塑性破坏，压力高峰向前

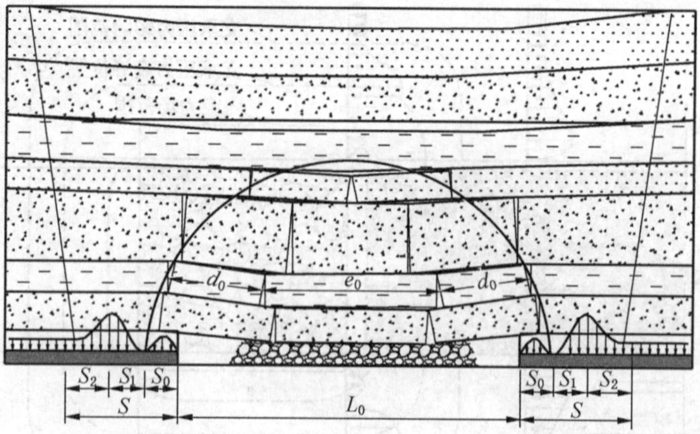

图 4-22　裂断拱及相关裂断岩梁结构参数

方转移 l_2；③出现与“裂断拱”向岩层运动直接相关的“内应力场” l_3 等 3 个发展阶段。

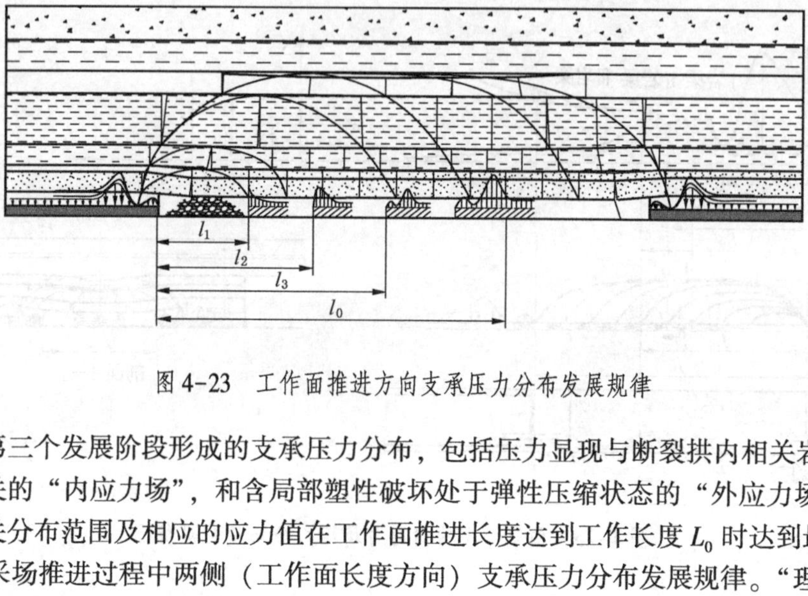

图 4-23　工作面推进方向支承压力分布发展规律

进入第三个发展阶段形成的支承压力分布，包括压力显现与断裂拱内相关岩层裂断来压直接相关的“内应力场”，和含局部塑性破坏处于弹性压缩状态的“外应力场”等两个部分。相关分布范围及相应的应力值在工作面推进长度达到工作长度 L_0 时达到最大值。

（2）采场推进过程中两侧（工作面长度方向）支承压力分布发展规律。“理论”所揭示的采场推进至既定位置两侧支承压力分布如图 4-24 所示。

研究证明，在近水平煤层采场推进至任何既定位置，在工作面前方和两侧煤壁支承压力分布特征基本相同。支承压力值及分布特征发展变化的规律也基本相近。在工作面后方即采空区部分，在既定工作面推进位置不同部位两侧支承压力的分布特征及分布范围将不同。随采场继续推进该部位所形成的支承压力分布特征包括支承压力的分布范围，特别是内应力场范围及相应部位所承受的压力值和压力显现特征等将有重大变化。其变化将与裂断拱的形成和裂断拱内相关岩层裂断运动的发展和稳定过程直接相关。其发展变化的规律：包括煤壁在裂断拱内最底部岩梁裂断破坏前的压缩破坏过程，以及煤壁在裂断拱内相关岩梁裂断沉降直至稳定全过程中的压力变化如图 4-25 所示。

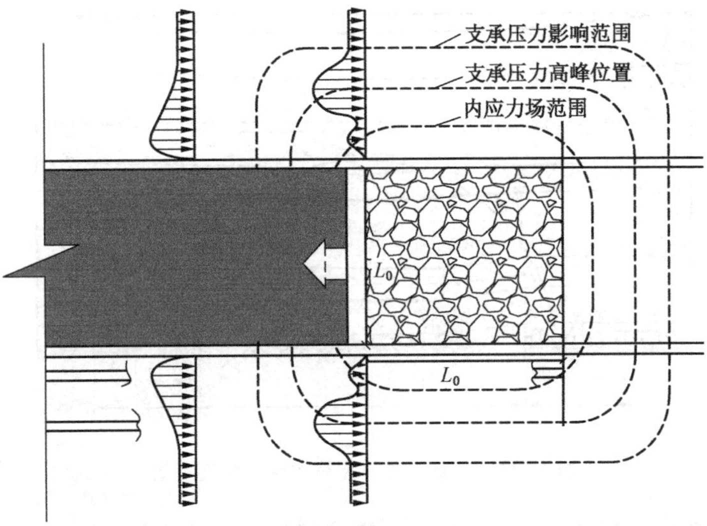

图 4-24　工作面推进至既定位置两侧支承压力分布规律

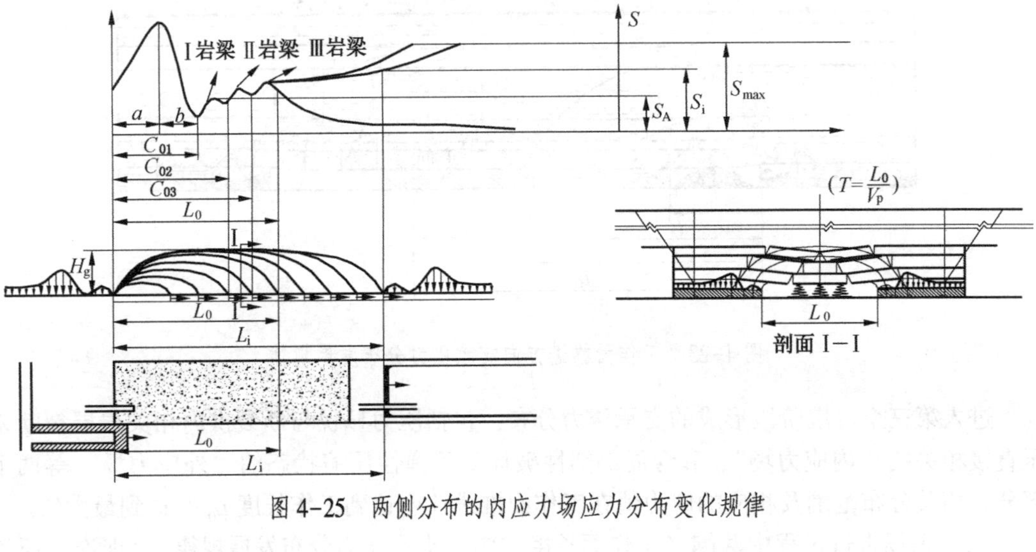

图 4-25　两侧分布的内应力场应力分布变化规律

第二节　采场来压时刻支架与围岩关系（“位态方程”的建设）

采场来压时支架与围岩间相互作用关系的研究，是采场矿压显现与上覆岩层运动关系理论中一个重要组成部分。它既是采场顶板控制设计的理论基础，也是检验顶板控制效果的依据。显然，在生产现场，当找到需要控制的岩层范围及其运动发展的规律之后，解决矿山压力与顶板控制设计方面问题的关键就在于研究和制定对顶板各部分采取正确的控制方法，包括对哪一部分岩层的运动进行限制，对哪一部分岩层的运动采取完全适应的方法，研究在采取不同控制方法时支架与顶板各岩层运动间的力学关系，回答将顶板有关岩层控制到要求的程度所需要的支架阻力等方面的问题。只有这样，才能对采场支架的实际工作状态和控顶效果进行正确的评价和判断。从理论上同时解决了事前顶板控制设计和事后控制效果判断两方面问题，就能达到科学地控制矿山压力和控制顶板的目的。

一、采场来压时支架工作状态（支架工况设计）

（一）采场支架对直接顶的工作状态

1. 直接顶的结构特点

如图 4-1 所示，直接顶由强度较高的岩层组成。第一次垮落后，在煤壁和采场支架暂时支撑下呈悬臂梁状态，失去了向采空区传递作用力的联系。一旦其端部在煤壁前方裂断，将以煤壁为支点作回转运动，其作用力将完全由采场支架承担。

2. 支架对直接顶的工作状态

由于直接顶在采空区内已经垮落，所以进行顶板控制设计时，必须按最危险状态（沿煤壁处切断）考虑。理论和实践都已证明，在顶板岩层沉降过程中，支架对直接顶的工作状态按“给定载荷”考虑是接近实际的。亦即无论顶板沉降到什么位置，直接顶给支架的作用力可以近似地看成是恒定的。其值可由下式表达：

$$P_Z = m_Z \gamma_Z f_Z = A \tag{4-46}$$

式中　P_Z——直接给支架的作用力；

f_Z——直接顶悬梁系数；

A——直接顶作用力。

（二）采场支架对基本顶的工作状态

1. 基本顶岩梁的结构特点

组成基本顶的各“传递岩梁”无论是在相对稳定阶段，还是进入端部裂断，迅速回转下沉显著运动的过程中，始终保持着能将其自重及上方岩层作用力传递到煤壁和采空区矸石上的力学联系。

2. 支架对基本顶岩梁的设计工作状态

基本顶岩梁裂断后，在运动过程中给支架的作用力，由支架对岩梁运动的抵抗程度（或对岩梁位态控制的要求）决定。因此，岩梁运动结束时支架可在以下两种状态下工作。

1）“给定变形”工作状态

采场支架对基本顶岩梁的运动处于“给定变形”工作状态时，岩梁运动稳定时的位置状态（即“位态”）由岩梁的强度及两端支承情况决定。在岩梁由端部裂断到沉降至最终位态的整个运动过程中，支架只能在一定范围内降低岩梁的运动速度，但不能对岩梁的运动起到阻止作用。

在“给定变形”工作状态下，岩梁运动全过程中支架作用力与顶板压力之间的关系为

$$Q_i > R_i \tag{4-47a}$$

$$Q_i > P_i \cdot L_K \tag{4-47b}$$

式中　Q_i——沿倾斜每米顶板给支架的作用力，N/m；

R_i——沿倾斜每米支架阻抗力，N/m；

P_i——采场支架平均承载能力，N/m^2。

显然，在这种情况下岩梁从运动到重新进入稳定的全过程中，都无法建立起支架受力与顶板压力之间的直接关系方程。

在这种工作状态下岩梁运动至最终状态时的顶板下沉量（即岩梁无阻碍最终沉降值）为（对照图 4-26）

$$\Delta h_A = \frac{h - m_y(K_A - 1)}{C} \cdot L_K \tag{4-48}$$

式中　Δh_A——岩梁无阻碍最终沉降值，即岩梁处于最低位态条件下最大控顶距处的顶板下沉量。

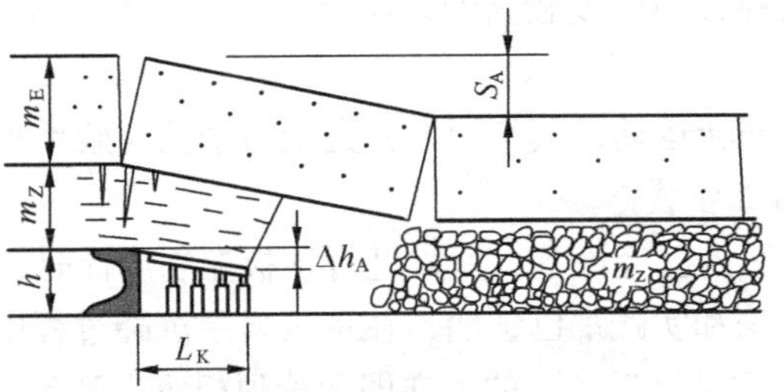

图 4-26　Δh_A 计算图

在这种工作状态下，为了防止支架在岩梁运动过程中被压死，所要求的最大运动缩量必须满足下式：

$$\varepsilon_{max} > \Delta h_A - \sum \delta \tag{4-49}$$

式中　ε_{max}——支架最大允许缩量；

$\sum \delta$——支柱破顶钻底及中间介质压缩量。

岩梁运动结束时采场直接顶实际受力值（R_T），在不发生破顶钻底的理想条件下，将由支架的综合刚度（支架力学特性）所决定，即

$$R_T = E_T \Delta h_A \tag{4-50}$$

式中　E_T——支架的综合刚度。

2）“限定变形”工作状态

采场支架对岩梁运动采取“限定变形”，指采场支架对岩梁运动进行必要的限制。即在支架阻力的作用下，岩梁不能沉降至最低位态。岩梁进入稳定时的位态（岩梁运动稳定时既定控顶距处的采场顶板下沉量）由采场支架的阻抗力所限定。

在“限定变形”工作状态下，有以下关系式成立：

$$\Delta h_i < \Delta h_A \tag{4-51}$$

式中　Δh_i——由采场支架阻力所限定的采场顶板下沉量。

岩梁显著运动结束时的悬跨度（L_i）将大于周期来压步距（C_i），即

$$L_i > C_i$$

支架在“限定变形”状态下工作时，支架阻力与取得平衡的岩梁位态之间存在着一定的力学关系，可以建立起两者间的力学关系方程。据此，只要支架合力作用点不变，将岩梁运动控制在同一位态下所需要的力是恒定的，不受支架刚度等力学特性的影响。要求控制的位态越高，所需支架的阻抗力越大。即

$$P_T = f(\Delta h_T) \tag{4-52}$$

式中　P_T——控制岩梁运动在某一位态时的支架强度；

Δh_T——要求控制的顶板下沉量。

二、顶板来压过程中的支架与顶板位态间的力学关系

无论是直接顶或是基本顶，在处于相对稳定状态时，对工作面的威胁很小，支架受力也不会有明显的变化，一旦平衡破坏进入显著运动，包括工作面支架受力在内的一系列矿压显现都产生明显变化，一直到获得新的平衡状态为止。在此过程中支架与围岩的相互作用，特别是支架阻抗力与顶板破坏和位置状态间的力学关系的研究，是进行采场顶板控制设计的基础。

（一）支架与直接顶的相互关系

如图 4-27a 所示，若直接顶在煤壁处裂断，其作用力将完全加给支架。此时为了防止直接顶沿煤壁处切下，支架所必须提供的支护强度 P_Z 可按图 4-27b 所示力学模型求得。

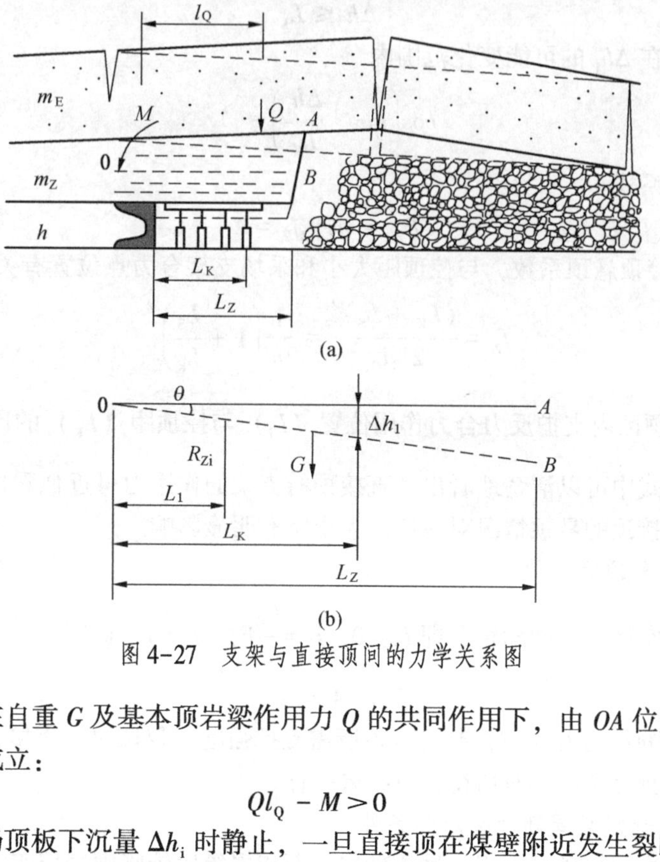

图 4-27 支架与直接顶间的力学关系图

假设直接顶在自重 G 及基本顶岩梁作用力 Q 的共同作用下，由 OA 位置开始沉降。沉降过程中有下式成立：

$$Ql_Q - M > 0 \tag{4-53}$$

当沉降至采场顶板下沉量 Δh_i 时静止，一旦直接顶在煤壁附近发生裂断，直接顶给支架的最大作用力 R_{Zi}，满足下列力矩平衡方程：

$$R_{Zi}L_i = G\frac{L_Z}{2}\cos\theta \tag{4-54}$$

由图可知：

$$G = m_Z\gamma_Z L_Z \tag{4-55}$$

$$\theta = \tan^{-1}\frac{\Delta h_i}{k} \tag{4-56}$$

因此

$$R_{Zi}=\frac{m_Z\gamma_Z L_Z^2}{2L_i}\cos\left(\tan^{-1}\frac{\Delta h_i}{L_K}\right) \tag{4-57}$$

沿工作面倾斜方向，每米支架受力为

$$P_{Zi}=\frac{R_{Zi}}{L_K} \tag{4-58}$$

且

$$L_Z=L_K+L_S \tag{4-59}$$

式中　L_S——直接顶悬距，m。则

$$P_{Zi}=\frac{m_Z\gamma_Z(L_K+L_S)^2}{2L_iL_K}\cos\left(\tan^{-1}\frac{\Delta h_i}{L_K}\right) \tag{4-60}$$

由于实际上控顶区内顶板下沉量相对于控顶距来说要小得多，即

$$\Delta h \leqslant L_K$$

因此，不难证明在 Δh_i 的可能变化范围内

$$\cos\left(\tan^{-1}\frac{\Delta h_i}{L_K}\right)\approx 1$$

由此得到下列关系式：

$$P_{Zi}=m_Z\gamma_Z f_Z=A \tag{4-61}$$

式中　f_Z——直接顶悬顶系数，与控顶距大小和采场支架合力点位置有关，其表达式为

$$f_Z=\frac{(L_K+L_S)^2}{2L_iL_K}=\frac{1}{2n_i}\left(1+\frac{L_S}{L_K}\right)^2 \tag{4-62}$$

式中　n_i——控顶区内支护反力合力作用位置（L_i）与控顶距（L_K）的比值，$n_i=\frac{L_i}{L_K}$。

显然，从上式中可以清楚地看出，直接顶给支架的作用力可近似看成是与直接顶位态无关的常数，直接顶的悬顶情况对该值的大小将有明显影响。

1. 直接顶无悬顶的条件

直接顶在采空区内随回随冒，即 $L_S=0$，$L_i=\frac{L_K}{2}$时，$f_Z=1$。此时

$$P_Z=A=m_Z\gamma_Z \tag{4-63}$$

即直接顶给支架的作用力（或控制直接顶所需支护强度）仅取决于直接顶的厚度及岩石重力密度，与直接顶完全破碎时所得计算结果一样。

2. 直接顶由选定且周期性裂断的条件

当直接顶是由厚层砂质页岩、铁质砂岩、石灰岩等比较坚硬岩层组成时，随采场推进在采空区内周期性地出现悬顶，即 $L_S>0$，此时 $f_Z>1$，高处的数值与控顶距（L_K）大小和支架合力作用点位置 L_i 的选择关系极大。从 f_Z 的表达式可知：

$$f_Z \propto (L_K^{-1},\ n_i^{-1},\ L_S)$$

（1）假设 n_i、L_S 为定值，则

$$f_Z \propto (L_K^{-1})$$

悬顶系数 f_Z 与控顶距成双曲线关系。适当加大控顶距可以减小 f_Z，亦即减小悬顶给支

架的附加作用力。但 L_K 的增大有限度，如图 4-28a 所示。显然，在 f_Z 与 L_K 等速点处的 L_K 较为合理。由 $\frac{df_Z}{dL_K}=-1$ 得 $\frac{1}{n_i}\left(1+\frac{L_S}{L_K}\right)\left(1-\frac{L_S}{L_K^2}\right)=-1$，化简后得等速点处控顶距 $\overline{L_K}$ 满足下式：

$$\overline{L_K^3}-\left(\frac{L_S}{n_i}\right)\overline{L_K}-\frac{L_S^2}{n_i}=0 \tag{4-64}$$

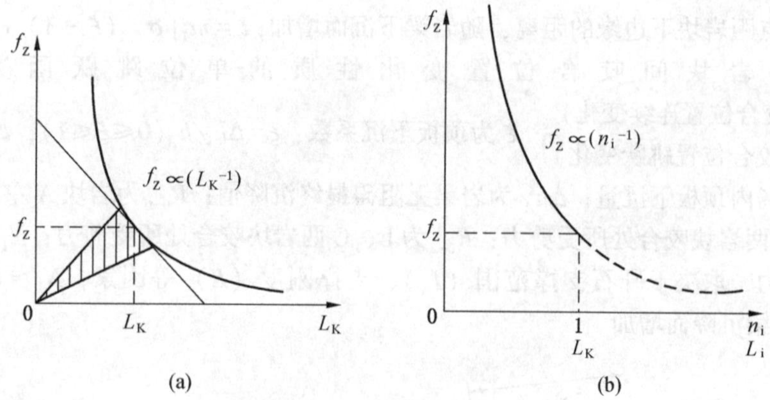

图 4-28 L_h 及 L_i 与 f_n 间的关系

（2）假设 L_K、L_S 不变，则

$$f_Z \propto (n_i^{-1}) \quad 或 \quad f_Z \propto (L_i^{-1})$$

改变 n_i，亦即合理设计控顶区内支反力分布状况，使合力作用点位置尽可能靠近采空区（增大 L_i），可以减少 f_Z。当 $L_i \to L_K$ 时，f_Z 趋于最小值（图 4-28b）。

（3）f_Z 与悬顶距 L_S 平方成正比。

$L_S=0$ 时，$f_Z=\frac{1}{2n_i}$；

$L_S=L_K$ 时，$f_Z=\frac{2^2}{2n_i}=4\times\frac{1}{2n_i}$；

$L_S=2L_K$ 时，$f_Z=\frac{3^2}{2n_i}=9\times\frac{1}{2n_i}$；

……

在直接顶有悬顶存在的条件下，切忌一次回多排支柱，因为这意味着 L_S 短时间内明显扩大，使 f_Z(即 A) 以平方倍数增加，这对控制直接顶悬顶在控顶区内裂断，防止切顶是不利的。

在 L_S 比较大的采场，当悬顶给采场支架的附加作用力超出控顶能力范围时，应采取人工强放等措施来缩小 L_S。

（二）支架与基本顶岩梁的相互作用关系

1. 基本顶岩梁运动特点

基本顶岩梁在自重及采空区矸石反力等几方面因素作用下，自端部开裂到岩梁沉降至最终稳定状态的整个运动过程中，由于裂断岩块之间的相互制约程度、矸石反力大小及合力作用位置等不同，其运动发展可以分为几个阶段。以下将根据岩梁受力和约束条件，从运动全过程进行分析。

依据已有理论分析、模拟实验及钻孔观测成果，提出图 4-29 所示力学模型。图中 Q 为岩梁裂断块自重与其上软弱层作用力之和，即 $Q=(m_1+m_2)\gamma_E C$；m_1 为基本顶岩梁支托层厚度；m_2 为基本顶岩梁上部的软弱层厚度；C 为岩梁运动步距；R_1 为基本顶岩梁与直接顶之间作用力的合力，主要取决于采场支护强度和直接顶的作用力；L_1 为 R_1 距前咬合点的距离，主要取决于采场内支护反力分布及直接顶的稳定状况；t 为 A 和 B 两岩块之间咬合处咬合点距岩块下边缘的距离，随岩梁下沉而增加，$t=m_1[\sigma_{(x)}(\xi-1)+1]$；$\sigma_{(x)}$ 为描述裂断岩块间咬合位置变化性质的单位跳跃函数，$\sigma_{(x)}=\begin{cases}1 & x>0(\text{咬合位置连续变化})\\ 0 & x\leqslant 0(\text{咬合位置跳跃变化})\end{cases}$；$\xi$ 为顶板下沉系数，$\xi=\Delta h_i/h_A(0\leqslant\xi\leqslant 1)$；$\Delta h_i$ 为岩梁任意状态下采场内顶板下沉量；Δh_A 为岩梁无阻碍最终沉降值；R_{0-0}为岩块 A 左端所受剪力；R_{0-1}为 A、B 两岩块咬合处所受剪力；R_{0-2}为 B、C 两岩块咬合处所受剪力；N_1、N_2、N_3 分别为矸石反力，取决于矸石支撑范围（L_x）、支撑刚度（K）等因素，$N_1\approx Q$，$R_{0-2}\approx 0$，N_2、N_3 随岩梁沉降而增加。

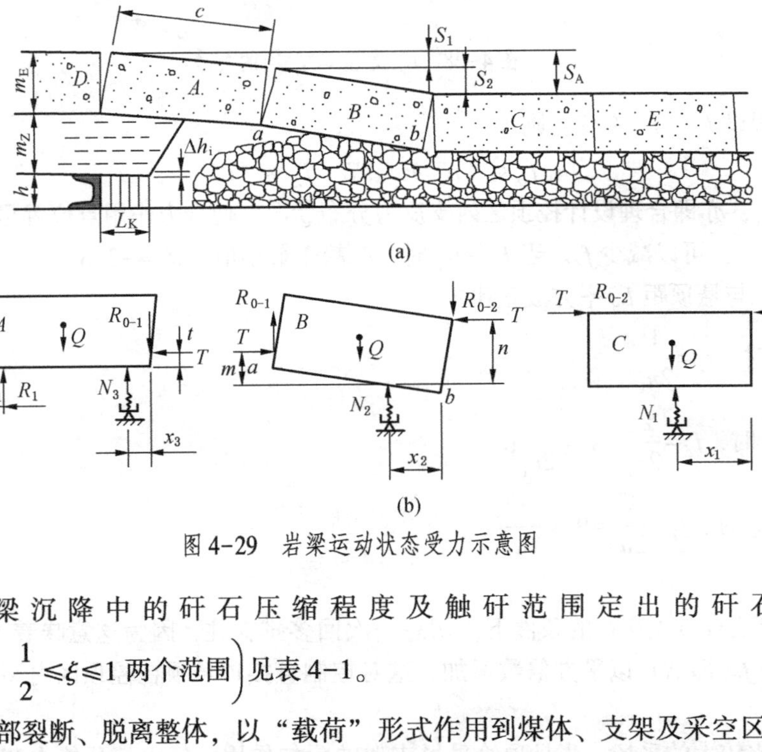

图 4-29 岩梁运动状态受力示意图

根据岩梁沉降中的矸石压缩程度及触矸范围定出的矸石作用力$\left(\text{分 } 0\leqslant\xi\leqslant\frac{1}{2}\text{、}\frac{1}{2}\leqslant\xi\leqslant 1\text{ 两个范围}\right)$见表 4-1。

自岩梁端部裂断、脱离整体，以“载荷”形式作用到煤体、支架及采空区矸石上后，其运动具有相对的独立性，在一定范围内不再受上方整体岩层的约束限制（岩梁与上方岩层间离层）。此时，岩梁中临近采场的岩块受力状况如图 4-29b 所示。显然，不考虑支架的作用（$R_1\to 0$），在自重作用下（$x>0$ 情形）由岩块 B 的平衡条件得

$$\begin{cases}R_{0-1}+T(m-n)+N_2x_2=Q\cdot\dfrac{C}{2}\\ R_{0-1}+N_2=Q+R_{0-2}\end{cases}\tag{4-65}$$

表4-1　根据岩梁沉降中的矸石压缩程度及触矸范围定出的矸石作用力

阶段	$0 \leqslant \xi \leqslant \frac{1}{2}$	$\frac{1}{2} \leqslant \xi \leqslant 1$	
矸石反力分布状态	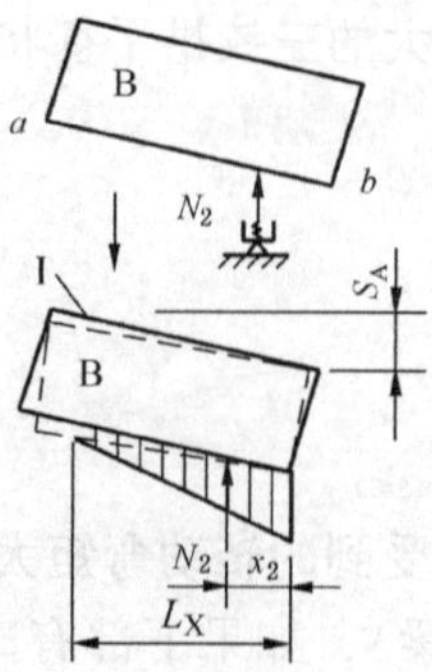	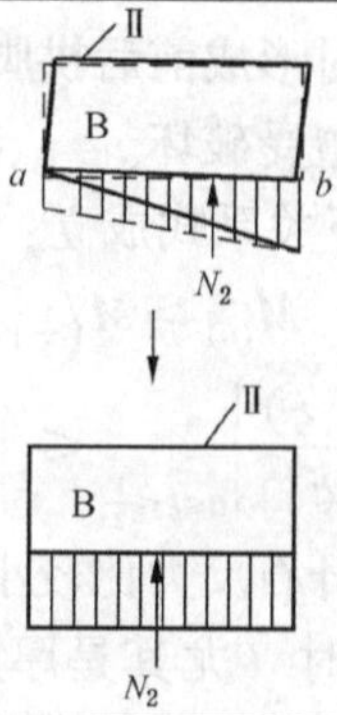	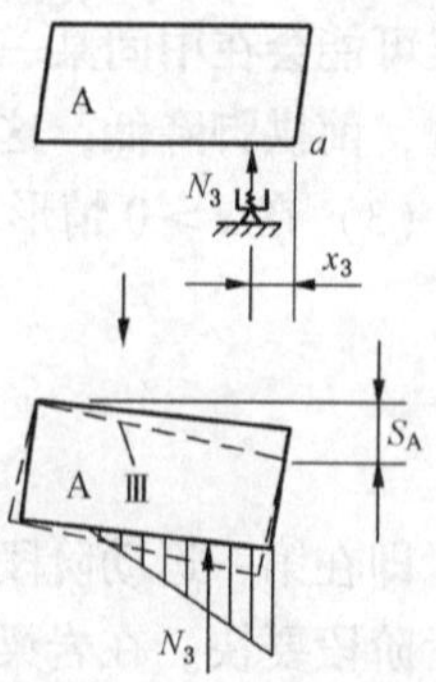
参数	$L_x = C(1+2\xi)/2$ $N_2 = \frac{1}{4}KS_A L_x = \frac{KS_A C}{8}(1+2\xi)$ $x_2 = \frac{C}{8}(1+2\xi)$	$L_x = C$ $N_2 = \frac{1}{2}KCS_A\xi$ $x_2 = C(1+2\xi)/b$	$L_x = 0 \rightarrow \frac{C}{2}$ $N_3 = \frac{1}{4}KS_A\left(\xi - \frac{1}{2}\right)$ $x_3 = \frac{C}{3}\left(\xi - \frac{1}{2}\right)$

解上方程组得

$$\begin{cases} T = \dfrac{2N_2(C-x_2) - QC}{2(m-n)} \\ R_{0-1} = Q - N_2 \end{cases} \tag{4-66}$$

式中 $m-n=t+S_2-m_1$。

此时对于岩块A来说，因受到推力 T、剪力 R_{0-1} 等产生的顺时针方向弯矩作用，带动岩块B一起下沉。根据裂断岩块间的受力特点，可以将岩块A从端部裂断到沉降至最终状态的运动全过程分为两个运动阶段。在每一阶段中的某一状态下（由 ξ 描述）岩块A可能受到的顺时针方向最大弯矩 $M(\xi)$ 为

第一运动阶段 $\left(0 \leqslant \xi \leqslant \frac{1}{2}\right)$：

$$\begin{cases} M(\xi) = T(S_1 - t) + R_{0-1}C + Q \cdot \dfrac{C}{2} \\ \dfrac{dM}{d\xi} < 0 \end{cases} \tag{4-67}$$

第二运动阶段 $\left(\frac{1}{2} \leqslant \xi \leqslant 1\right)$：

$$\begin{cases} M(\xi) = T(S_1 - t) + R_{0-1}C + Q \cdot \dfrac{C}{2} - N_3(C - x_3) = \left(\dfrac{\xi^2}{2} - \dfrac{13}{6}\xi + \dfrac{43}{24}\right)QC \\ \dfrac{dM}{d\xi} < 0 \end{cases} \tag{4-68}$$

从上述分析结果中可清楚地看出：

（1）当岩块A与B间咬合位置连续变化时，无论哪一运动阶段，岩梁在自重作用下均不会在沉降过程中的某一中间状态下长时间平衡 [$M(\xi) > 0$，$0 < \xi < 1$]，而要发展到最

终状态（$\xi=1$）。

（2）岩梁厚度大、强度高时，咬合处会出现跳跃式变化（$x<0$ 情况）；或者因较大水平方向挤压力作用阻止咬合点移动（$x=0$ 情况），均会出现 $M(\xi)\leqslant 0$。在此特殊情况下，岩梁可能会在中间某一状态下暂时形成前后拱脚不等高扩大的三铰拱平衡状态。但随采场推进，前拱脚降低，这种状态会遭受破坏。

（3）在 $x>0$ 情形下，有以下关系式成立：

$$M_{(0)}>M_{\left(\frac{1}{2}\right)}>M_{(1)}$$

且

$$\left|\frac{\mathrm{d}M(\xi)}{\mathrm{d}\xi}\right|_{0\leqslant\xi\leqslant\frac{1}{2}}\leqslant\left|\frac{\mathrm{d}M(\xi)}{\mathrm{d}\xi}\right|_{\frac{1}{2}\leqslant\xi\leqslant 1} \tag{4-69}$$

即在第一运动阶段中，由于矸石反力比较小，岩块所受到的转动弯矩大，运动发展相对后阶段要快。在岩梁端部裂断时（尤其是厚层坚硬岩梁），如果下部有离层空间存在，很容易造成对下部岩层的动压冲击。进入第二运动阶段后，由于矸石反力增加，中部咬合点明显上移以及沿采场推进方向上位移的约束，运动逐渐减慢。这使支架可能提供了对其稳定状态的控制。

2. 基本顶岩梁给支架的作用力 P_E

基本顶岩梁端部断裂后，在自重作用下绕着端部做回转下沉运动。支架对基本顶岩梁运动状态（即位态）的控制，实质在于提供阻止其回转下沉的反向弯矩，使得在所要求的位态上支架所能提供的反向弯矩与岩梁做回转运动时的正向弯矩相平衡。

为了简化分析和便于在实践中应用，在图 4-29 基础上提出图 4-30 所示简化模型（即对岩梁运动状态做线性处理），推导在“限定变形”工作状态下基本顶岩梁给支架的作用力 P_E。

图 4-30 所示为岩梁的两种运动状态（或两种位态），在状态Ⅰ下岩梁悬跨度近似为 L_A（近似为其运动步距 C），此时，采场内在控顶距 L_K 处的顶板下沉量为 Δh_A，根据几何关系得：

$$\Delta h_A=\frac{S_A}{L_A}\cdot L_K\approx\frac{S_A}{C}\cdot L_K \tag{4-70}$$

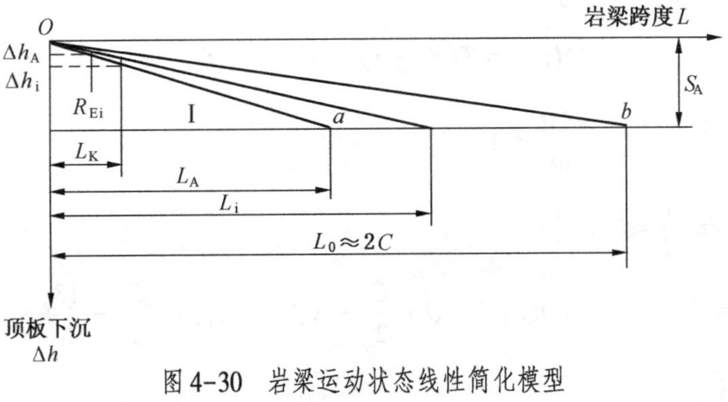

图 4-30　岩梁运动状态线性简化模型

在此位态下，岩梁可能给支架的最大作用力（按防切顶考虑）为

$$P_{EA}=\frac{m_E\gamma_E L_A}{K_T L_K} \tag{4-71}$$

式中　K_T——支架承担岩梁重量的比例系数（或称基本顶岩梁作用力传递系数），$K_T \leqslant 2$（具体取值见后）；

其余符号意义同前。

状态Ⅱ下岩梁悬跨度为 L_i，此时采场内在控顶距 L_K 处的顶板下沉量为 Δh_i，同样按几何关系得

$$\Delta h_i = \frac{S_A}{L_i} \cdot L_K \tag{4-72}$$

岩梁可能给的最大作用力为

$$P_{Ei} = \frac{m_E \gamma_E L_i}{K_T L_K} \tag{4-73}$$

由式（4-70）与式（4-72）得

$$\Delta h_A L_A = \Delta h_i L_i$$

即

$$L_i = \frac{\Delta h_A}{\Delta h_i} \cdot L_A \approx \frac{\Delta h_A}{\Delta h_i} \cdot C \tag{4-74}$$

将式（4-74）代入式（4-73）得

$$P_{Ei} = \frac{m_E \gamma_E C}{K_T L_K} \cdot \frac{\Delta h_A}{\Delta h_i} = K_A \frac{\Delta h_A}{\Delta h_i} \tag{4-75}$$

式中　K_A——岩梁位态常数，即当顶板下沉量为 Δh_A 时单位面积岩梁作用力。

在既定开采条件下，式（4-75）中的 $\left(\frac{m_E \gamma_E C}{K_T L_K} \cdot \Delta h_A\right)$ 为常数，记为

$$B = \frac{m_E \gamma_E C}{K_T L_K} \cdot \Delta h_A \tag{4-76}$$

则式（4-75）可写成

$$P_{Ei} = \frac{B}{\Delta h_i} \tag{4-77}$$

显然，“限定变形”工作状态下基本顶岩梁给支架的作用力与要求控制的顶板下沉量之间呈双曲线关系，如图4-31所示。

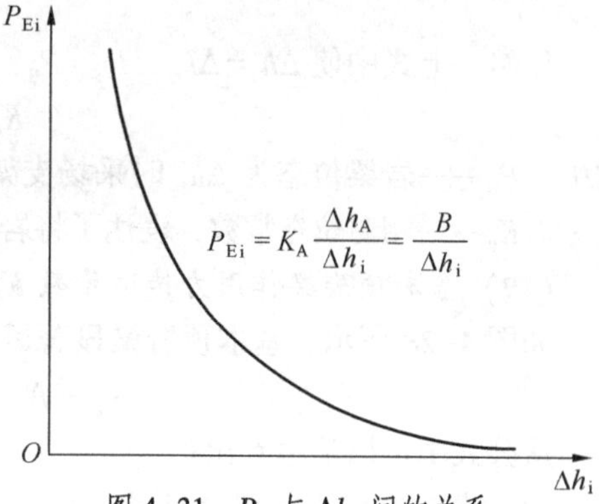

图4-31　P_{Ei} 与 Δh_i 间的关系

（三）“限定变形”工作状态下支架与围岩关系综合表达式——位态方程式

支架在“限定变形”工作状态下，控制岩梁位态（即某一控顶距 L_K 处顶板下沉量）在 Δh_i 时所受顶板压力，包括基本顶岩梁作用力和直接顶作用力两部分，即

$$P_T = P_{Zi} + P_{Ei} = A + K_A \frac{\Delta h_A}{\Delta h_i} \tag{4-78}$$

式中　P_T——控制顶板下沉量在 Δh_i 时顶板给支架的作用力（亦即合理支护强度）。

式（4-78）中 A 是与控制位态无关的常数。式（4-78）反映了岩梁运动与支架间的相互作用关系。即在支护强度 P_T 作用下，岩梁显著运动将发展到位态 Δh_i 形成稳定。由于岩梁运动发展到某一位态时，采场内不同控顶距处顶板下沉量是不同的，因此式（4-78）不能简单地看成是支架阻力与采场顶板下沉量间的关系方程，应当看成是岩梁运动稳

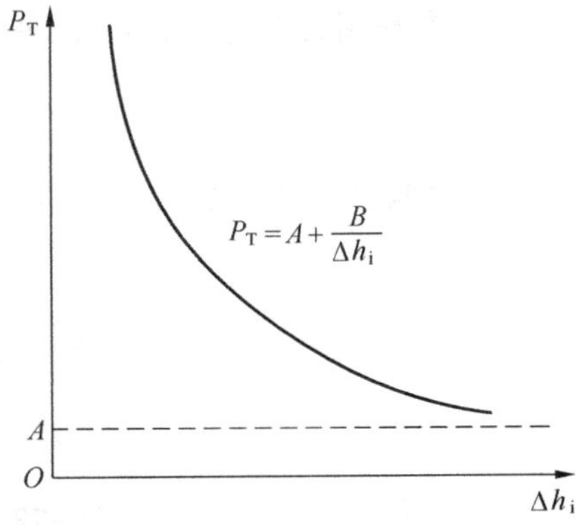

图 4-32　合理支护强度与顶板下沉间的关系

定时状态（位态）与支架间的相互作用关系方程，因此定义式（4-78）为“岩梁位态方程式”。两者间的关系是以 $\Delta h_i = 0$ 及 $P_T = A$ 为渐近线的双曲线，如图 4-32 所示。

式（4-78）中的位态常数 K_A 有以下两种表达式：

（1）直接表达式（极限位态常数）。位态常数 K_A 直接用岩梁的运动参数表达为

$$K_A = \frac{m_E \gamma_E C}{K_T L_K} \tag{4-79}$$

这种表达式用于已知岩梁运动参数 m_E、C 等情况下。这时的位态方程式又称极限位态方程式，K_A 称极限位态常数。表达了岩梁处于最低位态时（或接近最低位态时）给支架的作用力。

（2）间接表达式（相对位态常数）。该表达式用岩梁在某一位态 Δh_0 时实测所得采场支架承载值 P_0 代入位态方程式反推得出。

由于在位态 Δh_0 时，岩梁悬跨度为 L_0，记此时的位态常数为 K_0，则式（4-78）可改写成以下形式：

$$P_T = A + K_0 \frac{\Delta h_0}{\Delta h_i} \tag{4-80}$$

显然，上式中使 $\Delta h_i = \Delta h_0$、$P_T = P_0$，则得

$$K_0 = P_0 - A \tag{4-81}$$

式中　P_0——岩梁位态为 Δh_0 时采场支架承载值；

K_0——相对位态常数，表达了将岩梁控制在 Δh_0 情况下支架所承受的基本顶作用力。

（四）基本顶岩梁作用力传递系数 K_T

如图 4-28 所示，基本顶岩梁显著运动至进入平衡状态时的力学关系为

$$N_2 + N_3 + R_{0-0} + R_1 = 2Q \tag{4-82}$$

从公式中可以清楚看出：

（1）公式左侧由三部分组成：矸石反力（N_2+N_3）、岩梁端部裂断面上所受剪力 R_{0-0}（亦即煤壁前方分担岩梁的作用力）及支架受力 R_1。这表明，岩梁重量由矸石、支架、煤壁三者共同承担，在某一位态下三者之间满足一定的比例分配关系。

（2）岩梁位态高低不同，采空区内岩梁的触矸范围及所受的矸石反力大小也不同，R_{0-0} 与 R_1 随之产生相应变化。因此，将基本顶岩梁控制在不同位态时支架所分担到的岩梁作用力比例实际上不是固定的，即传递系数 K_T 是位态的函数。只有研究 K_T 值与岩梁位态间的关系，才能找到其合理的取值范围。

（3）对照图 4-29，按照力矩平衡要求，得到要求控制的位态 Δh_i 与所需支护强度间的关系为

$$P_T = A + g(\xi) \frac{QC}{L_1 L_K} \tag{4-83}$$

式中　$g(\xi)$——与位态有关的系数，它反映了不同位态下岩梁作用力的分配情况。

$$g(\xi)=\begin{cases}\left.\begin{array}{ll}\dfrac{4\xi^2-16\xi+33}{24}-\dfrac{1}{\delta(1-\xi)} & \left(0\leqslant\xi\leqslant\dfrac{1}{2}\right)\\ \dfrac{\xi^2}{2}-\dfrac{13}{6}\xi+\dfrac{43}{24} & \left(\dfrac{1}{2}\leqslant\xi\leqslant1\right)\end{array}\right\}\text{矸石冒落不太充分}\\ \dfrac{1}{12}\xi^2-\dfrac{45}{48}\xi+1 \qquad (0\leqslant\xi\leqslant1)\ \text{矸石冒落充分}\end{cases}\tag{4-84}$$

对式（4-78）与式（4-83）比较的结果如图 4-33 所示（图中位态方程作图时 K_T 暂取为 2)。从图中可看出，在 $\xi\leqslant0.75$ 范围时（控制岩梁位态比较高），K_T 取 2 偏大，按式(4-69）计算出的 P_T 偏小，即实际控制的岩梁位态比所要求的低。通过对比分析，K_T 的取值应为 1.5~1.88。当 $\xi>0.75$ 时（即岩梁位态控制比较低)，此时岩梁的作用力大部分由采空区矸石承担，为了防止岩梁稳定状态较低时出现沿端部裂断缝下切现象应取 $K_T=2$ 为好。因此应针对要求控制的岩梁位态差别分别选择 K_T 值，其中：

当 $\Delta h_i\leqslant0.75\Delta h_A$ 时；$K_T=1.5\sim1.88$；

当 $\Delta h_i>0.75\Delta h_A$ 时；$K_T=2$。

或者在 $\xi\leqslant0.75$ 时，将由式（4-69）计算出来的结果考虑 1.2~1.7 的系数，而当 $\xi>0.75$ 时，仍取原方程计算结果。

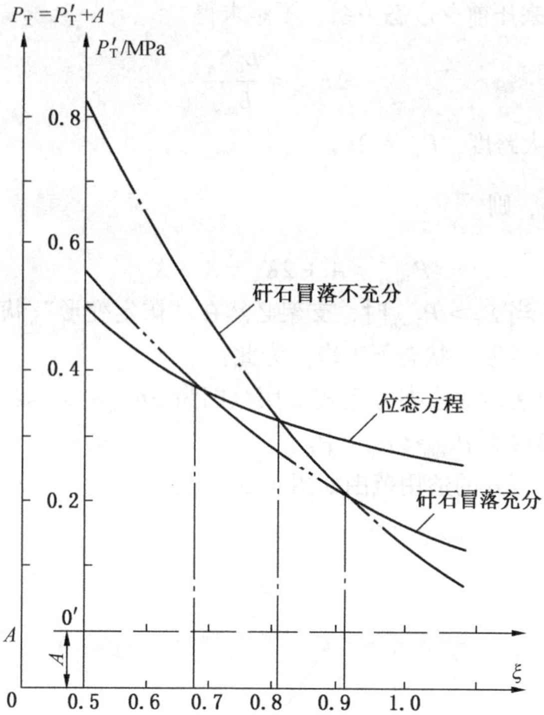

图 4-33 P_T 与 ξ 关系曲线比较

三、关于建立和应用位态方程时应注意的问题

(一) 位态方程的应用范围

采场支架在“限定变形”状态下工作时，支架承受基本顶岩梁作用力（P_T）的下限

为（$\Delta h_i=\Delta h_A$）：

$$P_{Tmin}=A+K_{min},\ K_{min}=\frac{m_E\gamma_E C}{K_T\cdot L_K}$$

同理，针对基本顶岩梁处于图4-26所示最高位态时，支架所受基本顶岩梁作用力最大。该最大值是以岩梁来压前夕实际可能的最小采场顶板下沉量，代入位态方程式求得。即

$$P_{Tmax}=A+K_A\frac{\Delta h_A}{\Delta h_{min}} \tag{4-85}$$

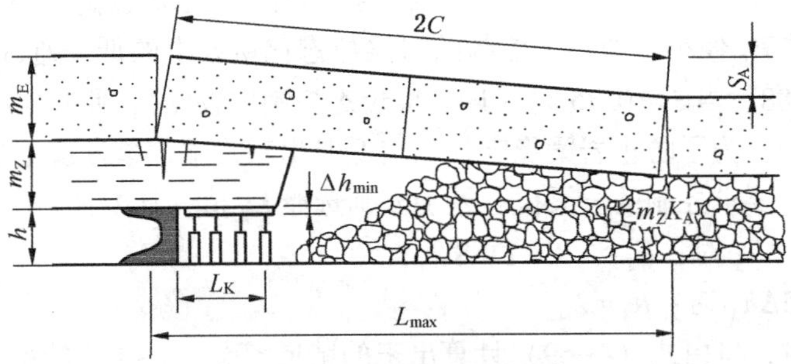

图4-34　来压前夕顶板运动状态

对照图4-34所示来压前夕位态关系，不难求得

$$\Delta h_{min}=\frac{L_K S_A}{L_{max}} \tag{4-86}$$

式中　L_{max}——岩梁最大跨度，$L_{max}\approx 2C$。

显然 $\Delta h_{min}=\frac{1}{2}\Delta h_4$，则

$$P_{Tmax}=A+2K_A=A+K_{max} \tag{4-87}$$

由上述分析可知，当 $P_T>P_{Tmin}$ 时，支架必然在“限定变形”状态下工作；而当 $P_T\leqslant P_{Tmin}$ 时，支架在“给定变形”状态下工作。为此：

以采场顶板下沉量表达的位态方程式应用范围为 $\Delta h_{min}\leqslant\Delta h_i\leqslant\Delta h_A$，以支架承载值表达的位态方程式应用范围为 $P_{Tmin}<P_T<P_{Tmax}$。

综上所述，位态方程式的适用范围如图4-35所示。

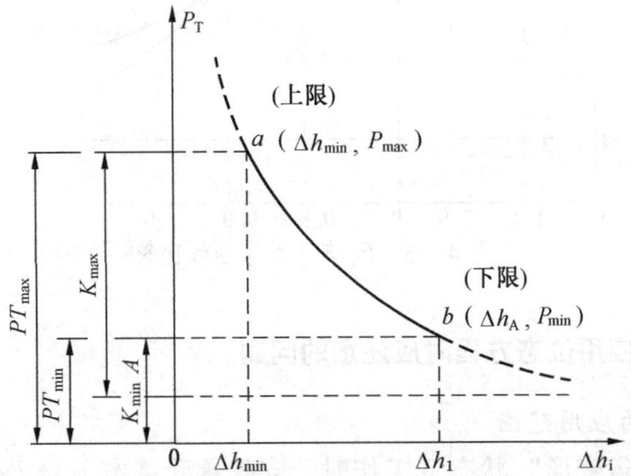

图4-35　位态方程式应用范围

（二）位态方程式的恒定（不变）原理

岩梁位态是通过采场内一定控顶距处的顶板下沉量来描述的。控顶距不同，顶板下沉量也不一样。这就是说，同一岩梁位态，可以用许多顶板下沉量（对应于不同的控顶距）来描述。为此就有必要回答用某一控顶距建立的位态方程在改变控顶距后是否还能适用？

对图 4-34 所示的岩梁位态，可分别用控顶距 $L_K = l_1$、l_2、…、l_n、l_0 及相对应的顶板下沉量 Δh_1、Δh_2、…、Δh_n、Δh_0 来描述（图 4-36）。相应建立起来的位态方程式有：

$$\left.\begin{aligned} P_T &= A + \frac{m_E\gamma_E L_0}{K_T l_1}\cdot\frac{\Delta h_1}{\Delta h_i} \\ P_T &= A + \frac{m_E\gamma_E L_0}{K_T l_2}\cdot\frac{\Delta h_2}{\Delta h_i} \\ &\vdots \\ P_T &= A + \frac{m_E\gamma_E L_0}{K_T l_n}\cdot\frac{\Delta h_n}{\Delta h_i} \\ P_T &= A + \frac{m_E\gamma_E L_0}{K_T l_0}\cdot\frac{\Delta h_0}{\Delta h_i} \end{aligned}\right\} \tag{4-88}$$

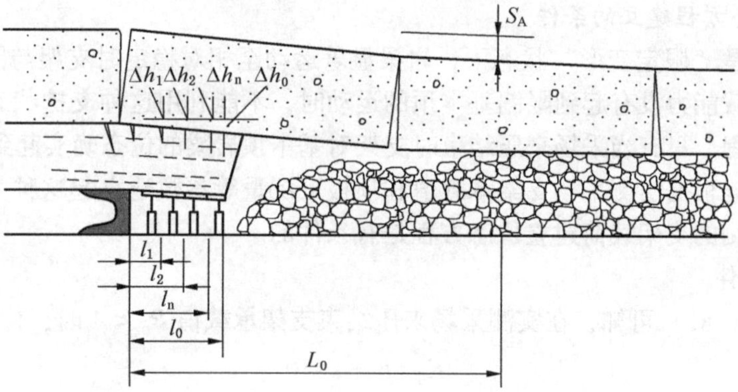

图 4-36 不同控顶距处顶板下沉量

如果把岩梁自身的下沉曲线（位态曲线）做线性处理，根据集合关系得 $\frac{\Delta h_1}{l_1}=\frac{S_A}{L_0}$ 及 $\frac{\Delta h_0}{l_0}=\frac{S_A}{L_0}$，由此解得 $\Delta h_1=\frac{l_1}{l_0}\Delta h_0$，将此式代入式（4-58）得

$$P_T = A + \frac{m_E\gamma_E L_0}{K_T l_1}\cdot\frac{1}{\Delta h_i}\cdot\frac{l_1}{l_0}\Delta h_0 = A + \frac{m_E\gamma_E L_0}{K_T l_0}\cdot\frac{\Delta h_0}{\Delta h_i} = A + K_0\cdot\frac{\Delta h_0}{\Delta h_i}$$

同理可得

$$\Delta h_2 = \frac{l_2}{l_0}\Delta h_0,\ P_T = A + K_2\cdot\frac{\Delta h_0}{\Delta h_i} = A + K_0\cdot\frac{\Delta h_0}{\Delta h_i}$$

$$\vdots$$

$$\Delta h_n = \frac{l_n}{l_0}\Delta h_0,\ P_T = A + K_n\cdot\frac{\Delta h_0}{\Delta h_i} = A + K_0\cdot\frac{\Delta h_0}{\Delta h_i}$$

实际上 $K_1\Delta h_1=K_2\Delta h_2=\cdots=K_n\Delta h_n=K_0\Delta h_0=B=$ 常数，即

$$P_T = A + \frac{B}{\Delta h_i} \tag{4-89}$$

位态方程式不随所选控顶距及相应的顶板下沉量而发生质的变化的性质，称为“位态方程恒定原理”。它说明在建立岩梁位态方程式时，只要所用顶板下沉量与代入的控顶距相对应，以任一控顶距处顶板下沉量所表达的位态方程式计算结果都是一致的，即位态方程式在不同控顶距条件下具有通用性。这一点对于解决现场顶板控制设计问题是十分重要的。

例如，实测某岩梁显著运动时，控顶距 l_0 处顶板下沉量为 Δh_0，由此表达的位态方程式为

$$P_T = A + K_0\frac{\Delta h_0}{\Delta h_i}$$

若控顶距改变为 l_n，新建的位态方程式就变为 $P_T=A+K_n\frac{\Delta h_n}{\Delta h_i}$。由于 $\Delta h_n=\frac{l_n}{l_0}\Delta h_0$，$K_n=\frac{\Delta h_0}{\Delta h_n}K_0=\frac{l_0}{l_n}K_0$，代入上式得 $P_T=A+K_n\frac{\Delta h_n}{\Delta h_i}=A+K_0\frac{\Delta h_0}{\Delta h_i}$，对比发现计算结果不变。

（三）位态方程建立的条件

位态方程是“限定变形”状态下，岩梁显著运动至相对稳定时支架与围岩关系的表达式。当支架承载能力没有起到限制基本顶的运动时，不能利用这种支护状态下实测的参数来建立位态方程。只有当采场来压结束时支架对基本顶岩梁的位态确实起到“限定”作用的条件下，才能根据实测采场支架承载值和顶板下沉量等参数建立起这种关系。因此在生产现场，用实测的支架载荷建立位态方程是有条件的。

1. 必要条件

根据式（4-81）可知，在实测采场来压结束支架承载值 $P_0<A$ 时，位态常数

$$K_0=P_0-A<0$$

这一结果说明支架受力与基本顶无关，此时直接顶在一定程度上保持了完整性并承担了基本顶岩梁的作用力，显然，这种状态下是不能建立位态方程的。只有当 $K_0>0$，即 $P_0>A$ 时，支架承受了基本顶岩梁的作用力，才有可能建立。$P_0>A$ 是建立位态方程的前提条件。

由于 $P_0>A$ 只说明基本顶岩梁已给支架施加了作用力，但不能肯定在这一支护强度下支架已对岩梁位态起到了限制作用。只有当 $P_0>A$，且对基本顶确实起到限制作用时，用 P_0 及相应的顶板下沉量 Δh_0 建立起来的位态方程才能真实反映出具体顶板条件下“支架与围岩”的相互作用关系。因此 $P_0>A$ 只是建立位态方程的必要条件。

2. 充分条件

由位态方程的工作范围可知，能对岩梁位态起到限制作用的支架承载能力下限值为

$$P_{min} = A + K_A = A + \frac{m_E\gamma_E C}{KL_K}$$

即只有当支架承载能力大于 P_{min} 时，支架才确实在“限定变形”状态下工作，这时可以说支架已对岩梁位态起到了限制作用。据此，利用实测参数建立位态方程的充分条

件是；

$$P_0 > P_{min}$$

（四）位态方程组成形式的转化

位态方程式 $P_T = A + K_A \cdot \dfrac{\Delta h_A}{\Delta h_i}$ 可以看成是反映各种顶板条件下“支架与围岩”关系的通式。而各种顶板条件下的“支架与围岩”关系表达式则是该通式组成形式的转化。针对不同顶板条件，其组成形式可归结为以下3种。

1. 一般采场（直接顶和基本顶同时存在）

“限定变形”工作状态下：

$$P_T = A + K_A \cdot \frac{\Delta h_A}{\Delta h_i} \quad K_A = \frac{m_E \gamma_E C}{K_T L_K}$$

$$P_T = A + K_0 \cdot \frac{\Delta h_0}{\Delta h_i} \quad K_0 = P_0 - A$$

“给定变形”工作状态下：

$$A \leqslant P_T \leqslant A + K_{min} = A + K_A$$

2. 缓沉采场（不存在直接顶）

“限定变形”工作状态下：

$$P_T = K_A \cdot \frac{\Delta h_A}{\Delta h_i}(A = 0) \quad 或 \quad P_T = K_0 \cdot \frac{\Delta h_0}{\Delta h_i}$$

“给定变形”工作状态下：

$$0 \leqslant P_T \leqslant K_A$$

3. 整体塌垮采场（基本顶传递岩梁不能形成）

$$P_T = A$$

（五）生产现场建立位态方程的方法与步骤

建立岩梁位态方程的实质是确定 A、$K_A(K_0)$ 及相应的 $\Delta h_A(\Delta h_0)$。生产现场利用实测参数建立位态方程的一般步骤如下：

（1）实测获得下列参数：岩梁运动步距参数 b、c；岩梁来压前（后）支架承载值 P'_0（P_0）及顶板下沉量 $h'_0(\Delta h_0)$。

（2）确定直接顶厚度 m_Z 及支架支撑直接顶必需的承载值 A（具体方法见第五章）。

（3）确定位态常数。确定位态常数的方法通常有以下两种：

一是已知岩梁厚度 m_E、运动步距 C 等，则

$$K_A = \frac{m_E \gamma_E C}{K_T L_K}$$

$$\Delta h_A = \frac{h - m_Z(K_A - 1)}{C} \cdot L_K$$

二是根据实测的 P_0 反推，当实测 P_0 满足下式

$$P_0 > P_{min} = A + K_A$$

位态常数为 $K_0 = P_0 - A$。

(4) 写出位态方程。位态方程为

$$P_T = A + K_A \cdot \frac{\Delta h_A}{\Delta h_i}$$

或

$$P_T = A + K_0 \cdot \frac{\Delta h_0}{\Delta h_i}$$

(六) 位态方程的实践检验

现在引用几个现场实例来阐明位态方程建立的步骤，并对所得结果进行检验。

【实例一】 鸡西小恒山 107 工作面，开采 15 号煤层，采高 1.9 m，直接顶厚度 $m_Z=3.5$ m，原采用 HZWA 型摩擦支柱，支护密度为 $n=2.2$ 根/m²。由于未采用升柱器，加上支柱钻底，因此，回撤时的最终阻力 R_B 只有 2.2×10^5 N(下缩量 120 mm)，来压时采场顶板下沉量为 165 mm，现采用阻力为 2×10^5 N 的单体液压支柱，支护密度增加到 $n=2.8$ 根/m²，采场顶板下沉量减小至 69 mm，即 $\Delta h_i=69$ mm。

1. 按用摩擦支柱所得实测结果建立位态方程

(1) 确定 Δh_0 及相应的 P_0 值：

已知 $R_B=2.2\times10^5$ N，$\Delta h_0=165$ mm，支柱承载不均匀系数 $K_b=0.65\sim0.70$，根据 R_B 及随动系数求得支柱的增阻系数 $K_Z=0.8$，由此得采场支柱平均支撑能力

$$R_p=K_b\cdot K_Z\cdot R_B=0.65\times0.8\times2.2\times10^5=1.2\times10^5\ \text{N/根}$$

$$P_0=n\cdot R_p=2.2\times1.2\times10^5=2.64\times10^5\ \text{Pa}$$

(2) 估算 A 值：

$$A=m_Z\cdot\gamma_Z\cdot f=3.5\times2.5\times10^4\times1=8.75\times10^4\ \text{Pa}(\text{无悬顶}f=1)$$

(3) 确定位态常数 K_0：

$$K_0=P_0-A=2.64\times10^5-8.75\times10^4=1.765\times10^5\ \text{Pa}$$

(4) 写出位态方程：

$$P_T=A+K_0\cdot\frac{\Delta h_0}{\Delta h_i}=8.75\times10^4+1.765\times10^5\times\frac{165}{\Delta h_i}$$

2. 按改变位态后的实际采场支架承载值进行检验

已知采用单体液压支柱后，采场顶板下沉量减少到 69 mm，即 $\Delta h_i=69$ mm，相应的实际采场支架承载值为

$$P_T=n\cdot R_p=n\cdot K_b\cdot K_Z\cdot R_B=2.8\times0.9\times1\times2\times10^5=5.04\times10^5\ \text{Pa}$$

检验，将 $\Delta h_i=69$ mm 代入位态方程即得必需的采场支架承载能力为

$$P_T=A+K_0\frac{\Delta h_0}{\Delta h_i}=8.75\times10^4+1.765\times10^5\times\frac{165}{69}\approx5.04\times10^5\ \text{Pa}$$

显然所得计算结果与实际十分接近。

【实例二】 查庄矿 3 号煤层，3403 工作面。采高 $h=2.2$ m，支护密度 $n=1.5$ 根/m²，采用单体摩擦支柱进行矿压实测，所得采场顶板下沉盘及采场支架承载值分别为

$$\Delta h_i=357\ \text{mm}$$

$$P_T=n\cdot R_p=n\cdot K_b\cdot K_Z\cdot R_B=1.5\times0.7\times0.8\times3\times10^5=2.52\times10^5\ \text{Pa}$$

(1) 按原使用摩擦支柱的实测结果建立位态方程：

$$A=m_Z\cdot\gamma_Z=n\cdot h\cdot\gamma=2\times2.2\times2.5\times10^4=1.1\times10^5\ \text{Pa}$$

$$K_0=P_0-A=(2.52-1.1)\times10^5=1.42\times10^5\ \text{Pa}$$

为此
$$P_T=A+K_0\frac{\Delta h_0}{\Delta h_i}=1.1\times10^5+1.42\times10^5\times\frac{357}{\Delta h_i}$$

（2）按新控制的位态 $\Delta h_i=169$ mm 代入位态方程进行检验，即令

$$\Delta h_i=169\ \text{mm}$$

则
$$P_T=1.1\times10^5+1.42\times10^5\times\frac{357}{169}=4.08\times10^5\ \text{Pa}$$

显然与实际所得 $P_T=4.05$ Pa 十分接近。

第五章 回采工作面顶板控制设计

针对上覆岩层的赋存条件及其可能的运动情况进行控制设计，将工作面的矿压显现控制在要求的范围内，是实现矿井安全生产的重要保证。

回采工作面顶板控制设计的内容包括：选择采空区顶板的处理方法；决定控顶距离；选择支护形式；制定工作面日常顶板控制方案等。对于某一具体回采工作面而言，首先需要找到必须控制的岩层范围，并掌握其运动发展规律，包括顶板大面积运动的范围、方向等；需要了解所用支护手段在井下的实际特性及其有效支撑能力。为此，需要深入地掌握支架与顶板相互作用的理论，这是正确进行控制设计的前提。进而才能搞好工作面来压及顶底板情况的预测预报工作，并在此基础上加强日常顶板控制，以实现既定的控制设计方案。

第一节 回采工作面顶板分类

回采工作面顶板控制设计是针对具体顶板条件进行的。顶板岩层的组成情况、运动形式以及不同的稳定条件，在控顶方法选择、架型设计等方面会带来明显差异。因此，进行回采工作面顶板分类工作是顶板控制设计和日常顶板控制的基础。

一、顶板分类原则和常用指标

对顶板进行分类，必须从顶板控制的原则及控制顶板的要求和具体方法出发，具体考虑顶板控制方法的差别和效果。例如，考虑支架选型计算的出发点（或要求）及具体方法步骤时，首先要确定支架选型是以防止切顶事故为主，还是以防止支柱缩量超限及保证必要的工作空间为主，在日常顶板控制中，是否要进行基本顶来压的预测预报，是否要在来压前夕架设特别支架，来压前后是否需要分别管理等。

顶板分类常用指标有岩性指标、工程指标及综合指标 3 种。

1. 岩性指标

岩性指标以顶板岩性为基础，包括顶板岩层的岩石力学性质（单向抗压强度）、分层厚度、节理和裂隙的发育情况等。通常以实验室实验和现场实测两种方法测定。

由于岩石的非均质性和各向异性以及岩层分层情况和弱面结构的复杂性，很难得出准确的岩性参数。而且，同一种岩性的岩层，在不同采深、不同受力状态下，其采动破坏程度的岩性和回采悬露后的稳定状况有很大差别。因此，单纯从岩性角度进行顶板分类将或多或少地带有片面性。

2. 工程指标

工程指标是指在进行回采的过程中可以直接观测到的参数，包括顶板的挠曲情况、端面顶板破碎度和运动步距等。这些参数利用井下动态观测法可以直接测出。

工程指标由于以不同回采工艺对顶板控制和日常管理要求为基础，综合考虑了在支承压力作用下岩层的破坏性质、岩层裸露后的稳定条件及其运动在工作面内的显现特征等几方面因素。因此，实用性和综合性比较强。不足之处是对比性相对较弱。

3. 综合指标

综合指标同时考虑岩性指标和工程指标，使分类结果能明确地反映出每类顶板采用不同落煤工艺对控顶的不同要求。

二、影响工作面矿压显现的顶板岩层组成分类

根据岩层运动结束后的结构力学特点及控制要求，可以把明显影响工作面矿压显现的岩层分为直接顶和基本顶两部分。但并非所有工作面顶板都同时存在直接顶和基本顶。根据煤层直接覆盖层强度和变形能力，以及上覆岩层排列情况，可以将工作面顶板组成情况分成以下 3 种情形。

1. 一般类型顶板

这类顶板中直接顶和基本顶两部分同时出现（图 5-1）。直接覆盖层变形能力较弱，以一定步距在采空区内垮落。工作面上覆岩层总体上按强度递增排列。

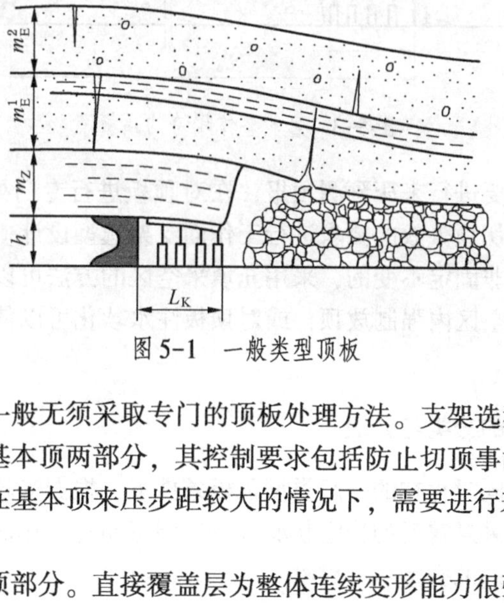

图 5-1　一般类型顶板

这类顶板条件下，一般无须采取专门的顶板处理方法。支架选型计算及日常顶板控制必须同时考虑直接顶和基本顶两部分，其控制要求包括防止切顶事故，以及控制顶板下沉量不超过要求的限度。在基本顶来压步距较大的情况下，需要进行来压预测预报工作。

2. 缓慢下沉顶板

这类顶板中无直接顶部分。直接覆盖层为整体连续变形能力很强的基本顶，变形范围可超过采高，不发生松散垮落，在推进方向上保持着良好的传递水平力的能力。其状况如图 5-2 所示。

这类顶板条件下，无须考虑对直接顶的控制。控制设计的基本要求是把顶板下沉量限制在允许的范围内。一般情况下无须考虑对顶板的处理问题，也无须进行来压的预测预报工作。

3. 有整体塌垮威胁的顶板

这类顶板直接覆盖层强度高、厚度大、塑性变形能力很弱。上覆岩层之间按强度递减趋势排列。如不采取专门措施对顶板进行处理，改变其运动规律和运动形式，有可能整体塌垮。其状况如图 5-3 所示。

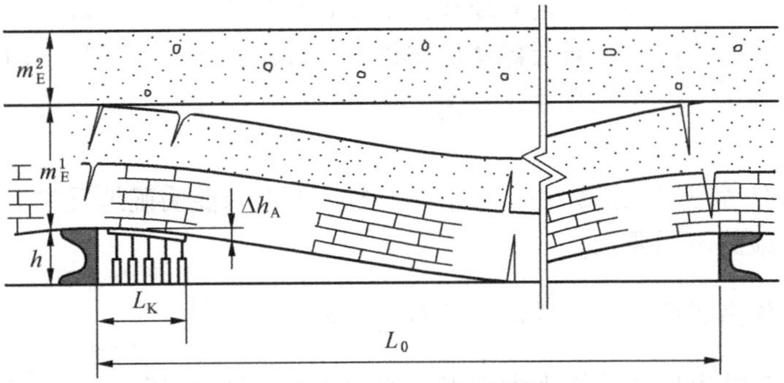

图 5-2 缓慢下沉顶板

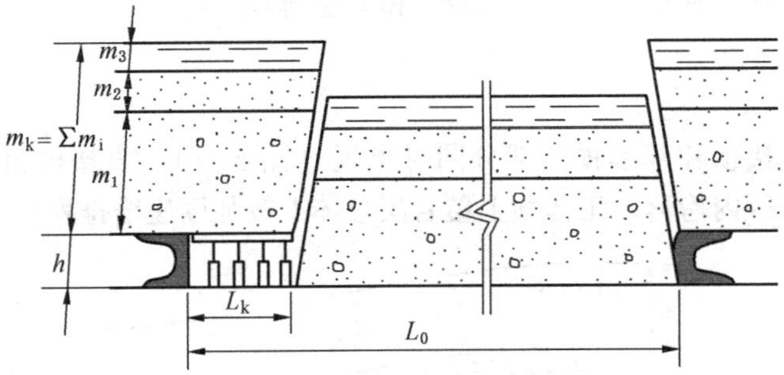

图 5-3 可能整体塌垮的顶板

这类顶板条件下需要进行来压预测预报，在对顶板进行专门处理（人工强放或软化）的基础上，按防止发生切顶事故的要求进行工作面支架选型设计。

工作面顶板特性并非固定不变的，采用充填采空区的方法可以使一般类型顶板向缓慢下沉顶板转化。采用采空区内强制放顶，或对顶板注水软化可以使整体塌垮或缓慢下沉顶板向一般类型顶板转化。

三、一般类型顶板的分类与分级

在直接顶和基本顶同时存在的一般类型顶板条件下，根据受超前支承压力作用后岩层内的裂隙发育程度、回采悬露后的稳定状况以及岩层运动对工作面威胁的程度不同，可将直接顶和基本顶分成不同的类型。

（一）直接顶分类

直接顶分类主要依据受超前支承压力作用后的破碎情况及出现局部冒顶事故的可能性。

1. 岩性指标

1）岩石强度

在自重或外载作用下，直接顶岩层要产生变形、离层，发展到一定程度而引起破坏。破坏的基本形式有拉坏和剪切破坏两种。由于抗拉与抗剪强度测定比较复杂，且实测值离散程度也比较大，而抗压强度测定比较简单、离散程度较小、比较稳定。因此，一般以单向抗压强度（$[\sigma]_{压}$）衡量直接顶的强度高低。我国华东、华南等有关煤田顶底板岩石强度试验数据见表 5-1。

表 5-1　我国华东、华南等有关煤田顶底板岩石强度试验数据

岩石种类		$[\sigma]_{压}$/MPa	$[\sigma]_{拉}$/MPa	$[\tau]$/MPa
砂岩类	细砂岩	106~146	5.6~18	17.8~54.5
	中粒砂岩	87.5~136	6.1~14.3	13.6~137.2
	粗砂岩	58~126	5.5~11.9	12.6~31
	粉砂岩	37~56	1.4~3.5	7~11.7
砾岩类	砂砾岩	71~124	2.9~9.9	7.2~29.4
	砾岩	82~96	4.1~12	6.7~26.9
页岩类	砂质页岩	40~92	4~12.1	21~30.5
	页岩	19~40	2.8~5.5	16~23.8
灰岩	石灰岩	54~161	7.9~14.1	

2）节理裂隙发育程度

直接顶岩层内节理裂隙发育程度对其强度影响很大，特别是在有水的条件下影响更为突出。一般采用节理裂隙间距 I 作为衡量发育程度的指标。它能反映出开采前直接顶岩层遭受构造运动引起的预破坏程度。

节理裂隙间距 I 一般在巷道内观测取得，选择一组比较发育的构造裂隙，取有代表性的 10~15 个观测数据的平均值作为计算指标。如果在巷道内观测有困难，也可以在回采工作面内部观测（此时必须分清构造裂隙或原生裂隙与采动引起的再生裂隙）。

3）分层厚度

分层厚度 h 指的是同一岩层内的层理、薄弱面间的间距。分层厚度是影响岩性强度的主要因素之一。分层厚度越小，往往裂隙越发育。尤其是直接顶下位岩层的分层厚度对顶板稳定性的影响更不能忽视。徐州旗山矿 1 号煤层和庞庄矿 1 号煤层的直接顶下位岩层均为页岩，旗山矿页岩抗压强度为 292 MPa，比庞庄矿页岩的强度 229 MPa 高 27%。但由于庞庄矿页岩直接顶下位岩层分层厚度为 0.75 m，是旗山矿的分层厚度 0.2 m 的 3 倍还多，实测结果是庞庄矿 1 号煤层端面顶板破碎度为 16.8%，而旗山矿竟达 34.9%。

由上述可知，$[\sigma]$、I、h 是影响直接顶稳定性的三项主要岩性指标，三者之间有密切的联系，节理裂隙间距和分层厚度越小，直接顶越不稳定。如采用一个综合指标——强度指数来代替，根据对全国近百个工作面的统计结果有如下关系式存在：

$$D = c_1 c_2 [\sigma]_{压} \tag{5-1}$$

式中　D——强度指数；

c_1——节理裂隙影响系数；

c_2——分层厚度影响系数；

$[\sigma]_{压}$——直接顶岩层的岩石单向抗压强度，MPa。

系数 c_1 按实测节理裂隙间距 I 查表 5-2 得到，系数 c_2 按实测分层厚度 h 查表 5-3

得到。

表 5-2 按实测节理裂隙间距 I 与系数 c_1 的对应关系

I/m	0.1	0.2	0.3	0.4	0.5	0.6	0.7	0.8	0.9	1.0	1.1	1.2
c_1	0.30	0.32	0.34	0.37	0.39	0.41	0.43	0.46	0.48	0.50	0.52	0.55

表 5-3 实测分层厚度 h 与系数 c_2 的对应关系

h/m	0.1	0.2	0.3	0.4	0.5	0.6	0.7	0.8	0.9	1.0	1.1	1.2
c_2	0.24	0.25	0.27	0.29	0.30	0.32	0.33	0.35	0.36	0.38	0.39	0.41

2. 工程指标

1）直接顶端面挠曲情况

直接顶端面挠曲发展情况能直观地反映出回采悬露后直接顶的自持强度高低，亦即直接顶悬露后的稳定程度。直接顶强度越高，受裂隙破坏程度越低，则自持强度越高，稳定性越好；相反，分层厚度小、强度低，受原生裂隙和因超前支承压力作用产生的次生裂隙切割的直接顶回采暴露后，如果得不到及时支护或支护不当，很快由自行挠曲发展到垮落。

直接顶端面挠曲情况可由安设在工作面内靠煤壁侧和靠采空区侧的动态仪读数变化情况进行判断。

2）端面顶板破碎度

端面顶板破碎度 E 是端面顶板垮落面积（冒高超过 100 mm）与端面顶板悬露面积的比值。在现场使用中，将面积比简化为在具体观测剖面中的端面冒顶宽度与悬顶宽度的比值（图 5-4）。

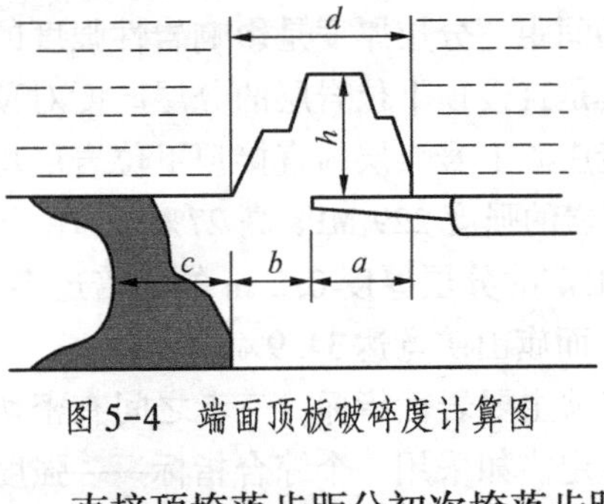

图 5-4 端面顶板破碎度计算图

$$E = \frac{d}{S} = \frac{d}{a + b + c} \tag{5-2}$$

式中 a——顶梁第一接顶点到顶梁前端的距离，m；

b——端面距，m；

c——片帮深度，m；

d——冒顶宽度，m；

S——端面悬顶距，m，$S=a+b+c$。

3）直接顶垮落步距

直接顶垮落步距分初次垮落步距（L_{oz}）和周期性垮落步距（极限悬顶距 L_S）。该参数能较好地综合反映出直接顶的稳定性，它既体现了直接顶岩层的强度，也能反映直接顶岩层内节理、裂隙发育情况。直接顶岩层分层厚度越大、强度越高，初次垮落步距越大；初次垮落后，随工作面推进在采空区内形成的悬顶也越大。根据淮北矿务局 4 个煤层的 29 个炮采工作面、8 个普采工作面和 5 个综采工作面统计，直接顶垮落步距基本上不受支护形式和生产工艺的影响。

3. 直接顶分类

按上述直接顶的岩性指标和工程指标可将直接顶分成不稳定顶板、中等稳定顶板和稳定顶板 3 种类型，主要指标和参考指标见表 5-4。

表 5-4　直接顶分类的主要指标和参考指标

顶板类别		1 不稳定顶板	2 中等稳定顶板	3 稳定顶板
主要指标	D	≤30	31~70	>70
参考指标	L_{oz}/m	≤8	9~18	>18

1）不稳定顶板

这类直接顶多数为分层厚度比较小（小于 250 mm）的页岩、炭质页岩、黏土岩、粉砂岩等。强度低，原生裂隙发育（D≤30），初次垮落步距小于 8 m(表 5-4)，采空区内形不成悬顶，随采随冒。

随工作面推进，在超前支承压力作用下，岩层内部原生裂隙继续扩张，同时产生许多再生裂隙。受裂隙切割的顶板裸露后（采煤机采过或爆破后），如果得不到及时支护，端面顶板下沉速度明显增大（图 5-5），出现明显的"自行挠曲"现象，并很容易发展到垮落。在工作面推进过程中端面顶板破碎度一直比较高，如图 5-6 所示。

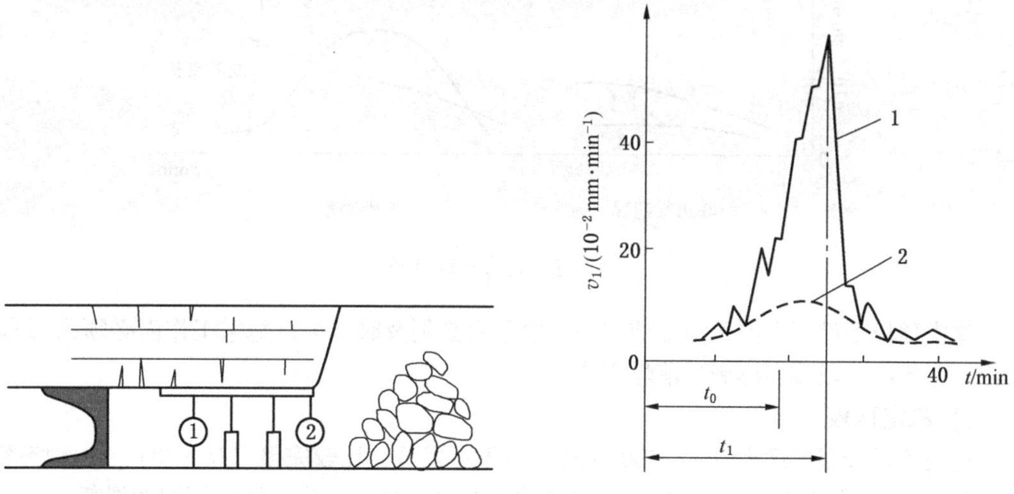

(a)　　(b)

v_1—靠近煤壁的 1 号动态仪下沉速度；曲线 1—没有及时支护时顶板动态，t_1 分钟后挠曲超限垮落；曲线 2—及时挂梁后顶板下沉速度逐渐缓慢

图 5-5　不稳定顶板下动态显现特征

在这类顶板条件下，回采前必须提前支护。机采必须提前预挂梁（综采工作面支架预伸前探梁），炮采只能采用小范围（开窗口）爆破和及时支护的方式。

2）中等稳定顶板

这类直接顶多为分层厚度在 250~500 mm 的砂质页岩、厚层页岩、泥质石灰岩等。裂

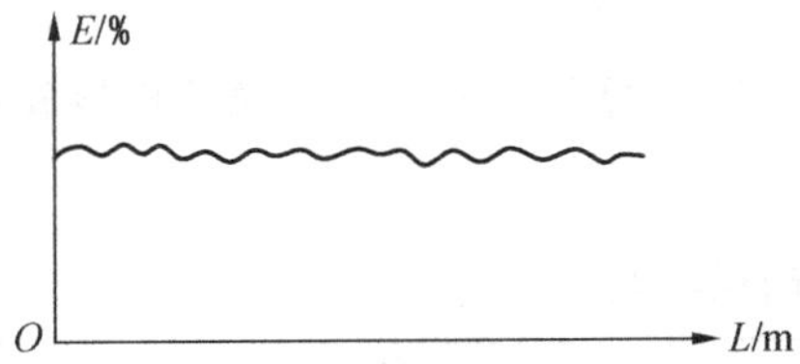

图 5-6　不稳定顶板下破碎度变化规律

隙间距为 250~500 mm，初次垮落步距为 9~18 m。

在工作面推进过程中，由于基本顶岩梁周期性裂断和超前支承压力作用，直接顶会出现周期性的破碎带。因此，机道上方顶板破碎度呈明显的周期性变化（图 5-7）。图中 S_0 为直接顶破碎带范围。动态显现特征表现为：在正常推进阶段，靠采空区侧的 2 号动态仪变化速度高于煤壁侧 1 号动态仪。工作面过直接顶破碎带时，1 号动态仪变化速度明显增加，高于 2 号动态仪。及时挂梁后下沉速度会明显降低（图 5-8）。

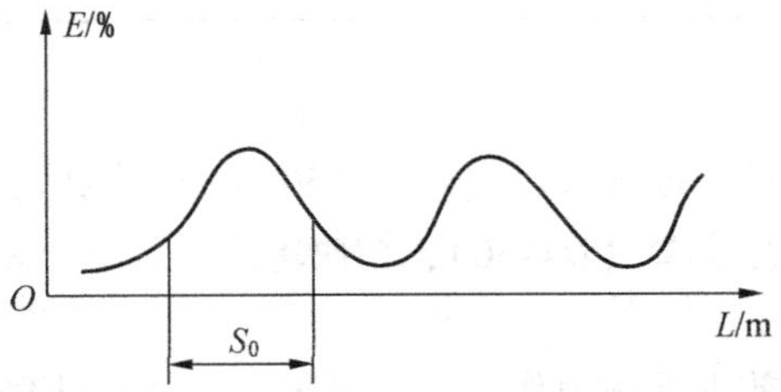

图 5-7　中等稳定顶板下破碎度变化规律

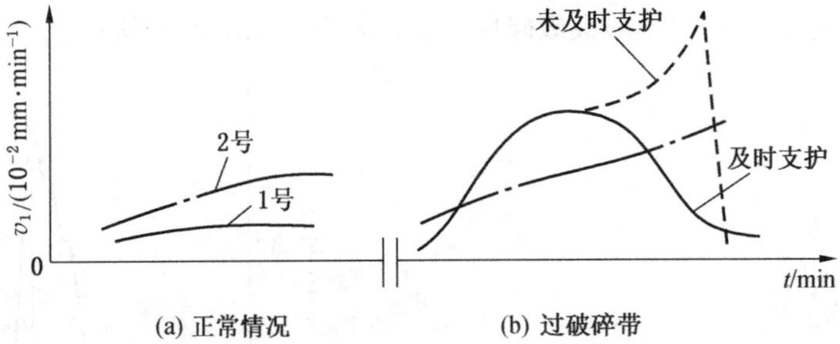

图 5-8　动态显现特征

这类顶板条件下采前无须提前支护，但采后必须及时支护。炮采工作面必须采用沿工作面倾斜方向分段顺序爆破的落煤方式。

3）稳定顶板

这类顶板分层厚度大（$h>500$ mm），裂隙不发育，比较完整（$D>70$），初次垮落步距大于 18 m。推进过程中在采空区内经常出现悬顶，并按一定步距，周期性裂断。

在工作面推进过程中，端面顶板破碎度很低，几乎为零，其动态显现特征如图 5-9 所示。

在这类顶板条件下，采前无须专门处理，采后可以不及时支护。炮采时，可以采用沿工作面全长爆破落煤。

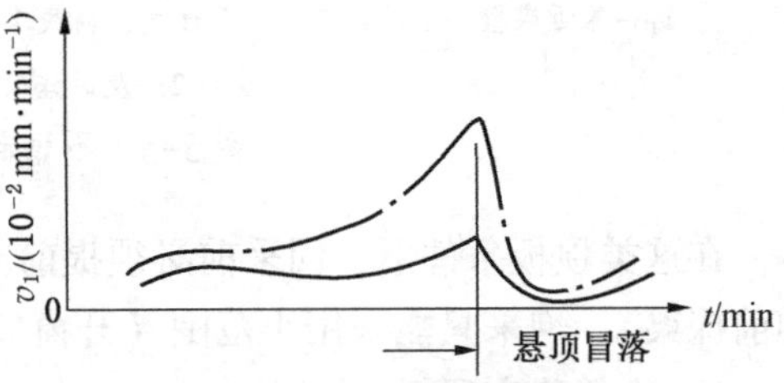

图 5-9　动态显现特征

直接顶分类情况及特征描述见表 5-5。

表 5-5　直接顶分类情况及特征描述

分类指标		直接顶板类别		
		不稳定顶板	中等稳定顶板	稳定顶板
岩性指标	典型岩性	页岩、炭质页岩 黏土岩、粉砂岩	砂质页岩、厚层页岩、粉砂岩、 泥质石灰岩	厚层砂质页岩、铁质砂岩、 砾岩、石灰岩、砂岩
	分层厚度	<350	350~600	>600
	原生裂隙发育程度	发育	中等发育	不发育
	原生裂隙组数 与间距/mm	>2~3 <250	2~3 250~500	1~2 >500
工程指标	破碎性质	持久破碎	周期性破碎	悬顶周期性断裂
	破碎度	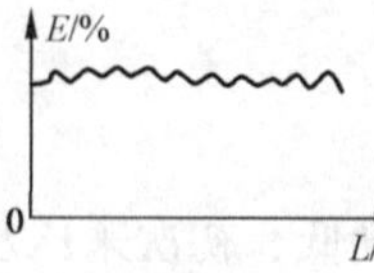	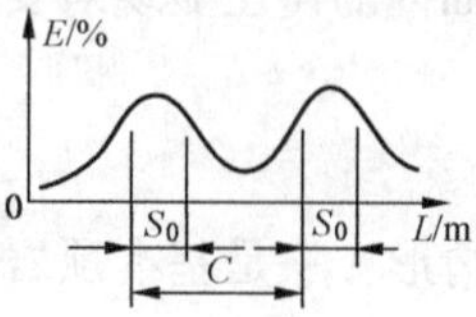	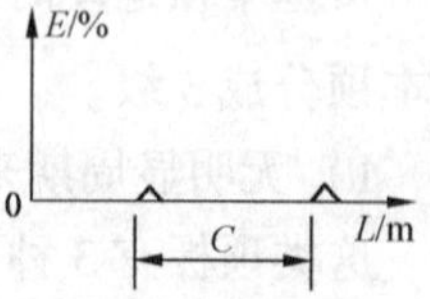
	动态显现特征	$v_1>v_2$	$v_1<v_2$(正常阶段) $v_1>v_2$(过破碎带)	$v_1<v_2$（正常阶段） 直接顶悬顶周期性裂 断瞬间，v_1、v_2 明显降低
控制要求	出发点	加强断面支护	对付周期性破碎带	加强切顶能力、提高切顶效果
	机采	超前顶挂梁	机后及时挂梁	机后可不及时挂梁
	炮采	开窗口式	倾斜分段、顺序爆破	大范围或工作面全长爆破

（二）基本顶分级

基本顶分级主要是从出现切顶事故（大面积冒顶事故）的可能性以及日常顶板控制工作中的差别（是否要进行来压预报、顶板是否要进行处理）等方面进行分级的。

1. 岩性指标

基本顶分级所用的岩性指标主要是指组成基本顶的各岩梁岩性、岩梁厚度和裂隙发育情况等。

2. 工程指标

基本顶分级的工程指标主要包括基本顶中岩梁数目、岩梁运动步距等参数。

1）基本顶岩梁数目

顶板岩层性质、开采煤层厚度和冒高大小以及组成基本顶的岩梁数目不同，对工作面的威胁程度有很大差异。与单一岩梁基本顶相比，当基本顶由两个或两个以上岩梁组成，且坚硬岩梁位于上方时，一旦坚硬岩梁运动，将会对工作面产生严重威胁。

2）基本顶岩梁运动步距

基本顶岩梁初次来压步距 L_0 和周期来压步距 C 可看成是基本顶岩梁强度和对工作面威胁程度的综合反映。在采高和直接顶岩性与厚度相同的条件下，L_0 和 C 越大，基本顶来压强度越剧烈；L_0 和 C 越小，基本顶来压强度越小。实践证明，在自然垮落条件下，L_0 和 C 基本上不受回采工作的影响，以 L_0 及 C 作为基本顶分级指标是合理、可行的。

3）冒高与采高的比值

冒高（直接顶厚度）对基本顶岩梁运动在工作面内的矿压显现程度、周期来压强度等影响很大。可以用直接顶厚度（m_Z）与采高（h）的比值 $N=\frac{m_Z}{h}$ 反映出采空区内自行充填能力，并可判断在具体条件下基本顶来压的剧烈程度。显然，N 值越大，基本顶岩梁来压强度越小，对工作面威胁越小；反之，N 越小，允许基本顶岩梁运动的空间大，基本顶来压强度及对工作面的威胁越大。特别是在顶板稳定难冒的厚煤层中，N 值的影响更为明显，N 值很小（冒高很小）时，往往会造成很大的冲击载荷。

3. 基本顶分级

按基本顶运动时工作面内的矿压显现对安全生产的威胁程度，根据 N 和 L_0、C，可将基本顶分成 3 级。

1）无明显周期来压

这类顶板有 3 种可能情形：一是基本顶岩梁强度低，初次来压步距小于 25 m，周期来压步距小于 8 m；二是厚煤层下分层开采时，基本顶岩梁已预先裂断成块，剧烈运动程度明显削弱；三是冒高大，填充效果好，允许基本顶运动的空间小（$N>3\sim5$），基本顶岩梁无阻碍，最终沉降值因而也很小。

这类顶板运动在工作面的压力显现变化平缓，没有明显的周期性。日常顶板控制中不需要进行来压预测预报。

2）周期来压明显

在这类顶板条件下，工作面内压力显现有明显的周期性。基本顶岩梁初次来压步距一般为 25~45 m，周期来压步距为 8~15 m。组成基本顶的岩梁数目为一个或两个。上位坚硬岩梁来压时，可能对下位岩梁产生动压冲击，容易造成直接顶板的下切。

工作面日常顶板控制中，应当进行来压预测预报工作。控制设计除了满足控制直接顶的要求外，还要根据岩梁运动在工作面内的显现程度及可能造成的威胁，确定支架对其应采取的工作方针。坚硬的岩梁位于上方时，对其下位岩梁运动应予以限定，绝对避免坚硬岩梁来压时对下位岩梁产生动压冲击。

3）周期来压强烈

组成这类基本顶的岩梁多为厚层砂岩、中粒石英砂岩等。强度高，来压步距大，每次来压步距 L_0 大于 45 m。基本顶同样由一个或多个岩梁组成。在工作面推进过程中，相对稳定阶段压力显现不明显，一旦岩梁断裂来压，工作面内压力明显上升，来压时的压力显现是来压前的 3~4 倍，甚至更高。

日常顶板控制中，必须进行来压及顶底板情况的预测预报工作。通过动态观测。对基本顶岩梁的运动形式做出判断，在此基础上进行控制设计，确定所需的支护强度。必要时需通过对顶板的人工处理，改变需控顶板的范围、运动形式与运动规律，削弱其运动时对工作面的威胁程度。

基本顶分级指标及不同类型下的控制设计要求见表 5-6。

表 5-6　基本顶分级指标及不同类型下的控制设计要求

指标		Ⅰ	Ⅱ	Ⅲ	
		无明显周期来压	周期来压明显	周期来压强烈	
运动步距	L_0/m	＜25	25~45	＞50	25~45
	C/m	＜8~10	8~15	＞15	3~15
N		＞3~5	0.3~(3-5)	0.3~(3-5)	≤0.3
基本顶岩梁数目		0 或 1	≥1	≥1	
推进过程中的压力显现规律		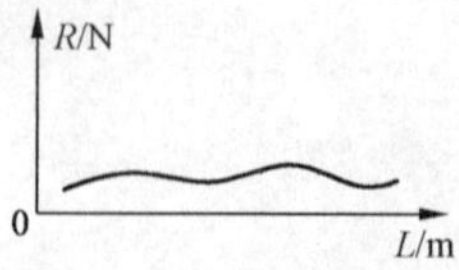	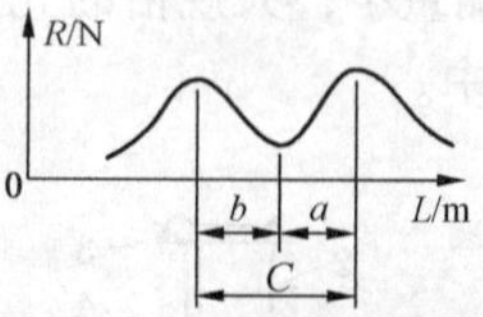	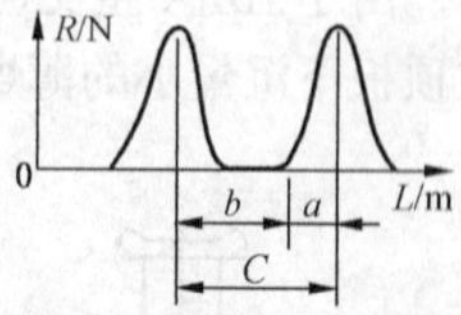	
日常管理要求		不需要进行来压预测预报	需要进行来压及顶底板情况的预测预报工作		
控制设计要求		保证支护工作质量；提高护顶效果，防止直接顶破碎引起冒顶	来压前后分别管理；防止动压冲击和切顶		

第二节　支架工作特性及实际支撑能力

工作面常用支架分单体支架和液压支架两大类。在井下支护过程中，由于受到多种主观和客观因素的影响，支架所能给予顶板的实际支撑能力要比出厂标定的理论工作阻力小得多。因此，在进行控制设计时，必须考虑各种因素影响重新计算支架实际支撑能力。

一、单体支架

单体支架由顶梁和支柱组成。它的工作特性主要取决于单体支柱的工作特性和辅助结构的压缩特性。

（一）单体支柱的结构与工作特性

1. 木支柱

木材是一种各向异性体，木材纵向（平行于木材的纤维方向）加压时，其承载能力要比横向（垂直于木材的纤维方向）加压时大，但可缩量小得多。由于这种各向异性，木支柱表现出图 5-10 所示的工作特性。抵抗外载的阻力增长很快。在加木垫或木顶梁的情况下，开始阶段由于木梁（或木垫）压缩，阻力增长极为缓慢。当木梁（或木垫）被压扁后，阻力急剧上升。由于木支柱纵向刚性大、可缩量很小，在顶板下沉中很快被压折，最终失去支撑作用。因此，木支柱的工作特性对管理来压比较明显的工作面顶板是极不利的。

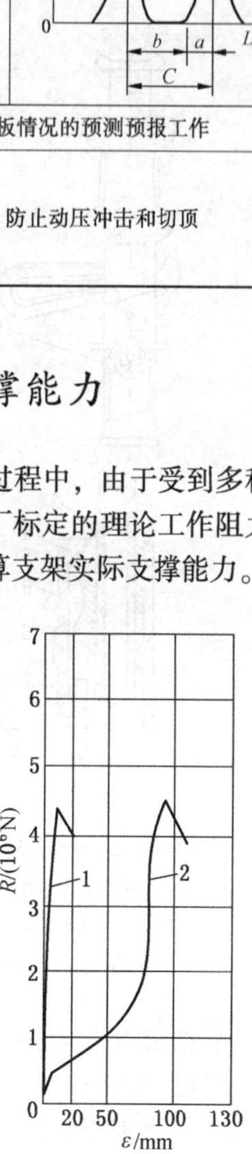

1—支柱直接架设在顶板上；
2—支柱带有 8 cm 厚可缩垫木

图 5-10　木支柱特性曲线

2. 金属摩擦支柱

目前我国广泛使用的金属摩擦支柱有急增阻式和微增阻式两种。

1）急增阻金属摩擦支柱（HZJA）

HZJA 型金属摩擦支柱结构如图 5-11 所示。支柱在工作面架设后，使之对顶板产生初撑力（R_0'）。当加在支柱上的顶板压力超过活柱 2 与摩擦板 9 之间形成的摩擦力——始动阻力（R_0）时，活柱即开始下缩。下缩过程中，由于摩擦板表面的斜度使锁箍撑开，锁紧力增加，摩擦力（工作阻力）也随之线性增加，其特性曲线如图 5-12 所示。

由于 HZJA 型支柱可缩量小，大规格的允许缩量也只有 100 mm 左右，因此，一般用在顶板下沉量小的薄煤层中。

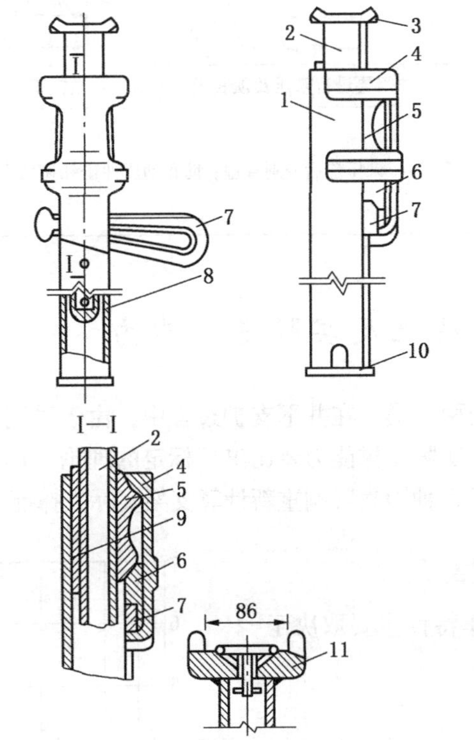

1—柱体；2—活柱；3—顶盖；4—锁箍；5—垂直楔；6—传动梗；7—水平楔；8—挡底；9—摩擦板；10—底座；11—铰接顶盘

图 5-11 HZJA 型金属支架结构图

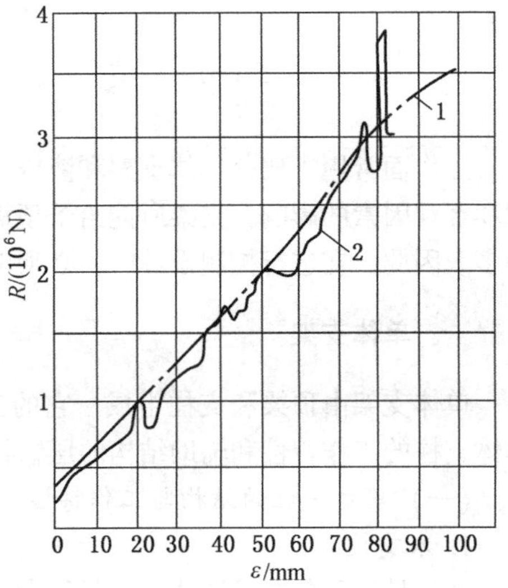

1—实验室测定结果；2—井下测定结果

图 5-12 急增阻支柱的 R-ε 关系曲线

2）微增阻金属摩擦支柱（HZWA）

支柱结构如图 5-13 所示。支柱支设后，可利用升柱器使支柱对顶板产生一定的初撑力（R_0'），此时滑块由于弹簧力的作用而被推向上，楔组（水平楔 8 与楔块 7）呈 6°～8° 的仰角。此后，在顶板下沉使活柱下缩过程中，支柱工作表现为 3 种状态：

第一阶段：随顶板下沉，自动夹紧机构起作用，支柱工作阻力随之上升到始动工作阻力（R_0）：

$$R_0 = 2N_1f = 2ES_1f \tag{5-3}$$

式中 S_1——打紧水平楔时锁箍水平胀开量，mm；

E——锁箍弹性变形刚度，N/mm；

f——活动表面与摩擦板间滑动摩擦因数；

N_1——锁箍水平胀开 S_1(mm) 时的反作用力，N。

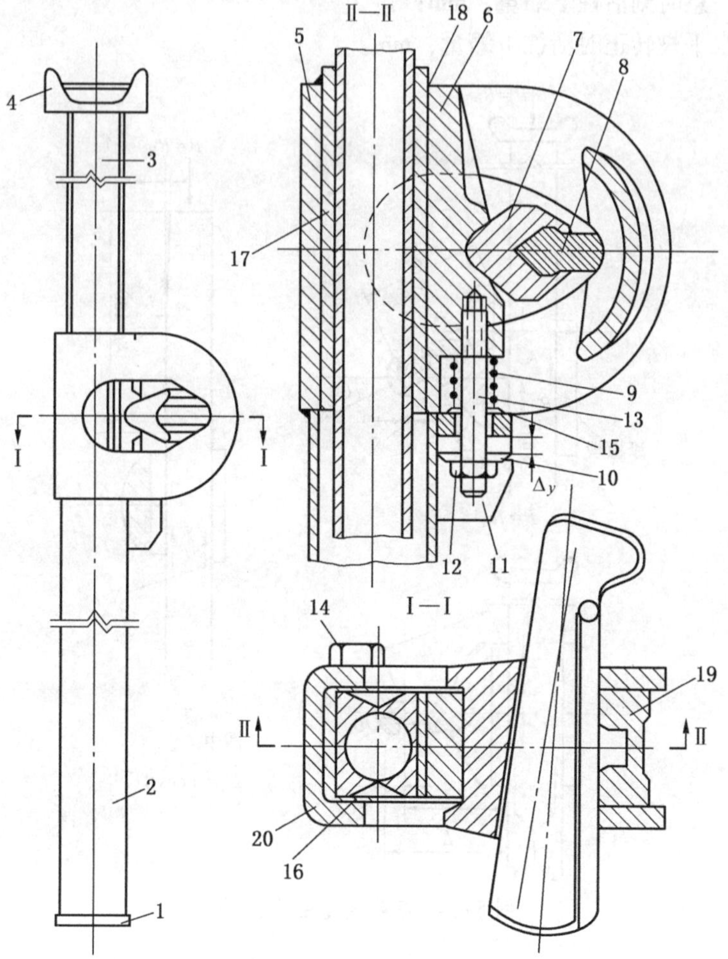

1—底座；2—柱筒；3—活柱筒；4—铰接顶盖；5—锁体；6—滑块；7—楔块；8—水平楔；9—弹簧；10—特制垫圈；11—托板；12—螺母；13—调焦螺杆；14—螺钉；15—垫圈；16—挡块；17、18—左右摩擦板；19—卡块；20—卡箍

图 5-13 HZWA 型金属支柱结构图

显然，R_0 值取决于水平楔的打紧程度以及活柱与摩擦板之间旳摩擦因数（如有煤粉或表面已生锈，f 将大幅度减小）。理想情况下，始动阻力为 80~100 kN。

第二阶段：当支柱所受压力超过 R_0 后，随着活柱下缩，滑块也下移，锲组沿锁体上的圆弧面向下转动，锁箍继续被撑开，夹紧力急剧增加，工作阻力由 R_0 急增至初工作阻力 R(此时锁箍被撑开至 S_2，如图 5-14 所示)。此时，阻力增值（R_1）按设计标准为 15 kN左右（自动夹紧距 $C \approx 10$ mm)，即滑块每下降 1 mm，阻力增加 15 kN 左右。因此，在该阶段中任意时刻支柱工作阻力 R_1 可由下式表示：

$$R_1 = R_0 + 15000C_1 \tag{5-4}$$

式中 C_1——滑块下降距离，mm。

由于

$$\delta_c = \frac{\varepsilon_i}{C_1} = \frac{\varepsilon_1}{C} \tag{5-5}$$

式中 δ_c——随动系数，反映了滑块随活柱下缩的同步程度，是衡量揳紧程度的一个标志；

ε_i——任意时刻活柱下缩量，mm；

ε_1——水平楔转正时活柱下缩量，mm。

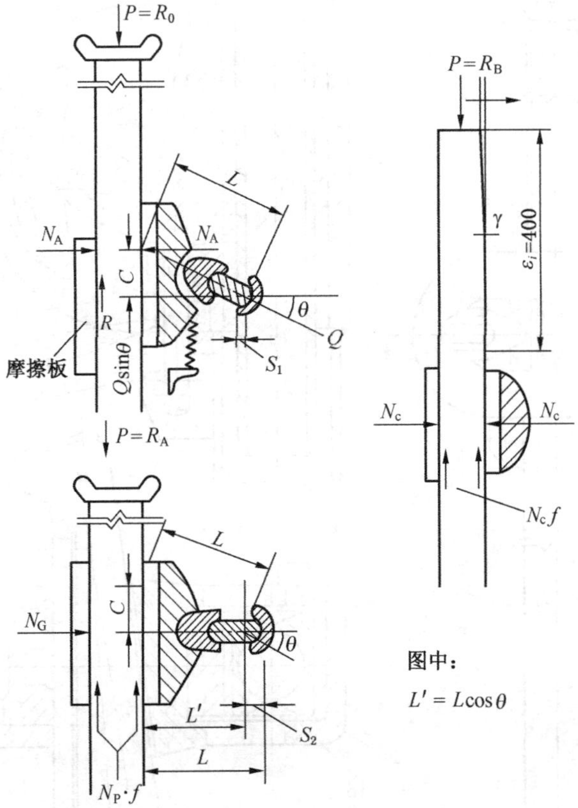

图 5-14 各阶段支柱阻力计算

若 $\delta_c = 1$，表明滑块随活柱同步下缩，此时楔紧情况最好，否则 $\delta_c > 1$。以 ε_c 所表示的 R_i 为

$$R_i = R_0 + 15000\frac{\varepsilon_i}{\delta_c} \quad (0 \leqslant \varepsilon_c \leqslant \varepsilon_1) \tag{5-6}$$

初工作阻力为

$$R_A = R_0 + 15000\frac{\varepsilon_1}{\delta_c} = R_0 + 150000 \tag{5-7}$$

第三阶段：自动夹紧过程完成后，由于活柱摩擦表面的斜度（1/1250）胀开锁箍，使得支柱的工作阻力缓慢上升。在该阶段内任意时刻阻力增值为

$$R_i' = t \cdot \varepsilon_i' = \frac{R_B - R_A}{\varepsilon_B - \varepsilon_1}\varepsilon_i' \tag{5-8}$$

式中 t——活柱每下缩 1 mm 阻力增值，N/mm；

R_B——支柱额定工作阻力，N；

ε_B——支柱最大允许缩量，mm；

ε'_i——水平楔转正以后的活柱缩量，mm。

$$\varepsilon'_i = \varepsilon_i - \varepsilon_1 \tag{5-9}$$

如果支柱按设计标准工作，即 $R_B - R_A = 10$ kN，$\varepsilon_B = 400$ mm；$\varepsilon_1 = 10$ mm。支柱设计标准见表 5-7，则

$$t \approx 250 \text{ N/mm}$$

$$R'_2 \approx 250(\varepsilon_i - \varepsilon_1)$$

$$R_2 \approx 250(\varepsilon_B - \varepsilon_1)$$

表 5-7　支柱设计标准

增阻阶段		阻力/kN		活柱缩量/mm	自动缩紧距/mm
始动阻力	增阻值 R_0			0	0
	阻力值 R_0	80~100		0	0
初工作阻力	增阻值 R_1	150		$\varepsilon_1 = 10 \sim 15$	9±1
	阻力值 $R_A = R_0 + R_1$	250±30		$\varepsilon_1 = 10 \sim 15$	9±1
终工作阻力	增阻值 R_2	100		$\varepsilon_2 = 400 - \varepsilon_1 \approx 400$	9±1
	阻力值 $R_B = R_0 + R_2$	350	+40	$R_B = 400$	9±1
			−20		

任意时刻工作阻力及实际终工作阻力分别为

$$R_i = R_A + R'_2 = R_0 + 150000 + 250(\varepsilon_i - \varepsilon_1) \tag{5-10}$$

$$R_B = R_A + R_2 = R_0 + 150000 + 250(\varepsilon_B - \varepsilon_1) \tag{5-11}$$

综上所述，HZWA 型支柱工作阻力 R_i 随活柱 ε_1 的变化规律可归结为

$$R_i = \begin{cases} R_0 + 150000\dfrac{\varepsilon_i}{\delta_c} \quad (0 \leqslant \varepsilon_i \leqslant \varepsilon_1) \\ R_0 + 150000 + 250(\varepsilon_i - 10\delta_c) \quad (\varepsilon_1 \leqslant \varepsilon_i \leqslant \varepsilon_B) \end{cases} \tag{5-12}$$

其特性曲线如图 5-15 所示。

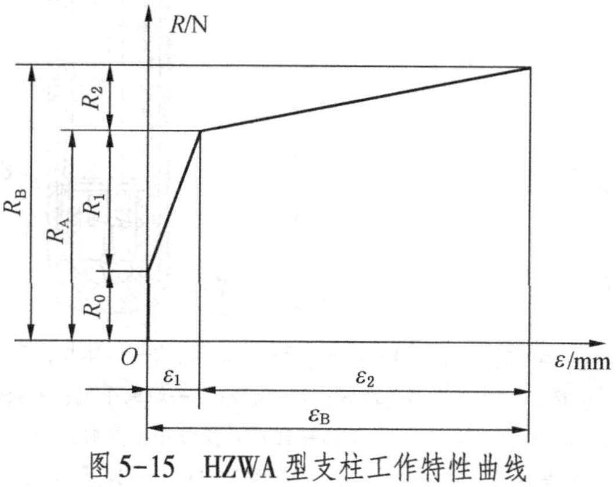

图 5-15　HZWA 型支柱工作特性曲线

在 HZWA 型支柱实际使用过程中，由于水平楔打紧程度不同（即 δ_c 不同），造成工作阻力与缩量之间的特性关系发生变化，$R_i \propto (\delta, \varepsilon_i)$。根据式（5-12），绘出不同 δ 下一组支柱工作阻力与缩量间的关系曲线如图 5-16 所示。在同一缩量下，δ 越大，工作阻力越小。采用液压或机械升柱器升柱，水平楔打得又比较紧时，δ 可取 1~2，否则，应根据实测结果取定 δ 值。

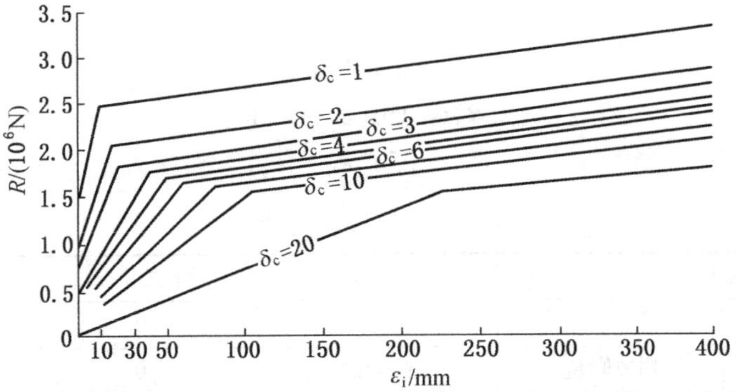

图 5-16 不同 δ_c 下 R_i-ε_i 关系曲线

3. 单体液压支柱

单体液压支柱按注油（液）方式分为内注式（图 5-17）和外注式（图 5-18）两种。

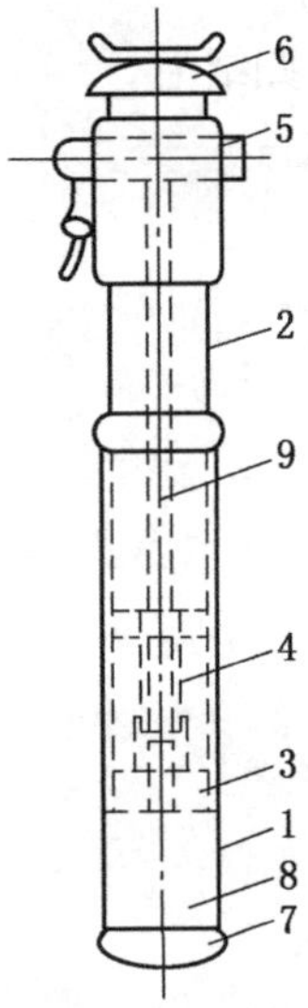

1—柱体；2—活柱；3—活塞头；4—泵；5—安全阀及卸载阀；6—上顶盖；7—下柱塞；8—支柱底腔；9—通道

图 5-17 内注式单体液压支柱

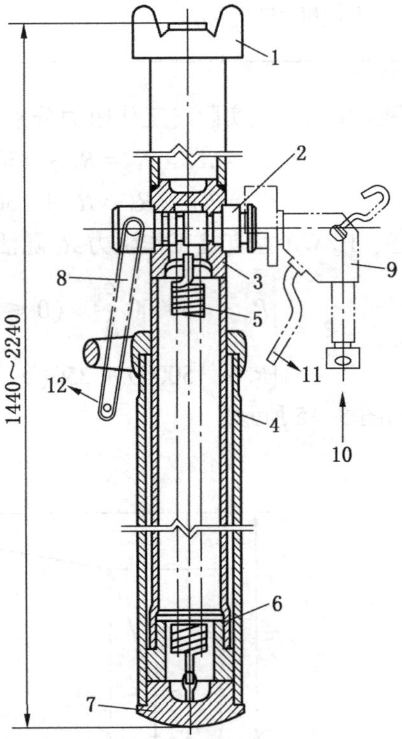

1—顶盖；2—三用阀；3—活体柱；4—油缸；5—复位弹簧；6—活塞；7—底座；8—卸载手把；9—注液枪；10—泵站供液；11—注液时操纵手把方向；12—卸载时动作方向

图 5-18 外注式单体液压支柱

内注式液压支柱事先已灌好工作液，通过摇动手把操纵支柱内的液压泵，把工作液从低压腔压入高压腔使支柱升起（图 5-19）。

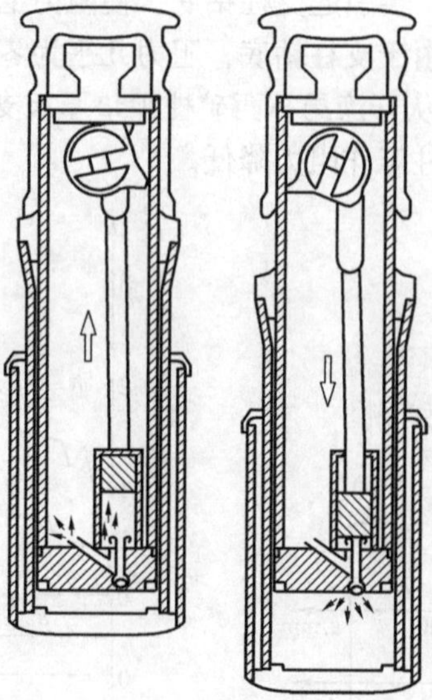

图 5-19 内注式液压支柱生柱示意图

外注式液压支柱的工作液是从外部供给的。一般是通过工作面巷道内的泵站经高压软管上的注液枪向支柱内供液，在高压液作用下使支柱升起并支撑顶板。

单体液压支柱的工作特性曲线如图 5-20 所示。支柱架设时，内注液式依靠手工操作，一般能产生 50~70 kN 的初撑力（液压支柱初撑力与始动阻力相等）。外注液式支柱初撑力取决于泵站的泵压及升柱质量。图 5-20 中工作点 A 对应初撑力 R_0。顶板下沉时，支柱下腔工作液受压缩而呈弹性变形，大约压缩 6~20 mm（DZ-22 型支柱试验得 ε_H 为 15~18 mm，对应于额定初撑力），工作阻力 R_B，即特性曲线中的 B 点，此时安全阀开启卸液，工作阻力略有下降，降到图中 C 点，安全阀重新关闭，随后工作阻力又有所增加，安全阀重新打开。如此反复，在活柱下缩过程中，形成图 5-20 所示的恒阻工作特性。

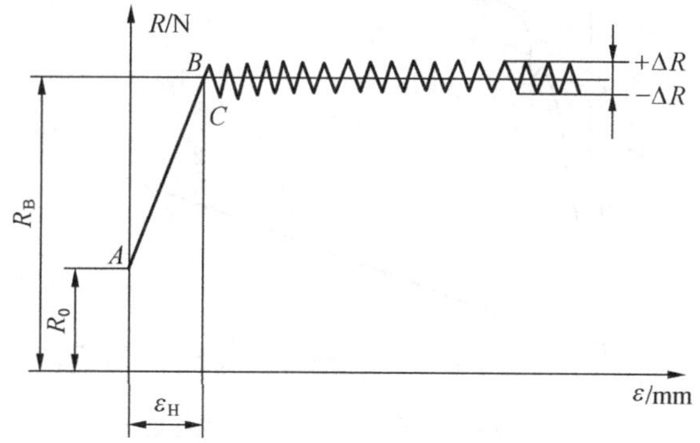

图 5-20 单体液压支柱工作特性曲线

(二) 影响单体支柱支护能力的因素

支柱在井下的工作条件复杂，有许多主客观、直接或间接的因素影响支柱工作性能和支撑能力正常发挥。其中包括：

(1) 直接顶底板强度。顶底板承载能力越高，越利于提高支柱实际支撑能力。底板软，特别是当底板上有浮煤时，会引起支柱钻底，使阻力上不去。如图 5-21a 所示，通化松树矿开采厚煤层下分层时，由于支柱钻底，阻力几乎为零，失去了支撑作用。

(2) 辅助支护结构压缩。从开滦局林西矿柱顶垫厚板支柱实际工况（图 5-21b）中可以看到，由于柱帽压缩致使支柱工作阻力降低。

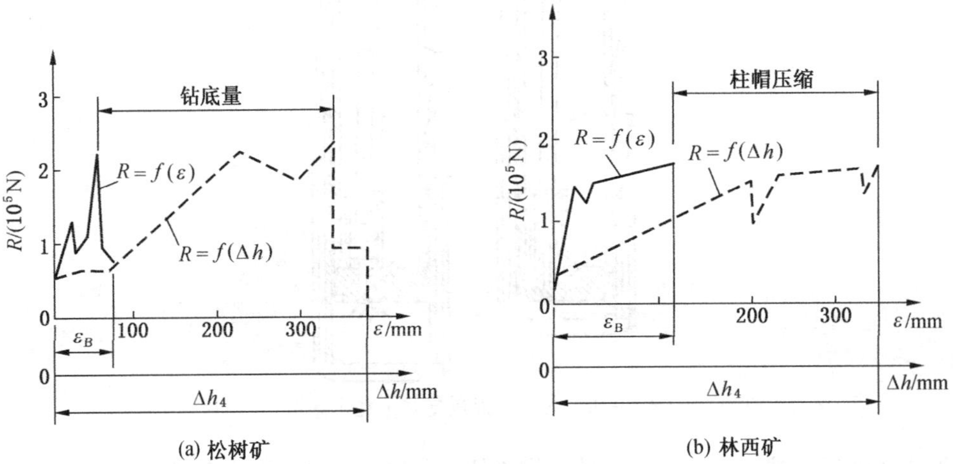

图 5-21 松树矿与林西矿支柱工况测定

(3) 支设质量。对摩擦支柱来说，水平锲打不紧（图 5-22）或支柱表面有煤粉、生锈，均会明显影响阻力正常发挥。单体液压支柱在进入恒阻段之前，要经过一段增阻过程。升柱时间不足，初撑力越小，增阻段活柱缩量越大，都会对支柱在整个支护过程中的支撑能力产生一定的影响。

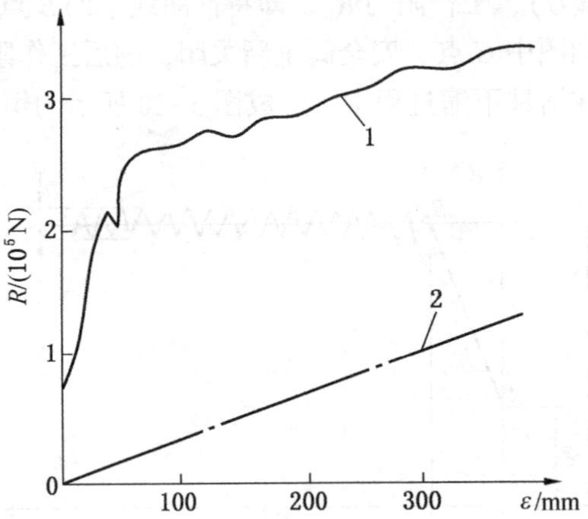

1—水平楔打得紧；2—水平楔未打紧

图 5-22 不同紧楔程度支柱工况

(4) 支柱承载不均。由于支柱支设质量、浮煤压缩量以及辅助支护结构的差别等原因，造成不同列支柱在同一循环支护过程中阻力不均，结果使整体支撑能力降低。图 5-

23 所示为兴隆庄矿 4309 工作面观测结果，其中第Ⅱ观测线支柱因底板浮煤影响，压力上升到 27 MPa 时支柱钻底，两观测线平均阻力明显降低。

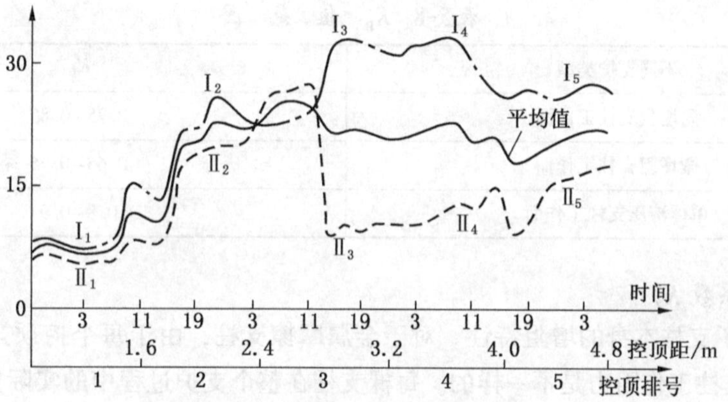

Ⅰ—第一观测线；Ⅱ—第二观测线

图 5-23 浮煤对支柱工况的影响

(5) 支柱本身的工作特性。金属摩擦支柱的工作阻力是靠活柱下缩来实现的。控顶范围内各排支柱顶板下沉量不同，这是使用增阻支柱不可避免的。

(三) 单体支柱实际支撑能力计算方法

在综合了各种影响因素的基础上，单体支柱在井下工作过程中的实际支撑能力的计算式为

$$R_T = K_B K_Z R'_B \tag{5-13}$$

式中 R_T——支柱实际支撑能力；N/棵；

K_B——不同列支柱承载不均匀系数；

K_Z——支柱本身的增阻系数；

R'_B——支柱回柱时的阻力（$R'_B \leqslant R_B$），N/棵。

各项影响因素的确定如下。

1. 不同列支柱承载不均匀系数（K_B）

K_B 反映了不同列支柱因支柱质量、辅助结构压缩等影响造成的各排之间承载能力上的差别。确定该值是以任一观测循环内几条观测线的阻力平均值 $R_{平}$ 作为比较的基准，将每一条观测线在同一循环内的载荷平均值 $R_{测平}$ 与 $R_{平}$ 相比，可得每一条观测线的承载不均匀系数，即

$$K'_B = \frac{R_{测平}}{R_{平}} \tag{5-14}$$

从安全角度出发，一般选取每一循环几条观测线中 K'_B 的最小值 K'_{Bmin}。取各个阶段（相对稳定阶段、来压等）K'_{Bmin} 的平均值可得本工作面的承载不均匀系数为

$$K'_B = \frac{\sum_{i=1}^{n} K'_{Bmin}}{n} \tag{5-15}$$

式中 n——所选观测循环数。

根据在开滦、平顶山、兖州等集团公司矿井的实测结果，由式（5-15）计算出的 K_B 值范围见表 5-8。具体工作面应结合具体条件进行计算。

表 5-8　K_B 值范围

不同支护类型	K_B
急增阻支柱工作面	0.75~0.85
微增阻支柱工作面	0.65~0.75
单体液压支柱工作面	0.8~0.9

2. 增阻系数 K_Z

K_Z 反映了支柱本身的增阻特性。对于金属摩擦支柱，由于每个控顶排（处）顶板下沉量不同，支柱工作阻力是不一样的。每棵支柱在整个支护过程中的实际支撑能力，只能是从第一控顶排开始，到最末控顶排回撤时载荷的平均值 R_p，该值小于回撤时活柱缩量 ε'_B 对应的工作阻力 R'_B。这种差别用增阻系数 K_Z 表示为

$$K_Z = \frac{R_p}{R'_B} \tag{5-16}$$

（1）急增阻支柱（图 5-12）：

$$K_Z = \frac{R_p}{R'_B} = \frac{R_0 + R'_B}{2R'_B} \approx 0.5 \tag{5-17}$$

（2）微增阻支柱（图 5-24）：

微增阻支柱的平均阻力 R_p 为

$$R_p = R_0 + R_1 + \frac{1}{2}R_2 - \frac{\varepsilon_1}{2\varepsilon'_B}(R_1 + R_2) \tag{5-18}$$

增阻系数为

$$K_Z = \frac{R_p}{R'_B} = \frac{2(R_0 + R_1) + R_2}{2R'_B} - \frac{\varepsilon_1}{2\varepsilon'_B R'_B}(R_1 + R_2) \tag{5-19}$$

式中

$$R'_B = R_0 + 150000 + 250(\varepsilon'_B - \varepsilon_1) \tag{5-20}$$

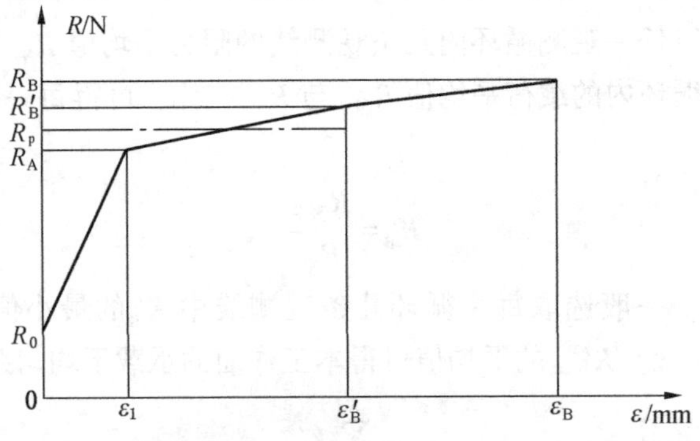

图 5-24　微增阻支柱特性曲线

由上述可知，微增阻支柱的 K_Z 是 δ_C 和 ε'_B 的函数。根据式（5-19）做出不同 δ_C 下 K_Z

随 ε'_B变化的一组曲线如图 5-25 所示。对于某一具体工作面，只要已知 δ_C 和 ε'_B，就可以从图 5-25 中方便地查出 K_Z。

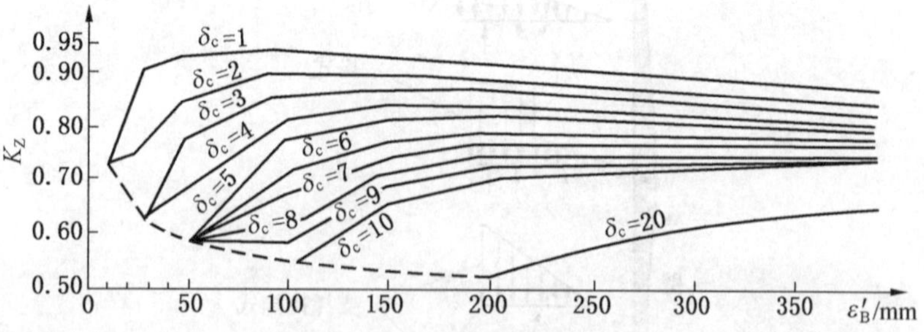

图 5-25　不同 δ_C 下 K_Z-ε'_B关系曲线

（3）单体液压支柱。单体液压支柱进入恒阻工作段之前要经过一段增阻过程（图 5-20），考虑这段增阻过程的影响，K_Z 一般为 0.9~1。

（4）工作阻力 R'_B。R'_B是指处于最末控顶排支柱回撤时的阻力。单体液压支柱的 R'_B就是其额定工作阻力 R_B。金属摩擦支柱活柱下缩量到某一缩量时的阻力是 δ_0 和缩量两者的函数。根据 δ_0 和支柱回撤时活柱缩量 ε'_B(顶板比较破碎、易离层，或来压有动压冲击现象时取来压前夕的值，否则取来压时的值)，从图 5-24 中可查得 R'_B。

当支柱支设在假底上或底板上有浮矸、浮煤时，支柱会发生钻底，影响支柱实际支撑能力发挥。此时 ε'_B应当按下式选取：

$$\varepsilon'_B = \Delta h - \varepsilon_d - \varepsilon_i \tag{5-21}$$

式中　Δh——顶板下沉量，mm；

ε_d——支柱钻底量，mm；

ε_i——背板等辅助结构压缩量，mm。

二、液压支架

液压支架一般由顶梁、底座、立柱、推移装置、操纵控制装置和其他辅助装置所组成。

（一）液压支架类型与适用条件

按照液压支架与围岩相互作用和维护工作空间的方式，可将液压支架分成以下几种类型。

1. 支撑式

这类支架具有较大的支撑能力，靠立柱和顶梁直接支撑顶板维护工作空间，顶板岩层在顶梁后部切断垮落。由于支撑力集中在顶梁的后部，而在煤壁附近无立柱，支护区由支撑力较弱的前探梁维护，顶梁上力的分布状态如图 5-26a 和图 5-26b 所示。这种支架一般适用于支撑稳定和坚硬的顶板。按支架结构与动作方式的不同，支撑式又可分为垛式（六柱和四柱两种）和节式两种，如图 5-27 和图 5-28 所示。

2. 支撑掩护式

这种支架对顶板兼有支撑和掩护两种作用（图 5-29、图 5-30）。支架支撑部分作用大于掩护部分（表 5-9），适合于在较稳定的顶板条件下使用。

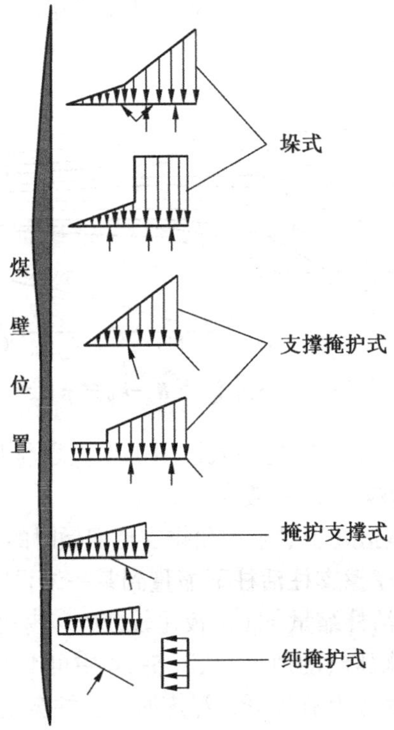

图 5-26　不同架型顶梁上载荷分布

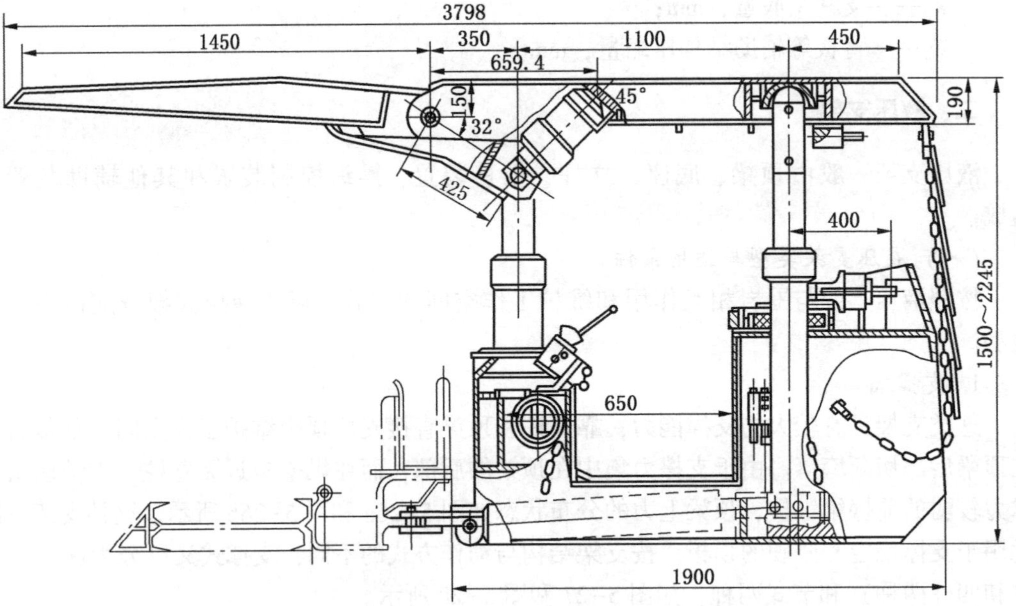

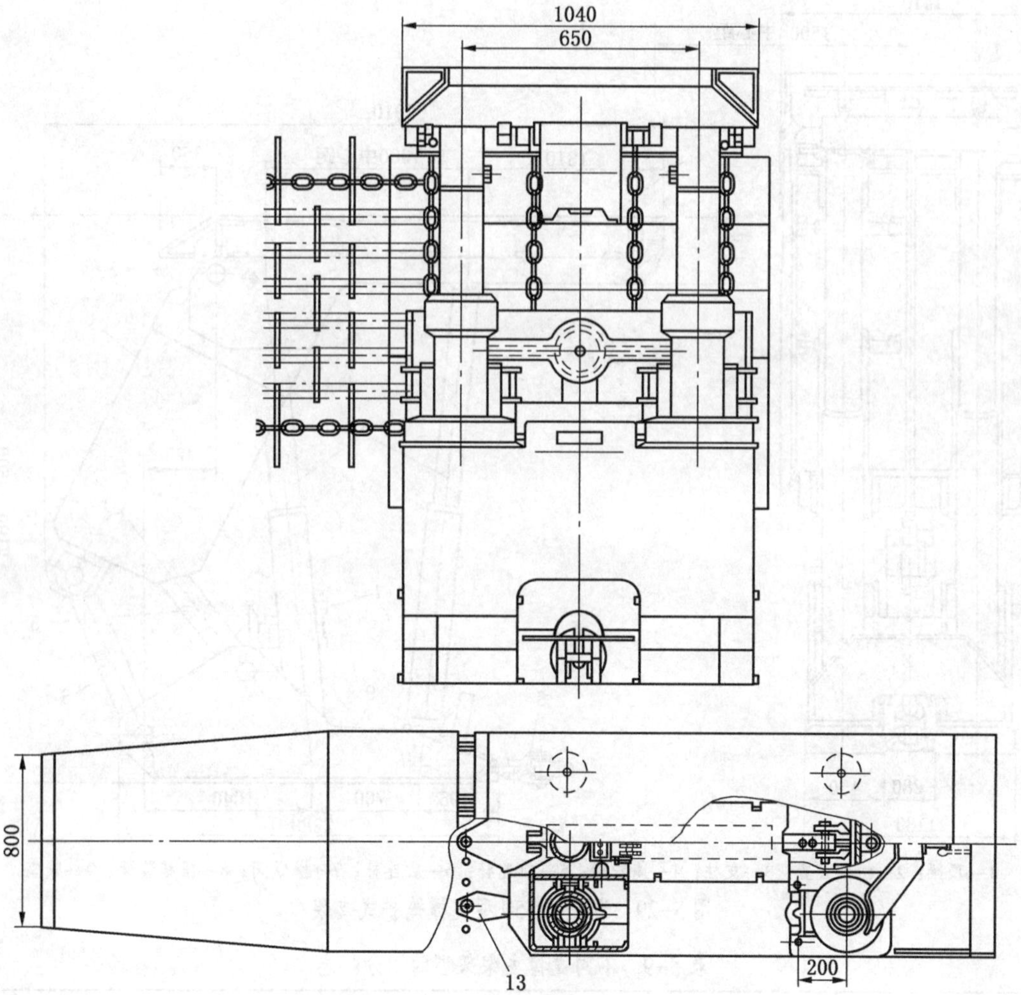

图 5-27　BZZC 型垛式液压支架

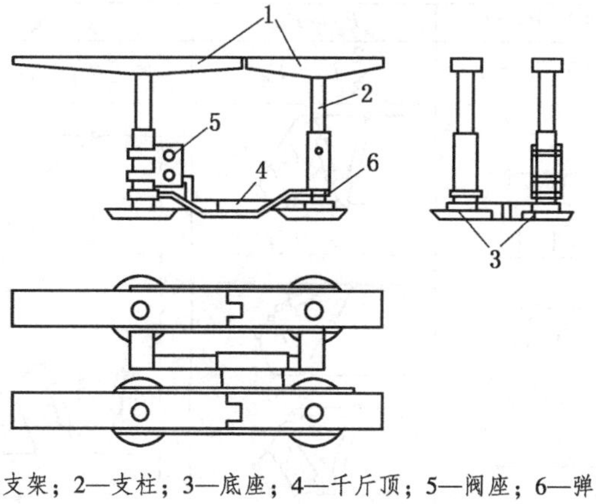

1—铰接支架；2—支柱；3—底座；4—千斤顶；5—阀座；6—弹簧钢带

图 5-28　节式支架

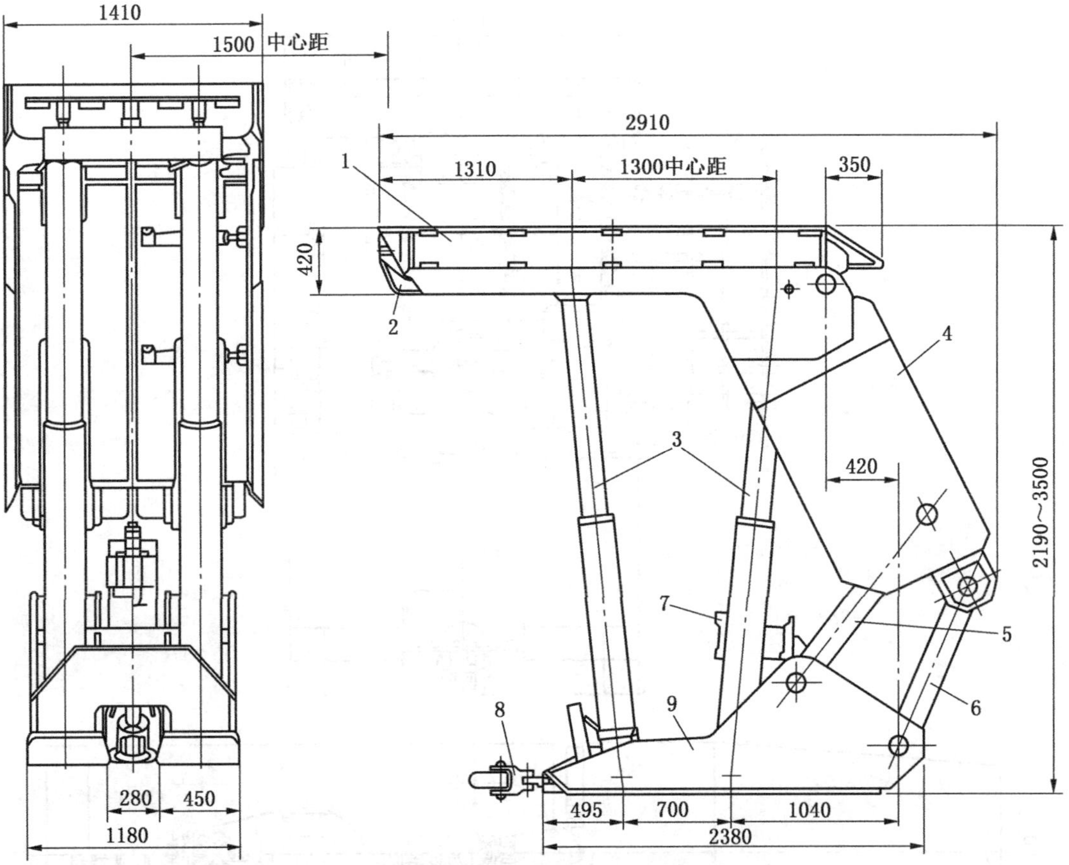

1—顶梁；2—护帮装置；3—支柱；4—掩护梁；5—前连杆；6—后连杆；7—操纵阀；8—推移装置；9—底座

图 5-29　道梯 4/550 型支撑掩护式支架

表 5-9　不同支撑支架架型的划分标志

划分标志	支撑式	支撑掩护式	掩护支撑式	纯掩护式
支撑作用	有	有	有	无
掩护作用	无	有	有	有
$P_{支}$ 与 $P_{掩}$	$P_{支}\neq 0$；$P_{掩}=0$	$P_{支}>P_{掩}$	$P_{支}<P_{掩}$	$P_{掩}\neq 0$；$P_{支}=0$
$L_{支}$ 与 $L_{掩}$	$L_{支}\neq 0$；$L_{掩}=0$	$\frac{2}{3}L_{支}>L_{掩}$	$\frac{2}{3}L_{支}<L_{掩}$	$L_{掩}\neq 0$；$L_{支}=0$
典型支架距离	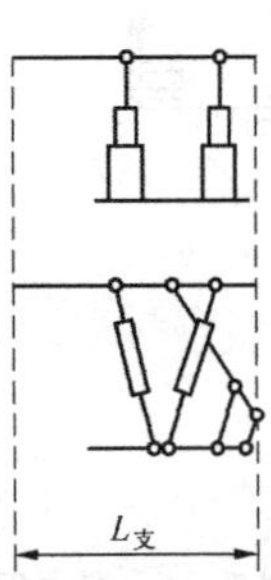	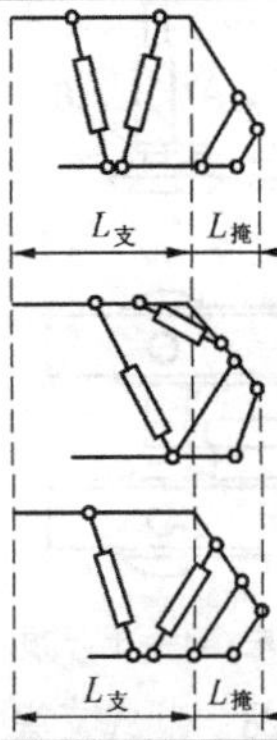	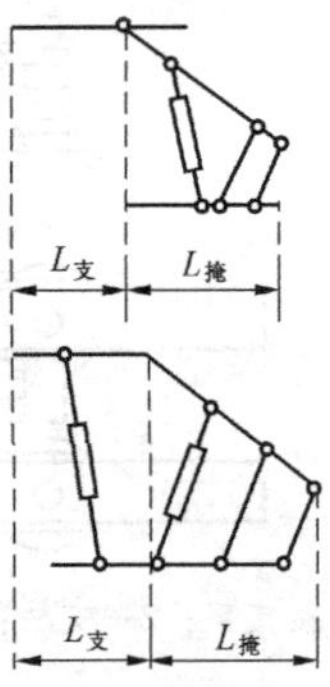	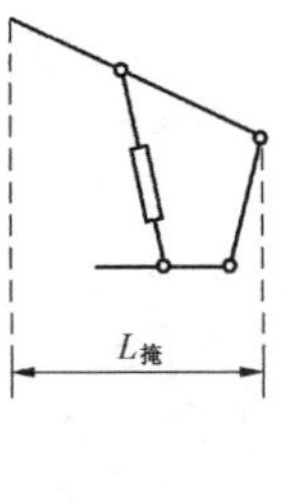
适用条件	用在稳定和坚硬顶板条件下	多用在较稳定顶板条件下	适用于松散破碎不稳定顶板条件下	适用于破碎顶板条件下

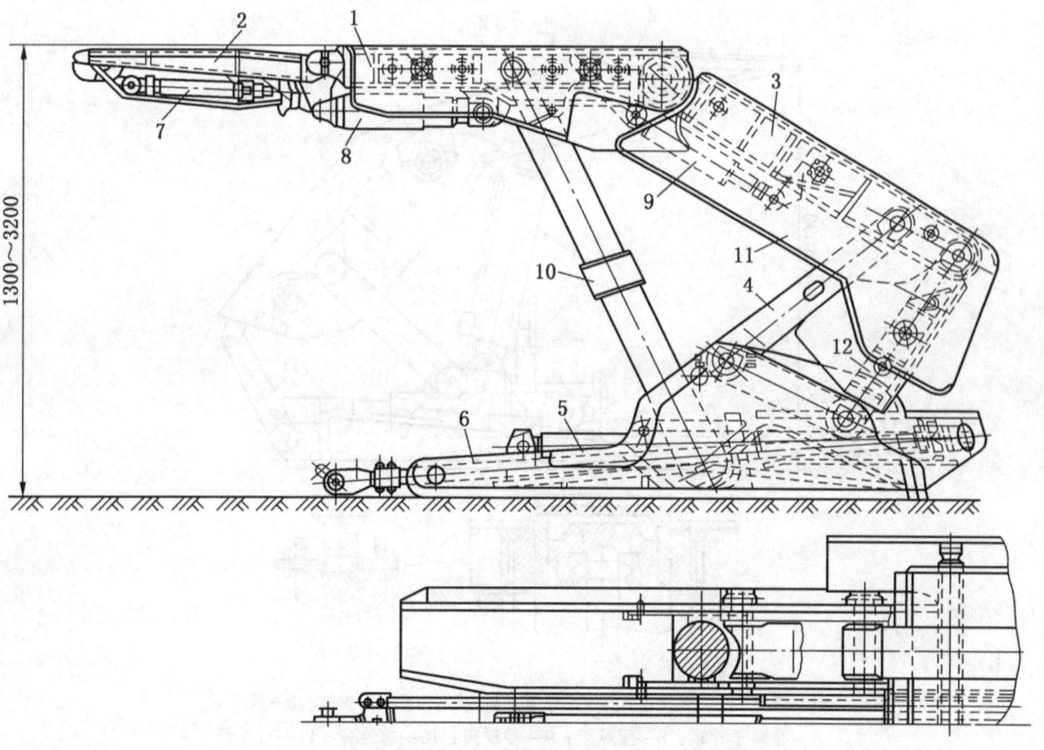

1—主梁；2—前梁；3—掩护梁；4—前连杆；5—底座；6—推移装置；7—护帮装置；
8—前梁千斤顶；9—平衡千斤顶；10—支柱；11—侧护板；12—后连杆

图 5-30　G320-13/32 型掩护式支架

3. 掩护支撑式（又称掩护式）

支架顶梁较短，支撑能力较弱，顶梁上支撑力集中靠近煤壁附近（图 5-26e）。主要靠掩护作用维护工作空间，适用于松软顶板。依据支架结构特点和顶梁移动轨迹，这类支架又分圆弧形、双扭线形和椭圆线形等几种型式。

4. 纯掩护式

这类支架的特点是没有顶梁部分，支架对顶板只起掩护作用（图 5-31）。如图 5-9 中所示，$L_{支}=0$，通过掩护梁把工作空间与采空区严密地分隔开。这种支架一般用在松软破碎顶板或假顶条件下。

支架类型划分详见表 5-9，表中 $L_{支}(L_{掩})$ 是指在支架最大高度情况下顶梁（掩护梁实际掩护部分）水平投影距，$P_{支}(P_{掩})$ 是支设在顶梁上（掩护梁上）支柱工作阻力的总和。

（二）液压支架实际支撑能力

液压支架在井下使用过程中，受直接顶底板稳定情况、升架质量以及液压支架本身对顶板的支护特性等多种主观和客观因素影响，使支撑能力得不到充分发挥。

液压支架升架质量，直接影响到支架对顶板的初撑力，也影响到支架由初撑状态进入恒阻状态所需的时间（即该段活柱缩量大小），如图 5-32 所示。

支架在井下工作过程中，由于受临近支架卸载移架和顶底板中裂隙扩展或浮矸浮煤煤压的影响，多数是处在多增阻状态下工作（图 5-33），整个支护循环中的平均阻力小于终

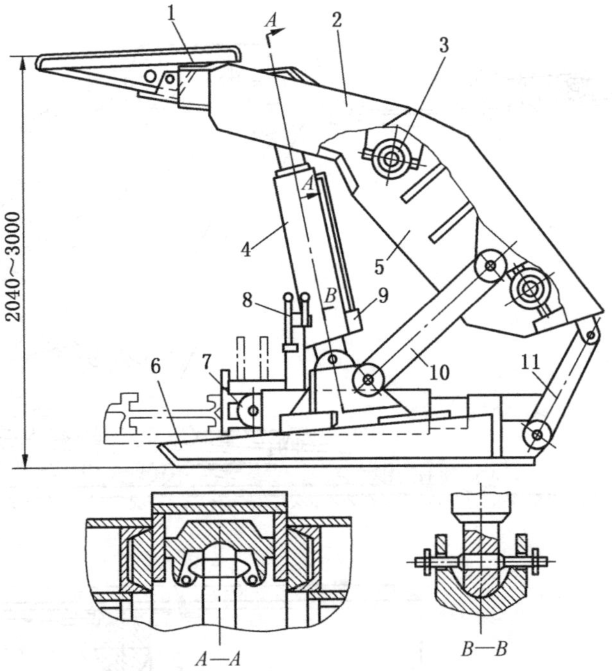

1—顶梁；2—掩护梁；3—弹簧筒；4—支柱；5—侧护板；6—底座；
7—推移千斤顶；8—操纵阀；9—控制阀；10—前连杆；11—后连杆

图 5-31　T13K11 型掩护式支架

工作阻力，更小于额定工作阻力。

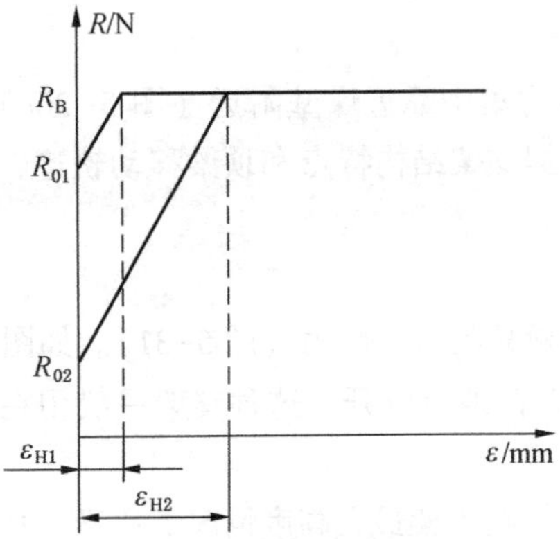

R_{01}—高初撑力；R_{02}—低初撑力

图 5-32　液压支架特性曲线

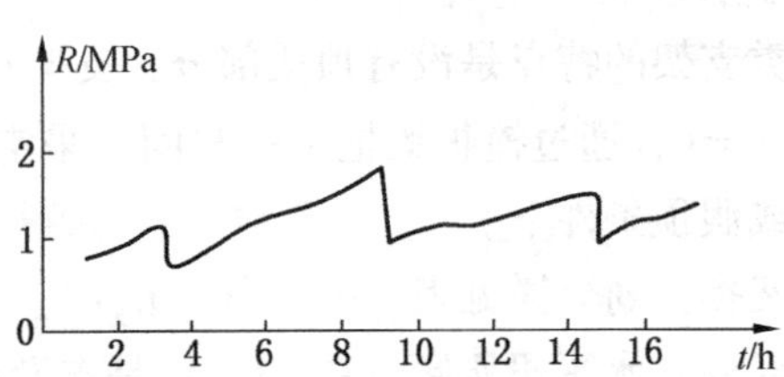

图 5-33　实测支架循环工程

液压支架对顶板的支护特性与单体支柱不同，随工作面推进，存在着支架反复卸载、前移、再支撑的过程。在支架卸载前移过程中，卸载时对顶板的支撑力几乎消失，使临近的未移支架所受压力增高，沿工作面煤壁方向明显出现支架受载不均现象（图 5-34），支架对顶板的实际支撑力应当是沿工作面煤壁方向整个支架控顶范围内的阻力平均值。

由于存在上述几方面因素影响，液压支架对顶板的实际支撑能力只能按下式考虑：

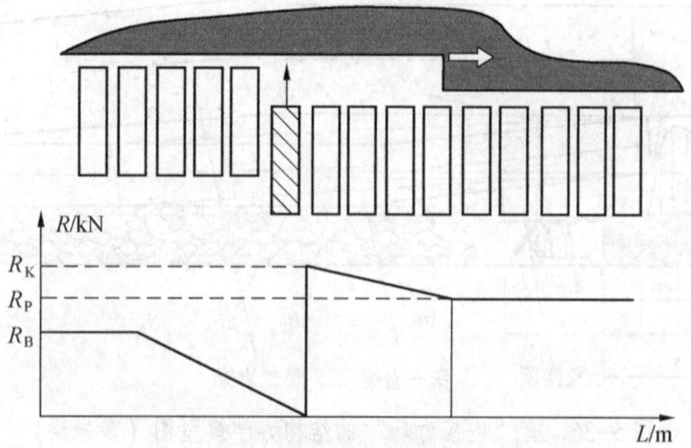

图 5-34 沿煤壁方向支架受力分析

$$R_T = K_{yB} K_{yZ} R_B \tag{5-22}$$

式中 R_T——液压支架的实际支撑能力，N/架；

K_{yB}——液压支架承载不均匀系数；

K_{yZ}——液压支架增阻系数；

R_B——液压支架额定工作阻力，N/架。

公式中的几个系数应结合具体情况进行计算，计算方法与单体支柱类似。

第三节 顶板控制设计决策模型建设

一、设计决策结构模型的结构组成

（一）有“内应力场”的结构力学模型

（1）单岩梁基本顶结构如图 5-35 所示。

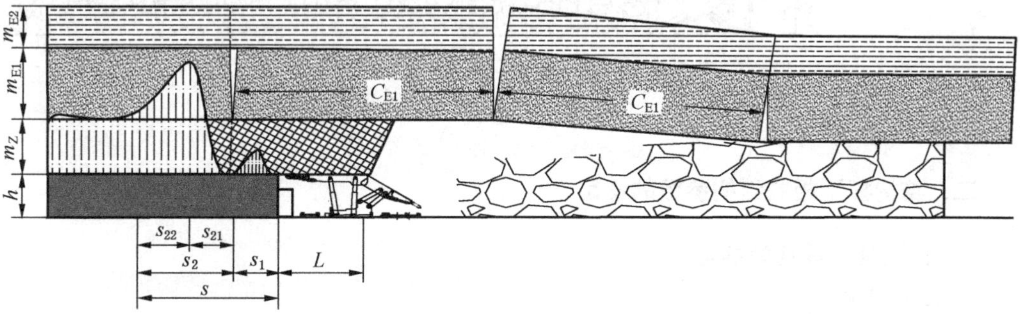

图 5-35 有“内应力场”的结构力学模型图（单岩梁）

（2）多岩梁基本顶结构如图 5-36 所示。

（二）无“内应力场”的结构力学模型

（1）单岩梁基本顶结构如图 5-37 所示。

（2）多岩梁基本顶结构如图 5-38 所示。

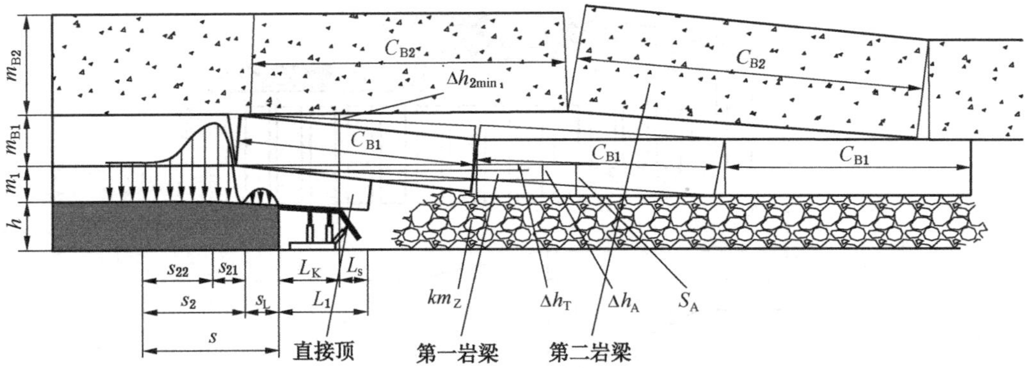

图 5-36　有“内应力场”的结构力学模型图（多岩梁）

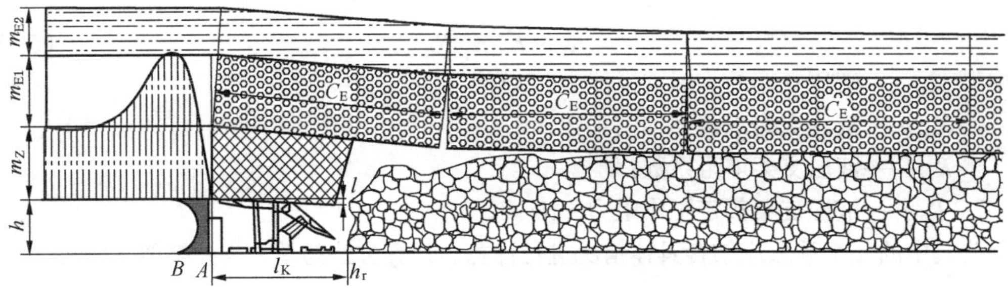

图 5-37　无“内应力场”的结构力学模型图（单岩梁）

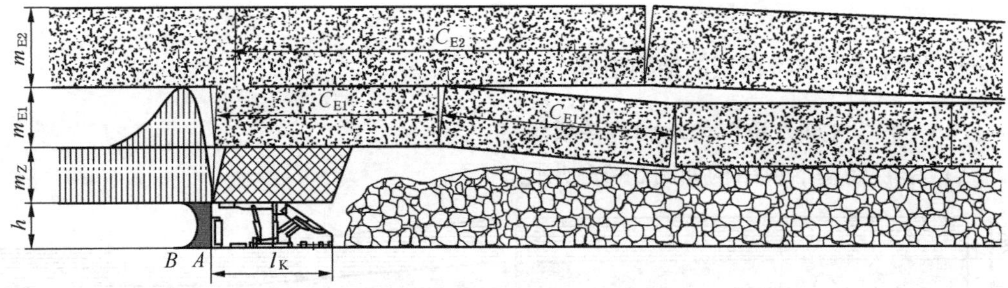

图 5-38　无“内应力场”的结构力学模型图（多岩梁）

二、结构模型相关结构参数的确定

（一）直接顶厚度的确定

1. 理论判定

$$m_Z = \sum_{i=1}^{n} m_i \tag{5-23}$$

$$m_n \leqslant h - \sum_{1}^{n-1} m_i (K_A - 1) \tag{5-24}$$

$$m_{n+1} > h - \sum_{1}^{n} m_i (K_A - 1) \tag{5-25}$$

2. 实测推断

$$m_Z = \frac{h - S_A}{K_A - 1} \tag{5-26}$$

(二) 基本顶厚度确定

1. 理论判定

理论判定包括挠度法和裂断步距法。

(1) 挠度法：相邻岩层同时运动（组成同一岩梁）则

$$E_S m_S^2 \geq (1.15 \sim 1.25)^4 E_C m_C^2 \tag{5-27}$$

相邻岩层分别运动（构成不同岩梁）则

$$E_S m_S^2 < (1.15 \sim 1.25)^4 E_C m_C^2 \tag{5-28}$$

(2) 裂断步距法：

$$C_S \geq kC_C \quad (k>1) \tag{5-29}$$

2. 实测推断

单一岩梁和多岩梁上覆岩层结构组成情况及其采场矿压显现如图 5-39 所示。

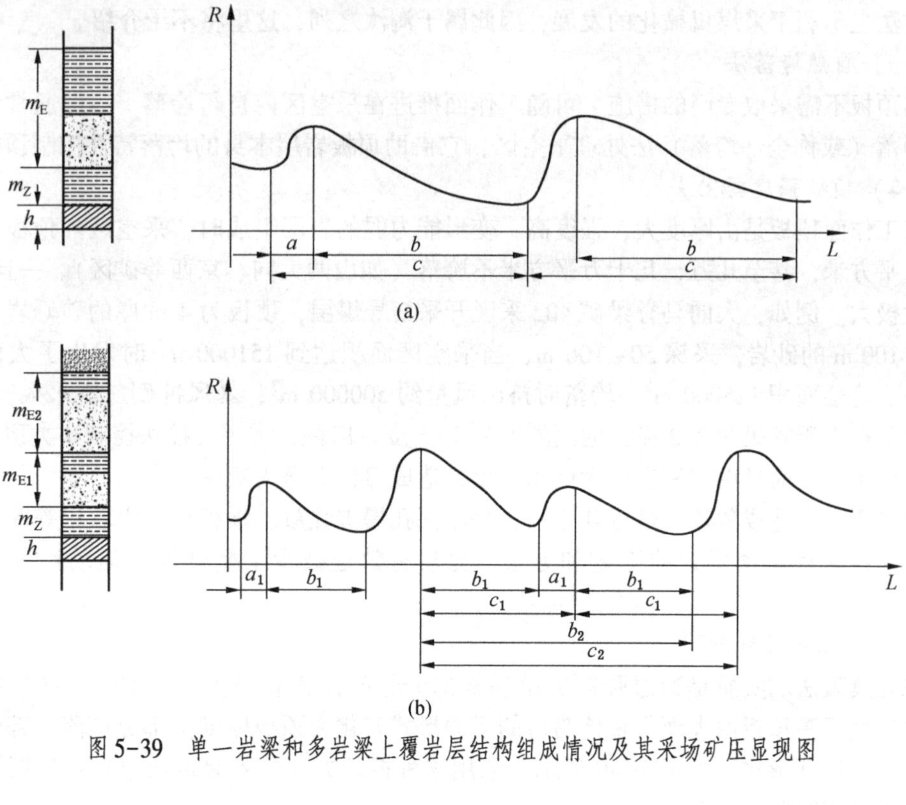

图 5-39　单一岩梁和多岩梁上覆岩层结构组成情况及其采场矿压显现图

第四节　单体支柱工作面顶板控制设计

单体支柱工作面顶板控制设计的目的是保证控顶区上方直接顶的完整性。避免发生大面积的切顶垮面事故，以及使基本顶岩梁运动在工作面内引起的顶板下沉等矿压显现控制在允许的范围内，达到生产安全高产的目的。

单体支柱工作面顶板控制设计的主要内容包括。选择顶板控制处理方法，确定支架对顶板的工作状态，决定控顶距离，选择支护手段；进行支护方式、支护密度的设计和确定日常顶板控制工作方法等。这些设计工作内容不是孤立的，必须针对顶板的具体条件，紧密联系现场生产实际，综合考虑。

一、控顶方法选择

选择回采工作面控顶方法包括：针对具体的煤层和顶板条件确定对顶板的处理方案；选择采空区处理方法。多年的现场实践证明，控顶方法应当根据对工作面矿压显现有明显影响的上覆岩层范围及其组成岩层的变形能力、运动形式，以及对工作面可能的威胁程度等来进行选择。所选择的控顶方法既要有利于对顶板的有效控制，又要安全经济。按照是否对顶板及采空区进行专门处理来划分，常用的控顶方法有：缓慢下沉法、留煤柱、煤垛支撑顶板（如长壁刀柱等）法、自然垮落法、弱化顶板强度法和采空区充填法等。

缓慢下沉法只能在特定的煤层和岩层条件下采用。留煤柱、煤垛法不仅容易产生大面积塌垮事故，而且在煤柱和煤垛处将有高度应力集中，给下部煤层的开采带来困难。这种控顶方法也不利于采煤机械化的发展，因此属于淘汰之列，这里将不予介绍。

（一）自然垮落法

如顶板不需采取专门的措施，可随工作面推进在采空区内自行垮落，亦即通常所说的自然垮落（或称全部垮落）法处理采空区，它借助顶板岩层本身的垮落特性控制顶板。

（二）顶板强度弱化法

当工作面顶板是由厚度大、强度高、变形能力弱的岩层组成时，采空区内顶板往往悬露几千平方米，甚至几万、几十万平方米不垮落（如山西大同、京西等矿区）。一旦垮落，破坏性极大。例如，大同马脊梁矿 402 采区开采 2 号煤层，顶板为 4 m 厚的砂砾岩，其上为 50~100 m 的砂岩，采深 50~106 m，当采空区面积达到 151000 m^2 时发生了大面积来压，一次垮落面积 125000 m^2，垮落时挤出风量约 500000 m^3，暴风冲倒三座永久密闭门。地震台测得里氏震级为 3.2 级，地面烈度为 4~5 度。以往，常用刀柱法控制这类顶板，但煤炭采出率低，而且由刀柱支撑大面积顶板，造成刀柱上压力集中。所以，易引起冲击地压，给安全生产造成危险。最近几年来，采用深孔爆破强放、顶板预注水软化等改变坚硬岩层垮落性能和运动形式的工艺和方法，比较有效地减少了坚硬顶板运动对工作面的威胁。

1. 深孔爆破强制放顶

深孔爆破法的实质是通过强制放落顶板部分悬露面积和厚度，增加采空区内垫层厚度，并迫使巨厚顶板由大面积整体垮落的运动形式转化为顶板厚度上部分垮落、部分裂断弯曲沉降的运动形式，如图 5-40 所示。采用这种控顶方法的效果取决于顶板岩层被爆破厚度和爆破步距两个参数。

未采取强放措施时，按照端部拉应力超限的判断条件，岩梁初次断裂步距 L_0 为

$$L_0 = \sqrt{\frac{2m_K[\sigma]}{\gamma}} \tag{5-30}$$

式中　m_K——坚硬岩层厚度，m；

$[\sigma]$——坚硬岩层抗拉强度，MPa；

γ——坚硬岩层重力密度，N/m^3。

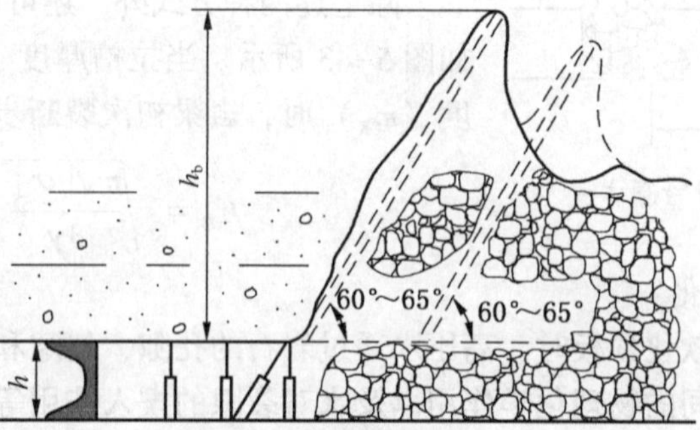

图 5-40　深孔爆破强制放顶

人工放顶后岩梁在中部拉开时的运动步距为

循环放顶（图 5-41）时：$$L_{01}=\sqrt{\frac{2m_{C1}[\sigma]}{\gamma}} \tag{5-31}$$

式中　m_{C1}——循环放顶后残余厚度，m。

中部拉槽放顶（图 5-42）时：$$L_{01}=\sqrt{\frac{2m_{C2}^2[\sigma]}{m_K\gamma}} \tag{5-32}$$

式中　m_{C2}——中部拉槽后残余厚度，m。

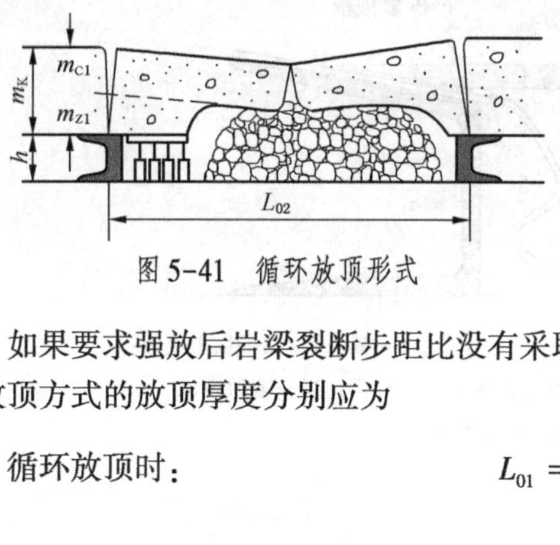

图 5-41　循环放顶形式

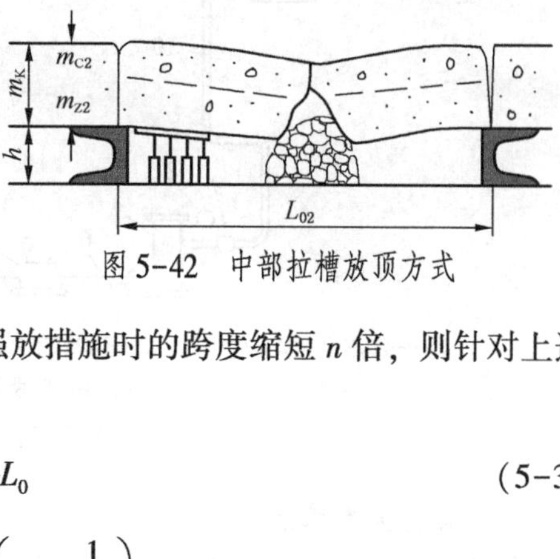

图 5-42　中部拉槽放顶方式

如果要求强放后岩梁裂断步距比没有采取强放措施时的跨度缩短 n 倍，则针对上述两种放顶方式的放顶厚度分别应为

循环放顶时：$$L_{01}=\frac{1}{n}L_0 \tag{5-33a}$$

$$m_{Z1}=m_k-m_{C1}=\left(1-\frac{1}{2n^2}\right)m_K \tag{5-33b}$$

中部拉槽放顶时：$$L_{02}=\frac{1}{n}L_0 \tag{5-34a}$$

$$m_{Z2}=m_K-m_{C2}=\left(1-\sqrt{\frac{1}{2n^2}}\right)m_K \tag{5-34b}$$

若

$$n=1\qquad m_{Z1}=0.5m_K\qquad m_{Z2}=0.3m_K$$
$$n=2\qquad m_{Z1}=0.9m_K\qquad m_{Z2}=0.6m_K$$

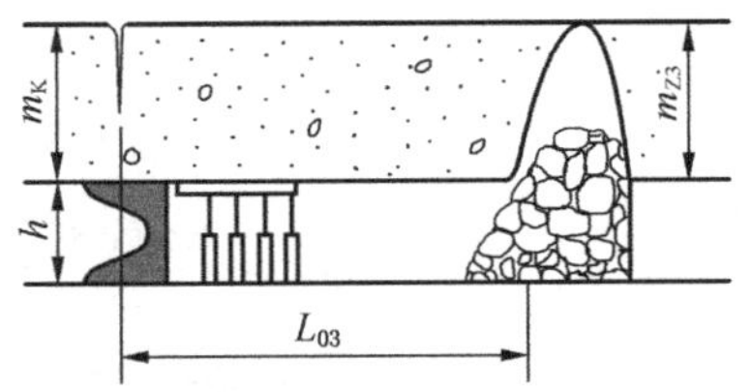

图 5-43　端部拉槽放顶方式

显然，在相同裂断步距下，采用中部拉槽方式放顶厚度小于循环放顶时的厚度。

除上述两种方式外，还可以采用端部拉槽的方法，如图 5-43 所示。当拉槽厚度（m_{Z3}）等于坚硬岩层厚度（m_K）时，岩梁初次裂断步距将缩短为

$$L_{03}=\sqrt{\frac{m_K[\sigma]}{3\gamma}}\approx 0.8L_0 \tag{5-35}$$

2. 顶板预注水软化

采用高压预注水软化顶板时，高压水通过岩石的孔隙、裂隙和弱面压入岩体内经过水与岩石内黏土矿物之间的物理化学作用以及水对裂隙的楔入作用等，使岩层内裂隙和弱面范围扩大，破坏坚硬岩层的整体性，强度大幅度降低，来压步距明显缩短，从而削弱顶板运动对工作面支架的冲击载荷。

顶板注水系统如图 5-44 所示，注水孔布置如图 5-45 所示。钻孔水平转角 β 和钻孔仰角 α 应视具体煤层条件而定。钻孔之间的距离以及超前工作面距离除了要考虑不同岩性的岩层浸水软化过程外，更重要的是要考虑到注水软化范围不同会使岩层运动规律及运动形式发生质的变化。合理的钻孔间距及超前注水距离应当保证岩层裂断后弯曲下沉，不出现沿煤壁处下切现象。

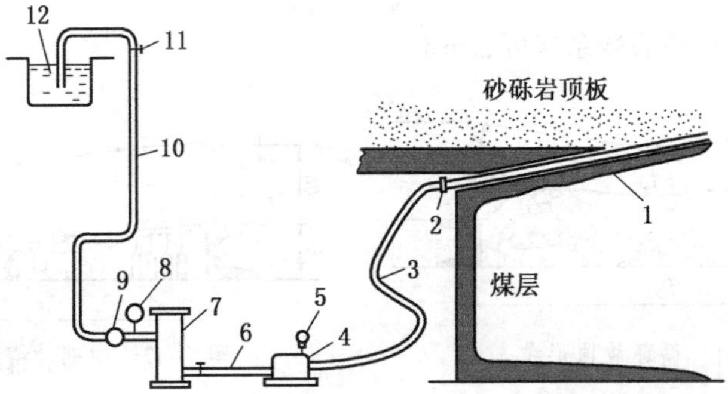

1—注水管；2—管接头；3—高压胶管；4—高压注水泵；5—压力表；6—低压胶管；
7—过滤器；8—压力表；9—测量计；10—水管；11—阀门；12—地面水池

图 5-44　顶板注水系统

（三）采空区充填法

煤层上方覆盖层由可塑性大（变形能力超过采高）的石灰岩或泥质页岩之类的岩层组成时，顶板可随工作面推进而弯曲下沉，并在采空区内一定距离处与底板接触闭合。在采高不大，最大控顶排顶板下沉量不超过活柱允许缩量时，采用缓慢下沉法控制顶板，工作面一般可以不进行特殊支护。如果顶板下沉太大，工作空间过小，顶板下沉超过活柱缩量的限度时，就需要通过在采空区进行充填，减小最大控顶排处的顶板下沉量，$\Delta h_{A1}<\varepsilon_{允}$，如图 5-46b 所示。填充前后顶板下沉分别为

未充填
$$\Delta h_{A1}=\frac{S_{A1}}{C}\cdot L_K=\frac{h}{C}\cdot L_K \tag{5-36}$$

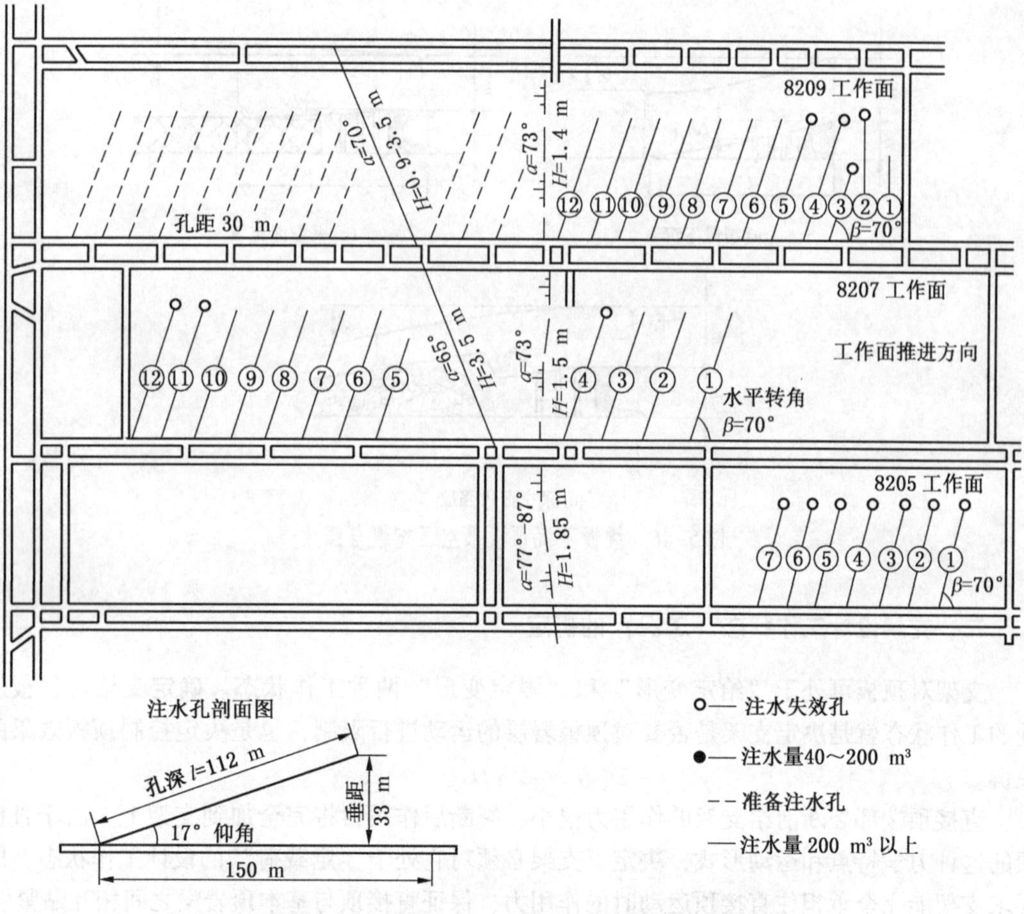

图 5-45　注水孔布置（大同四矿二号层 402 盘区）

充填后
$$\Delta h_{A2} = \frac{S_{A1}}{C} \cdot L_K = \frac{h - h_z}{C} \cdot L_K \leqslant \varepsilon_{允} \tag{5-37}$$

式中　C——基本顶运动步距，m；

L_K——控顶距，m。

在这类顶板条件下，也可以采用强放的方法增加采空区内垫的厚度，减小顶板下沉，如图 5-46c 所示，此时

$$\Delta h_{A3} = \frac{S_{A3}}{C'} \cdot L_K = \frac{h - m_Z(K_A - 1)}{C'} \cdot L_K \leqslant \varepsilon_{允} \tag{5-38}$$

式中　C'——强放后基本顶运动步距，m；

K_A——强放后冒顶落矸石碎胀系数；

m_Z——强放厚度，m。

或

$$m_Z \geqslant \frac{h \cdot L_K - \varepsilon_{允} \cdot C'}{(K_A - 1) L_K}$$

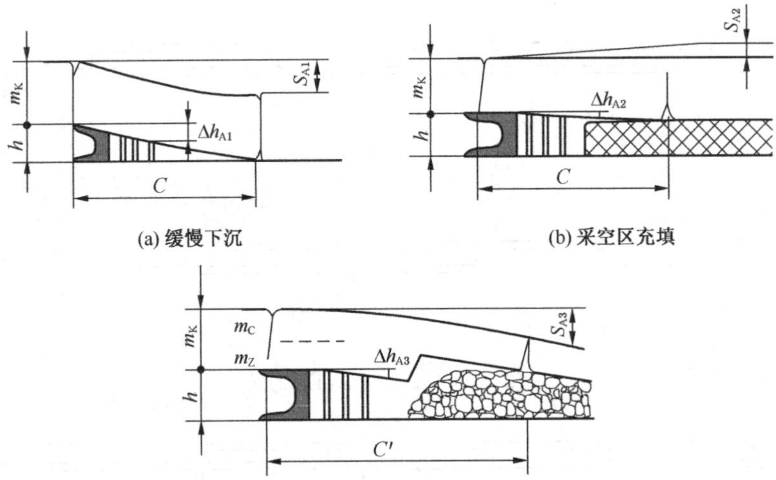

(a) 缓慢下沉　　(b) 采空区充填

(c) 采空区内强放

图 5-46　缓慢下沉顶板采空区充填与强放

二、支架设计工作状态（工况）的确定

支架对顶板可处于“给定变形”和“限定变形”两种工作状态。确定支架对顶板所处的工作状态就是决定支架是否要对顶板岩层的运动进行限制，也是决定控制顶板效果的关键。

直接顶端部裂断前给支架的作用力很小，裂断后作用力将完全加到支架上。由于直接顶的这种力学特点和运动形式，决定了支架必须对它处于“定载荷”的设计工作状态，即要求支架能完全承担住直接顶运动时的作用力，保证直接顶与基本顶岩梁之间相互贴紧。

支架对基本顶中每一个岩梁均有“给定变形”和“限定变形”两种设计工作状态。显然，只要符合控顶要求，对每一组岩梁运动都可不予限制，而按“给定变形”设计工作状态选择设计支架。然而，这不是在任何条件下都行之有效的，关键在于岩梁运动幅度（即岩梁无阻碍最终沉降值）大小和基本顶岩梁的组成情况。

1. 基本顶单一岩梁

若岩梁运动使工作面内的最大顶板下沉量（亦即最终无阻碍沉降值 Δh_A）比较小时（图 5-47a），应对岩梁运动采取“让”的设计工作状态（“给定变形”），不仅有可能，而且是必要的。因为，采用该方案所需支护强度最小。相反，若采用“限定变形”设计工作状态，往往是出力不少，但顶板下沉量减少有限，顶板控制效果不会得到明显改善。

如果岩梁运动结束时的 Δh 比较大（图 5-47b），若对岩梁运动不加限制，工作面支架会因活柱缩量超限而被压死，直接顶会因下沉过大而加剧破碎，工作面有可能会出现动压冲击等。在这种顶板条件下，应当对岩梁运动采取“限定变形”的设计工作状态，在既定的支护强度下，使岩梁运动在工作面内的矿压显现不超过控顶要求的范围。

2. 基本顶多岩梁

当对工作面有严重威胁的坚硬岩梁位于第一岩梁上方时，在对坚硬岩梁本身运动“给定”的前提下，支架对其下位岩梁采用不同的设计工作状态，运动结束后在工作面内的压

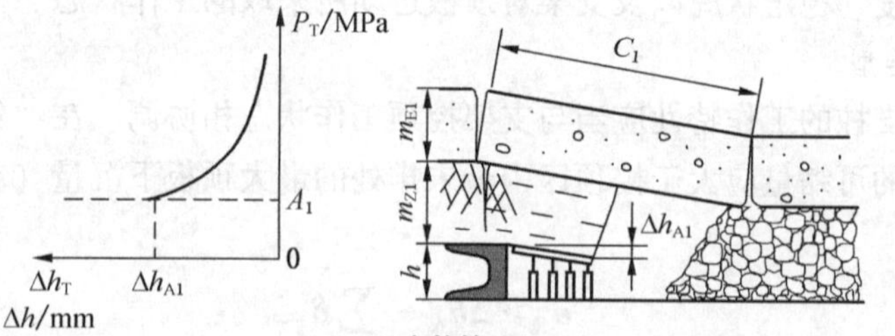

(a) Δh_A 小的情形

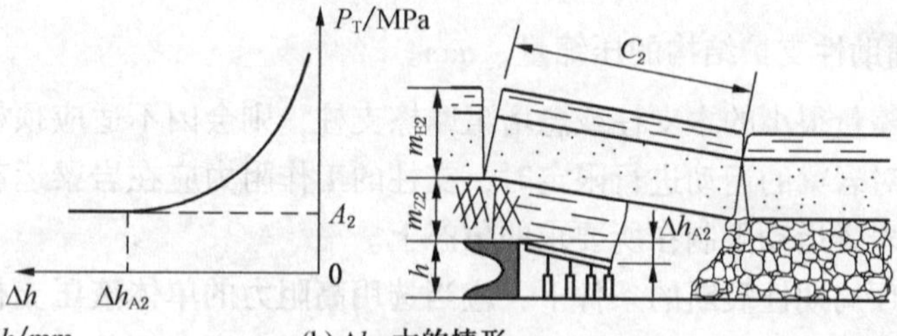

(b) Δh_A 大的情形

图 5-47 不同顶板条件下支架围岩关系

力显现是截然不同的。如果对下位岩梁运动也“给定”时（图 5-48a），下位岩梁会由于“给定”运动而被迫提前运动，步距缩短，因此在工作面内的显现比其单独运动时明显得多，来压持续时间也很长，而且坚硬岩梁运动会对下位岩梁产生动压冲击。在这种顶板条件下应对下位岩梁采取“限定变形”的设计工作状态（图 5-48b），在坚硬岩梁来压前夕使下位岩梁与之相贴紧，支架可缩量应当大于坚硬岩梁来压时工作面内的最大顶板下沉量。

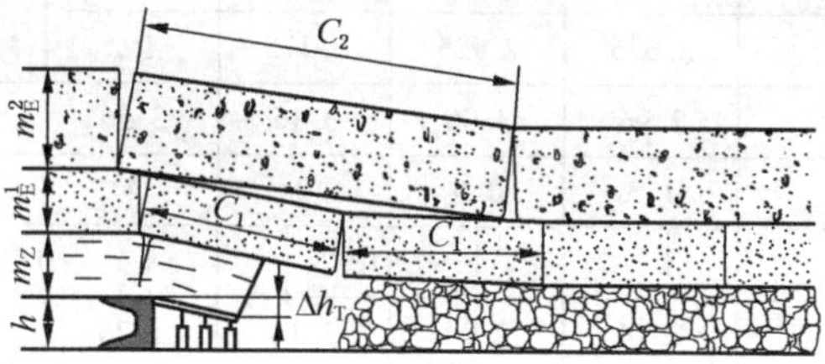

(a)对下位岩梁给定变形(Δh_T=Δh_{A1})

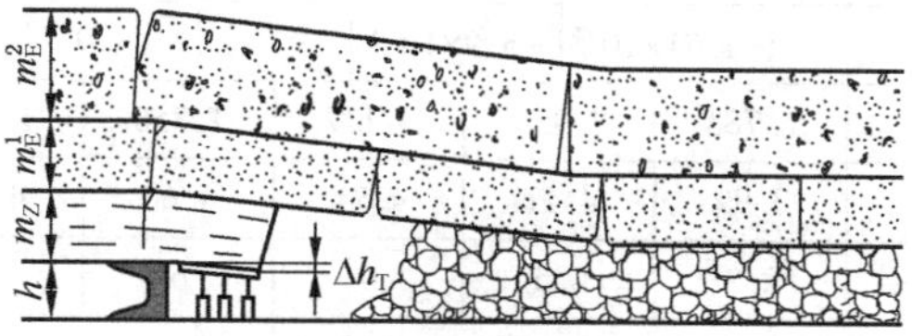

(b)对下位岩梁限定变形(Δh_T=Δh_{A1})

图 5-48 基本顶多岩梁时的运动状态

三、支架（支护）选择

支护选择（包括支柱的特性参数、支护方式等）主要取决于工作面上覆顶板岩层的运动形式、运动幅度、稳定状况以及支架对顶板运动所采取的工作状态。

（一）支柱类型

工作面所选支柱的工作特性应当与支架控顶工作状态相协调。在“给定变形”设计工作状态下，支柱的可缩量应大于控顶区内最末排处的最大顶板下沉量（亦即岩梁无阻碍最终沉降值 Δh_A）：

$$\varepsilon_{允} > \Delta h_A - \sum \delta \qquad (5-39)$$

式中　$\varepsilon_{允}$——支柱的允许可缩量，mm；

$\sum \delta$——辅助性支护结构的压缩量，mm。

如果选用可缩量很小的木支柱或急增阻摩擦支柱，则会因不适应顶板的最大下沉量而被压折或压死。对岩梁的运动进行限定时，支柱的工作阻力应在岩梁运动过程中及时发挥出来，以保证将岩梁运动限制在所要求的位态上。

在直接顶悬顶周期性裂断的条件下，应当选用高阻力的单体液压支柱来有效地限制控顶区上方直接顶与基本顶间的离层，使悬顶在控顶区后方裂断垮落。如果采用金属摩擦支柱，由于在直接顶断裂前下沉小，阻力不能及时发挥出来，整体支撑能力低，即使在最末控顶排加密集支柱切顶，直接顶内最大拉应力点位置仍然在控顶区上方，甚至在煤壁附近（表 5-10）。如果考虑在最后两排同时加密集支柱，效果可以有所改善。

表 5-10　不同支柱方式的支护效果

控顶距/m	参数	单体液压支柱 $P_n/(N \cdot m^{-1})$			金属摩擦支柱 $P_H/(N \cdot m^{-1})$			
		4×10^5	5×10^5	6×10^3	3×10^5	4×10^5	5×10^5	5.5×10^5
4	平均阻力 $\overline{P}/(10^5\ N)$	2.675	2.925	3.175	1.2	1.45	1.7	1.825
	反力合力点 x_0/m	2.96	3.05	3.16	3.36	3.46	3.53	3.56
	x_M/m	1.3	0.6	0	4	4	4	0.5
	$\Delta x_M/\Delta P_n$	-7×10^{-6}	-6×10^{-6}		0	0	-7×10^{-5}	
5	$\overline{P}/(10^5\ N)$	2.74	2.94	3.14	1.26	1.46	1.66	1.76
	x_0/m	3.48	3.59	3.68	3.94	4.15	4.25	4.30
	x_M/m	2.3	0.59	0	5	5	5	0.5
	$\Delta x_M/\Delta P_n$	-1.71×10^{-5}	-5.9×10^{-6}		0	0	-9×10^{-5}	
6	$\overline{P}/(10^5\ N)$	2.783	2.950	3.117	1.350	1.516	1.683	1.767
	x_0/m	3.99	4.11	4.21	4.60	4.76	4.88	4.93
	x_M/m	2.2	0.5	0	6	6	1.1	0.5
	$\Delta x_M/\Delta P_n$	-1.7×10^{-5}	-5×10^{-6}		0	-4.9×10^{-5}		-1.2×10^{-5}

* x_M 为直接顶内最大拉应力点距采空区边缘距离，单位为 m。

（二）支护方式

控顶区内支护方式的选择以直接顶的稳定状况为依据。根据具体顶板条件和顶板内裂隙的主方向选择合适的支护方式，尤其是梁的布置方式，可防止局部冒顶事故发生。

1. 带帽点柱支护方式

这是在直接顶比较完整和不受裂隙切割的情况下使用的一种支护方式。柱帽一般用木板或半圆木制成。带帽点在工作面的排列方式有两种，一种是矩形排列，一种是三角形排列，其布置形式如图 5-49 所示。

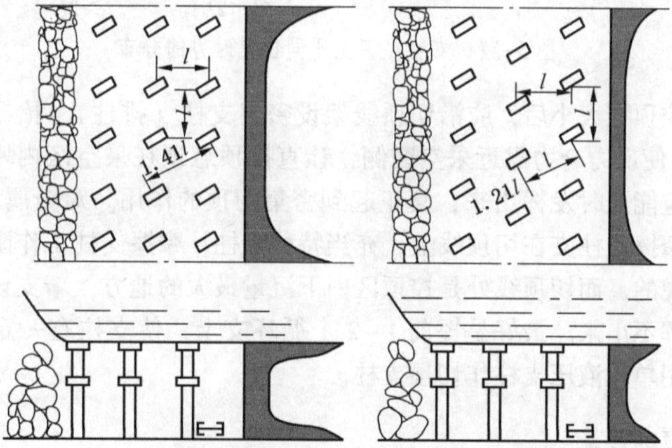

(a) 矩形排列 (b) 三角形排列

图 5-49 带帽点柱布置方式

2. 棚子支护方式

直接顶为中等稳定及中等稳定以下时，可采用棚子支护。顶梁的布置方式应根据顶板内主裂隙方向而定。当主裂隙方向平行于工作面时采用走向棚（图 5-50a）；主裂隙方向垂直于工作面时则采用倾斜棚（图 5-50b）。

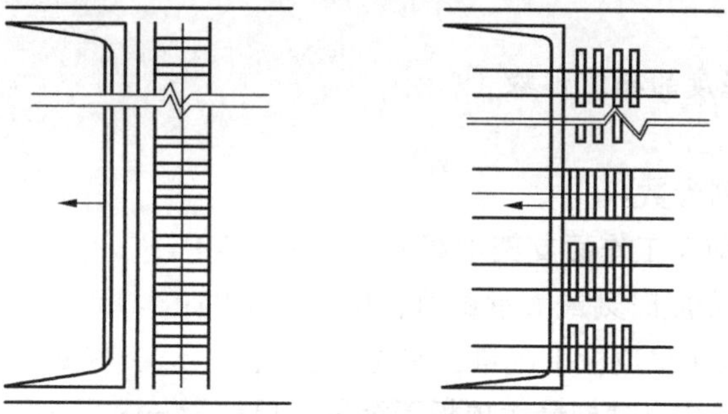

(a) 走向棚 (b) 倾斜棚

图 5-50 顶梁布置方式

为了提高机道上方对直接顶的支撑力，要正确设计支柱在顶梁上的位置（图 5-51）。由图 5-51 中可以看到，当支柱在梁的中间（$l_1=l_2$）时，梁上力的分布是均匀的（图 5-51a）；当 $l_1=2l_2$ 时，梁上力的分布为三角形（图 5-51b）；介于这两者之间时梁上力的分布为梯形。当 $l_1>2l_2$ 时，较长一端对顶板的支护作用很小，特别是采煤机过后，直接顶很容易产生“自行绕曲”。因此，要求前后梁之比最好不大于 2。必要时，在靠近煤壁附近加打贴帮柱，以适应直接顶破碎时顶板合力作用点前移的特点。

3. 密集切顶支护方式

在直接顶完整的条件下，除可使用带帽点柱外，当直接顶强度比较高、悬顶周期性裂

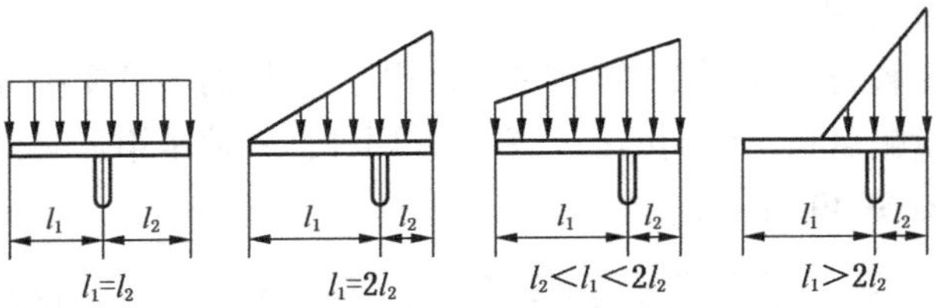

图 5-51　支柱在架上不同位置时力的分布

断时，在选择好控顶距大小后，应沿切顶线架设密集支柱（排柱）、抬棚、斜撑支柱等特种支架（支柱），使反力合力靠近采空区侧，让直接顶悬顶在采空区内垮落。最末排架设的密集支柱阻力应能及时发挥出来，真正起到密集切顶的作用。对金属摩擦支柱工作面，不能直接将金属摩擦支柱支在切顶线上，充当特种支柱。摩擦支柱工作阻力的获得完全是由活柱下缩来实现的，而切顶线处是控顶区内下沉量最大的地方，新支设的摩擦支柱下缩行程短，阻力发挥不出来。最好是提前 1~2 个循环支上，使支柱有一定的下缩量。有条件时，应尽量选用单体液压支柱作切顶支柱。

四、支护密度的计算

确定工作面合理支护密度必须解决两个方面的问题：一是针对具体煤层及顶板条件，确定从安全和经济两方面要求的合理支护强度（P_T）；二是工作面支架在井下的实际支撑能（R_T）。二者确定之后，合理支护密度（n）可由下式求出：

$$n=\frac{P_T}{R_T} \tag{5-40}$$

工作面支架的实际支撑能力计算方法如本章第二节所述。合理支护强度的选择取决于控制设计的基本要求。

（一）合理支护强度的确定步骤

1. 实测系数

通过实测取得下列参数：

P'_0为基本顶来压前夕工作面支架承载值，单位为 MPa；

P_0 为基本顶来压完成时刻最大承载值，单位为 MPa；

$\Delta h'_0$为基本顶来压前夕顶板下沉量，单位为 mm；

Δh_0 为基本顶来压结束时刻最大顶板下沉量，单位为 mm。

2. 确定直接顶厚度（m_Z）

可采用经验统计估计、由 P'_0反推计算或利用冒高公式推算，并结合现场观测和工作面钻孔状况（或石门剖面）所示的岩层分布情况最后确定（具体方法见第三章）。

m_Z 一经确定，直接顶作用力 A 值就可由下式估算出：

$$A = m_Z m\gamma_Z f_Z \quad (f_z \geqslant 1) \tag{5-41}$$

（1）对于松散直接顶。这类直接顶随回柱之后在采空区垮落，形不成悬顶，即因此

$$L_S=0 \qquad f_Z=1$$

$$A=m_Z\gamma_Z \tag{5-42}$$

（2）对于悬顶周期性断裂的直接顶。这类直接顶强度较高，在采空区内形成悬顶，并

按一定步距周期性断裂，即

$$L_S \neq 0 \qquad f_Z > 1$$

在这种条件下进行控制设计时，必须考虑直接顶悬顶的作用。

基本顶岩梁数目及各岩梁厚度（m_E）根据相邻岩层间的组合条件，并结合钻孔柱状态进行确定。

3. 确定位态常数 K_A（或 K_0）

位态常数的确定方法有以下两种：

（1）已知岩梁厚度 m_E、运动步距 C：

$$K_A = \frac{m_E \gamma_E C}{K_T L_K} \tag{5-43}$$

式中 K_T——工作面支架分担岩梁重量的比例系数，$K_T = 1.55 \sim 2$；

C——运动步距，当运动步距 C 未知时，可利用下式估算：

$$C = \frac{\Delta h'_0 b}{\Delta h_0 - \Delta h'_0} \tag{5-44}$$

（2）利用实测参数建立：当 $\Delta h_0 < \Delta h_A$（岩梁无阻碍最终沉降值）时，位态常数为

$$K_0 = P_0 - A \tag{5-45}$$

4. 写出位态方程

$$P_T = A + K_A \frac{\Delta h_A}{\Delta h_T} \tag{5-46}$$

或者

$$P_T = A + K_A \frac{\Delta h_0}{\Delta h_T} \tag{5-47}$$

式中 K_A——位态常数，$K_A = \frac{m_{E1} \gamma_{E1} L_{E1}}{4L_K}$，MPa；

Δh_A——下位岩梁无阻碍最终沉降值，mm；

Δh_T——要求控制的顶板下沉量，mm，$\Delta h_T = \Delta h \Delta h_{2min}$；

Δh_{2max}——上位坚硬岩梁来压前夕在最大控顶距处的顶板下沉量，mm。

根据控顶要求，结合具体顶板条件，利用位态方程计算合理支护强度。

（二）各类顶板的合理支护强度

1. 一般类型顶板

这类顶板通常是直接顶和基本顶同时存在，支护设计必须同时满足对直接顶和对基本顶控制的要求。

（1）按直接顶第一次垮落步距估算所需支护强度为防止直接顶第一次垮落时造成切顶事故所必需的承载能力 P_{0Z} 为（对照图 5-52）

$$P_{0Z} = \frac{m_Z \gamma_Z L_{0Z}}{2L_K} \tag{5-48}$$

式中 L_{0Z}——直接顶第一次垮落步距，m。

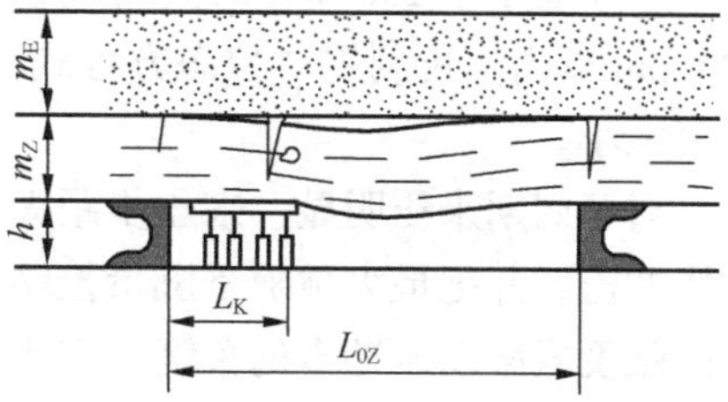

图 5-52 直接顶初次垮落

（2）按基本顶初次来压估算所需支护强度。防

止基本顶岩梁来压时造成切顶垮面事故所必需的承载能力 P_{0E} 应针对威胁工作面的岩梁所处层位分别考虑。

若威胁工作面的岩梁直接覆盖在直接顶之上时，要考虑岩梁沿煤壁附近下切的可能性（图 5-53a）：

$$P_{0E} = A + \frac{m_{E1}\gamma_{E1}L_{E1}}{4L_K} \tag{5-49}$$

式中 L_{E1}——岩梁初次断裂步距，m。

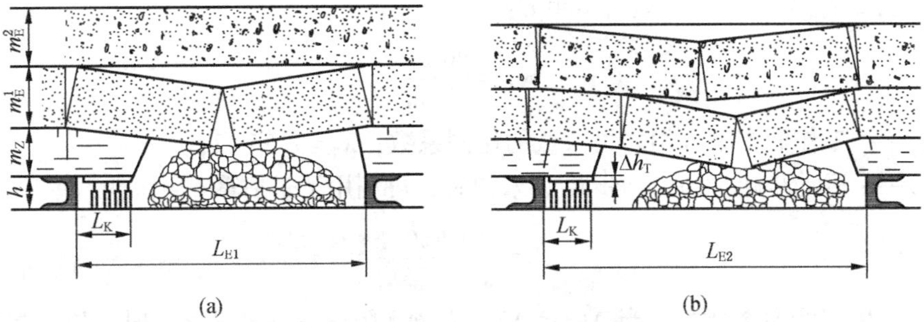

图 5-53 基本顶初次来压时运动情况

当威胁工作面的坚硬岩梁处于较高层位时（图 5-53b），工作面支架承载能力应能排除岩梁来压时对下位岩梁的动压冲击，即在该岩梁显著运动前使下位岩梁与它相互紧贴。此时承载能力按式（5-46）估算。

（3）按正常推进阶段估算所需支护强度。进入正常推进阶段估算所需支护强度根据直接顶稳定状况和周期来压显现特点而定。

当工作面顶板中基本顶岩梁强度比较低、直接顶比较坚硬、悬顶按一定步距周期性断裂时，控制设计的关键是防止直接顶在控顶区上方断裂，对基本顶岩梁的运动采取“给定变形”工作状态。为实现悬顶在控顶区后方裂断垮落所要求的支护强度按下式计算：

$$P_T = m_Z\gamma_Z f_Z \tag{5-50a}$$

$$f_Z = \frac{L_Z^2}{2x_0L_K} = \frac{(L_K + L_S)^2}{2x_0 \cdot L_K} \tag{5-50b}$$

式中符号含义同前。

对于这类顶板除了承载能力必须满足上式要求外，还应结合控顶距大小、支护方式、切顶能力等因素一并考虑。

当直接顶中等稳定以下时，减少其出露后的破碎状况，主要是通过控制工作面内顶板下沉量来实现的。根据具体顶板强弱程度、分层厚度，决定控制位态的高低。譬如，对于由分层厚度小于 250 mm 的页岩或砂质页岩等组成的直接顶，最大顶板下沉量应控制在 200 mm 以内。再利用“位态方程式”可以计算出控制顶板运动在某一位态时所需的支护强度大小。

对于周期来压明显、来压步距大的工作面，应当排除高强度岩梁来压运动时刻产生的动压冲击，并把最大顶板下沉量控制在允许缩量和工作空间要求的范围内。实践证明，排除高强度岩梁动压冲击的关键，在于使下位岩梁在高强度岩梁来压前，在控顶范围内与高强度岩梁间不产生离层，而支架对坚硬岩梁本身则进行“给定”。为此要求，其支护强度可利用由下位岩梁运动参数建立的位态方程式（式 5-46）进行估算，或者由下式进行估算：

$$P_{\mathrm{T}} = A + K_{01}\frac{\Delta h_{01}}{\Delta h_{\mathrm{T}}} \tag{5-51}$$

式中 Δh_{01}——紧贴坚硬岩梁的下位岩梁来压结束时实测最大控顶排处顶板下沉量，mm；

K_{A}——下位岩梁位态常数，MPa，$K_{\mathrm{A}}=\dfrac{m_{\mathrm{E1}}\gamma_{\mathrm{E1}}L_{\mathrm{E1}}}{4L_{\mathrm{K}}}$；

K_{01}——用实测参数确定的下位岩梁位态常数，MPa，$K_{01}=P_{01}-A$；

P_{01}——下位岩梁来压结束时实测工作面支护强度，MPa；

Δh_{T}——要求控制的顶板下沉量，mm，$\Delta h_{\mathrm{T}}=\Delta h_{\mathrm{A2}}$；

Δh_{A2}——第二岩梁来压结束时最大顶板下沉量，mm。

来压结束后，工作面内顶板下沉量由坚硬岩梁两端的支撑条件决定（图 5-53）

$$\Delta h_{\max} = h_{\mathrm{A2}} = \frac{h - m_{\mathrm{Z}}(K'_{\mathrm{A}} - 1)}{C_2}L_{\mathrm{K}} \tag{5-52}$$

式中 K'_{A}——同时考虑第一岩梁和矸石的膨胀系数，$K'_{\mathrm{A}}\approx K_{\mathrm{A}}$。

根据可能出现的几种情景计算结果的最大值作为该工作面支护必须具备的最大支护强度。利用该值和支柱在井下的实际支撑能力可以计算出来压时刻工作面所需合理的支护密度。

2. 缓慢下沉顶板

对于这类顶板条件，只要顶板下沉量不超过支柱允许缩量和工作空间要求的范围，无须对它进行限制，承载能力按最危险情形估算（图 5-46a）：

$$P_{\mathrm{T}} = \frac{m_{\mathrm{K}}\gamma_{\mathrm{K}}c}{2L_{\mathrm{K}}} \tag{5-53}$$

式中 γ_{K}——岩石重力密度，N/m³。最大控顶距处顶板下沉量为

$$\Delta h_{\mathrm{A}} = \frac{L_{\mathrm{K}}h}{C} \tag{5-54}$$

如果顶板下沉量超出控顶要求的范围，需要对顶板运动进行限制，此时：

$$P_{\mathrm{T}} = K_{\mathrm{A}}\frac{\Delta h_{\mathrm{A}}}{\Delta h_{\mathrm{T}}} \tag{5-55}$$

$$K_{\mathrm{A}} = \frac{m_{\mathrm{K}}\gamma_{\mathrm{K}}C}{K_{\mathrm{T}}L_{\mathrm{K}}}$$

$$\Delta h_{\mathrm{T}} \leqslant \varepsilon_{允} + \sum\delta$$

如果由上式求得的 P_{T} 过大，可采用图 5-46 所示采空区填充或强放的方法来减小 Δh_{A}。假设活柱允许缩量为 $\varepsilon_{允}$，辅助结构压缩量为 $\sum\delta$，则

（1）采空区充填高度必须满足：

$$h_2 \geqslant h - \frac{\varepsilon_{允} + \sum\delta}{L_{\mathrm{K}}}C \tag{5-56}$$

（2）采用强制放顶时，放顶厚度为 m_{Z}，减小后顶板下沉量为

$$\Delta h_A = \frac{L_K[h - m_Z(K_A - 1)]}{C'} \leqslant \varepsilon_{允} + \sum\delta \tag{5-57}$$

或者

$$m_Z \geqslant \frac{L_K h - \left(\varepsilon_{允} + \sum\delta\right)C'}{(K_A - 1)L_K} \tag{5-58}$$

此时所需的支护强度减小为

$$P_T = m_Z\gamma_Z + \frac{(m_K - m_Z)\gamma_K C'}{2L_K} \tag{5-59}$$

3. 可能整体垮落顶板

当煤层直接顶板十分坚硬，其上岩层强度递减排列，岩层运动可能形成整体塌垮的形式时（图 5-3），一次整体塌垮的厚度将发展到上部更坚硬的岩梁为止。在这种顶板条件下，为防止沿煤壁处切顶，工作面支护强度必须满足下式要求。

$$P_T = \frac{\sum_{i=1}^{n} m_i\gamma_i L_0}{2L_K} = \frac{m_K\gamma_K L_0}{2L_K} \tag{5-60}$$

式中　m_K——一次塌垮岩层总厚度，m；

γ_K——平均容重，N/m^3。

由于 m_K 和 L 都很大，一般计算出的值会超出当前的支护能力，采用强制放顶可以解决这类顶板条件的控制问题。采空区内顶板强放分为循环放顶、中部拉槽和端部拉槽 3 种方式，则其支护强度分别为

（1）循环放顶（图 5-41）：

$$P_T = m_{Z1}\gamma_K + \frac{\sum_{i=1}^{n} m_i - m_{Z1}}{4L_K} = m_{Z1}\gamma_K + \frac{m_K - m_{Z1}}{2L_K}\sqrt{\frac{(m_K - m_{Z1})[\sigma]}{\gamma_K}} \tag{5-61}$$

相应的顶板下沉量按下式估算：

$$\Delta h_A = \frac{2L_K[h - m_{Z1}(K_A - 1)]}{L_{01}} \tag{5-62}$$

（2）中部拉槽：

工作面所需的支护强度按防止坚硬岩梁从煤壁处切顶考虑（图 5-42）：

$$P_T = \frac{m_K\gamma_K L_{02}}{4L_K} = \frac{m_K m_{C2}\gamma_K}{2L_K}\sqrt{\frac{[\sigma]}{m_K\gamma_K}} \tag{5-63}$$

此时，对应的顶板下沉量为

$$\Delta h_A = \frac{2[h - m_{Z2}(K_A - 1)]L_K}{L_{02}} \tag{5-64}$$

（3）端部拉槽：

按最危险状态考虑，所需的支护强度为（图 5-43）

$$P_T = \frac{m_K\gamma_K L_0}{2L_K} = \frac{m_K\gamma_K}{2L_K}\sqrt{\frac{m_K[\sigma]}{3\gamma_K}} \tag{5-65}$$

针对后两种特殊顶板条件，根据计算出的 P_T 和 R_T 可算出相应的支护密度。必要时应通过人工措施，降低顶板运动对工作面的威胁程度。

第五节　综采工作面顶板控制设计

综采工作面采用的液压支架由高压液体作动力，实现了对顶板“支、护”的一体化和机械化。然而，液压支架和单体支柱一样，其压力显现同样是顶板活动的结果，都是围岩运动时的被动支撑结构物，只是工作特性、压力显现程度不同而已。实践还证明，使用液压支架，并没有根本改变工作面上覆岩层运动的基本规律和运动形式。因此，综采工作面顶板控制设计的理论与方法相对于单体面并无本质上的区别，在选择控顶方法、确定支架对顶板工作状态、控顶距（即液压支架架型和外形尺寸）、合理支护强度（即支架额定工作阻力）等方面具有相同的出发点。

一、液压支架架型选择

液压支架架型选择是指针对具体顶板类型和顶板岩层组成情况选择不同的支架类型（包括支架外形尺寸）。

液压支架的结构及由结构所决定的支撑分布状态，是从单体支架工作面控顶区内支撑力分布状态发展而来的。如图 5-54a 所示，支撑式液压支架支撑力分布状态与采用密集切顶的单体支柱工作面内支撑力分布状态相类似，掩护式支架顶梁上支撑力分布状态则类似于单体支柱工作面无密集切顶、小控顶距时的支撑力分布状态，支撑掩护式的支撑力分布状态介于两者之间。由此可知，尽管不同结构类型的液压支架有不同的支撑力分布状态及合力作用点位置，但其对围岩的作用原理和支护效果与单体支架在对应支撑状态下应当是一致的。根据单体支柱工作面选择控顶距和支护方式的要求，选择液压支架架型时，无论是依架选面，还是依面选架，都必须与顶板稳定状况和运动规律相适应。

影响液压支架选型的主要因素包括以下几方面。

1. 直接顶稳定条件与顶板岩层组成

直接顶稳定条件指直接顶内分层厚度大小、裂隙和弱面发育程度等。它将决定支架合力作用点位置和支撑力的分布状态。顶板岩层组成主要是指基本顶中坚硬岩梁厚度及所处层位，它将决定顶板运动时给支架的作用力大小及支架所必须具备的支撑能力。根据我国近几年来综采支架选型与实际使用经验，支架选型的一般原则可归纳如下：

（1）在直接顶中等稳定以下、基本顶来压不很明显的顶板条件下，主要是选定掩护式支架和决定顶梁长短（亦即控顶距大小）。

（2）在直接顶中等稳定而基本顶来压比较明显时，主要是选择支撑掩护式支架和确定阻力大小。

（3）在基本顶来压强度大、有动压冲击危险的顶板条件下，主要是选择支撑式支架和确定阻力。

（4）当坚硬岩层直接顶覆盖在煤层上方时（如山西大同顶板条件），选用支撑式或支撑掩护式支架，必要时要结合深孔爆破、注水弱化顶板等措施。

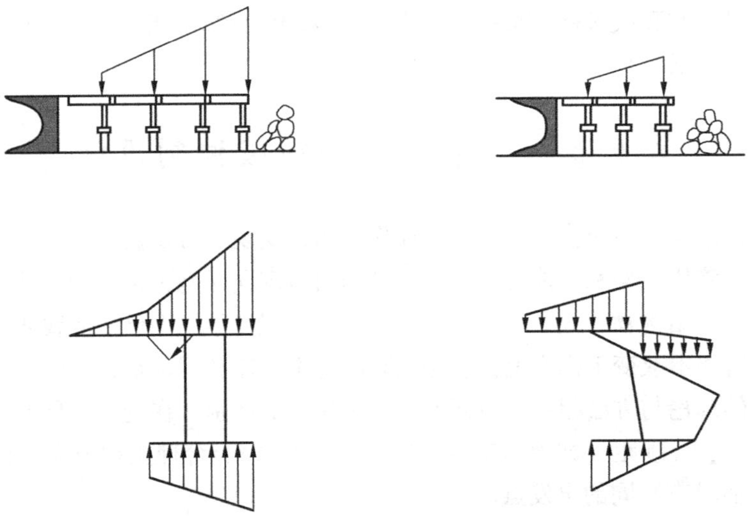

(a) 大控顶距密集切顶与垛式支架支撑力分布状态　　(b) 无密集切顶、小控顶距与掩护式支架支撑力分布状态

图 5-54　液压支架与单体支架支撑力分布状态对比

2. 底板岩层的抗压入能力

底板具有足够的抗压入能力是液压支架能够正常发挥设计能力的关键。底板抗压入能力越强，支架与围岩力学系统中的总刚度越大，支架设计性能发挥越好。

底板抗压入能力不是一成不变的。随工作面推进，超前支承压力通过煤体传入底板。基本顶岩梁超前煤壁裂断时，在裂断缝附近支承压力集中，对应地段底板岩层也会受到一定程度的破坏，抗压入能力会有不同程度的削弱。所以，用来与液压支架比压相抗衡的底板岩样应取自来压期间。

3. 煤层倾角

煤层倾角大于12°时，支架应有防倒、防滑装置，并要求端头支架有足够的锚固力，以防支架下滑和倾倒以及防止发生偏心载荷等。工作面全长中倾角变化幅度不能太大，否则会因倾角变化带来工作面长度的变化，造成支架在排列上时紧时松，影响正常生产。

除以上几方面因素外，还要考虑煤层厚度变化、地质构造（断层、褶曲）、煤层瓦斯涌出量对支架选型时带来的影响。

二、液压支架额定工作阻力确定

在既定采高下，岩层组成及其各部分运动规律不随所用支护手段的改变而发生明显质的变化。在同一顶板条件下，不管是采用单体支柱支护，还是使用液压支架，顶板控制设计的基本要求和所需支护强度计算方法是相同的。因此，综采工作面控顶要求的支护强度可以直接利用前面介绍的方法计算，在此基础上对液压支架额定工作阻力进行设计、选择或校验。

应该注意的是单体支柱工作面的支护密度可以根据具体开采条件进行调整，譬如，在来压结束后的相对稳定阶段可以适当抽稀密度，而在来压前夕将密度调到符合设计要求。

综采工作面液压支架一旦布置好后，其支护密度（支架间距）是不能随意变动的，这就要求液压支架的额定工作阻力 P_B 必须直接与控顶要求的支护强度 P_T 相适应，即

$$P_B = \frac{P_T}{K_Y} \tag{5-66}$$

$$K_Y = K_{YB} K_{YZ} \eta \tag{5-67}$$

式中　K_Y——液压支架支护效果影响系数；

其余符号意义同前。

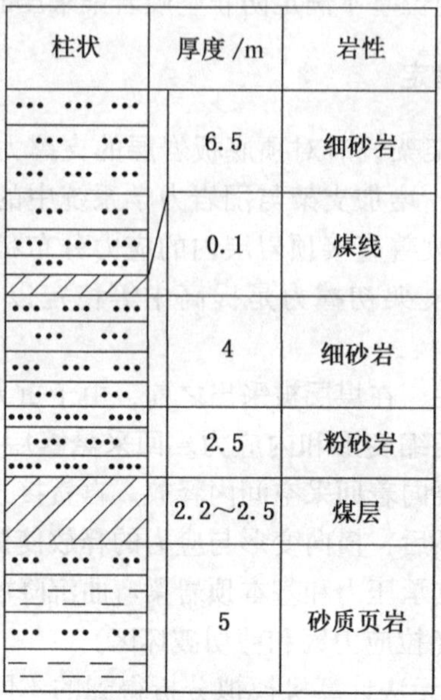

图 5-55　钻孔柱状

例如：某综采工作面钻孔柱状如图 5-55 所示，选用国产 ZY-35 型四柱支撑掩护式支架，有关参数如下：

工作阻力	4000 kN/架（0.734 MPa）
支护面积	5.45 m^2
顶梁宽度	1.5 m
初撑力	1884 kN/架（0.346 MPa）
最大高度	3.5 m
最小高度	1.7 m

根据相邻单体支柱工作面矿压观测得到以下参数：

直接顶厚度	$m_Z = 2.5$ m　（无悬顶）
基本顶第一岩梁	$m'_E = 4.1$ m　$C_1 = 10$ m
基本顶第二岩梁	$m''_E = 6.5$ m　$C_2 = 20 \sim 25$ m

基本顶第二岩梁（m''_E）来压前夕顶板下沉量为 $\Delta h'_{02} = 0.15 \sim 0.2$ m。由于该岩梁厚度大、强度高，来压时会对下部岩梁产生明显的动压冲击现象，造成顶板沿煤壁处台阶下沉。为此需要对所选液压支架在该顶板条件下的适应性和控制效果做出判断。

显然，在这类顶板条件下，控制设计的关键就在于排除上位坚硬岩梁来压时对下位岩

梁的动压冲击。因此，要求支架阻力满足在坚硬岩梁来压前使下位岩梁与它相贴紧的要求。仍按位态方程式估算，在所选支架阻力下，支架对下位岩梁位态起到了限制作用，坚硬岩梁来压前将顶板下沉量控制在

$$\Delta h_T = \frac{m'_E \gamma'_E C_1}{K_T L_K (P_T - A)} = \frac{4.1 \times 2.5 \times 10^4 \times 10}{2 \times 3.65 \times (0.734 \times 10^5 \times 0.9 - 2.5 \times 2.5 \times 10^4)}$$
$$= 0.2(m) = \Delta h'_{02}$$

式中 $P_T = P_B \cdot K$。

由此可知，所选用支架吨位基本满足防止坚硬岩梁来压时动压冲击的要求。

三、液压支架初撑力的确定

液压支架初撑力是指支架架设时对顶底板岩层的支撑力。其作用在于压缩顶梁和底座下浮煤、浮矸等中间介质，增加支架与围岩力学系统中的总体刚度，使支架设计支撑能力能尽快发挥作用，并能改善直接顶岩层内的应力分布状态和提高稳定性，抑制直接顶出露后的挠曲离层。液压支架初撑力是提高中等稳定以下顶板控顶效果的关键参数之一。

理论研究和实践都已证明，在煤层被采出之前，由于重力场的作用，包括直接顶在内的各岩层均要产生一定的预压缩变形和内应力。回采悬露后，由于垂直方向约束的解除，直接顶垂直方向应力和变形要向着回采空间内释放。自直接顶在采空区内第一次垮落和在推进方向上失去传递力的联系后，横向变形与应力的释放使侧向应力减小，承受垂直方向作用力的能力降低。在超前支承压力和基本顶岩梁弯曲沉降的共同作用下，在直接顶内部会出现不同程度的危险区域（拉应力区和剪切破坏区）。

图 5-56 所示为采用有限元法计算机模拟分析得到的不同阶段、不同初撑力下直接顶内最小主应力等值线图。图 5-56a 中直线 Ⅰ 为正常阶段直接顶内侧向应力卸载边界。由于直接顶在自重作用下自行挠曲离层，卸载范围倾向煤壁前方（$\beta = 120° \sim 145°$）。如果支架支设质量不好（支设在浮煤上），初撑力很低，整个控顶范围内直接顶将承受拉应力。来压阶段更为严重（贯穿直接顶全厚度）。初撑力提高到一定程度后，直接顶与基本顶接触层面处接触应力增大，阻止直接顶侧向卸压运动的夹制作用变得明显（图 5-57），直接顶内应力状态也相应得到改善（图 5-56b、图 5-56d），控顶区上方拉应力区范围明显缩小，几乎消失，顶板稳定性提高。然而，初撑力大到一定程度后，支架上方直接顶内（煤壁附近和支架顶梁尾部顶板）出现新的危险区（如不考虑支架提供主动水平力），不利于对顶板的维护。因此，在直接顶中等稳定以下时，支架初撑力有一合理的取值范围，最低限度不小于直接顶单独运动时的作用力（A），最大不能超过直接顶作用力的 2.5~3 倍。

目前，在选择确定支架初撑力大小时，归纳起来主要有以下两种方法：

（1）按防止直接顶与基本顶之间离层的要求确定初撑力，此时，初撑力应当能承受住直接顶的重量，即

$$P_{0B} = \frac{m_Z \gamma_Z}{q\eta} \tag{5-68}$$

式中　P_{0B}——支架初撑力，MPa；

q——工作压力损失系数，0.8 左右；

其余符号意义同前。

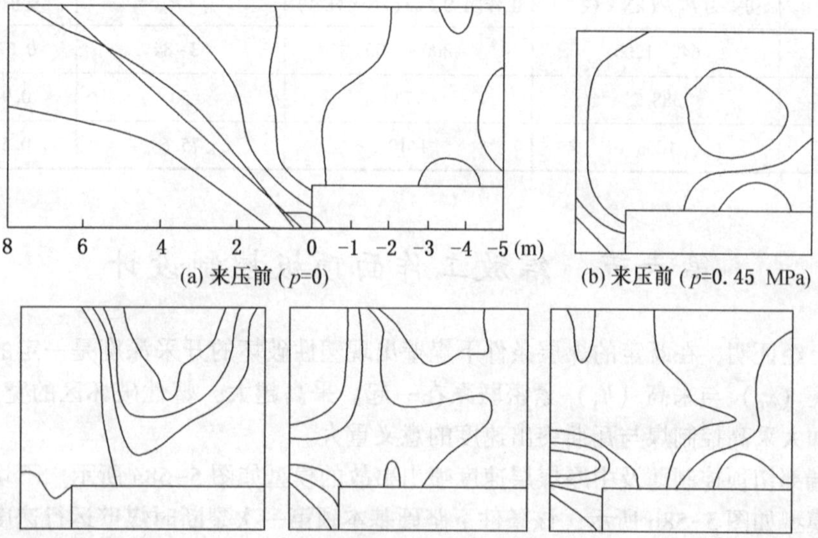

(a) 来压前 (p=0)　(b) 来压前 (p=0.45 MPa)

(c) 来压时 (p=0)　(d) 来压时 (p=0.35 MPa)　(e) 来压时 (p=0.6 MPa)

图 5-56　直接顶内最小主应力等值线图

由式（5-68）计算出的值是控制直接顶所必需的初撑力的最低限，从维护直接顶稳定和完整的角度，还应考虑一个安全系数 $K(>1)$。

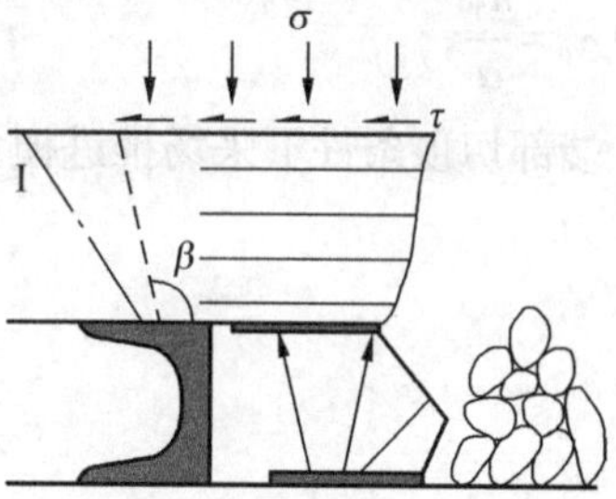

图 5-57　支架对直接顶的“夹制”作用

（2）依据 P_{0B} 与 P_B 间有合理比值的观点确定支架初撑力。在进行支架设计时，目前一般多从寻求支架初撑力与额定工作阻力间合理比值的角度来确定初撑力。从我国引进的 100 套液压支架统计结果看（表5-11），垛式支架 $\left(\frac{P_{0B}}{P_B}\right)$ 为 50%，掩护式和支撑掩护式一般大于 75%，最高达 85%。目前国外所使用的液压支架 $\left(\frac{P_{0B}}{P_B}\right)$ 最高也达 70%～80%。通过对近几年来我国液压支架使用结果的统计分析发现：

由于液压支架安全阀开启压力通常低于额定工作阻力的 10%～25%，在这种情况下，安全阀可能经常处于溢流状态，操作也很困难。因此，$\frac{P_{0B}}{P_B}$ 应该小于 75%。

目前，如何根据不同顶板条件具体选择支架初撑力，还有待于结合生产实际进一步分析研究。

表 5-11　液压支架初撑力统计结果

架型	初撑力 P_{0B}/(kN·柱$^{-1}$)	工作阻力 P_B/(kN·柱$^{-1}$)	$P_{0B}\cdot P_B$/%	支护强度/MPa
两柱掩护	989～1252	1300～1600	62～84	0.277～0.709
四柱支撑掩护	528～1190	693～1625	75～85	0.372～0.87

表5-11(续)

架型	初撑力 P_{0B}/(kN・柱$^{-1}$)	工作阻力 P_B/(kN・柱$^{-1}$)	$P_{0B}\cdot P_B$/%	支护强度/MPa
四柱掩护	640~1200	800~1400	83~84	0.628~0.844
六柱垛式	388.2	773	50	0.94~1.167
平均	1063	1410	75.6	0.55~0.715

第六节　综放工作面顶板控制设计

研究已经证明，在既定的煤层条件下煤壁出现塑性破坏的开采深度是一定的，塑性破坏区的宽度（x_0）与采高（h_T）紧密联系在一起。采高越大，塑性破坏区的宽度也越大。因此通过加大采高控制煤与瓦斯突出速度的意义重大。

通过端部切顶控制薄及中厚煤层速度喷出事故的模型如图5-58a所示。不切顶条件下采场推进模型如图5-58b所示，该条件下坚硬基本顶第一次裂断时煤壁运行速度表达式为

$$c_{01}=\sqrt{\frac{l_0m_0}{h_Tx_0}}$$

式中 $x_0=\dfrac{h_T}{\alpha}$。

端部切顶条件下采场推进模型如图5-58c所示该条件下坚硬顶板裂断煤壁运行速度表达式为

$$c_{02}=\sqrt{\frac{\frac{1}{3}l_0m_0}{h_Tx_0}}=\sqrt{\frac{1}{3}}\sqrt{\frac{l_0m_0}{h_Tx_0}}$$

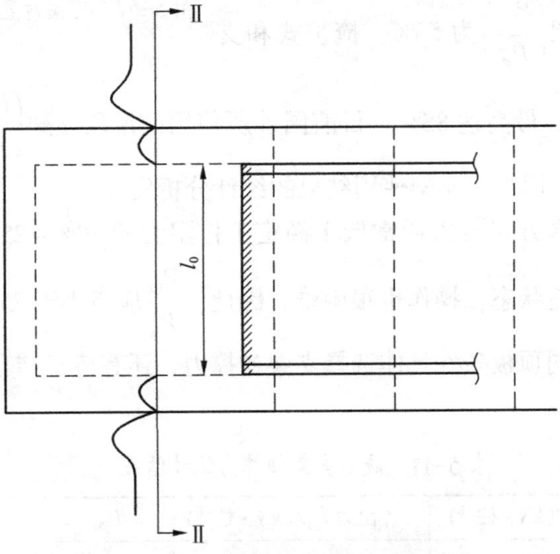

(a) 端部切顶控制薄及中厚煤层

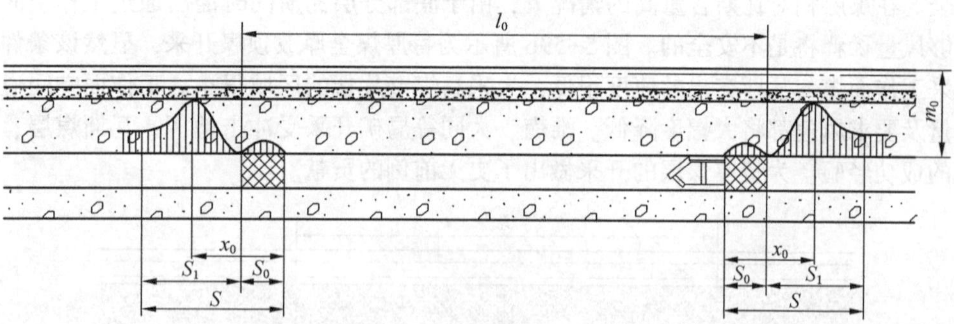

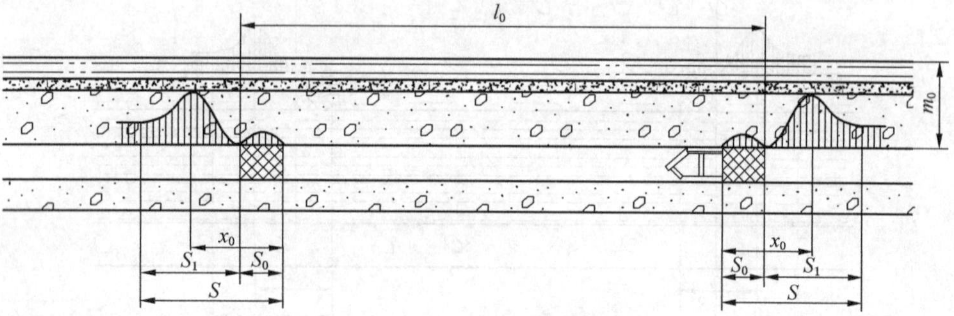

(b) 不切顶条件下采场推进模型（剖面Ⅰ—Ⅰ）

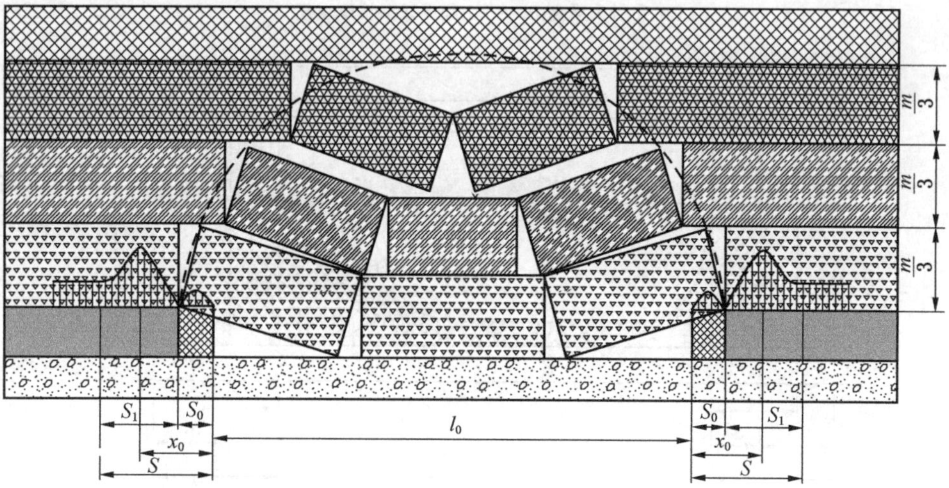

(c) 端部切顶条件下采场推进模型

图 5-58　薄及中厚煤层冲击地压事故控制

即

$$c_{02}=\frac{c_{01}}{1.43}\to 0.5c_{01}$$

开采厚煤层及特厚煤层时，通过增大采高控制采场冲击地压和煤与瓦斯突出灾害取得的时间成果案例丰富。图 5-59 所示为我国采用大采高综采和放顶煤综放开采控制特厚煤层回采工作面冲击地压的创造性成果。

图 5-59a 所示为采用大采高（$h_T=8\sim10$ m）开采特厚煤层，该条件下由于采高 h_T 加大，工作面煤壁挤压出的速度 c_0 将很小。在煤层相对瓦斯含量低的情况下可以确保工作

面安全。在煤层相对瓦斯含量高的情况下，由于底部分层瓦斯同时涌出通过工作空间，没有足够风量稀释将是不安全的。图 5-59b 所示为特厚煤全厚放顶煤开采，显然该条件下全厚开采工作面煤与瓦斯突出的速度很低，大采高煤壁片帮的区域很小。工作面空间通过的瓦斯量及要求风速都将大幅度降低。淮南、大同等局矿开采受冲击地压、瓦斯煤层、突出煤层的成功经验，为特厚煤层的开采做出了史无前例的贡献。

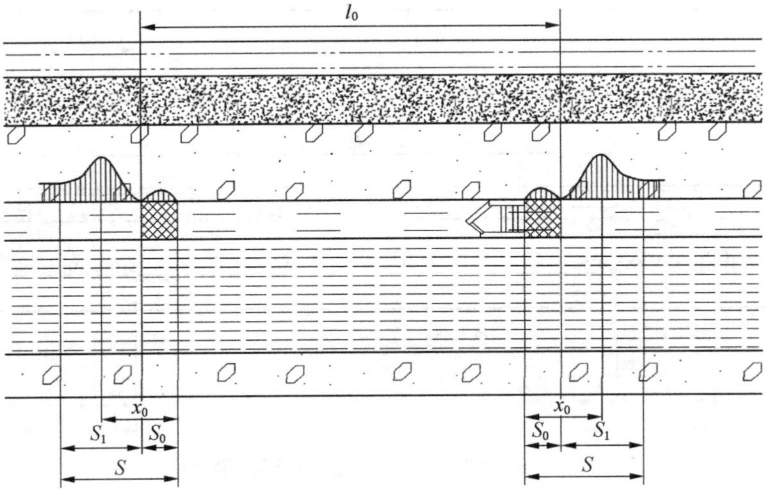

(a) 采用大采高(h_T=8～10 m) 开采特厚煤层

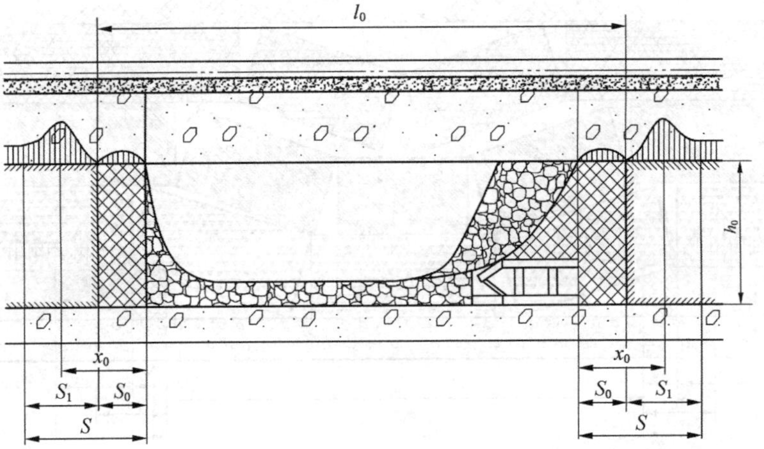

(b) 特厚煤全厚放顶煤开采

图 5-59 特厚煤层冲击地压控制

相应开采方法煤壁挤压出的相对速度表达式分别为

(1) 分层开采第一分层时：

$$c_{上} = \sqrt{\frac{l_0 m_0}{h_T l_T}}$$

(2) 分层开采下部分层时：

$$c_{下} = \sqrt{\frac{l_0 m_0}{2h_T l_T}}$$

（3）大采高两层同采时：

$$c_{上}=\sqrt{\frac{l_0m_0}{2hx_0}}$$

式中 $x_0=\dfrac{h}{\alpha}$。

（4）全厚综放开采：

$$c_{全}=\sqrt{\frac{l_0m_0}{h_0x_0}}$$

式中 $x_0=\dfrac{h_0}{\alpha}$；h_0 为开采煤层厚度。

上述所列表达式充分说明了厚及特厚煤层开采方案大幅度降低煤壁挤出速度，从而取得有效控制重大事故灾害的创造性成果。

第七节　采场顶板的日常管理

在结合具体顶底板条件制定出顶板控制设计方案之后，做好日常顶板控制工作，提高工程质量，是实现对顶板科学控制的保证。

随着工作面推进，顶底板情况产生相应的变化。因此，在摸清顶板岩层运动发展变化规律的基础上，及时对直接顶的稳定情况、基本顶岩梁的运动状态和变化趋势做出比较准确的判断和预测预报，并按照控顶要求，对工序安排、支护方式和支护密度等进行适当调整，注意提高支架支设质量和稳定性，合理安排综采面采煤与移架间的间距，完全可以实现对顶板的有效控制和科学管理。由此可知，日常顶板控制中主要应抓好这几项工作，预测预报工作面来压及顶底板情况，分别制定出来压前后顶板控制的具体方法和要求，对控制效果做出判断，提出改进措施。

一、工作面来压及顶底板情况预测预报

做好工作面来压及顶底板情况预测预报工作是顶板控制设计的基础，又是实现对顶板有效控制和安全生产的保证。其主要内容包括以下几方面：

一是预计明显影响工作面矿压显现的岩层范围（包括直接顶厚度、基本顶岩梁数目及各岩梁厚度）；

二是对直接顶垮落及基本顶中各岩梁裂断步距等参数进行估算；

三是预测预报工作面推进过程中直接顶的稳定情况以及基本顶大面积来压的位置和时间，以及坚硬顶板条件下运动形式的预测。

近几年来，我国许多矿区顶板控制实践成功的经验已充分证明，在用力学方法对顶板活动规律（运动步距）进行预计的基础上，根据工作面矿压显现与上覆岩层运动间关系方面的理论，采用井下岩层动态观测研究方法，可以比较准确地实现工作面来压和顶底板情况的预测预报。

（一）直接顶破碎情况预测

直接顶的稳定状况是由其自身强度条件和受力状态决定的。除非强度本来就很低（直

接顶中等稳定以下，工作面推进过程中破碎度一直比较高），直接顶的破碎规律与顶板岩层运动的发展变化密切相关。

在岩层运动处于相对稳定阶段时，直接顶尽管受到超前支承压力作用，由于有侧向约束限制，其中不会产生许多次生裂隙，直接顶近似以煤壁为支点弯曲下沉，工作面内靠采空区侧下沉速度高于煤壁侧。岩梁端部裂断后，在裂断线附近支承压力明显集中，而且岩梁沉降致使裂断线附近直接顶侧向应力明显减小（图 5-56c）。因此，对于中等稳定以下的直接顶，在裂断线附近将出现一定范围的剪切破坏区域，岩梁周期性裂断，破坏区也将周期性出现（图 5-60），工作面支架反力对缩小破坏区的作用很小。视直接顶岩性和分层厚度不同，破坏区域内再生裂隙方向（$\alpha=\alpha_1+\alpha_2$）变化于 65°~80°，最大能达 90°。直接顶分层厚度越小，越容易被原生和次生裂隙切割成块。

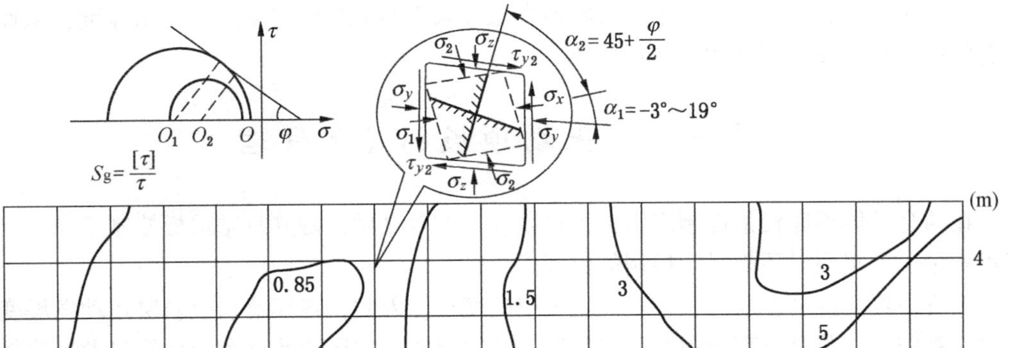

图 5-60　直接顶超前剪切破坏区域（S_Z 分布；$C=3$ MPa，$\varphi=35°$）

受裂隙切割后，强度明显被削弱的直接顶出露后，如果得不到及时支护，或是在液压支架反复卸载、支撑过程中，容易出现自行挠曲和离层。如直接顶自行挠曲得不到及时抑制，很容易使顶板破碎加剧，并发展到局部冒顶。在做好顶板活动和来压预测的基础上，对直接顶底板情况也进行预测，根据工作面内动态变化（直接顶自行挠曲时，靠煤壁侧下沉速度高于靠采空区侧下沉速度）预测预报直接顶超前破碎带出现的时间和范围，注意及时护顶，提高端部支撑力，液压支架可以考虑带压移架和交错移架方案，不盲目地快速推进，可以有效地抑制直接顶出露后挠曲和离层的发展，避免工作面在过破碎带时发生局部冒顶事故。

（二）受断层切割的顶板活动情况预计

工作面顶板受切层切割后连续性遭受破坏，由两端嵌固状态变为一端嵌固、一端近似自由状态（图 5-61），其运动规律随之发生变化。按悬臂梁受力条件，可事先对这类顶板活动规律近似预报，其极限跨度为

$$L_0 = \sqrt{\frac{m[\sigma]}{3\gamma}} \tag{5-69}$$

如果 $L < L_0$，工作面推进至断层部位时顶板运动状态不会发生变化，仍处于悬臂状态。若 $L \geqslant L_0$，工作面推进接近断层时，梁右端因拉应力超限发生裂断。此时，梁转化成两端简支状态。如果梁中部开裂速度低于右端部，在右端出现裂断而梁中部还未发展到触矸的程度时，容易发生沿煤壁处切顶事故。因此，如果工作面推进至断层部位而超前巷道内动态仪无明显变化时，说明岩梁未发生回转，应注意加强支护防止切顶。在地质勘探或巷道掘进已揭露出工作面顶板受断层切割时，开切眼位置应尽量按 $L < L_0$ 或者按图 5-61b 所示选择，以防工作面推到断层处发生危险。

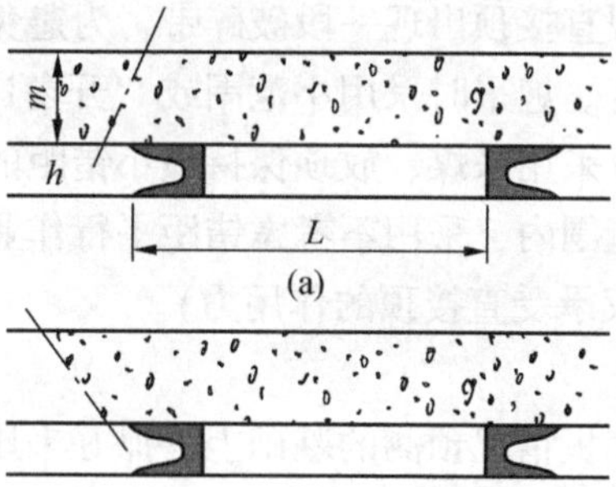

图 5-61 顶板受断层切割

二、来压前后的顶板控制

沿工作面推进方向，基本顶内每一组“传递岩梁”的运动变化于“相稳定”和“显著运动”两种状态之间。不同状态下，顶板运动对工作面威胁程度截然不同。对于来压明显的工作面，要求来压前后对顶板采取不同的控制与管理方法。

（一）单体支柱工作面的管理

单体支柱工作面实现来压前后对顶板分别控制是通过调整控顶距、支护方式及工艺安排等来实现的。

1. 支护型式的调整

支护型式（包括控顶距大小和支护方式）应当根据工作面来压明显程度及来压前后顶板稳定情况的变化进行适当调整。

对于周期来压不明显的工作面，来压前后无须分别管理，尤其是在直接顶本身很松软

或开采厚煤层下分层时，关键是尽量缩小控顶距和提高护顶效果，无须增设特种支护。

对于周期来压明显，特别是直接顶岩性强度比较高的顶板，来压前后应分别管理。来压前，应按照控顶要求加大控顶距和放顶步距，在放顶排要增设密集或斜撑、戗柱等。来压强度比较大，并有动压冲击危险时，通过增设木垛、丛柱等来提高支架整体稳定性。超前支承压力作用比较明显，底板强度又比较低时，为防止支柱钻底，来压前应给支柱“穿鞋”，减小支柱对底板的比压和钻底量。基本顶显著运动后，直接顶在超前支承压力作用下强度有所降低，沿推进方向出现一段破碎带。此时，应适当缩小控顶距和放顶距，注意及时支护。

2. 落煤与控、放顶间的时空关系安排

工作面落煤与架设临时支柱及基本支柱，以及落煤与回柱放顶间的时空关系同样必须依据上覆岩层运动和来压前后直接顶的完整情况具体安排。

对周期来压不明显的工作面，特别是在直接顶本身岩性强度不高的情况下，关键是注意及时支护，并可以采取落煤、控顶平行作业，尽可能缩短落煤、回柱放顶操作间的距离，以加快工作面推进速度。炮采时宜采用小范围爆破来降低对顶板的震动，及时护顶。

对周期来压明显、来压强度比较大的工作面，来压前夕要尽可能避免在工作面全长范围内进行落煤和放顶工作。否则，会因顶板平衡条件和支护稳定性的明显改变，在基本顶强烈活动时受到动压冲击，严重时会出现切顶事故。相反，在基本顶显著运动基本结束趋于稳定后，在推进方向上，因直接顶出现一段破碎带，为避免大范围空顶时局部冒顶，一般应放慢采煤机平均工作速度。炮采时采用小范围或“开窗口”方式，跟紧临时支护。为了争取采煤机工作时间，可以采用采煤、放顶保持最小错距的平行作业方式。必要时可在来压刚结束的几个推进步距范围内，采用不考虑错距平行作业或者提前回出部分支柱的方案（因为这时工作面内支柱仅承受直接顶的作用力）。

（二）综采工作面的管理

在做好工作面来压和顶底板情况预测的基础上，抓好来压前后顶板控制与管理工作的中心内容包括以下两方面：

（1）合理选择采煤机平均工作速度和移架最大滞后距离。在“相对稳定”阶段顶板比较稳定的情况下，应尽可能提高采煤机运行速度，适当扩大移架滞后距离。来压期间及来压后的一段推进距离内，应放慢采煤机运行速度，并及时移架、及时支护已受裂隙切割的顶板。

（2）正确选择移步方案。在来压前，由于直接顶比较完整，可以采用连续顺序移步方案，以争取采煤机有更多的工作时间。在接近来压前夕，要注意保证升架质量，升正支架压实浮矸，提高支架稳定性，防止端部顶板破碎和煤壁片帮。来压期间以及来压后的一段距离内，为了防止动压冲击和直接顶挠曲，应考虑采用带压移架或交错移步方案。

三、顶板控制效果判断

判断工作面支护对顶板的控制效果是以前述支架与围岩相互作用关系方面的研究成果为理论基础，主要根据工作面内的矿压显现特征以及顶板稳定状况，支架的工作状态等进行具体描述，为调整新的控制方法提供客观依据。

1. 离层情况判断

离层可分为直接顶与基本顶岩梁之间以及基本顶内相邻岩梁之间的离层两种情形。按照控顶要求，支架应能完全承担住直接顶的作用力，如果观测发现在相对稳定阶段工作面内出现 $P_0 < A$；$\Delta h_0 > 0$；$v_2 > v_1$[式中 $v_1(v_2)$ 为靠煤壁（采空区）处顶板下沉速度(0.01 mm/h)]，则预示着直接顶与基本顶之间开始出现离层，尤其是在直接顶悬顶周期性裂断条件下使用金属摩擦支柱时，如果支护方式不当，切顶能力不足，则很容易出现支架阻力未发挥出来之前直接顶就先行离层。离层一旦出现，直接顶上的支承压力向前伸展并明显集中，将加剧其破碎使煤壁片帮（图 5-62）。而且，在基本顶来压时容易产生冲击，压折支柱，将直接顶连同支架推向煤壁，湖南涟邵、四川南桐等局几起重大顶板事故就是例证。综采工作面支架初撑力低于直接顶作用力（即 $P_0 < A$）时，直接顶也易离层。

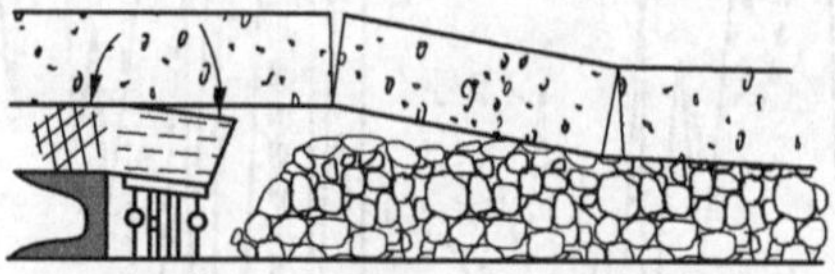

图 5-62　直接顶与基本顶间离层

基本顶中坚硬岩梁位于上方，而工作面控制设计未能保证在其来压前使下位岩梁与之相贴紧，以致引起离层，即

$$\Delta h_T > \Delta h_{2\min}$$

$$P_T < A + K_{A1}\frac{\Delta h A_1}{\Delta h_{2\min}}$$

在工作面推进中，一旦观测到离层的存在，说明目前控制效果不好，有潜在危险，应当及时调整和加强维护，尽量克服或抑制离层的发展。

2. 直接顶挠曲情况判断

对于强度低和比较松软的直接顶，或因超前支承压力作用破碎的直接顶，回采出露后如果得不到及时支护，在自重作用下会"自行挠曲"、离层。此时：

$$v_1 > v_2$$

这种挠曲主要出现在该处卸载移架、采煤机通过或者爆破落煤空顶之后。挠曲范围和挠曲发展程度及延续时间主要由直接顶的自持强度、分层厚度及空顶范围等因素决定。对于周期来压比较明显的工作面，由于超前支承压力对顶底板岩层及煤层的周期性破坏作用，"自行挠曲"现象必然会呈周期性有规律地出现。

图 5-63 所示为移架过程中空顶范围扩大引起的直接顶"自行挠曲"现象。图 5-64 所示为林西矿 9873(上) 单体支柱工作面割煤过程中直接顶挠曲情况观测结果。正是由于直接顶强度低，割煤后直接顶悬露面积扩大，在自重作用下产生了"自行挠曲"。

图 5-65 所示为兖州南屯矿 8303 工作面日常推进中的实测结果。显然，即使不是在来压期间，采煤机通过后的 0~15 m 范围内，顶板的挠曲和离层也是十分明显的（直接顶是由深灰色的粗粉砂岩组成）。

当工作面支护强度不足（例如回柱造成整体支撑能力降低，金属摩擦支柱始动阻力小于直接顶的作用力成液压支架初撑力低于直接顶的重量等）引起直接顶与基本顶之间离层

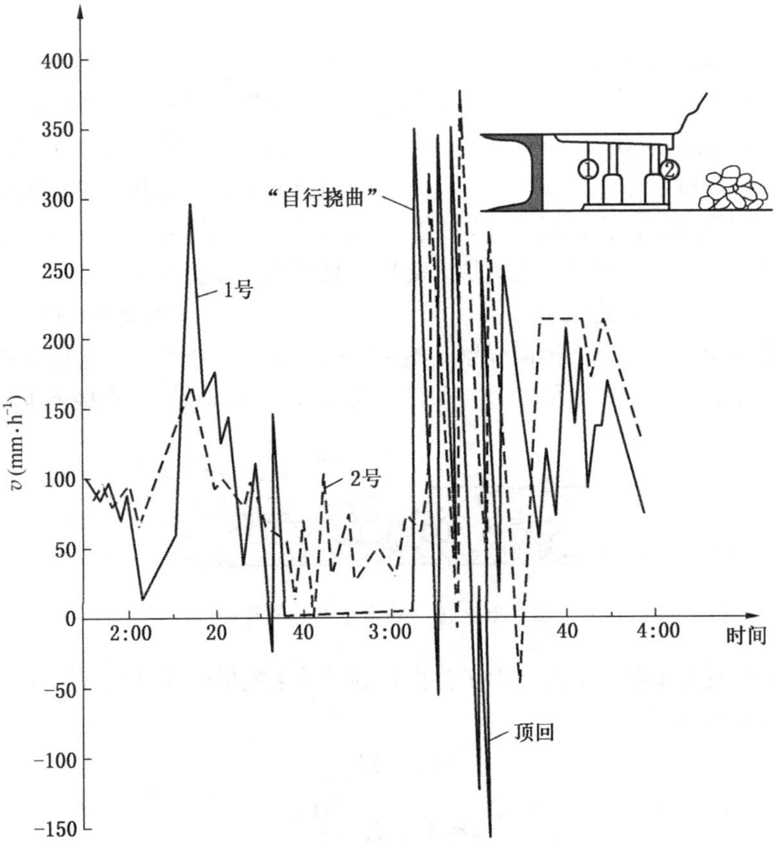

图 5-63　移架过程中直接顶挠曲现象

后，基本顶来压将首先作用在靠煤壁附近的直接顶之上，迫使直接顶挠曲——“强迫挠曲”，同样出现（$v_1>v_2$）现象。显然，“强迫挠曲”现象只是在基本顶来压时才发生。与“自行挠曲”只在空顶的有限范围内产生不同，而是分布在工作面全长上。落煤时可以发生，放顶时（空顶范围未扩大）也可以出现。

从图 5-66［林西矿 9873(上) 工作面观测结果］中可以明显看出，直接顶在放顶时产生瞬间离层现象。即：回柱瞬间，靠采空区侧的下沉测点直接顶沉降速度迅速升到 a 点，远比靠煤壁的测点沉降速度 a'高得多。但是，不到两分钟后，靠煤壁的测点沉降速度即由 a'继续升至 b'，而靠采空区侧的测点沉降速度却由 a 降至 b，出现了 $b'>b$(工作面全长) 的现象。这说明回柱瞬间在放顶部位出现了直接顶与基本顶岩梁间的离层，因此，明显运动的基本顶首先作用在靠煤壁处的直接顶上（图 5-62），从而才造成了靠煤壁处瞬时沉降速度高于采空区侧（强迫挠曲）的现象。

3. 支架实际工作状态判断

支架在工作面支护过程中有两种工作状态，即“给定变形”状态和“限定变形”状态。支架在“给定变形”状态下工作时（支架对顶板运动未加限制），来压后实测支护强度和顶板下沉量满足以下关系式：

$$P_0 < A+K_{\min}$$
$$\Delta h_0 \geqslant \Delta h_A$$

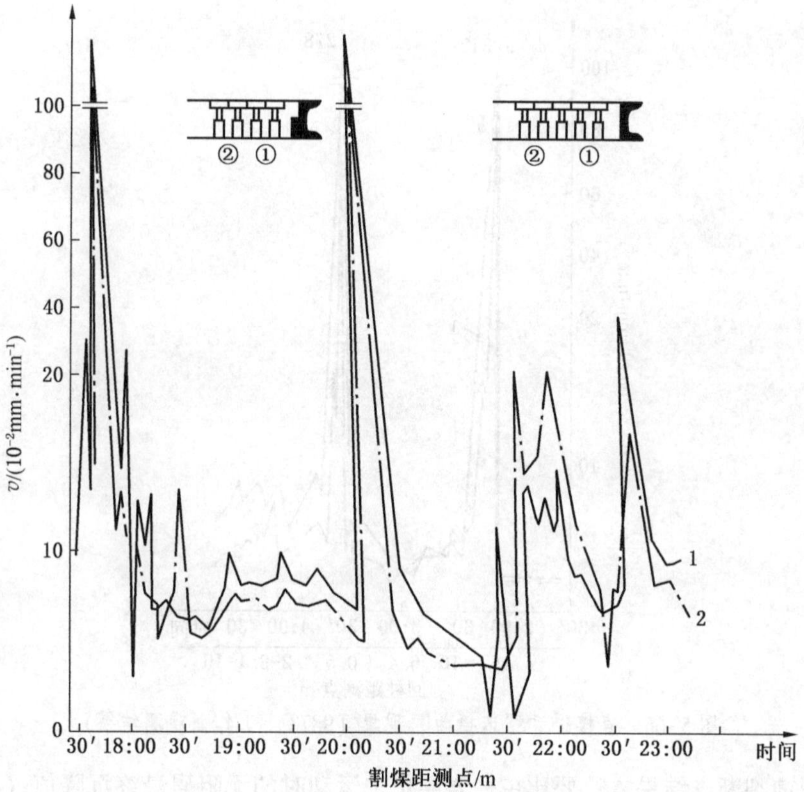

图 5-64 割煤过程中直接顶“自行挠曲”现象

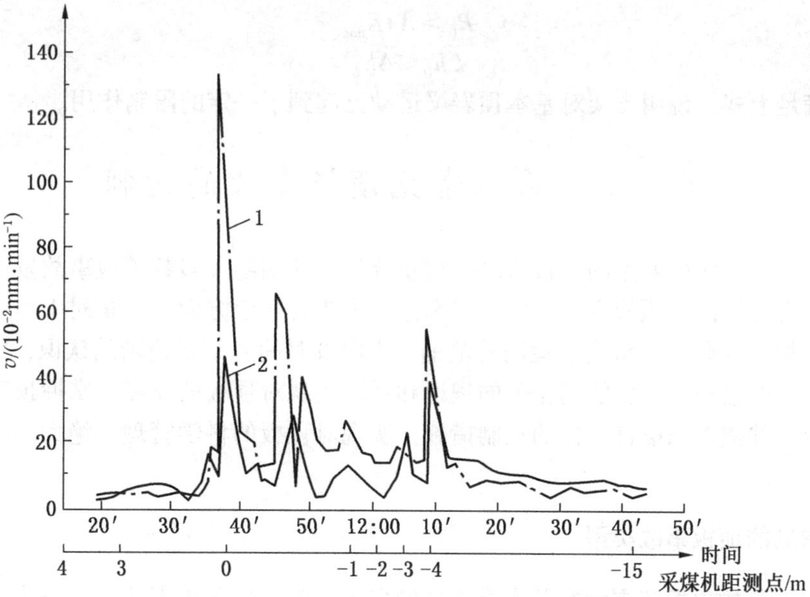

图 5-65 兖州南屯矿 8303 工作面观测情况

在顶板来压比较明显的条件下，支架在“给定变形”状态下工作时，过大的顶板下沉量会造成直接顶破碎加剧、活柱缩量超限等后果。坚硬岩梁位于上方时，由于其来压迫使

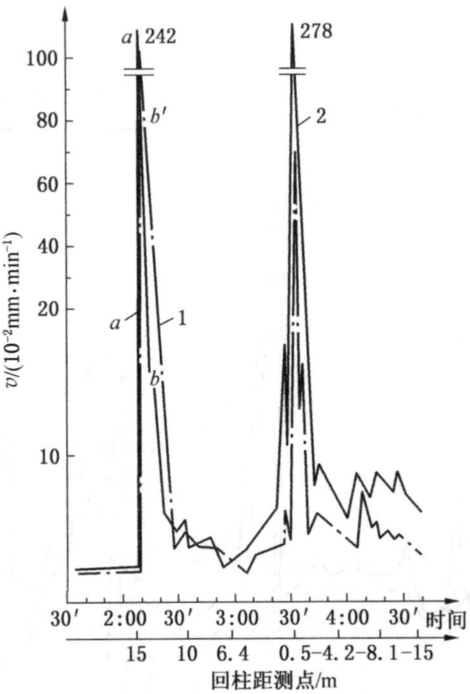

图 5-66　直接顶"强迫挠曲"现象（9873 上工作面观测结果）

下位岩梁提前裂断，结果 Δh_0 要比单一岩梁单独运动时的无阻碍最终沉降值（Δh_A）大得多，来压持续时间长，对工作面威胁也大。

支架是否处在"限定变形"状态下工作，可依据是否满足下列关系来判断：

$$P_0 > A + K_{min}$$

$$\Delta h_0 \leqslant \Delta h_A$$

如果满足上式，说明支架对基本顶岩梁运动已起到了一定的限制作用。

第八节　采场常见顶板事故的控制

通过对最近几年内发生的顶板事故的初步分析，证明绝大多数顶板事故发生都是有条件的，也是有规律的。顶板事故发生的根本原因主要有两个方面：一是对工作面顶底板情况及其活动规律（包括顶板岩层运动的范围、方向及时间）缺乏清晰的认识，二是没有及时采取针对性的措施。只要能用正确的理论和手段实现对顶板的监测，掌握顶底板情况及其活动规律，并提前采取针对性的控制措施，实现对顶板的科学管理，绝大部分事故是完全可以避免的。

一、常见的顶板事故类型

按一次垮落的顶板范围大小及人员伤亡的多少，常见的顶板事故可以分为局部冒顶事故和大面积冒顶事故两大类。

1. 局部冒顶事故

这类顶板事故的特点是范围较小，很容易被忽视，甚至被人认为这类零打碎敲的事故缺乏规律性，很难避免，因而不去认真分析、研究发生的原因和条件，以致这类事故不断发生。统计分析表明，每年因局部冒顶事故死亡的人数约占总冒顶事故死亡人数的60%~70%，重伤事故比例高达80%以上。

局部冒顶事故就其触发原因可分为两个方面：一方面是在采煤工作（包括机采和爆破落煤）过程中发生（即在采煤过程中未能及时支护已破坏的顶板）；另一方面则是在单体支柱工作面回柱操作过程中发生的。后者在局部冒顶事故中所占比例为60%以上。

2. 大面积切顶事故（简称垮面事故）

这类事故的特点是面积大，来势凶猛，后果严重。它是由直接顶或基本顶大面积运动所造成。其中包括直接顶和基本顶按预定步距有规律地运动，以及工作面推进至断层或背斜轴部等构造部位所引起的运动。

由直接顶运动所造成的垮面事故，根据其作用力的性质和顶板运动时的始动方向可分为以下两类：

（1）推垮型事故顶板运动时，在煤层的层面方向产生较大的推力推倒支架造成垮面。就推力方向又有三种可能形式，即：沿倾斜方向推垮（图5-67a），多发生在走向推进的工作面，向煤壁方向推垮（图5-67b），多发生在采空区有悬顶的条件下；向采空区方向推垮（图5-67c），在仰斜推进工作面最容易发生。

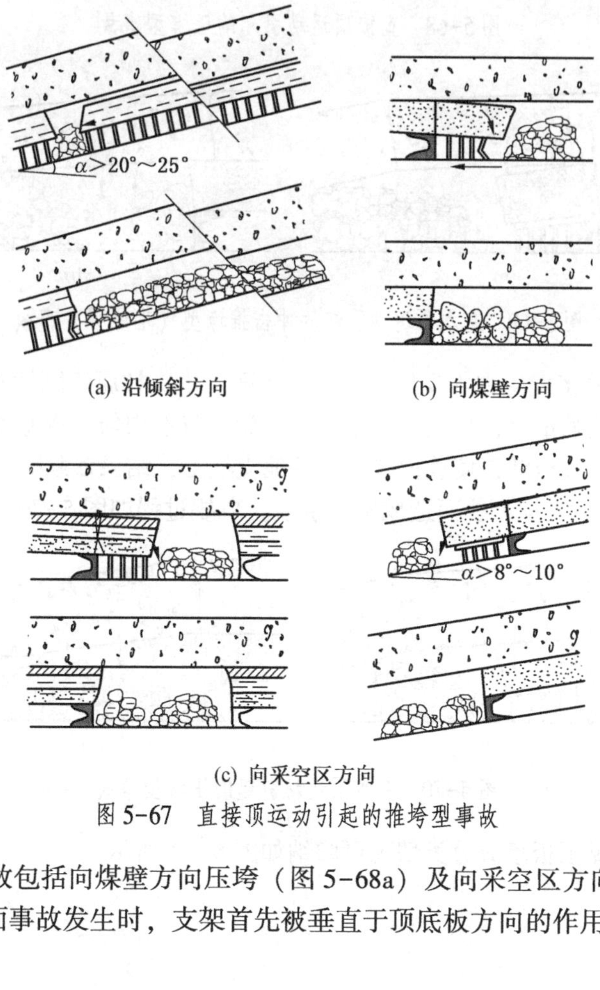

(a) 沿倾斜方向　(b) 向煤壁方向

(c) 向采空区方向

图5-67　直接顶运动引起的推垮型事故

（2）压垮型事故包括向煤壁方向压垮（图5-68a）及向采空区方向压垮（图5-68b）两种形式。这类垮面事故发生时，支架首先被垂直于顶底板方向的作用力压弯或压断，或者被压入抗压强度低的底板失去支撑作用引起顶板垮落。

由基本顶运动所引起的垮面事故，就其作用力的性质和始动方向不同也可以分为以下几种类型：

（1）冲击推垮型（即砸垮型）事故发生时，基本顶首先将其作用力施加于靠近煤壁处已离层的直接顶上，造成煤壁片帮和顶板下切，紧接着高速下沉的基本顶把直接顶推垮。这类事故发生的简单过程如图 5-69 所示。

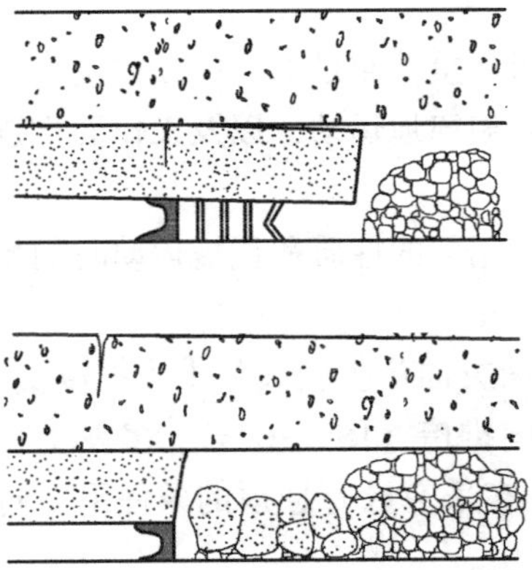

(a)　　(b)

图 5-68　直接顶运动引起的压垮型事故

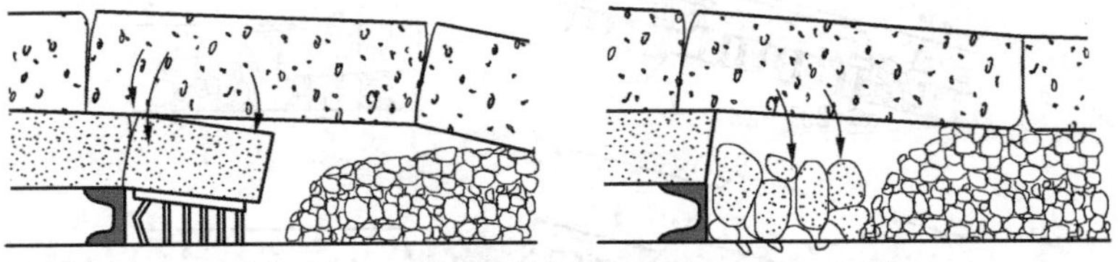

(a)　　(b)

图 5-69　基本顶运动引起的冲击推垮型（砸垮型）事故

（2）压垮型事故多发生在木支柱支护的工作面。木支柱属于刚性支柱，破坏后强度几乎为零。由于木支柱缩量小，且全工作面支柱载荷分布不均匀，在基本顶来压过程中，集中载荷大的支柱首先被压断，使载荷转移至其他支柱上，结果依载荷大小支柱被“各个击破”，最后连直接顶也支撑不住而造成垮面事故。事故过程如图 5-70 所示。

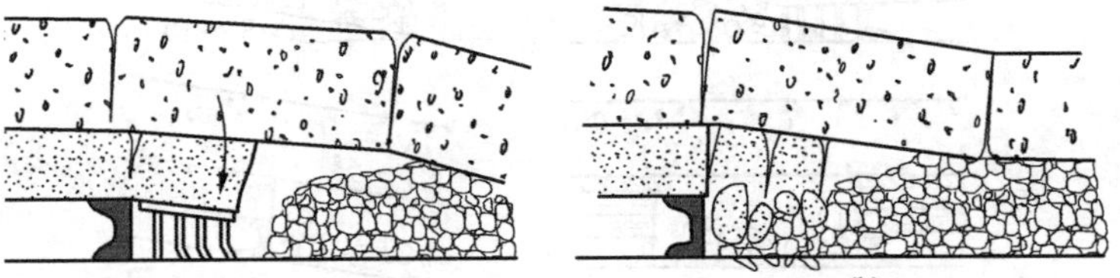

(a)　　(b)

图 5-70　基本顶运动引起的压垮型事故

回采工作面常见顶板事故分类情况可归纳如图 5-71 所示。

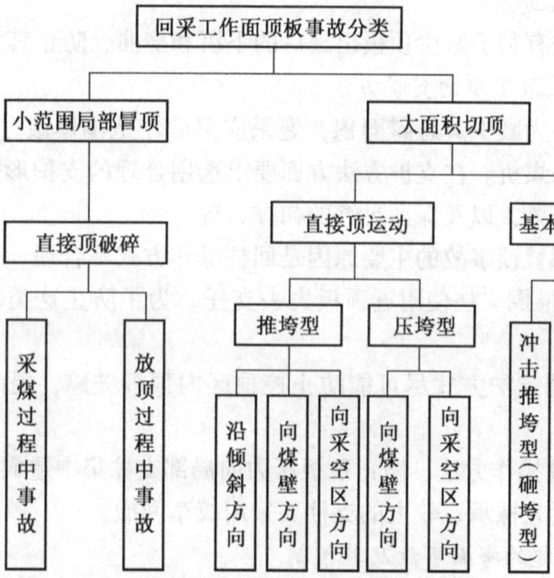

图 5-71　回采工作面常见顶板事故类型

二、常见顶板事故原因与控制

（一）局部冒顶事故原因与控制

采煤过程中发生的局部冒顶事故多数是由于采煤过程中悬露的破碎顶板得不到及时支护，或虽及时支护，但支护方式不正确和支护质量不好而造成。为了减少这类顶板事故，应采取以下防范措施。

1. 做好顶板破碎情况的预测预报工作

直接顶破碎主要有两方面原因，一是构造运动引起的破碎，即在断层附近或褶曲轴部，由于构造运动使岩层受到强大的水平挤压，其内部经常存在许多原生裂隙。二是受开采因素影响，在超前支承压力作用下直接顶内原生裂隙进一步扩展；在基本顶岩梁断裂部位，直接顶出现破碎带，以及工作面平行裂隙方向布置仰斜推进（图 5-72），顶板出露后很容易由“自行挠曲”发展到冒落。

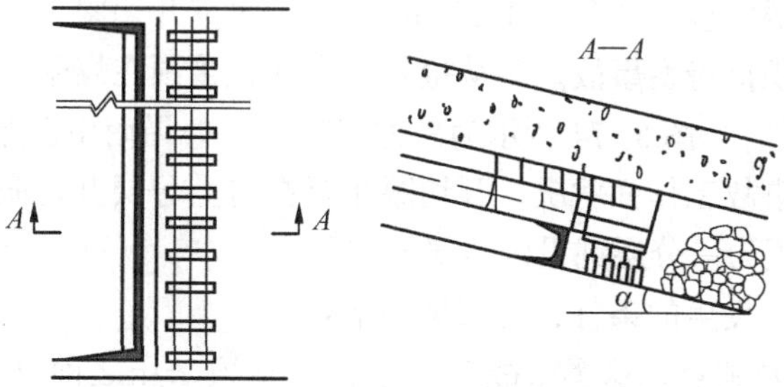

图 5-72　工作面平行裂隙的仰斜推进

根据煤层构造情况推断预生裂隙发育部位，利用顶板动态观测法预测预报基本顶来压的时间和地点以及直接顶破碎带，提前采取防范措施，可以避免采煤过程中发生冒顶事故。

2. 合理选择工作面推进方向

工作面垂直裂隙推进有利于减少顶板出露后的下沉和挠曲，防止其发展到冒落。

3. 减少空顶面积和采取正确的支护方法

对容易破碎的顶板，为减少其悬露面积，炮采应采取小范围爆破（开窗口）的方式，对机采则应选择单滚筒采煤机。在支护方法方面要求选用合理的支护形式，包括及时支护出露的顶板，垂直裂隙挂梁，以及保证足够的初撑力等。

回柱过程中造成局部冒顶事故的主要原因是回柱操作方式不合理（例如先回集中承压支柱等），以及大块矸石推倒支柱使附近顶板失去支托。为了防止这类事故发生，应采取以下两方面措施：

（1）通过选择合理的支护方式尽可能防止控顶区内顶板破碎，提高顶板及支架的稳定性。

（2）采取正确的回柱操作方法，防止顶板压力向局部支柱集中造成局部顶板破碎给回柱工作带来困难。对最后几棵承重较大的支柱要采用绞车回撤。

（二）直接顶运动引起的垮面事故及其控制

根据对1980—1983年我国统配煤矿单体支柱工作面发生的三十多起重大事故的统计分析，在切顶垮面事故中，多数是由于直接顶运动引起，其中直接顶运动造成的沿倾斜方向推垮型事故的比例最高（表5-12）。

表5-12　我国统配煤矿单体支柱工作面发生的三十多起重大事故的统计

类型	直接顶来压		基本顶来压		顶板来压	
	次数	比例/%	次数	比例/%	次数	比例/%
推垮型	15	79	7	58	22	71
压垮型	4	21	5	42	9	29

1. 推垮型事故

[例1]（真顶条件）： 图5-73所示为南桐矿务局鱼田堡矿2601工作面一次沿倾斜方向推垮型事故时的工作面状况。工作面倾角在31°左右。在距回风巷46 m处有一与走向方向成40°夹角的断层，刮板输送机道破顶掘进。工作面采用木支柱。在发生推垮型事故前工作面下部先发生局部冒顶（倾斜长14.7 m），工作面重开切眼，因继续由下而上回柱引起从断层往下的大面积推垮型事故。后从抢救眼发现直接顶在煤壁处已出现断裂。

[例2]（假顶条件）： 图5-74所示为黑龙江鹤岗矿务局南山矿厚煤层下分层开采时一次沿倾斜方向推垮型事故工作面状况。开切眼布置在与上分层开切眼相对应的部位，煤层倾角为25°~30°，顶板为一分层铺设的金属网假顶。

总结这类顶板事故发生的条件，可归纳如下：

（1）发生的时间及地点。这类事故多发生在基本顶来压之前（表5-13及表5-14），因为这个阶段顶板下沉量小，支架上压力小，直接顶易离层，因而造成支架稳定性降低，易被推倒。

（2）发生的煤层条件。由表5-15可知，这类事故多发生在厚度超过1.3 m的单一煤层或厚煤层下分层，顶板有足够的运动空间。煤层倾角大于20°时（表5-16）。顶板在自

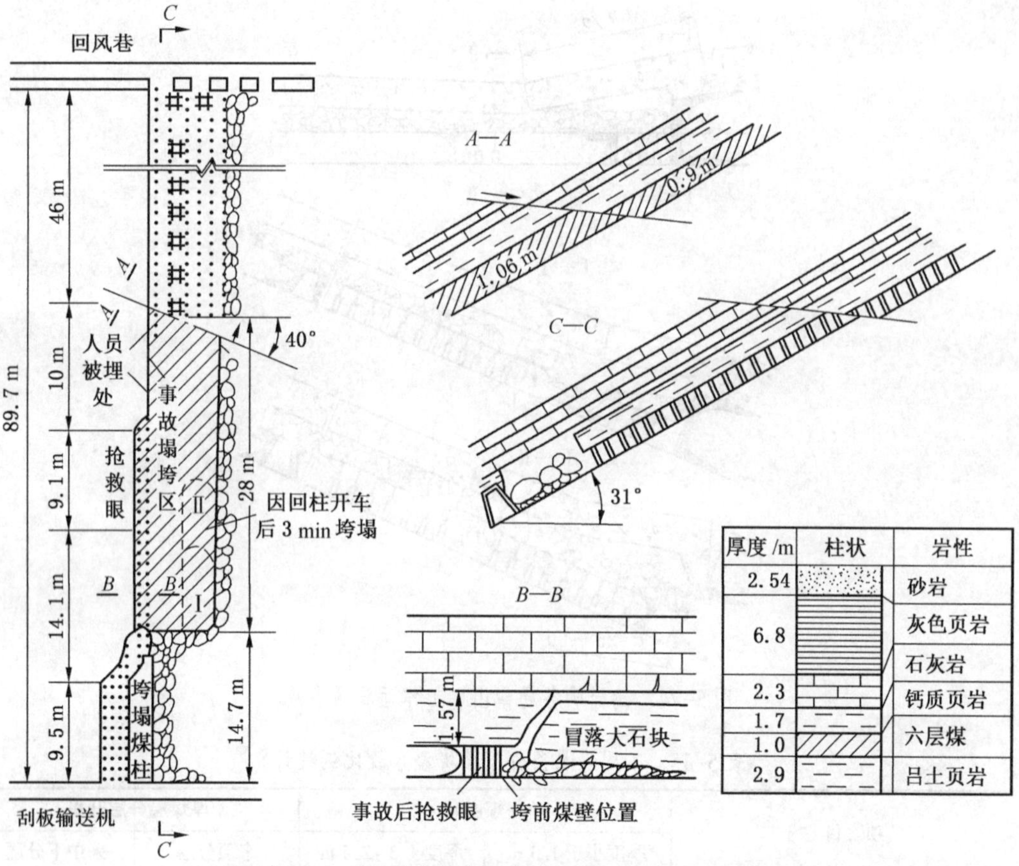

图5-73 南桐矿务局鱼田堡矿2601工作面冒顶事故

重作用下产生较大的下滑力，为顶板下滑创造了条件。

表5-13 推垮型事故发生时间比例统计

项目		第一次来压阶段		正常推进阶段	
		基本顶来压前	基本顶来压时	基本顶来压前	基本顶来压时
各阶段不同时刻比例	次数	17	7	2	5
	比例/%	71	29	29	71
整个推进工程中比例	各阶段比例/%	77.4		22.6	
	不同时刻比例/%	54.8	22.5	6.5	16.1

表5-14 推垮型事故发生位置比例统计

项目	距离开切眼/m			距离上下出口/m		
	＜10	10~30	＞30	上出口10 m内	工作面中段	下出口10 m内
发生次数	18	7	7	8	8	3
所占比例/%	56.2	21.9	21.9	42.1	42.1	15.8

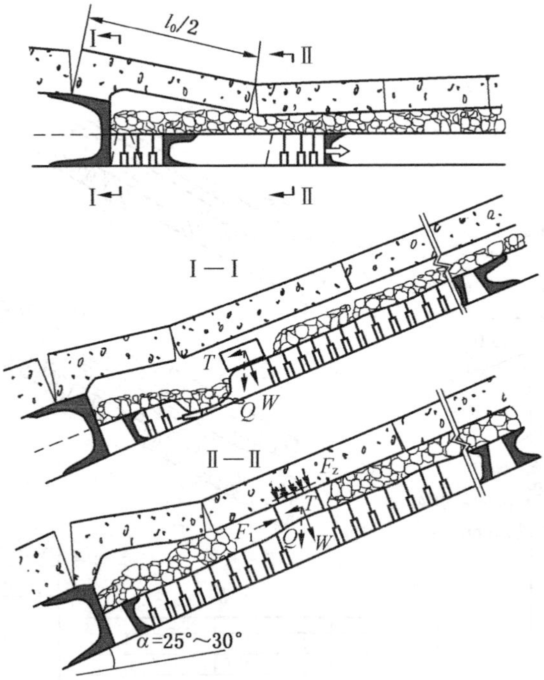

图 5-74　鹤岗矿务局南山矿工作面冒顶事故

表 5-15　不同煤层条件下推垮型事故比例统计

项　目		单一煤层开采		厚煤层分层开采	
		厚度小于 1.3 m	厚度 1.3~2.5 m	来顶分层	采中下分层
同一煤层条件下比例	次数	6	12	5	7
	比例/%	33	67	42	58
不同煤层条件下比例	不同煤层比例/%	20	40	16.7	23.3
	薄及中厚比例/%	20		80	

表 5-16　不同倾角与顶板条件下推垮型事故比例统计

项　目	倾角/(°)		顶板	
	>20	<20	复合顶	假顶
次数	9	4	7	6
比例/%	70	30	53	47

如图 5-75 所示，防止图中直接顶内隔离体 *abcd* 下滑的条件为

$$F_1 + F_2 + F_3 > T = Q\sin\alpha \tag{5-70}$$

式中　F_1——下部顶板的支托力，kN；

F_2——上部顶板裂断前的牵制力，kN；

F_3——顶板下滑必须克服的摩擦阻力，$F_3 = P_E f \approx (0.2\sim0.3)P_E$，kN；

P_E——隔离体与上位岩层间的接触力，kN；

α——煤层倾角。

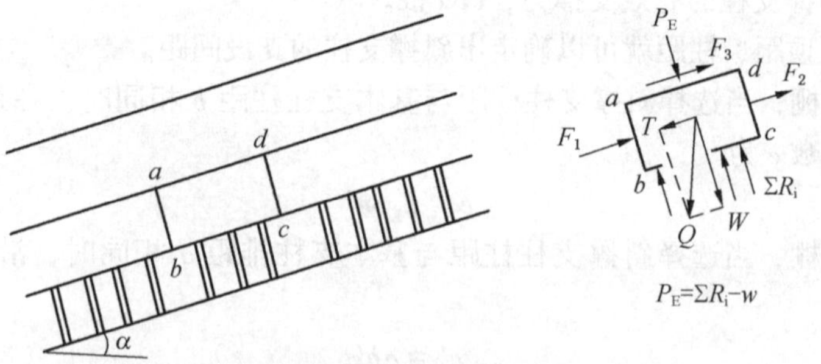

图 5-75 倾斜煤层直接顶隔离体受力状况

由式（5-72）可知，煤层倾角 α 越大，下滑力 T 越大，平衡条件越不易满足。发生事故的顶板多数是由强度差别较大的岩层所组成的复合顶，或者是再生顶板，容易出现 $F_2 \to 0$，也很容易产生离层（$P_g=0$，$F_3 \to 0$）。

（3）构造因素的影响。工作面顶板岩层被走向断层切割，完整性遭到破坏，同时这部分被切割的顶板失去了上部岩层对它的牵制作用（$F_2 \to 0$），下滑的可能性增加。

（4）开采技术因素的影响。这方面包括：工作面推进到直接顶沿煤壁处切断位置时，由于直接顶完整性遭到破坏，稳定性削弱，在采煤、放顶等操作过程中引起工作面局部冒顶事故，或是工作面回风巷、运输巷破顶掘进，顶板失去了下部以及上部岩体对其运动的阻止作用（$F_1 \to 0$，$F_2 \to 0$），工作面支护不合理，支柱初撑力低，辅助结构压缩量大，以及支柱钻底造成顶板的离层（$F_3 \to 0$），工作面支架无阻止直接顶沿倾斜方向运动的能力。

为防止这类事故应当采取下列措施：

（1）做好顶板情况的预测预报工作。首先要预测预报顶板是否具有下滑的可能性：是否存在下滑的煤层条件（当煤层倾角大于 20°～25°，顶板是由强度差别较大的岩层组成时，或者是在坚硬基本顶覆盖的假顶下，顶板已有下滑的可能）；顶板在倾斜方向上是否被切断因而失去上部的牵制作用（走向断层切割，工作面上部槽破顶掘进时，工作面出现局部冒顶事故）；是否存在允许顶板下滑的空间（下部槽破顶掘进，工作下部局部冒顶）。然后判断顶板可能下滑的地点和时间，包括预计离层情况，以及根据巷道内所设动态仪读数的突变、煤壁片帮、顶板下沉及支柱载荷的明显变化等现象对顶板来压时间和位置进行预报。

根据可能下滑的顶板范围及下滑的顶板厚度估算顶板的下滑力，即

$$T = Q \cdot \sin\alpha = m_Z m \gamma_Z L_K L_S \sin\alpha \tag{5-71}$$

式中 L——沿倾斜方向可能下滑的范围，m；

其他符号同前。

（2）加强日常顶板控制，防止出现局部冒顶事故。

（3）正确进行支护控制设计。根据估算的下滑力大小及所选斜撑支柱及实际支撑能力（R_T）布置斜撑支柱或抬棚，提高对抗顶板下滑的能力。斜撑支柱密度为

$$n' = \frac{m_Z \gamma_Z \sin\alpha}{R_T} \tag{5-72}$$

式中 n'——斜撑支柱密度，根/m²；

R_T——斜撑支柱的有效支撑力，kN/根。

根据 n' 及控顶距、柱距就可以确定出斜撑支柱的支设间距。

对于倾斜抬棚，当选择斜撑支柱柱距与基本支柱柱距 b 相同时，在控顶距 L_K 内应支设的斜撑支柱根数 e 为

$$e = L_K b n' \tag{5-73}$$

对于走向抬棚，当选择斜撑支柱柱距与基本支柱排距 a 相同时，沿倾斜方向棚间距 e' 为

$$e' = a n' \tag{5-74}$$

所选用的斜撑支柱要求阻力应能尽快发挥出来、早承载。有条件时应尽可能采用单体液压支柱或金属摩擦支柱（升柱器升柱）加倾斜（走向）抬棚来有效地控制顶板。

（4）合理选择厚煤层下分层开切眼位置。开采厚煤层下分层时，应避免将开切眼布置在基本顶岩梁中部断裂线以内，该范围内假顶没有承受基本顶岩梁的压力，胶结情况不好，容易在采煤特别是放顶过程中发生局部穿顶，在倾角较大的煤层条件下极易诱发沿倾斜推垮工作面的大事故（图 5-76b）。应将下分层开切眼布置在基本顶中部裂断线之外，亦即第一次来压步距（C_0）的一半以外，如图 5-76d 中 B 的位置，否则沿倾斜方向推垮工作面的事故是很容易发生的。

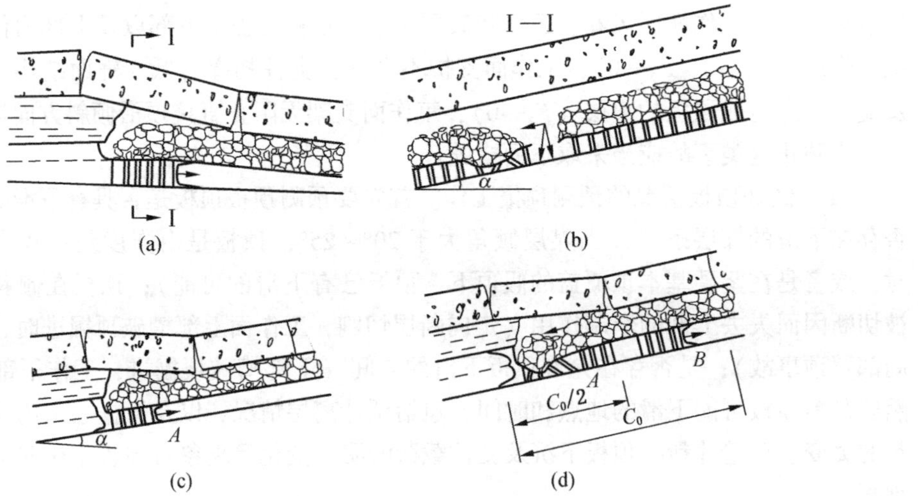

图 5-76　厚煤层下分层回采

与走向长壁沿倾斜方向推垮事故相比，仰斜推进更容易发生向采空区方向的推垮型事故（$F_2=0$）。发生事故的煤层条件一般为中厚及厚煤层，仰角大于 5°，顶板为假定或强度差别较大的复合顶，垮落矸石充填采空区高度小，不能阻止顶板向采空区方向滑动。从时间和地点上来看，多发生在基本顶来压之前，特别是第一次放顶期间，支架承压小易失稳。

图 5-77 所示为鹤岗矿务局南山矿 233 工作面仰斜开采时一次向采空区方向推垮型事故的素描。工作面采高为 1.8~2.2 m，木板梁与 M-20 型摩擦支柱构成连锁鸭棚子支护。工作面仰角 5°。工作面推进 7 m 时发现直接顶沿煤壁断裂，随后直接顶向采空区方向运动将支柱全部推向采空区，冒顶范围长 16.5 m，宽 3.95 m，高 0.8 m。

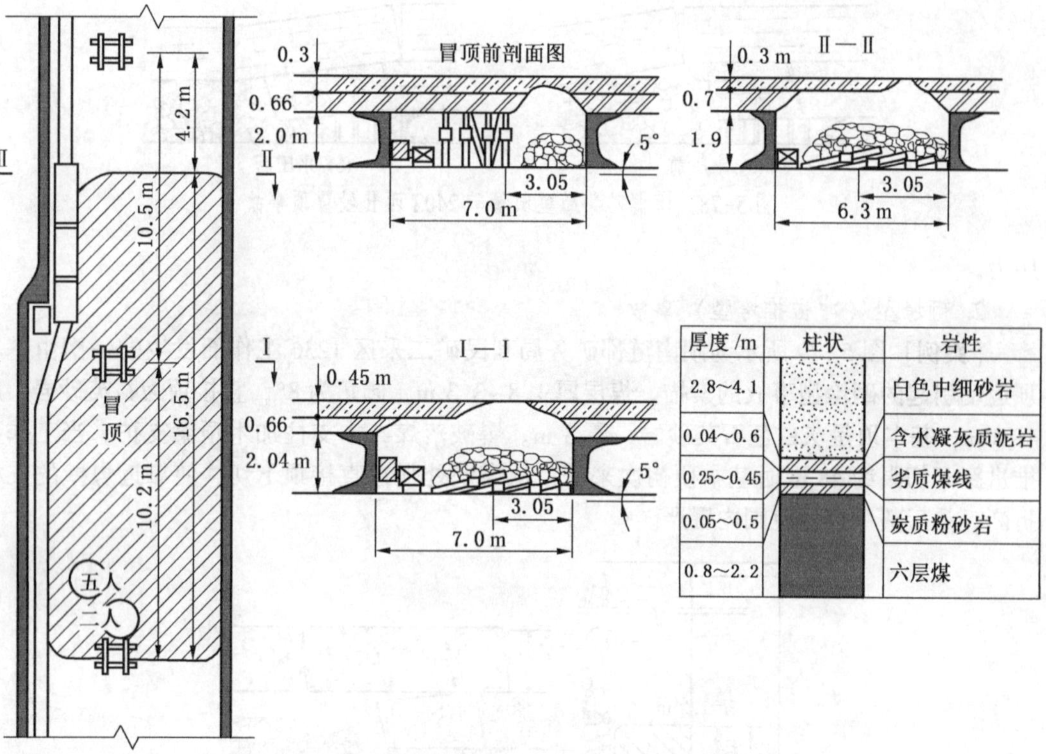

图 5-77　鹤岗矿务局南山矿 233 工作面冒顶事故

2. 压垮型事故

直接顶运动引起的压垮型事故多发生在直接顶强度较高（第一次垮落步距在 25 m 以上），在采空区内能形成较大悬顶，工作面采用木支柱的条件下。由于工作面采用木支柱，初撑力低，缩量又小，当直接顶悬顶达一定跨度时，最大拉应力点位置（即可能断裂位置）在控顶区上方，端部断裂后的下沉过程中，后排支柱因缩量不够而被压断，剩余的支柱因阻力不足以抵抗直接顶的作用力而被全部压垮。

为防止这类顶板事故，应正确进行控制设计：当直接顶在采空区内的悬顶比较大时，要进行必要的人工处理，选型要合理，选用可缩、阻力能尽早发挥的支柱，按使直接顶悬顶在放顶排处垮落设计支护密度，在最末排要增设切顶支柱或斜撑支柱、抬棚。

（三）基本顶运动引起的垮面事故及其控制

1. 压垮型事故

案例：南桐矿务局鱼田堡矿 2402 西Ⅱ段工作面直接顶强度较高，回柱后采空区内悬顶 4 m 左右。基本顶为砂页岩，强度不高。工作面采用木支护，4~6 排回柱放顶。由于工作面支护方法选择不当，当基本顶显著运动时强迫直接顶下沉，并沿煤壁处断裂，此时后两排木支柱因缩量超限而被压断，剩余的支柱阻力不足以支撑直接顶而被全部压垮（图 5-78）。

这类顶板事故发生的原因，主要是工作面支柱选型不当，其次是控顶距选择不合理。

对于这类顶板条件，工作面控制设计应按“给定变形”进行，采用能适应顶板下沉的可缩性支柱，确定合理的控顶距离，以防止支柱缩量超限和减少支柱所承担的顶板作

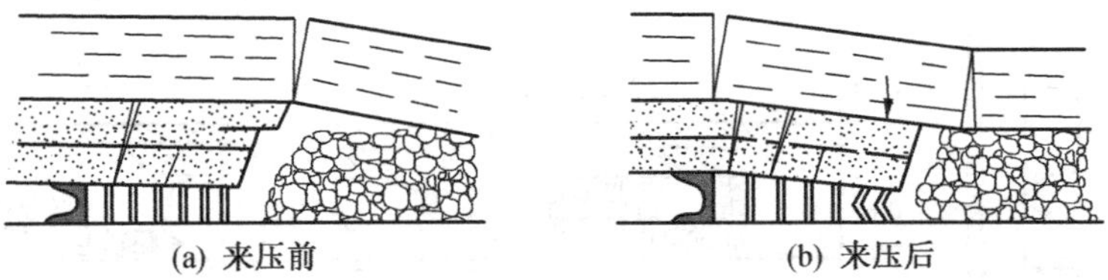

图 5-78　南桐矿务局鱼田堡矿 2402 西Ⅱ段冒顶事故

用力。

2. 砸垮型（冲击推垮型）事故

［**案例**］图 5-79 所示为湖南涟邵矿务局利民矿二采区 1236 工作面发生的一次由基本顶运动引起的砸垮型事故的素描。煤层厚 1. 8~3. 3 m，倾角为 8°，直接顶为石英砂岩，厚 4~5 m，基本顶是灰白色石英砂岩，厚 8 m。爆破落煤，木支柱加木顶梁支护。当工作面推进距开切眼约 48 m 时基本顶初次来压，从煤壁处强迫直接顶下切，使靠近煤壁的支柱折断，最后整个控顶范围内冒严。

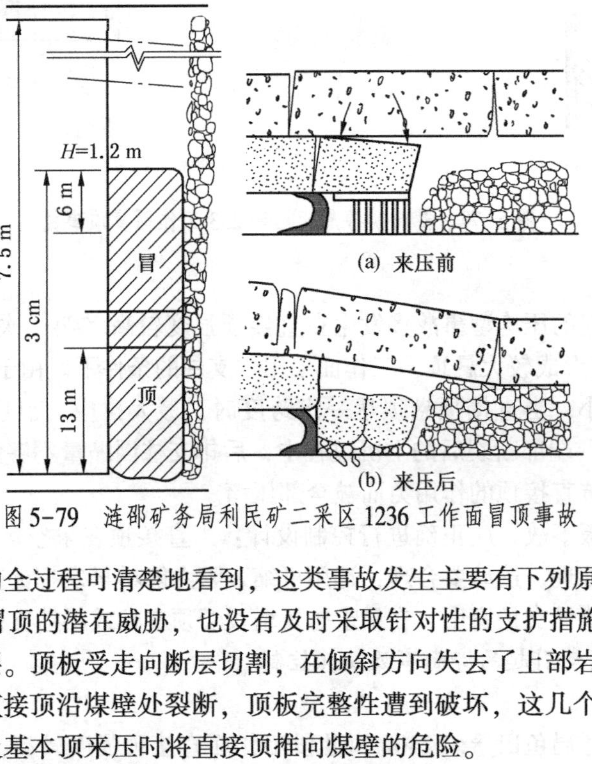

图 5-79　涟邵矿务局利民矿二采区 1236 工作面冒顶事故

从该事故发生的全过程可清楚地看到，这类事故发生主要有下列原因：

(1) 没有注意冒顶的潜在威胁，也没有及时采取针对性的支护措施。工作面采用木支柱支护，直接顶离层。顶板受走向断层切割，在倾斜方向失去了上部岩层的牵制作用。在基本顶来压时迫使直接顶沿煤壁处裂断，顶板完整性遭到破坏，这几个条件造成了直接顶有沿倾斜方向下滑及基本顶来压时将直接顶推向煤壁的危险。

(2) 基本顶来压是这类事故的触发条件。在基本顶显著运动时，由于直接顶离层，基本顶作用力首先施加于煤壁附近直接顶上，造成煤壁大范围片帮，煤帮支柱被折断。在基本顶运动的同时直接顶被迫下切，并连同支柱一起推向煤帮。

(3) 由于选用木支柱，使直接顶离层不可避免，支柱失稳，此时又无特种支架阻止直接顶被推向煤壁。

为了防止这类事故发生，首先应通过井下动态观测对顶板来压及顶板情况进行，预测预报工作，在此基础上对顶板活动规律进行比较准确的预计。其次采用正确的支护方法，选用单体液压支柱或金属摩擦支柱（用升柱器升柱），按直接顶作用力计算密度。在基本顶来压前增设阻止顶板沿层面方向移动的抬棚。

根据上述可见，回采工作面顶板事故发生是有条件的，也是可以控制的。大幅度减少顶板事故的关键在于：掌握顶板活动规律，预测预报顶板活动情况；针对不同煤层和顶板条件合理选择工作面支护方式和密度，保证所选支护方式和密度能适应顶板运动的发展；开采厚煤层下分层时，避免将开切眼布置在上方冒落矸石与基本顶不接触，处于松散状态的部位。

第六章　采场准备巷道矿山压力控制

采场周围巷道是回采工作面通风、行人、运输的咽喉，又受回采工作引起的覆岩运动和支承压力的作用，其维护状况直接影响矿井正常生产和经济效益。根据矿山压力分布及其显现规律选择采场周围巷道的合理位置，以达到尽可能减轻采动影响，改善巷道维护状况的目的，是当前煤矿生产中急需解决的重大课题之一。国内外煤矿生产实践证明，随着开采深度增加，巷道矿压控制问题日益突出，越来越被人们所重视。

巷道矿压控制实践表明，要把采场周围巷道矿压显现控制在安全上可靠、技术上可行、经济上合理的程度，必须研究和解决一系列理论和实际问题，例如：①选择巷道开掘的合理位置和时间；②正确预计巷道围岩变形量、确定初始工作断面；③正确进行支护设计，包括确定支架对围岩的工作状态，选择支护类型和支护方式以及设计新型支架、计算支护密度。

巷道矿压显现程度首先取决于岩层运动的影响和支承压力的作用，进行采场巷道矿压控制的关键是搞清岩层运动及相应的围岩应力分布。

第一节　采场围岩应力分布

一、采场围岩支承压力分布的规律

回采工作破坏了采场周围地层的原始应力平衡状态，引起周围岩体的应力重新分布。采场支承压力分布的研究，是正确选择巷道位置和时间、确定合理开采程序、预测冲击地压的基础。在采场推进过程中，支承压力分布有其固有的规律性。

（一）三维相似材料模拟研究结果

通过三维相似材料模拟研究，可以再现采场围岩活动及其应力分布的发展过程。山东科技大学矿压研究所利用相似材料模型研究采场围岩应力分布，其模型尺寸比例为1∶100，几何尺寸为3 m×1.5 m×1.01 m。

图6-1所示为在工作面推进过程中煤层底板表面上平行工作面煤壁的A测线压力分布的变化过程，其中图6-1a和图6-1b分别为两次模型实验的结果，K为垂直应力集中系数。由该图可看到采场周围支承压力分布的发展变化，如超前支承压力沿面长的分布、工作面一侧支承压力分布变化、叠加支承压力分布、采空区压力分布变化。实验结果表明，工作面后方覆岩活动稳定后，形成平行于工作面巷道的高于原始应力的压力带。

图6-2所示为在工作面推进过程中煤层底板表面上平行推进方向测线的观测结果。由图可见，正常推进过程中，工作面后方采空区压力分布的总趋势是单调上升的。工作面远离开切眼后，基本顶触矸点外侧（采空区方向一侧）形成高于原始应力的压力峰。工作面停采后，覆岩活动达到稳定，在基本顶触矸点后方也形成了高于原始应力的压力峰。

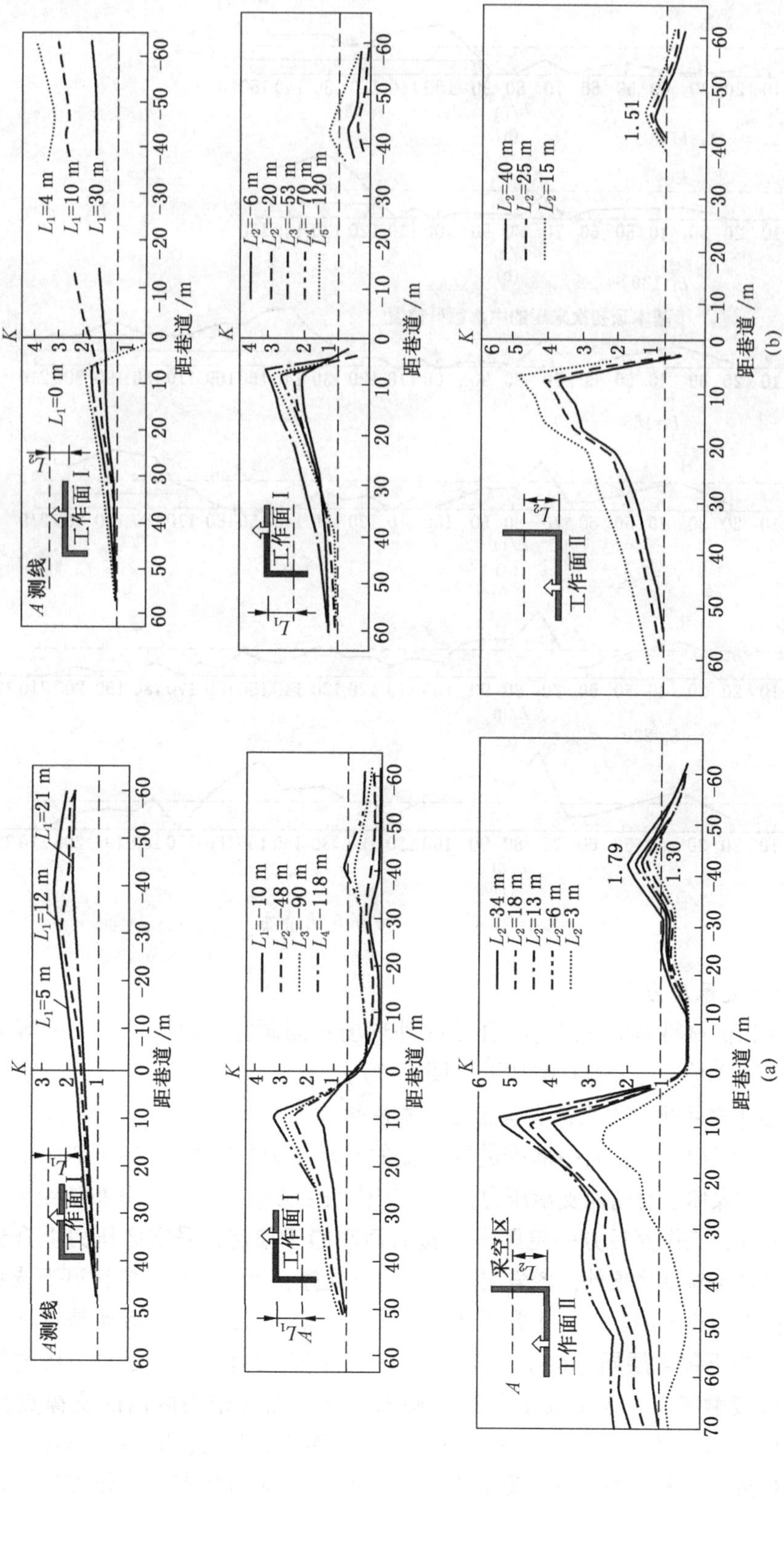

图6-1　工作面侧向（倾斜方向）支承压力分布

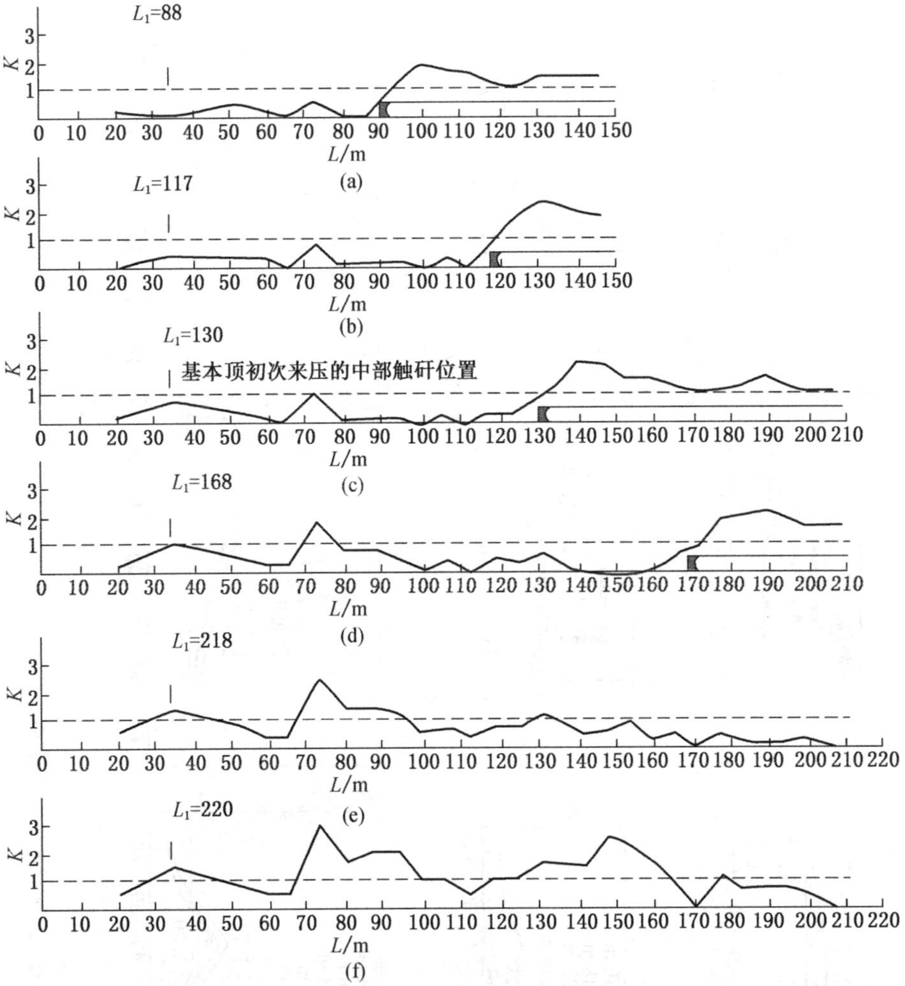

图 6-2　推进方向支承压力分布

（二）采场支承压力分布

依据三维相似材料模拟研究，结合国内外现场观测研究、数值计算研究等方面的结果，将采场周围支承压力分布总结如下（图 6-3）。

1. 工作面中部推进方向上的支承压力分布规律

正常推进过程中，工作面中部推进方向上的支承压力分布如图 6-3 剖面Ⅰ的实线所示。工作面前方煤体上有超前支承压力作用，工作面后方采空区压力分布随距工作面距离增加而逐渐上升，工作面后方一定距离处覆岩活动趋于稳定，采空区压力上升到原始应力。采场上覆岩层除直接顶外，各岩层一端由煤体支撑，另一端由采空区矸石支撑，在推进方向上保持着传递力的联系。正常推进过程中，工作面后方覆岩活动是自下而上发展的，上部岩层与下部岩层同时运动，或者滞后于下部岩层呈现分组运动。各岩层之间处于离层状态或接触状态，自下而上各组岩层的后支撑点（采空区内的支撑点）是逐个滞后的，因而工作面后方一定距离内采空区压力是逐渐上升的，除短工作面、大深度的开采地质条件外，工作面后方覆岩稳定后能上升到原始应力状态。工作面停采后，在覆岩活动稳定过程中，基本顶上覆各组同时运动的岩层悬跨度逐渐减小，采空区中的支撑点向煤壁方向移动，甚至进一步组合，采空区支撑点重叠。在覆岩稳定过程中，基本顶岩梁触矸点后方压力不断上升，稳定后的基本顶岩梁触矸点后方也将形成一个高于原始应力的压力峰，而前方煤体上的支承压力峰值降到最低；此时推进方向上的压力分布如图6-3剖面Ⅰ中虚线所示。

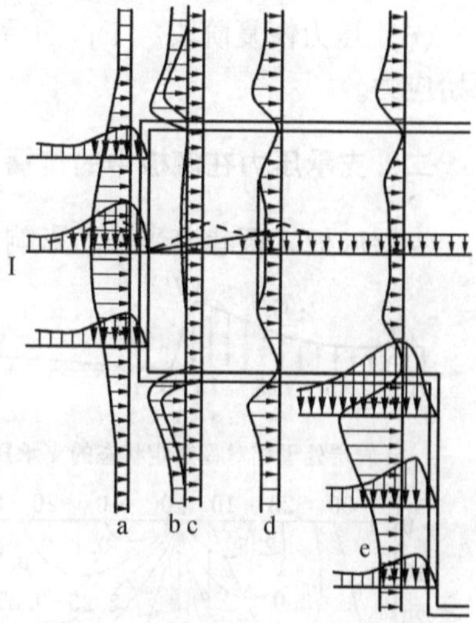

图6-3　采场周围支承压力分布

2. 平行工作面方向的压力分布规律

平行工作面方向的压力分布规律将经历以下6个发展阶段：

（1）超前压力影响阶段。在工作面前方煤体上分布着较大的支承压力，对于工作面两侧为实体煤的工作面，从工作面巷道到工作面中部前方，顶板受到两侧煤体的支承作用将逐渐减小，因而超前压力逐渐增大，在工作面中部达到最大，如图6-3中剖面a所示。对一侧采空的工作面，由实体煤一侧到采空区一侧工作面前方煤体上的超前压力基本上是逐渐增加的，在煤层凸角附近，由于两侧采空，超前支承压力和相邻工作面的侧向支承压力相互叠加，如剖面e所示。

（2）岩层处于相对稳定阶段。从工作面煤壁到工作面后方岩层在两侧煤体内部断裂前，岩层处于相对稳定状态，两侧煤体上的支承压力分布呈一单峰曲线；由于基本顶岩梁未发生显著运动，采空区只承受直接顶垮落矸石重量，压力很小，如图6-3中剖面b所示。

（3）岩层显著运动阶段。从基本顶岩层在两侧煤体内部裂断开始到来压结束，煤体上压力分布随基本顶岩梁显著运动的发展而明显地变化，其主要特征是：岩层在两侧煤体内部裂断后，以裂断线为界应力场分为两部分：在裂断线和煤体边缘之间，由已裂断岩梁自重决定的"内应力场"；裂断线外侧由上覆岩层整体重量所决定的"外应力场"。此时，两个应力场的压力分布如图6-3中剖面c中实线所示。当基本顶岩层下沉触矸后，"内应力场"基本达到稳定，采空区压力有所增加。

由此可见，两侧煤体上的内应力场（即低应力区）在基本顶裂断后形成，当基本顶回转触矸后基本达到稳定，低应力区的范围就是岩梁断裂线到煤体边缘之间，低应力区的范围和稳定的时间是选择巷道位置和开掘时间的依据。

（4）覆岩稳定阶段。基本顶岩梁来压结束后，基本顶上覆岩梁不断裂断弯曲下沉、触矸，外应力场的应力不断下降，内应力场的应力略有增加，而采空区压力不断上升，当覆岩稳定后，外应力场的应力相对降到最低；采空区中基本顶岩梁的触矸点外侧（触矸点向采空区中部方向）形成一个高于原始应力的压力峰，其分布如图6-3中剖面d所示。

（5）压力叠加阶段。当相邻工作面推进时，在煤层凸角上工作面超前压力与原支承压力产生相互叠加，此阶段外应力场的应力上升，由于煤层凸角处特定的几何条件，压力叠加峰值的应力集中系数能达到5~10，如图6-3中剖面e所示。

（6）压力恢复阶段。工作面后方一定距离以外，覆岩活动稳定后，采空区压力恢复到原始应力。

二、支承压力在底板中的传播

煤层底板岩石巷道受采动影响的矿压显现是底板集中应力作用的结果，研究支承压力向底板的传播规律，是揭示底板巷道受采动影响的矿压显现规律及其机理和选择底板巷道位置的基础。

煤层底板发生应力重新分布，是由于开采工作引起底板所受荷载分布发生变化，这种荷载即支承压力是上覆岩重通过煤体和矸石向煤层底板传播的结果，其分布特征决定了底板应力的分布特征。

图6-4所示为岩梁处于相对稳定阶段（推进方向或平行工作面方向）支承压力在底板中的传播情况。

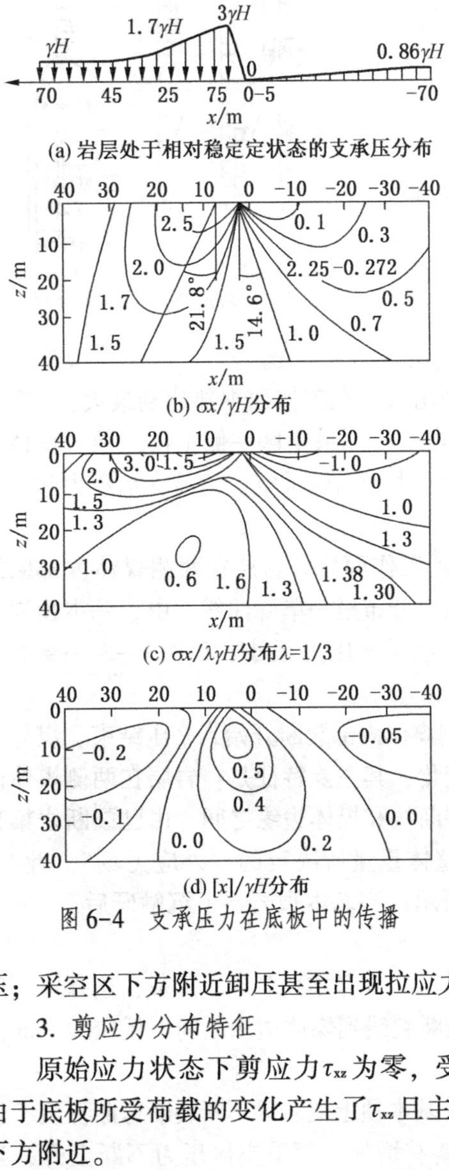

图6-4　支承压力在底板中的传播

1. 垂直应力分布特征

底板中垂直应力的集中区和卸压区基本上与支承压力的集中区和卸压区相对应，随 Z 值增加应力集中和卸压程度降低，应力分布趋向缓和；底板集中应力等值线呈“泡”形分布；σx 高峰从支承压力高峰处沿着与法线成一定夹角的方向向煤体下方传播，其高峰值按负指数规律衰减；σx 的原始应力等值线是从煤体塑性区中支承压力达到 γH 值的位置以与法线成15°角左右的方向向采空区下方伸展的直线。

2. 水平应力分布特征

煤体下方附近处于应力集中状态，深部卸压；采空区下方附近卸压甚至出现拉应力，深部又有较低的应力集中。

3. 剪应力分布特征

原始应力状态下剪应力 τ_{xz} 为零，受采动影响后，由于底板所受荷载的变化产生了 τ_{xz} 且主要分布在煤壁下方附近。

煤层底板为层状岩体，层面上黏结力和摩擦角较小，剪应力 τ_{xz} 将通过岩层层面和软弱夹层的剪切滑移明显地增加巷道两帮的移近量。当层面上 $c=0$，$\varphi=30$。（一般层面）时，层面剪切滑移承载系数 $S_\tau=\tau_{xz}/[\tau_{xz}]$ 等值线如图6-5所示，即在工作面控顶区下方有一层面滑移区 $S_\tau\geqslant1.0$。

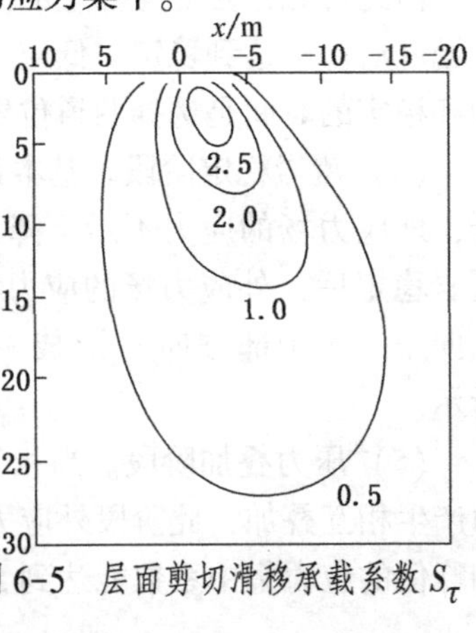

图6-5　层面剪切滑移承载系数 S_τ

三、煤层顶板应力分布状况

顶板应力分布状况也是研究顶板巷道合理位置、开采解放层等问题的基础。图6-6所示为三维相似材料模拟实验实测结果。工作面正常推进过程中，煤层顶板出现垂直应力集中区和卸压区，其形态与底板中基本一致，但与有限元计算得到的底板应力集中区相比，顶板中应力集中区小于底板应力集中区。

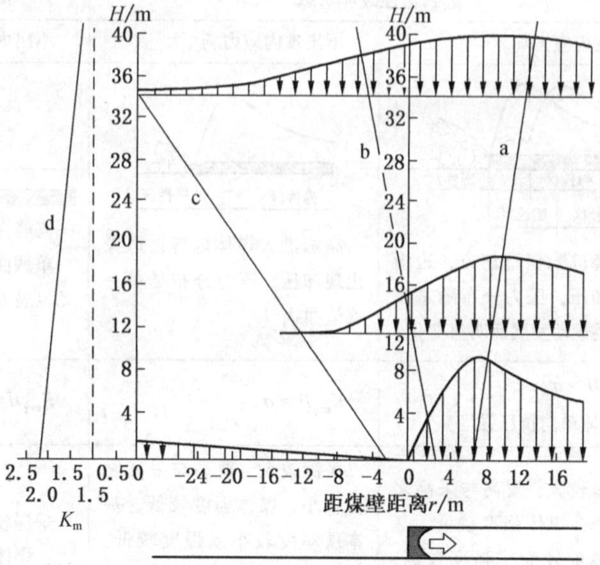

a：$x=0.163H+6.952$，$\gamma=0.9794$；b：$x=-0.124H+2.610$，$\gamma=-0.9217$；
c：$x=-0.736H-3.264$，$\gamma=-0.9972$；d：$x=-0.0227H+2.170$，$\gamma=-0.9575$

图6-6　煤层顶板应力分布

顶板中应力集中区与卸压区的分界线（原始应力等值线）近似呈直线，通过煤体塑性区中支承压力达到原始应力的位置斜向采空区上方，在本实验条件下与煤层法线夹角12°。垂直应力高峰位置随Ⅱ的增加稍向煤壁前方移动，该直线通过支承压力的高峰位置与法线夹角9°左右，高峰应力集中系数K_M随H的增加线性衰减，当H达到40 m时K_M已很小。顶板中应力衰减速度低于底板中的应力衰减速度。采空区上方最低应力线（各层位最低应力点的连线）呈直线，通过切顶线附近斜向采空区上方，与法线夹角36°。

四、煤体力学状态与支承压力分布形式

国内外学者和现场技术人员研究表明，当煤体上支承压力高峰值超过煤体单向抗压强度时，煤体边缘进入塑性破坏状态，支承压力高峰向煤体内部转移，煤体边缘一定范围内出现卸压现象。在这种状态下，只要基本顶强度较高或厚度较大，运动时采场有明显影响，端部裂断线深入煤壁前方，压力分布就会随基本顶岩层运动而明显变化，在基本顶裂断后形成内外两个应力场，即前述出现内应力场的支承压力分布形式。但如基本顶强度较低或厚度较小，则基本顶端部裂断线将处于煤壁上方附近，显著运动时对支承压力分布和采场矿压没有十分明显的影响。由于煤体单向抗压强度一般为10~16 MPa，最大变化范围为5~50 MPa，因此在我国目前开采深度通常为100~600 m的开采条件下，大部分采场煤

体边缘进入了塑性状态，但也有一些采场的支承压力峰值小于煤体单向抗压强度，煤体边缘始终处于弹性变形状态，支承压力分布形式不随上覆岩层运动而变化，呈单调曲线，高峰在煤体边缘上。煤体边缘处于塑性状态与弹性状态下支承压力分布特征、存在条件及其判别方法见表6-1。

表6-1　煤体边缘处于塑性状态与弹性状态下支承压力分布特征、存在条件及其判别方法

煤体边缘力学状态		进入塑性破坏状态		处于弹性变形状态
支承压力状态		出现内应力场	不出现内应力场	不出内应力场
支承压力分布发展规律		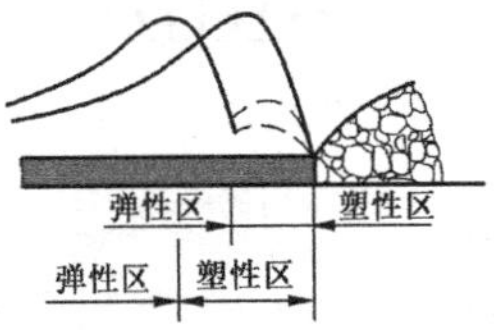 高峰进入煤壁前方，边缘出现卸压，压力分布随基本顶岩层运动发展而明显变化	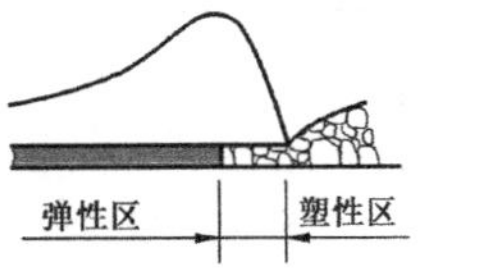 高峰进入煤体内部，边缘出现卸压，压力分布是单一峰值曲线	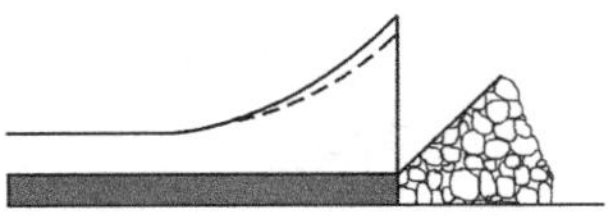 高峰在煤壁边缘，压力分布为一单调曲线，其形态不随岩层运动发展而变化
存在条件	力学特征	$K_{m\gamma}H>\sigma_c$（煤体单向抗压强度）	$K_{m\gamma}H>\sigma_c$	$K_{m\gamma}H\leqslant\sigma_c$
	现场特征	采深较大，冒高与采高之比较小，煤体强度较低。基本顶厚度较大或强度较高，运动对采场有明显影响	采深较大，冒高与采高之比较小，煤体强度较低。基本顶厚度较小或强度较低，运动对采场无十分明显的影响	采深较小，冒高与采高之比较大，煤体强度较高
判别方法	宏观现象	煤体边缘压溃	工作面煤壁片帮	煤体边缘完整
	支承压力显现特征	岩梁端部裂断深入煤体内部，支撑压力显现发生明显变化，裂断线前方出现反弹现象	岩梁端部裂断在煤壁上方附近，支承压力显现没有十分明显变化	岩梁端部裂断在煤壁上方附近，裂断是在煤体边缘出现反弹现象

第二节　煤层巷道开掘的位置和时间

由于工作面两侧煤体上支承压力分布是发展变化的，巷道开掘的位置和时间决定了其受支承压力作用和顶板活动影响的程度和过程。所以，正确选择巷道开掘的位置和时间是从根本上改善巷道维护的措施，是巷道矿压控制设计的首要任务。通常是在研究支承压力分布及其显现随上覆岩层运动而变化的规律基础上，通过实测确定具体采场的支承压力分布特征，特别是低应力区的范围和稳定时间，从而确定巷道开掘的合理位置和时间，使其避开高应力区的高应力作用期，最大限度地减轻支承压力集中区的影响。

煤体处于弹性状态与塑性状态条件下支承压力分布和岩层运动的发展规律不同，其巷道开掘的合理位置和时间也是不同的。

一、煤体边缘处于弹性变形状态条件下巷道开掘位置和时间的选择

（一）煤体边缘处于弹性变形状态条件下的沿空留巷方案

图 6-7 所示为煤体边缘处于弹性变形状态条件下支承压力分布和留巷的围岩变形状况。其特点是：基本顶在煤体边缘裂断，由基本顶回转下沉造成的顶板下沉量小；煤体边缘处于弹性变形状态，由煤体变形引起的巷道顶板下沉量小、帮压小；支承压力高峰在煤体边缘，巷道底鼓量小。因此，在无内应力场条件下沿空留巷维护一般是比较容易的，特别是在有相适应的支护手段时，应积极采用沿空留巷。

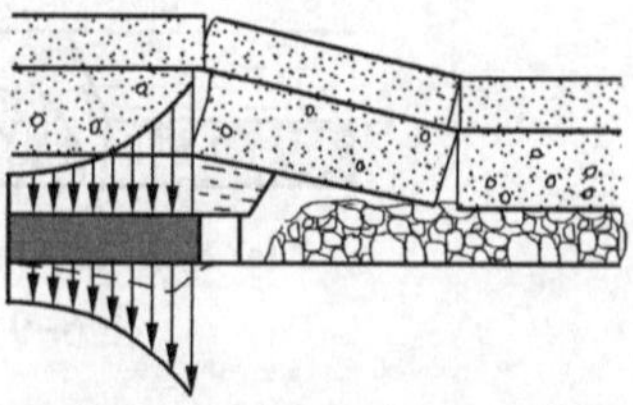

图 6-7　煤体边缘处于弹性变形状态条件下支承压力分布和留巷的围岩变形状况

（二）送巷开掘的位置和时间

在煤体边缘处于弹性变形状态的条件下，工作面两侧煤体上的支承压力分布如图 6-8 所示，上区段工作面后方支承压力高峰在煤体边缘；下区段工作面前方叠加支承压力高峰仍在煤体边缘或进入煤体内部。在煤体边缘处于弹性变形状态条件下有三种可能送巷位置：沿空送巷（位置 1）、小煤柱的送巷（位置 2）、大煤柱送巷（位置 3）。实践表明，基本顶触矸后沿空送巷是比较合理的。因为煤体边缘处于弹性变形状态，故送巷引起的围岩变形较小。当受本工作面回采影响时，如果煤体边缘由于叠加支承压力的作用进入塑性破坏状态，巷道围岩变形量会急剧增加。但支承压力高峰要向煤体内部转移，位置 2 的巷道将处于叠加支承压力峰值区内，势必受到叠加压力高峰影响，巷道围岩同样会进入塑性破坏状态（巷道两帮煤体处于单向受力状态），而且小煤柱可能失去稳定性，因此巷道 2 的围岩变形也会急剧增加。如果叠加支承压力峰值不足以使煤体边缘发生塑性破坏，则位置 1 的变形量不大，不必在位置 2 送巷。图中 1、2 的巷道围岩变形主要是由本工作面回采时叠加支承压力作用引起的，且位置 1 优于位置 2。

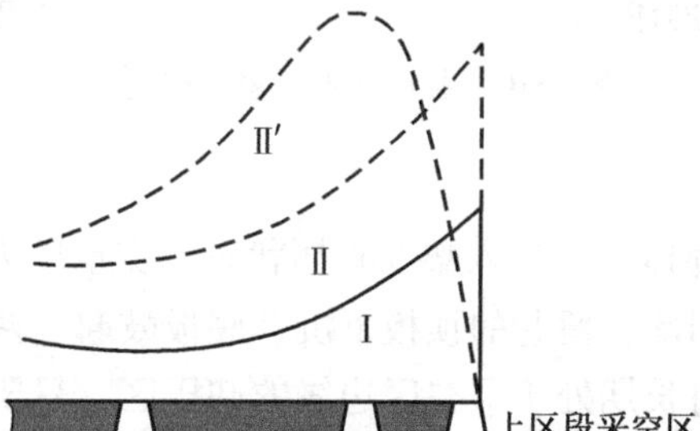

Ⅰ—上区段工作面后方侧向煤体上支承压力分布；Ⅱ—下区段工作面推进时叠加支承压力分布（高峰在煤体边缘）；Ⅱ′—下区段工作面推进时叠加支承压力分布（高峰进入煤体内部）

图 6-8　煤体边缘处于弹性变形状态条件下侧向煤体上支承压力分布

巷道位置 3 在原始应力区中，只受超前支承压力作用，巷道围岩变形量最小。但煤柱损失大，且给下部煤层开采带来不利影响，尤其是对深部开采和开采有冲击倾向性煤层更加不利。

沿空送巷如在基本顶触矸前掘出，则巷道将由于基本顶回转来压而产生很大的顶板下沉（图 6-9a）；在基本顶岩梁触矸石后掘巷，则不受顶板显著运动的影响（图 6-9b）。

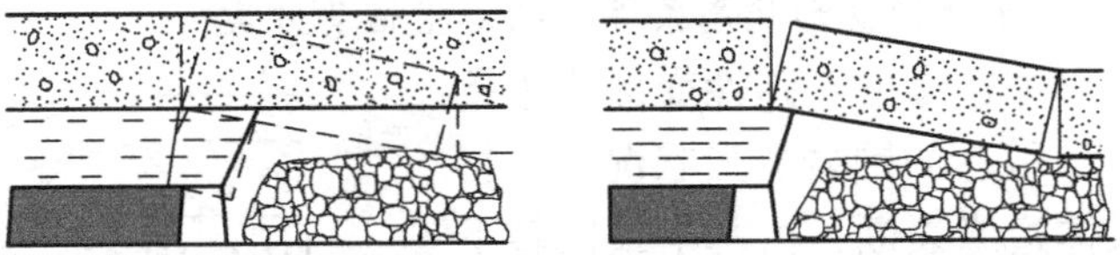

(a) 基本顶触矸前送巷　　(b) 基本顶触矸后送巷

图 6-9　送巷时间对巷道顶板下沉的影响

综上所述，煤体边缘处于弹性变形状态条件下应在基本顶触矸后沿空送巷。

二、煤体边缘进入塑性状态条件下巷道开掘位置和时间的选择

根据理论研究和现场实测结果，工作面后方两侧煤体上支承压力分布随覆岩运动发展的过程如图 6-10 所示，包括四个阶段。该图还表明，巷道开掘的位置和时间决定着巷道受顶板活动影响和支承压力作用的过程和程度以及巷道变形量和维护状况。

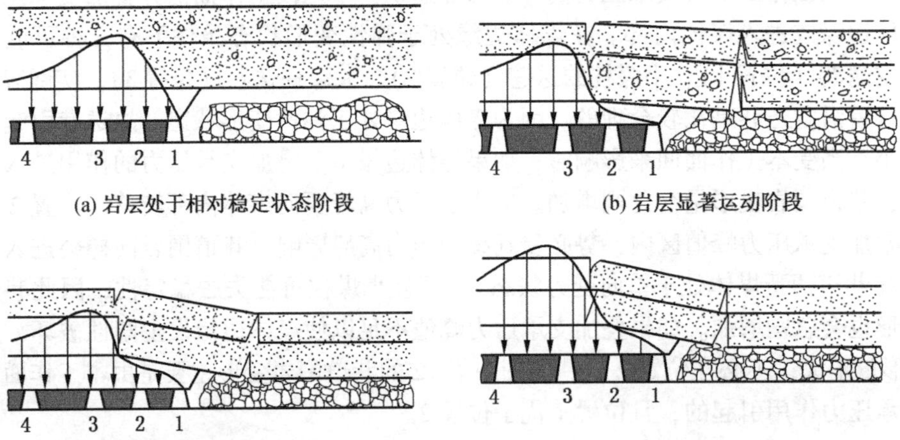

(a) 岩层处于相对稳定状态阶段　　(b) 岩层显著运动阶段

(c) 覆岩稳定阶段　　(d) 压力叠加阶段

图 6-10　巷道受采动影响的过程

（一）沿空留巷方案

图 6-10c 表明，由于煤体边缘进入塑性破坏状态，支承压力高峰进入煤体内部，基本顶岩梁从煤体内部裂断。因此，留巷的顶板下沉、底板鼓起、两帮移近都较大。沿空留巷在采空区顶板活动稳定后将长期处于采空区边缘的卸压区，只要巷道支护类型和支护方式得当，即可达到改善巷道维护状况的目的。此外，沿空留巷有如下优点：

（1）与送巷相比可以少掘一条巷道，从而大幅度降低巷道掘进率，减少掘进工程量和掘进费用。

（2）可以避免沿空掘巷需要滞后掘进的缺点，从而保证回采工作在时间、空间上按各区段顺序连续开采，有利于矿井集中生产，改善矿井采掘接替关系。

（3）可以避免因地质变化而造成的停采待掘现象，有利于提高工作面单产。

目前沿空留巷的推广和试验情况：沿空留巷在薄煤层及厚度为 2 m 以下的中厚煤层中

应用效果较好，对支护要求能够基本适应，推广应用面较广；厚度为2.4~3.0 m的煤层中已获沿空留巷经验；沿空留巷在缓倾斜和急倾斜煤层中都可以应用，但大多数矿井用于倾角小于20°左右的煤层，当倾角较大时，应采取相应的技术措施防止支架滑倒及窜矸等现象；对中等垮落性和易垮落顶板都可应用沿空留巷，但要根据具体情况选用不同的支护类型。

在适宜的支护技术水平和地质条件下应大力推广沿空留巷。但应根据围岩性质、煤层厚度、倾角等条件，选择合理的巷内支架和巷旁支护的类型及参数，对巷道进行联合支护，适当加大掘进断面使巷道留有一定的备用收缩量。另外，对沿空留巷要尽快加以复用，以改善维护状况，提高技术经济效果。

（二）送巷的位置和时间

1. 从顶板运动和支承压力分布分析送巷的合理位置和时间

图6-10所示有内应力场条件下四种可能的送巷位置为：在内应力场中的沿空送巷（位置1）和小煤柱送巷（位置2）、在外应力场中的煤柱护巷（位置3）以及原始应力区的大煤柱送巷方案（位置4）。由于内应力场中的煤体已发生塑性破坏，处于卸压状态，因此内应力场中掘巷不会引起支承压力分布和煤体力学状态的明显变化。从顶板活动和支承压力分布发展过程来看，基本顶岩梁触矸后（内应力场稳定后）在内应力场中送巷，不仅可以避免由于基本顶显著运动而产生很大的巷道顶板下沉。而且在覆岩稳定和压力叠加过程中内应力场的应力上升较少，巷道受采动影响较小。在位置3送巷后，巷道两帮煤体由三向受压状态变成单向受压状态，在支承压力峰值区的作用下，巷道两帮煤体必然要发生塑性破坏，送巷后即产生较大的围岩变形，尤其是受本工作面采动影响时处于支承压力峰值叠加区内，巷道难以维护。在位置4送巷仅受超前支承压力作用，维护状况较好，但煤柱损失大。由上述分析可知，基本顶触矸后在内应力场中送巷位置1和位置2是合理的。

基本顶岩梁触矸是在内应力场中送巷受力和维护状况比沿空留巷优越的先决条件。若掘巷时基本顶岩梁尚未触矸，即掘巷滞后回采工作面的距离过短，则在内应力场中送巷的受力和变形就与留巷差别不大了。可见，送巷的位置由内应力场的范围决定，送巷的时间由基本顶运动的发展过程决定。在预测岩梁运动和支承压力分布的基础上可以确定送巷的合理位置和时间。

2. 送巷位置和时间不同的矿压显现与护巷效果

内应力场稳定后，在内应场中送巷时，巷道围岩在应力重新分布过程中会有明显变形，但随掘出的时间延长按负指数规律衰减，一般经过10天左右变形速度就趋向稳定。铜川李家塔矿5号煤层在已稳定的采空区边缘沿空掘巷（图6-11），巷道刚掘出时顶底板移近速度为10 mm/d，围岩稳定后移近速度趋向零。这条巷道掘巷期间靠煤体一帮和靠采空区一帮的顶底板移近量仅为26 mm和44 mm，直到受本工作面采动影响前不需维修。舒兰、铜川、峰峰矿区的实践表明，即使在围岩比较柔软的煤层中，在内应力场送巷，巷道基本不需维修，维护也不困难。如图6-12所示，内应力场中煤柱宽应1 m的巷道，受采动影响期间（工作面前方80 m范围内）的顶底板和两帮移近量分别为190 mm和400 mm，与外应力场中巷道2相比，围岩变形只增加25%~30%，维护状况良好。峰峰、淮北等矿区的实践表明。内应力场中的巷道受本工作面采动影响期间的变形量一般为200~400 mm，维护不困难。

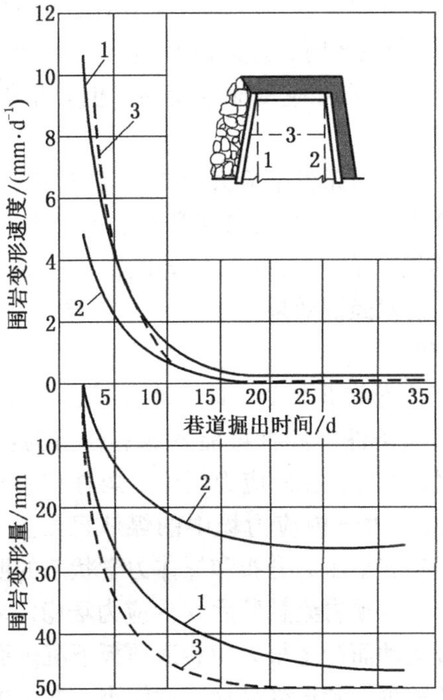

图 6-11 铜川李家塔矿 2410 回风平巷在内应力场中的围岩变形

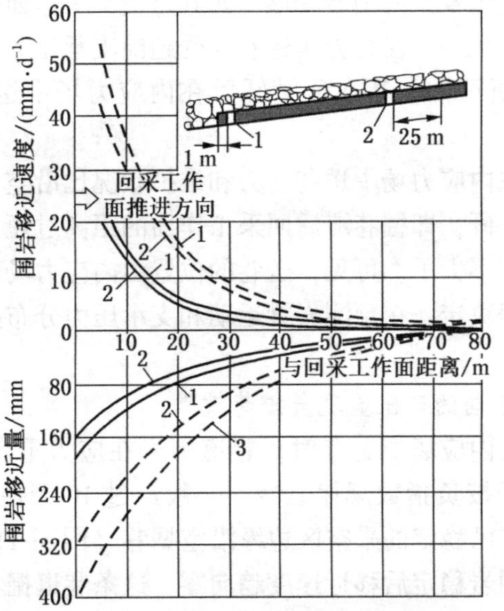

图 6-12 平顶山一矿戊 8 煤层 1100 区段平巷受回采影响的围岩变形

潞安矿务局五阳煤矿的护巷实践证明了上述关于煤层巷道位置的分析结果。该矿通过回采工作面动态矿压观测，摸清了回采工作面基本顶沿倾向的运动特征，其运动稳定后的状况如图 6-13 所示。其中基本顶第一岩梁厚度为 4 m，裂断步距为 10 m，裂断线距煤壁距离（内应力场范围）4.5 m，直接顶厚度为 5 m，采高 2 m。该矿曾先后采用不同尺寸的煤柱护巷，如图6-13中位置1、2、3所示，煤柱尺寸分别为10 m、15 m、8 m，这三个位置的巷道位于外应力场峰值区附近，均难以维护，在使用中一般需要翻修1~2次。最后留2 m小煤柱，即在内应力场中的位置4送巷效果很好。

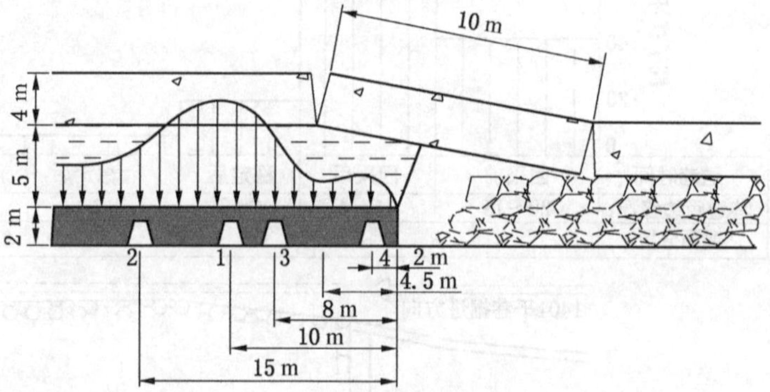

图6-13 潞安五阳矿送巷的几种位置

我国一些矿区的护巷实践证明，在相邻采空区稳定后送巷，巷道位置或煤柱尺寸大小对巷道维护状况有明显影响。但这种关系并非简单的线性关系，在某一位置，随着护巷煤柱加大，巷道维护状况反而恶化；而在另一位置，继续加大煤柱尺寸，巷道维护状况会有所改善（表6-2)，其分界就是外应力场中高峰位置。

表6-2 送巷位置与维护状况对比

矿井	新汶禹村矿				平顶山六矿				铜州华山矿				舒兰矿		
巷道煤柱/m	0~3	5~15	10~20	15~22	2	5~6	15~20	2	2~4	4~15	15~20	0	4~8	15~20	21~32
显现程度	小	中	中	大	小	中	大	小	小	大	中	小	小	大	中
巷道维修情况	无维修或局部维修	翻修二次	翻修三至四次	翻修六次	采前无维修	掘后翻修一次	边掘边修	坏木棚率5%	坏木棚率20%	铁梁木腿坏棚率85%	铁梁木腿坏棚率45%	无大修	局部大修	大修二至三次	大修一至二次

从图6-14可以看出，沿已稳定的采空区边缘在内应力场中沿空送巷，棚子损坏率只有5%左右；沿趋向稳定的采空区边缘在内应力场中沿2~4煤柱送巷，棚子损坏率为20%；在外应力场中留15 m煤柱送巷；棚子损坏率高达45%~85%。所以，在内应力场中送巷，无论是否留煤柱，都必须在基本顶运动稳定后进行。在内应力场中送巷的优越性，只有在采空区基本顶运动已经稳定的条件下才能充分体现出来。

内应力场中沿空送巷较有利的条件是：顶板易垮落、垮高大、易胶结再生；采空区无积水或积水很少；煤层倾角不大。沿空送巷与留小煤柱送巷相比，巷道施工比较困难。

留小煤柱送巷一般用于顶板不能充分垮落，煤层倾角较大，采空区有积水等条件。利用小煤柱隔离采空区，可防止掘进时由采空区向巷道内窜矸和流入采空区积水。

由于留小煤柱送巷的维护效果不如沿空送巷，所以，在内应力场中送巷最好是沿空送巷，如为隔离采空区需要留小煤柱时，其尺寸不应过大，一般根据煤层厚度不同以不超过

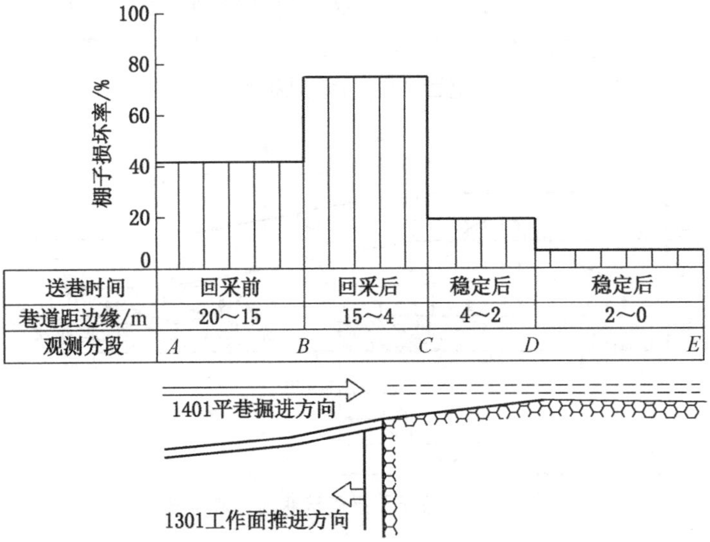

图 6-14　金华山矿 1401 区段运输平巷掘进期间的棚子损坏率与相邻 1301 工作面采动影响的关系

1~3 m 为宜。在上区段回采过程中，应为下区段送巷创造有利条件。如，上区段巷道放顶必须彻底，最好在煤体侧预挂挡矸帘或预注浆。

三、厚煤层中、下分层巷道开掘位置和时间的选择

（一）送巷的位置和时间

根据厚煤层分层开采时上下区段及各分层工作面之间的衔接关系，厚煤层中、下分层送巷方式主要有 4 种，如图 6-15 所示。

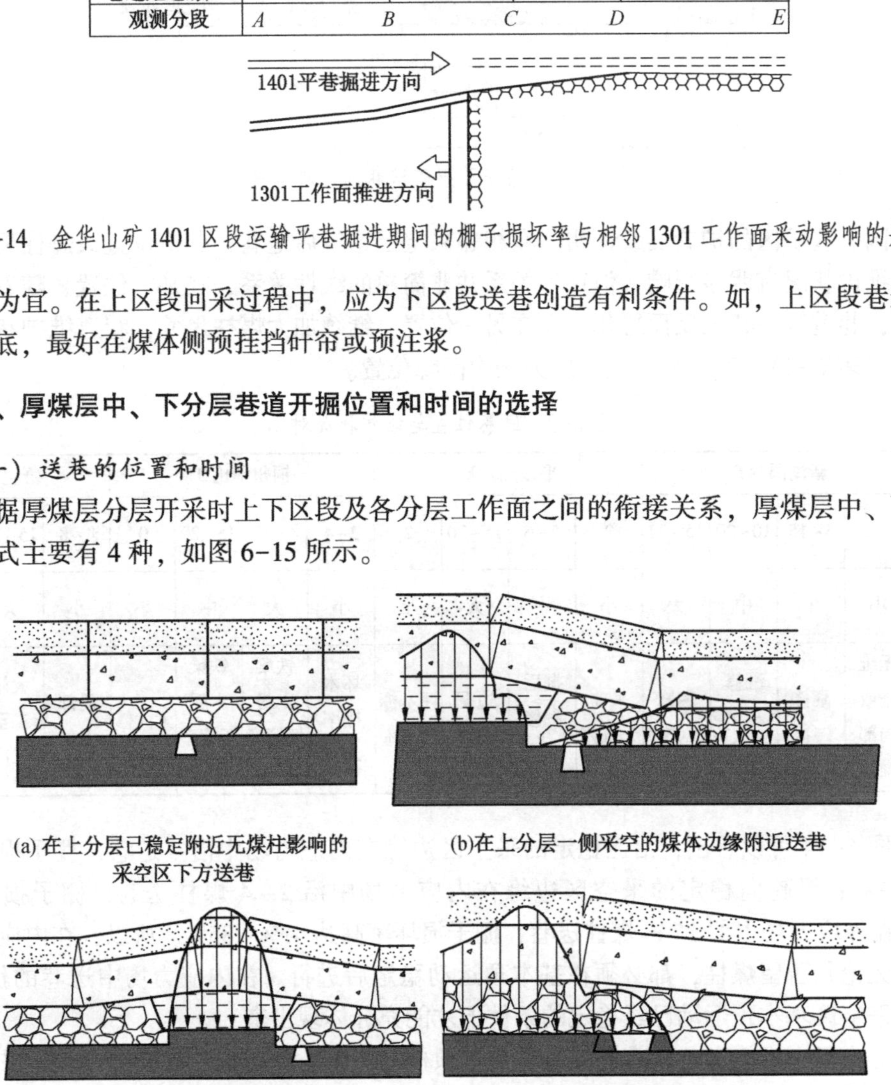

(a) 在上分层已稳定附近无煤柱影响的采空区下方送巷

(b)在上分层一侧采空的煤体边缘附近送巷

(c) 在上分层两侧采空的煤柱边缘附近送巷

(d) 在本分层煤体边缘送巷

图 6-15　厚煤层中下分层送巷方式

1. 在上分层已稳定附近无煤柱影响的采空区下方送巷

此时，巷道处于静压状态，只受本分层工作面回采时超前压力的作用。若围岩为中等

稳定以上，其维护状况一般都较好。峰峰、平顶山等矿区的实践表明，这种巷道在掘进过程中引起的围岩变形一般为 60 mm 左右。如图 6-16 所示，受采动影响期间围岩变形速度一般为 0.8~1.0 mm/d，受采动影响的围岩变形量为 120 mm 左右。巷道整个服务期间的变形量一般为 200~400 mm，单位维修费为 40~60 元/(m·a)。

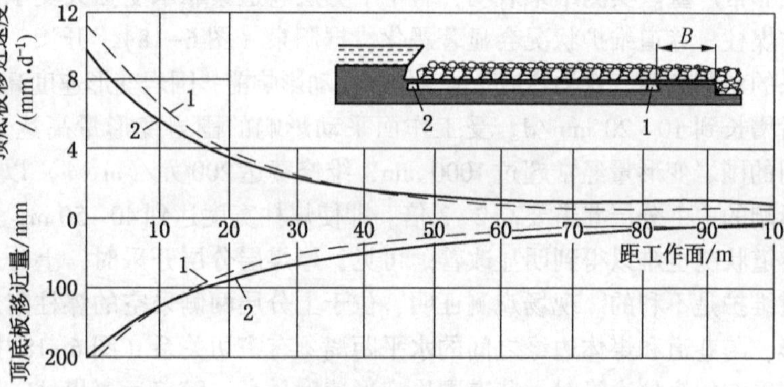

1—位于上分层已稳定的采空区下方；2—位于上分层一侧采空的煤柱边缘下方

图 6-16　厚煤层中下分层巷道围岩变形

2. 在上分层一侧采空的煤柱边缘附近送巷

图 6-15b 表明，上分层工作面基本顶显著运动结束后，上分层煤体边缘至基本顶触矸点之间的下分层煤体只受垮落矸石重量的作用，不再受顶板活动的动力作用，垂直方向和水平方向均处于卸压状态。送巷后将一直处于卸压状态，变形量较小。现场观测研究表明，下分层巷道与上分层巷道重叠布置时，受一侧采空煤柱影响不大，内错 2 m 送巷就基本上不受其影响（图 6-17 中曲线 1）。如图 6-16 所示，处于上分层一侧采空已稳定的煤柱边缘的中下分层巷道（图 6-15b），其围岩变形与附近无煤柱影响的巷道（图 6-15a）相差无几。因此，中下分层巷道可在基本顶显著运动结束后与上分层巷道重叠布置，但内错位置不能超过基本顶触矸点。

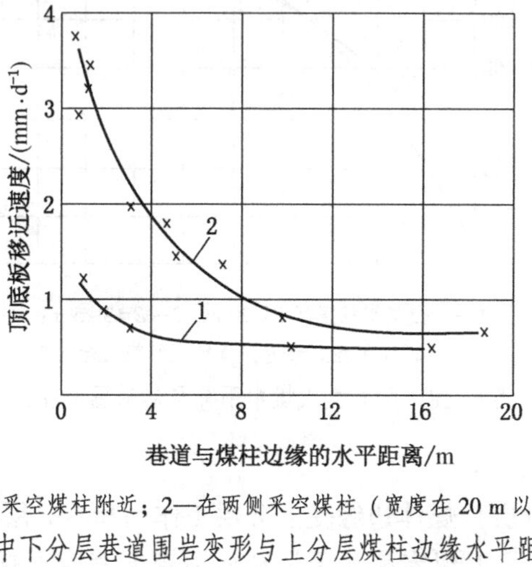

1—在一侧采空煤柱附近；2—在两侧采空煤柱（宽度在 20 m 以内）附近

图 6-17　中下分层巷道围岩变形与上分层煤柱边缘水平距离的关系

3. 上分层两侧采空的煤柱边缘附近送巷

如图6-15c所示，上分层两侧采空的煤柱（宽度不太大）上必然作用着较大的支承压力，受下分层回采影响后煤柱上的支承压力又会升高。由于煤柱上强大的支承压力影响，沿煤柱边缘下方掘进的下分层巷道周围煤体稳定性极差，不但具有较大的顶压，而且侧压也很大，底鼓非常严重。实测结果表明，若中下分层巷道紧靠承受强大支承压力作用的上分层两侧采空煤柱，巷道维护状况会显著恶化。据阳泉（图6-18）、开滦、井陉、鹤壁等矿厚煤层开采的观测表明，这类巷道受本工作面采动影响前，围岩变形速度高达3~4 mm/d，受采动影响后增长到10~20 mm/d。受工作面采动影响的围岩变形量高达300~400 mm，整个服务期间的围岩变形量经常超过1000 mm，维修费达200元/(m·a）以上，比附近无上分层煤柱影响的中下分层巷道要高2~3倍。即使煤柱宽度达到40~50 m，煤柱边缘附近的中下分层巷道状况也难以得到明显改善。可见，厚煤层分层开采时，上分层遗留煤柱对中下分层巷道维护是不利的。现场观测证明，位于上分层两侧采空的煤柱附近的中下分层巷道围岩变形，与巷道和煤体边缘之间的水平距离 x 有密切关系（图6-18中曲线2）。紧靠上分层两侧采空的煤柱边缘时，巷道围岩变形速度最高，随着远离煤柱，变形速度按负指数衰减，x 达到10 m左右才不受煤柱影响。因此，为改善这种巷道的维护状况，要求巷道与上分层两侧已采煤柱之间保持5~10 m的水平距离。

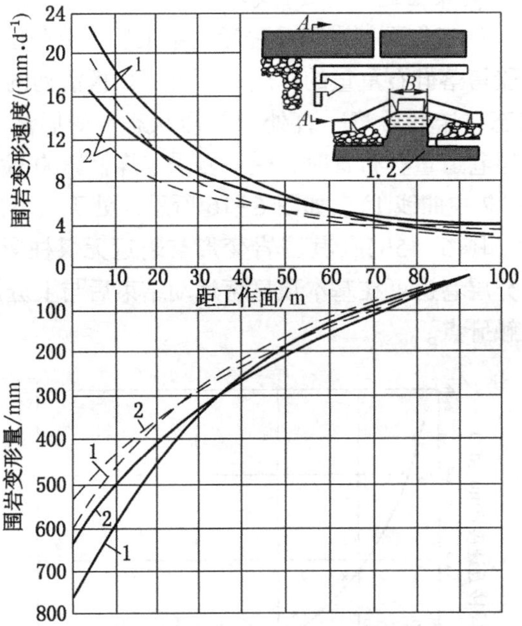

1—上分层煤柱宽度 $B=20$ m；2—$B=3\sim5$ m；
实线—顶底板相对移近；虚线—两帮相对移近

图6-18　阳泉丈八煤中下分层巷道围岩变形

4. 在本分层煤体边缘送巷

由于本分层（中下分层）煤体边缘受上分层工作面和本分层相邻工作面回采影响，煤体边缘处于高度卸压状态，上覆岩层显著运动后沿空掘巷应力扰动很小。峰峰、平顶山、鹤岗等矿区的实践表明，沿空掘巷维护比较容易，比上分层沿空掘巷的效果更为显著。中下分层在内应力场中留小煤柱送巷的效果不如上分层，中下分层煤体受多次采动影响，送巷后削弱了煤体的支撑能力，煤体将处于塑性流动状态，巷道围岩变形量很大，支护难以适应围岩变形，巷道支护常常在架设后不久遭到损坏。因此，建议进行沿空送巷。

（二）厚煤层中下分层沿空留巷

厚煤层特别是其中下分层沿空留巷的围岩变形量大，巷道维护困难，对支架的缩量和承载能力要求较高，国内外均处于试验研究阶段。研究表明，中分层沿空留巷的顶底板移近量能达到采高的 30%～50%，断面收缩率高达 35%～50%。兴隆庄煤矿从支护改革着手，使 3 号厚煤层上中分层留巷获得成功。随着我国沿空留巷支护技术水平的提高，厚煤层留巷将会逐步得到推广和应用。

第三节 巷道围岩变形量的预计

巷道开掘位置或开掘时间不同，决定着巷道受顶板活动和支承压力作用的过程，也决定了可能产生的围岩变形。为使巷道在最终使用时有适宜的断面，必须正确预计围岩变形量，确定初始工作断面。预计变形量也是选择支架类型、确定支架可缩量的基础。通过实测岩层（特别是基本顶）的运动情况，可以对巷道围岩变形量做出预计。

一、巷道围岩变形过程及变形量的组成

弄清巷道围岩变形在受采动影响中形成的过程和原因，是进行巷道围岩变形量预计的基础。

（一）沿空留巷的围岩变形

沿空留巷要经历顶板活动和支承压力作用的全过程（图 6-10），在整个服务期间其围岩变形过程可分为 7 个阶段，如图 6-19 所示。

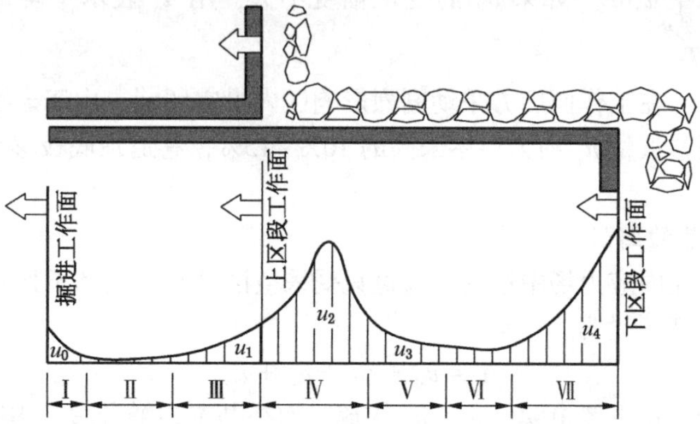

图 6-19 沿空留巷围岩变形过程

（1）在煤体内开掘巷道后，破坏了原始应力状态，巷道围岩出现应力集中，在围岩塑性破坏发展过程中，巷道周边发生显著移近。随着掘进时间延长，围岩移近速度将逐渐降低。

（2）掘巷引起的应力重新分布趋向稳定后，由于煤层一般具有流变性质，巷道围岩仍

保持一定变形速度。

(3) 在上区段工作面超前支承压力作用下，围岩塑性区进一步扩大，围岩变形增长较快。

(4) 在工作面后方岩梁断裂前弯曲下沉及岩梁断裂后显著运动过程中，基本顶岩梁运动迫使巷道顶板快速下沉，将造成很大的下沉量。

(5) 在基本顶触矸后，随着采空区矸石压实，巷道围岩移近速度逐渐趋于稳定。

(6) 回采引起的顶板活动和应力分布趋向稳定后，巷道围岩保持一定的流变速度。

(7) 受下区段工作面回采影响时，由于支承压力叠加使煤柱塑性区显著增大，引起巷道围岩变形。

留巷在整个服务期间的围岩变形量（单位为 mm）为

$$u = u_0 + u_1 + u_2 + u_3 + u_4 + u_5$$

式中　u_0——因掘巷破坏了原始平衡状态所产生的变形量，主要与围岩稳定性和采深有关，占总变形量的比例很小；

u_1——超前支承压力作用下的巷道变形量，一般占总变形量的10%左右；

u_2——工作面后方岩梁弯曲沉降和显著运动过程的变形量，由直接顶厚度、采高和基本顶悬跨度决定，占总变形量的60%~70%左右，是沿空留巷围岩变形的主要组成部分；

u_3——基本顶显著运动后压实矸石过程中的巷道变形量，可以按碎胀系数从1.35压实到1.05左右计，一般占总变形量的5%~8%；

u_4——巷道复用时工作面超前支承压力作用下的巷道变形量，一般占总变形量的20%左右；

u_5——巷道存在期间围岩流动变形总和，它与围岩（特别是煤层）的流变特征和围岩应力的大小及其变化情况有关。如果 u_d 为围岩流变速度，T 为存在时间，则 $u_5 = \int_D^T u_d \mathrm{d}t$。如果 u_d 的变化幅度不大，用 u_p 表示平均流变速度，则 $u_5 = u_p \cdot T$。

生产实践表明，在工作面后方采动剧烈影响区内沿空留巷，由于岩梁弯曲沉降和回转引起的巷道顶底板移近量 u_2 约为煤层采高的10%~15%，巷道顶底板移近量约为煤层采高的15%~20%。

（二）沿空送巷的围岩变形

基本顶触矸后在内应力场中送巷，巷道只受采空区矸石压缩和下区段工作面回采的影响（图6-10），其变形量为

$$u = u_0 + u_3 + u_4 + u_5$$

沿空留巷的变形量主要由 u_1、u_2、u_4 构成，而在基本顶触矸后，内应力场中送巷的变形量主要由 u_4 构成，此时送巷的变形量远小于留巷。但是，如果在基本顶裂断回转来压前送巷，则巷道变形量要增加 u_2，几乎与留巷的变形量相同。因此，正确地选择送巷时间是决定巷道变形量大小的关键。

二、巷道围岩变形量的预计

沿空留巷的围岩变形主要是由岩梁弯曲沉降和显著运动引起的，正确预计这部分变形

量即可对留巷的全部变形量做出大概预计。由于沿空留巷上方基本顶岩梁显著运动后形不成三铰拱结构，且巷道要经历覆岩运动发展到稳定的全过程，巷道支架不可能对基本顶岩梁的运动加以限制，只能限制直接顶运动，因而巷道顶板下沉量由基本顶运动的位态决定。显然，通过实测确定基本顶岩梁运动特征参数，特别是端部裂断位置和采空区触矸位置，即可对留巷的主要变形量做出预计。

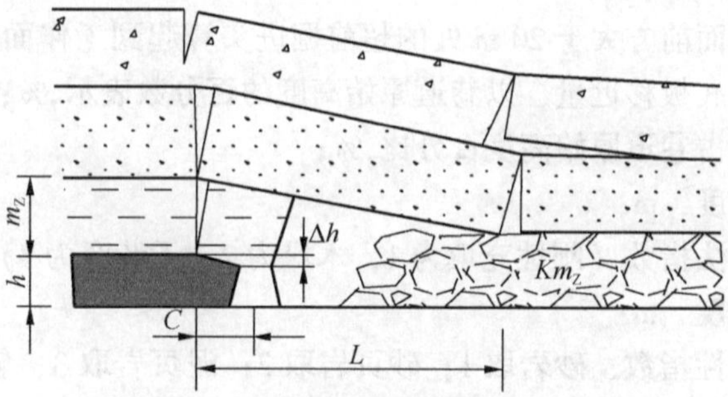

图6-20　留巷受顶板运动影响的状况

图 6-20 所示为留巷受顶板运动影响的状况，该图表明以下关系：

$$\frac{\Delta h}{C} = \frac{h + m_Z - Km_Z}{L}$$

则

$$\Delta h = \frac{C}{L}[h - m_Z(K - 1)]$$

如果 $K = K_A$（K_A 为岩石碎胀系数），则上式为岩梁弯曲下沉和显著运动过程中的巷道变形量 u_2，即

$$u_2 = \frac{C}{L}[h - m_Z(K_A - 1)]$$

同理，压实矸石过程中的巷道变形 u_3 为

$$u_3 = \frac{C}{L}m_Z(K_A - K_c)$$

式中　h——采高，m；

m_Z——直接顶厚度，m；

C——巷道中线与岩梁端部裂断线距离，m；

L——岩梁悬跨度（端部裂断线到触矸点间的水平距离），m；

K_A——岩石碎胀系数，1.30~1.35；

K_c——矸石压实后的残余碎胀系数，1.00~1.05。

则受顶板活动影响造成的总变形量为

$$u_2 + u_3 = \frac{C}{L}[m - m_Z(K_c - 1)] \approx \frac{Cm}{L}$$

可见，留巷的顶板下沉量与采高、岩梁裂断跨度、端部裂断线距煤体边缘的距离（内应力场范围）及巷道宽度有关。送巷的变形量取决于送巷的位置和时间，巷道距端部裂断线的位置越近（C 越小），同一时间送巷的变形量将越小。送巷的时间不同，同一位置送

巷的变形量可能相差很大，例如岩梁来压后送巷比来压前送巷少一项 u_2。

西德埃森研究中心根据大量实测资料，对鲁尔矿区沿空留巷（以拱形可缩性支架作巷内支架）的顶底板移近量和底鼓量做了统计分析，其回归方程为

$$\overline{U} = -78 + 0.066H + 4.3S_V \cdot m + 24.3\sqrt{GL} \pm 2.7$$

$$S_H = -58 + 0.039H + 3.7S_V \cdot m + 20.9\sqrt{GL} \pm 4$$

式中　$\overline{U}$——由工作面前方大于 20 m 处的超前掘进头算起到工作面后方 300 m 范围内的巷道顶底板移近量，以巷道原始高度的百分数表示，%；

S_H——底鼓量占巷道原始高度百分比，%；

H——开采深度，m；

S_V——护巷方法指数（刚性充填为 1，木垛为 2，无巷旁为 3）；

m——开采厚度，m；

GL——底板岩性指数，砂岩取 1；砂页岩取 2；泥页岩取 3；软岩取 4；煤取 5；页岩和底板软岩互层、分层厚度在 20 cm 以下取 6。考虑煤层以下 6 m 以内的底板，如该范围内有几种岩层，就取其厚度的加权平均值（只考虑分层厚度在 20 cm 以上的各分层）。

三、影响巷道围岩变形量的因素

从巷道受采动影响的围岩变形量大小及其预计中可以看出，巷道围岩变形量主要与地质因素和开采因素有关。

1. 地质因素

（1）顶板条件。基本顶岩梁的运动情况对留巷的顶板下沉量影响很大，基本顶岩梁悬跨度越小，端部断裂线进入煤体内部的距离越大（内应力场范围越大），则沿空留巷的顶板下沉量也越大。

（2）底板条件。底板岩性对底鼓量的影响很大，特别是开采深度较大时这种影响更明显。底板岩性越差，底鼓量越大，底鼓量占顶底板移近量的比例最高能达到 60%～70%。

图 6-21 所示为平顶山、阳泉和鹤壁等矿区围岩性质不同的巷道受采动影响的围岩变形。图中 1 为平顶山六、七矿的戊 8 煤层及一、十矿的丁组煤层中顶底板比较稳定（砂质页岩）的中厚煤层巷道；图中 2 为平顶山戊 9～10 煤层、阳泉丈八煤、鹤壁大煤、顶底板中等稳定以上的页岩和砂页岩等煤质中硬的厚煤层巷道；图中 3 为平顶山二、三、十二矿已组煤层，顶底板属炭质页岩或膨胀性黏土页岩等围岩松软的巷道。从图 6-21 可见，围岩性质越差，工作面前方巷道受采动影响的范围越大，受采动影响的变形速度和变形量也越大。对围岩中等稳定以上的中厚煤层和厚煤层，在工作面前方相同距离处，厚煤层巷道的围岩变形速度一般是中厚煤层的 2 倍。围岩松软的巷道受采动影响前的围岩变形速度是围岩中等稳定巷道的 4～5 倍，在采动影响期间前者是后者的 5～10 倍。所以，围岩性质是影响煤层巷道围岩变形量大小最重要的因素。

（3）开采深度。开采深度大，支承压力也大，煤体塑性破坏范围就越大。它不仅导致煤帮鼓出，而且支承压力高峰和岩梁端部裂断位置将向煤体内部移动。因而，巷道顶板下沉量、底鼓量、两帮移近量都随开采深度增大而增加。大深度开采时巷道矿压控制越来越

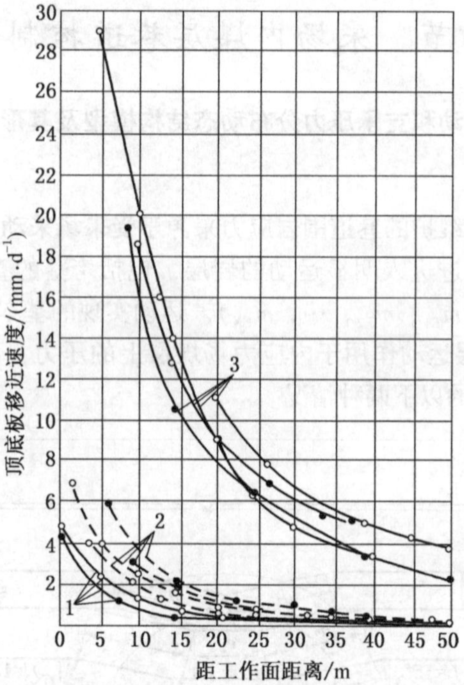

1—围岩比较稳定；2—围岩中等稳定以上的厚煤层；3—围岩松软

图 6-21　围岩性质对煤层巷道围岩变形的影响

困难就是这个道理。西德鲁尔区巷道变形实测统计分析表明，采深每增加 100 m，留巷的顶底板移近量增加原始高度的 6.6%。预计巷道围岩应力值和围岩变形量观测结果的对比表明，绝大部分煤层巷道的围岩变形量与围岩应力的大小呈线性增长。

2. 开采因素

(1) 巷道开掘的位置和时间。大量分析和现场实践表明，巷道开掘的位置和时间不同，变形量也不同。岩梁触矸后在内应力场中送巷，不受顶板剧烈活动的影响，且避免了高应力的作用，是较合理的。

(2) 支护阻力的大小。研究和实践证明，支护阻力在一定程度上对围岩变形起着限制作用。在基本顶处于给定变形状态时，支护阻力使直接顶与基本顶贴紧，并保持其稳定性，可以减少巷道变形量。采用强力的巷旁支护对巷道顶板移近能得到一定的控制效果。另外，增大支护对煤帮的侧向工作阻力，可减小煤体塑性破坏区，从而取得减少顶底板和两帮移近的效果。

(3) 采高。巷道顶底板和两帮移近量与采高呈线性关系增加。

(4) 巷道宽度。从顶板活动对留巷顶板下沉的影响可以看到，留巷的顶板下沉与巷道宽度呈线性增长。淮北杨庄矿沿空留巷宽度为 2.9 m 时，工作面端头等处经常需要翻修，将宽度缩小到 2.2 m 后有效地改善了维护状况。平顶山、铜川等矿区的实践经验都证实留巷应尽量减小宽度，以利于维护。

(5) 巷道高度。顶底板移近量与高度呈线性关系增长。

第四节　采场内煤层巷道控制设计

一、采场推进岩层运动和支承压力分布动态结构模型及其形成发展的规律（采区采准巷道控制设计的基础）

在内应力场中开掘和维护的巷道围岩应力来源于受采场采动影响明显运动的上覆岩层运动的作用力。随采场推进进入明显运动的岩层，包括垮落的直接顶（m_Z）和运动中保持传递力联系的基本顶（m_{E1}，m_{E2}，…，m_{EN}）。运动实现的基本结构状态和结构参数如图6-22所示。该范围内岩层运动作用于内应力场煤层上的压力，可以根据基本顶下位岩梁（板）运动实现可能出现的以下两种情况。

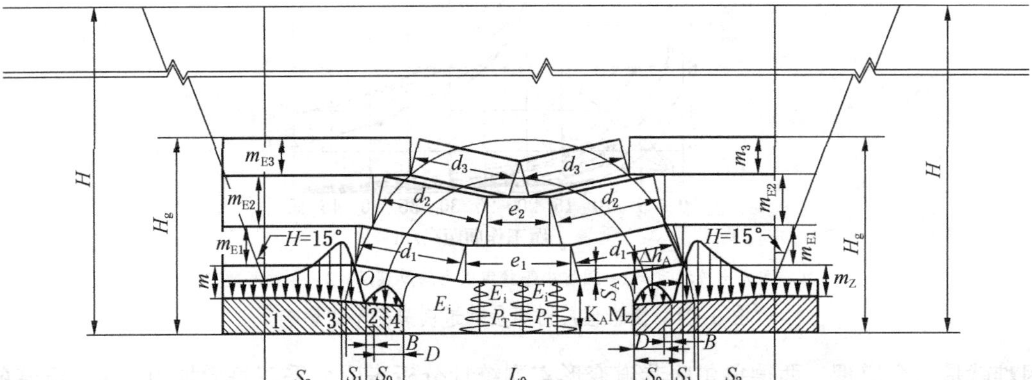

图6-22　不同部位巷道围岩应力来源

第一种情况：岩梁端部剪切失稳，即图6-22中咬合点O失云挤压铰接能力。

此情况下内应力场受压煤层（S_0）上的压力P_{S0}及煤层中的垂直应力σ_S可以根据基本顶岩梁的重力平衡议程求得。其中，当第一岩梁（下位岩梁）裂断时，其运动重力平衡方程为

$$2\int_0^{S_0}\sigma_S \mathrm{d}S + E_i\varepsilon_i e_1 = 2A + B \tag{6-1}$$

即

$$p_{S0} = \int_0^{S_0}\sigma_S \mathrm{d}S = \frac{1}{2}[(2A + B_1) - E_i\varepsilon_i e_1] \tag{6-2}$$

式中　A——直接顶作用力，$A = m_Z\gamma_Z l_Z$；

B——基本顶作用力，$B_1 = (L_0 + 2S_0)m_{E1}\gamma_{E1}$；

m_Z、γ_Z——直接顶（垮落岩层）厚度及重力密度；

m_{E1}、γ_{E1}——基本顶第一（下位）岩梁厚度及重力密度；

l_Z、L_0——直接顶悬跨度及工作面长度。

垮落碎胀矸石支承反力为

$$P_T = E_i\varepsilon_i e_1 \tag{6-3}$$

式中　e_1——基本顶下位岩梁来压裂断中间段的跨度，m，$e_1 = (L_0 + 2S_0) - (d_1 + d_2)$；

ε_i——基本顶岩梁触矸后的沉降量（即采空区碎胀矸石压缩量），mm；

E_i——垮落碎胀矸石压缩刚度（$t/mm \cdot m^2$）。

对于近水平煤层，研究证明当基本顶下位岩梁第一次裂断步距 C_{01} 已知时，$d_1 = d_2 \approx C_{01}$ 关系成立。基本顶下位岩梁触矸时（压缩矸石）沉降量为

$$\varepsilon_i = S_i - S_A$$

$$S_A = h - m_Z(K_A - 1)$$

式中　S_i——基本顶下位岩梁的沉降值，mm；

S_A——基本顶下位岩梁触矸时的沉降值，mm；

h——采高，m；

m_Z——直接顶（垮落岩层）厚度，m；

K_A——垮落岩层被压缩前的碎胀系数，一般情况下 $K_A = 1.35 \sim 1.45$。

实验研究证明，碎胀矸石压缩刚度 $E_i = f(S_i)$ 的关系曲线如图 6-23 所示。近似线性段的压缩刚度方程为

$$E_i = f(S_i) = \frac{E_{max}}{S_{max} - S_A}(S_i - S_A) \tag{6-4}$$

式中 S_{max} 为采空区垮落碎胀矸石处于“极限压缩”状态（即 $E_i = E_{max}$）时岩梁的最大沉降值，$S_{max} = h - m_Z(K_{min} - 1)$，其中 K_{min} 为垮落岩层处于“极限压缩”状态时的碎胀系数，从实用出发，可取 $K_{min} = 1.05 \sim 1.15$。

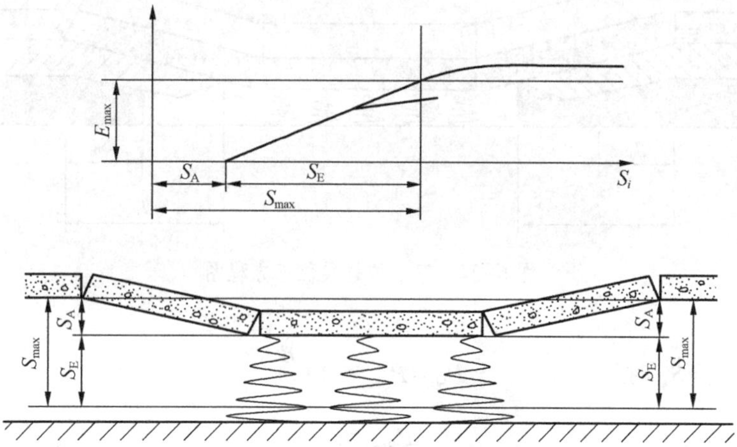

图 6-23　碎胀矸石压缩刚度关系图

由此可得出岩梁沉降过程中的支承反力 P_T 值的表达式为

$$P_T = E_i \varepsilon_i e_1 = \frac{E_{max}}{S_{max} - S_A}(S_i - S_A)(S_i - S_A)e_1 = \frac{e_1 E_{max}}{S_{max} - S_A}(S_i - S_A)^2 \tag{6-5}$$

式（6-5）简化为

$$P_T = C(S_i - S_A)^2 \tag{6-6}$$

式中 $C = \dfrac{e_1 E_{max}}{S_{max} - S_A}$。

将所列结果代入式（6-2），则得出基本顶下位岩梁裂断作用在内应力场煤层条带上

的压力方程——“岩梁位态方程”的表达式为

$$P_{S0}=\int_0^{S_0}\sigma_S \mathrm{d}S=[(2A+B_1)-C(S_i-S_A)^2]\frac{1}{2} \quad (6-7)$$

如果假设受压煤层带应力均匀分布，则

$$P_{S0}=\sigma_{Sp}\cdot S_0=\frac{1}{2}[(2A+B_1)-C(S_i-S_A)^2]$$

由此得内应力场煤层上的平均垂直压应力的表达式为

$$\sigma_{Sp}=\frac{1}{2S_0}[(2A+B_1)-C(S_i-S_A)^2] \quad (6-8)$$

该位态方程的特征如图 6-24 所示。

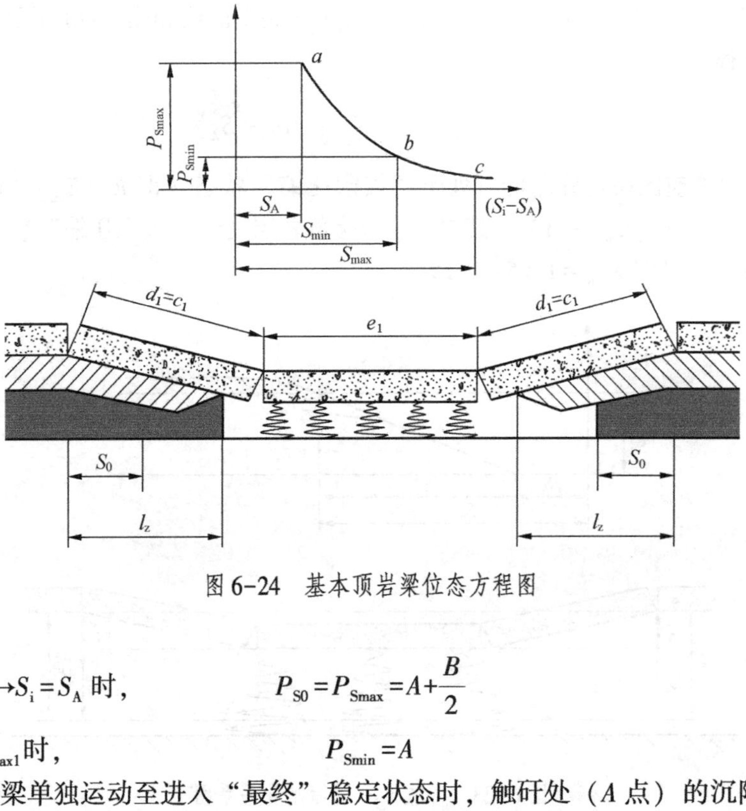

图 6-24　基本顶岩梁位态方程图

当 $S_i=0 \to S_i=S_A$ 时，　　　　$P_{S0}=P_{Smax}=A+\frac{B}{2}$

当 $S_i=S_{max1}$ 时，　　　　$P_{Smin}=A$

S_{max1}为下位岩梁单独运动至进入“最终”稳定状态时，触矸处（A 点）的沉降值。当岩梁沉降至该位态时，内应力场煤层上只承受了“直接顶”的重量，即

$$P_{S0}=\frac{1}{2}[(2A+B_1)-C(S_i-S_A)^2]=A$$

由此可求得 S_{max1}值为

$$S_{max1}=\sqrt{\frac{B_1}{C}}+S_A \quad (6-9)$$

式中 $B_1=m_{E1}\gamma_{E1}(L_0+2S_0)$；$C=\frac{e_1E_{max}}{S_{max}-A}$；$S_A=h-m_Z(K_A-1)$。

同理可以求得破坏拱内各岩梁来压沉降时，内应力场煤带上的压力位态方程式，及相应的下位岩梁在触矸处（A）的最终沉值。其中：

当第二岩梁裂断来压时，则有

$$P_{S02}=\int_0^{S_0}\sigma_S\mathrm{d}S=\frac{1}{2}[(2A+B_1+B_2)-C(S_i-S_A)^2]$$

$$\sigma_{Sp2}=\frac{1}{2S_0}[(2A+B_1+B_2)-C(S_i-S_A)^2]$$

$$S_{max2}=\sqrt{\frac{B_1+B_2}{C}}+S_A$$

第 n 岩梁裂断来压则有

$$P_{S0n}=\int_0^{S_0}\sigma_S\mathrm{d}S=\frac{1}{2}\left[\left(2A+\sum_1^n B_i\right)-C(S_i-S_A)^2\right] \tag{6-10}$$

$$\sigma_{Spn}=\frac{1}{2S_0}\left[\left(2A+\sum_1^n B_i\right)-C(S_i-S_A)^2\right] \tag{6-11}$$

$$S_{maxzn}=\sqrt{\frac{\sum_1^n B_n}{C}}+S_A \tag{6-12}$$

破坏拱范围所有岩层裂断运动实现时，内应力场力源的整体运动位态方程及下位岩梁的触矸处的最终沉降值的近似表达式分别为

$$P_S=\int_0^{S_0}\sigma_S\mathrm{d}S=\frac{1}{2}[(2A+B_S)-C(S_i-S_A)^2] \tag{6-13}$$

$$\sigma_{Sp}=\frac{1}{2S}[(2A+B_S)-C(S_i-S_A)^2] \tag{6-14}$$

$$S_{maxS}=\sqrt{\frac{B_S}{C}}+S_A\approx S_{max} \tag{6-15}$$

式中 $B_S\approx\left[\pi\left(\frac{L_0+2S_0}{2}\right)^2-(h+m_Z)L_0\right]\gamma_p$；$S_{max}=h-m_Z(K_{min}-1)$。

综上分析，可以明显得出，作用在内应力场煤层上的支承压力是上覆岩层沉降量的函数。因此在确定内应力场范围（S_0）的同时，搞清上覆岩层运动发展的规律，以此为基础正确选择巷道开掘的位置和时间，尽可能地实现在稳定的内应力场中开掘和维护巷道，是控制内应力场巷道矿压显现的关键。

第二种情况：破坏拱内上覆岩层运动的全过程中，下位岩梁在端部，即图 6-22 中 O 点，始终保持传递力的联系。

此情况下基本顶下位岩梁运动过程中的结构力学模型如图 6-22 所示。此时，内应力场煤层上承受的压力应接岩梁运动，对咬合点 O 的力矩平衡方程导出。

$$P_{S0}=\int_0^{S_0}\sigma_S\mathrm{d}S=A+B \tag{6-16}$$

式中 A——直接顶运动给煤层的压力；

B——基本顶下位岩梁运动给煤层的压力。

用直接顶的重量对 O 点取矩可得直接顶运动（包括自身运动和在基本顶下位岩梁强迫

下运动)，给煤层的压力 A 为

$$A=\int_0^{S_0}\sigma_{SA}\mathrm{d}S=m_Z r_Z\frac{l_Z^2}{S_0}=m_Z\gamma_Z f_Z \tag{6-17}$$

式中　m_Z、l_Z、γ_Z——直接顶厚度、悬跨度、重力密度；

L_S——煤层支承压力合力作用点距梁端（O 点）距离；

f_Z——力矩系数，$f_Z=\dfrac{l_Z^2}{2l_S}$。由此得直接顶的压力及平均应力分别为

$$A=m_Z\gamma_Z\frac{l_Z^2}{S_0} \tag{6-18}$$

$$\sigma_{AP}=m_Z\gamma_Z\frac{l_Z^2}{S_0^2} \tag{6-19}$$

如 $l_Z=S_0$，则

$$A=m_Z\gamma_Z S_0$$

$$\sigma_{AP}=m_Z\gamma_Z$$

基本顶下位岩梁运动的力矩平衡方程为

$$\sum_0^{S_0}\sigma_{SB}\mathrm{d}Sl_S+\frac{d_1}{2}E_i\varepsilon_{li}e_1=\frac{1}{2}m_{E1}\gamma_{E1}e_1d_1+\frac{1}{2}m_{E1}\gamma_{E1}d_1d_1 \tag{6-20}$$

由此得基本顶下位岩梁运动作用在内应力场煤层上的压力 B_1 为

$$B_1=\int_0^{S_0}\sigma_{SB}\mathrm{d}S=\frac{m_{E1}\gamma_{E1}d_1}{2l_S}(e_1+d_1)-\frac{d_1}{2l_S}E_ie_ie_i \tag{6-21}$$

如果假设内应力场支承压力均匀分布，则可得煤层上的支承压力和平均应力分别为

$$B_{P1}=\frac{m_{E1}\gamma_{E1}d_1}{S_0}(e_1+d_1)-\frac{d_1}{S_0}E_i\varepsilon_{li}e_1 \tag{6-22}$$

$$\sigma_{BP1}=\frac{m_{E1}\gamma_{E1}d_1}{S_0^2}(e_1+d_1)-\frac{d_1}{S_0^2}E_{li}\varepsilon_ie_1 \tag{6-23}$$

式中　m_{E1}——基本顶下位岩梁厚度；

γ_{E1}——基本顶下位岩梁重力密度；

d_1——下位岩梁裂断后端部块段跨度，研究证明在一般顶板条件下接近于该岩梁的来压步距，即 $d_1\approx C_{10}$；

e_1——下位岩梁裂断后中部块段的跨度，对于近水平煤层，$e_1=(L_0+2S_0)-2d_1$，其中 S_0 为内应力场煤层带宽（内应力场范围）；

ε_{li}——下位岩梁沉降触矸开始到进入稳定状态时，采空区垮落矸石的压缩量，$\varepsilon_{li}=S_{max}-S_A$，其中 $S_A=h-m_Z(K_A-1)$，$S_{max}=h-m_Z(K_{min}-1)$。

图 6-25 中 E_{max} 和 S_{max} 分别为采空区垮落矸石的“极限”压缩刚度和岩梁的最大可能沉降值。

将上述分析研究结果代入式（6-16），经过整理即可得下位岩梁裂断来压作用在内应力场的压力关系方程——下位岩梁“位态方程”为

$$P_{SP1}=(A_1+D_1)-C(S_i-S_A)^2 \tag{6-24}$$

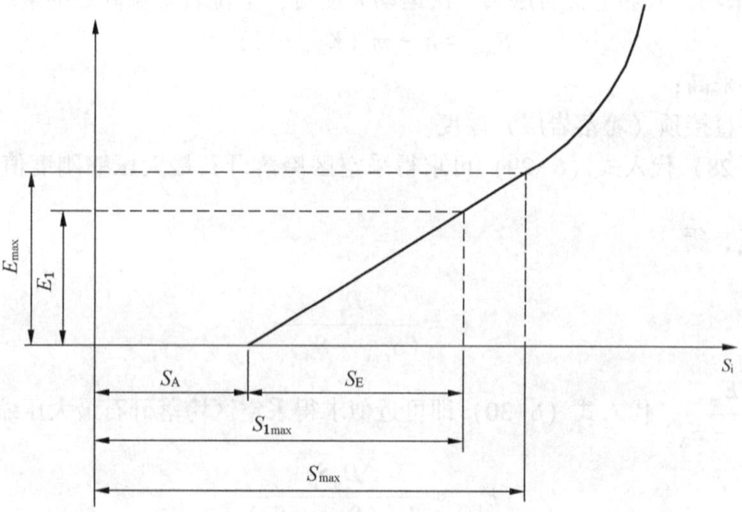

图 6-25 采空区岩梁最大沉降值

式中 $A_1=m_Z\gamma_Z\dfrac{l_Z^2}{S_0}$；$D_1=\dfrac{m_{E1}\gamma_{E1}d_1(e_1+d_1)}{S_0}$；$C=\dfrac{d_1e_1E_{max}}{S_0(S_{max}-S_A)}$。

如令 $SP_1=A$，则同样可求出下位岩梁单独作用条件下触矸处"最终"沉降值 S_{1max} 为

$$S_{1max}=\sqrt{\frac{D_1}{C}}+S_A \tag{6-25}$$

以下位岩梁单独运动内应力场煤层受力位态方程为基础，不难按力矩平衡条件导出采场上覆岩层总体位态方程的表达式为

$$P_{SP}=(A+D_n)-C(S_i-S_A)^2 \tag{6-26}$$

式中 $D_n=\dfrac{\sum_1^n m_i r_E d_i(e_i+d_i)}{S_0}$。

平均压应力（σ_{SP}）的位态方程表达式为

$$\sigma_{SP}=\frac{P_{SP}}{S_0}=\frac{1}{S_0}[(A+D_n)-C(S_i-S_A)^2] \tag{6-27}$$

"最终"稳定时下位岩梁触矸处的最终沉降值（S_{nmax}）为

$$S_{nmax}=\sqrt{\frac{D_n}{C}}+S_A \tag{6-28}$$

现场实践证明，当工作面长度在 200 m 左右的限度范围内，工作面推进到超过工作面长度时，采场上覆岩层中"明显运动"的岩层，包括直接顶（垮落岩层）和基本顶各岩梁（裂隙带）第一次裂断运动，即基本实现。经过一段时间的沉降和压缩已冒矸石即可进入相对稳定状态。此时下位岩梁触矸处的沉降值即可以看成是达到了明显运动的上覆岩层沉降作用力相对应的平衡极限。与此同时，垮落矸石的压缩刚度（E）也同样达到了与运动的上覆岩层作用力相对应的最大值 E_{max}。

综合兖州放顶煤开采及其他一些深部矿井开采实践成果。对于工作面长度不超过

200 m左右的采场，采场上覆岩层第一次运动完成时，下位岩梁触矸处的最终沉降值为

$$S_{max} = h - m_Z(K_{min} - 1) \tag{6-29}$$

式中　h——采高；

m_Z——直接顶（垮落岩层）厚度。

将式（6-28）代入式（6-29）可求得采空区垮落矸石最大压缩刚度值，即使 $S_{nmax} = \sqrt{\frac{D_n}{C}} + S_A = S_{max}$，得

$$C = \frac{D_n}{(S_{max} - S_A)^2} \tag{6-30}$$

将 $C = \frac{d_1 e_1 E_{max}}{S_0(S_{max} - S_A)}$ 代入式（6-30）即可近似求得采空区垮落矸石最大压缩刚度

$$E_{max} = \frac{D_n S_0}{d_1 e_1 (S_{max} - S_A)} \tag{6-31}$$

基本顶裂断来压沉降的全过程中，内应力场范围（S_0）的煤层将在相应岩梁的压力作用下被压缩，其压缩量将随下位岩梁沉降量 S_i 增加而增加，一直到下位岩梁进入“相对稳定”状态为止。其中，下位岩梁单独运动时，内应力场煤层上最大压缩变形，对照图6-22及图6-26采用重力平衡位态方程推测：

$$\Delta h_{1max} = \Delta h_{1A} + \Delta h_{1\varepsilon} = \frac{S_0 S_{1max}}{d_1} \tag{6-32}$$

将 $S_{1max} = \sqrt{\frac{B_1}{C}} + S_A$ 代入式（6-32）得

$$\Delta h_{1max} = \frac{S_0}{d_1}\left(S_A + \sqrt{\frac{B_1}{C}}\right) \tag{6-33}$$

同理可以采用力矩平衡位态方程引导求出：

$$\Delta h_{1max} = \frac{S_0}{d_1}\left(S_A + \sqrt{\frac{D_1}{C}}\right) \tag{6-34}$$

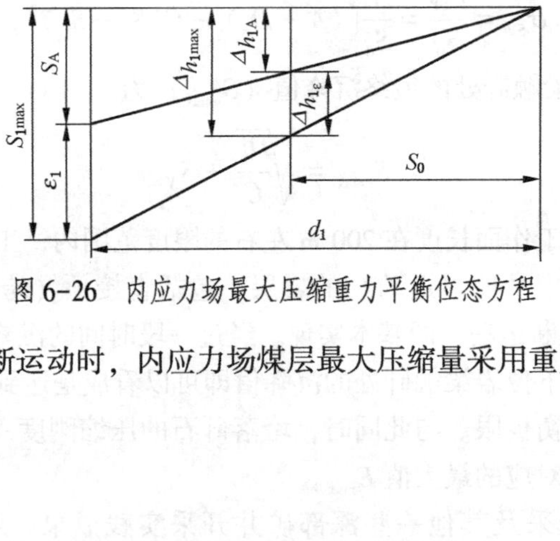

图 6-26　内应力场最大压缩重力平衡位态方程

基本顶全部岩梁裂断运动时，内应力场煤层最大压缩量采用重力平衡力矩平衡位态方程推算的近似值分别为

$$\Delta h_{\max} = \frac{S_0}{d_1}\left(S_A + \sqrt{\frac{\sum_1^n B_1}{C}}\right) \tag{6-35}$$

$$\Delta h_{\max} = \frac{S_0}{d_1}\left(S_A + \sqrt{\frac{D_n}{C}}\right) \tag{6-36}$$

二、在稳定的采动应力场中开掘的巷道（包括在稳定的内应力场中开掘的巷道和在外应力场中开掘的巷道）控制设计

在内应力场开掘和维护巷道控制矿山压力显现（包括围岩变形量的控制及支护阻抗力及变形量的控制）的关键包括以下三个方面。

1. 合理选择巷道开掘的位置

显然，在已确定出内应力场范围也就是已进入破坏的煤带宽度（S_0）的基础上，尽可能地把巷道直接开掘到内应力场深部边界，也就是内外应力场分界线处。也就是说，如果不考虑回收率，在内应力场开掘巷道，还是留煤柱宽度大一些好，以便把护巷煤柱上承受的压力及相应的变形量减少到最低限度。当然，如果在内应力场进入完全稳定后开掘巷道，在内应力场中，所留巷道煤柱的宽度只要保证不出现采空区漏风等情况，小一点也不是问题。

2. 正确确定巷道开掘的时间

保证在回采工作面推进到一定距离和时间后再开始在内应力场中掘巷，并始终把滞后的距离和时间保持在能实现在稳定的内应力场开掘和维护巷道的目标，是控制巷道变形破坏的关键，是重中之重。这点从上述内应力场煤层条带的压力（应力）和变形的研究，包括相关位态方程所表达的关系中，已经得到明确的论证。

3. 根据选定的巷道开掘维护时间及可能经历的“内应力场”受力变形发展过程正确地（针对性地）进行支护设计

随采场推进，两侧将出现内应力场的范围，煤层承受的压力及相应的压缩变形发展过程如图 6-27 所示。该发展过程包括以下两个发展阶段：

（1）内应力场形成前的发展阶段，包括：①工作面推进开始前，处于原巷道压力作用下的发展过程；②工作面推进开始后，随采场推进和回采空间的扩大压力递增，弹性压缩和塑性破坏从煤壁边缘开始，逐步向纵深扩展的过程，此过程工作面推进距离如图 6-27 中 a 段及 b 段所示；③工作面推进至“内应力场”范围煤层全部进入塑性破坏状态后，随采场推进和支承压力的增加，承压的压力迅速递减的发展过程。

（2）“内应力场”的形成和发展阶段，包括由工作面长度决定进入裂断破坏拱内所有上覆岩层裂断运动和发展的全过程：①第一岩梁裂断运动的发展过程；②第二岩梁裂断运动的发展过程；③第三岩梁裂断运动的发展过程。

该发展阶段“内应力场”范围煤层上的压力和压缩变形，重要特征是每一次压力和压缩变形的明显增减过程，都将对应于基本顶相应岩梁从裂断下沉，触矸、压缩采空区矸石进入相对稳定过程。由图 6-27 不难看出，在内应力场开掘和维护巷道控制矿压和顶板控制设计，应针对不同的开掘和维护时间方案进行。在内应力场开掘和维护巷道可能的方案

如图 6-28 所示。

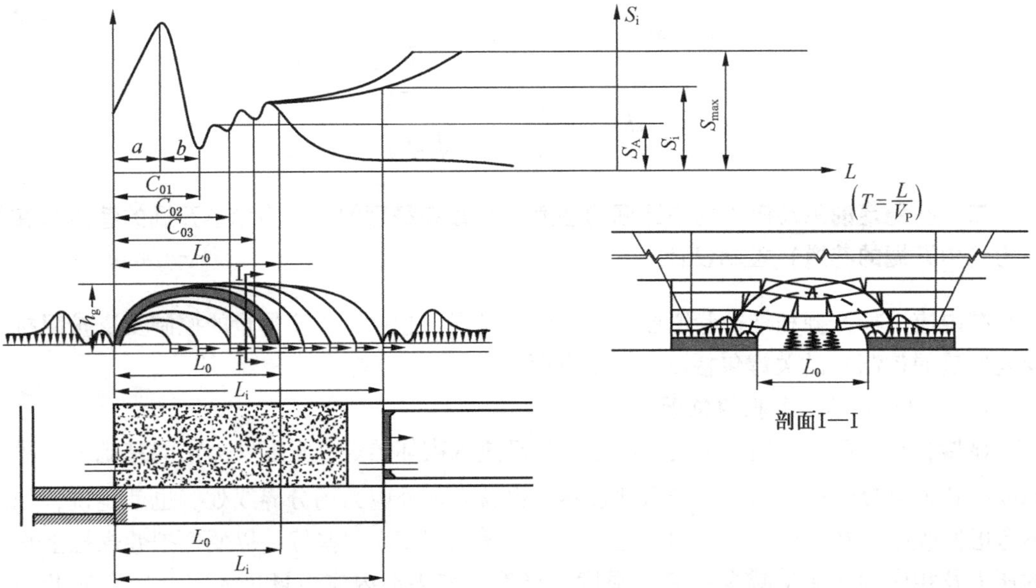

图 6-27　采场推进“内应力场”范围煤层压力和压缩过程

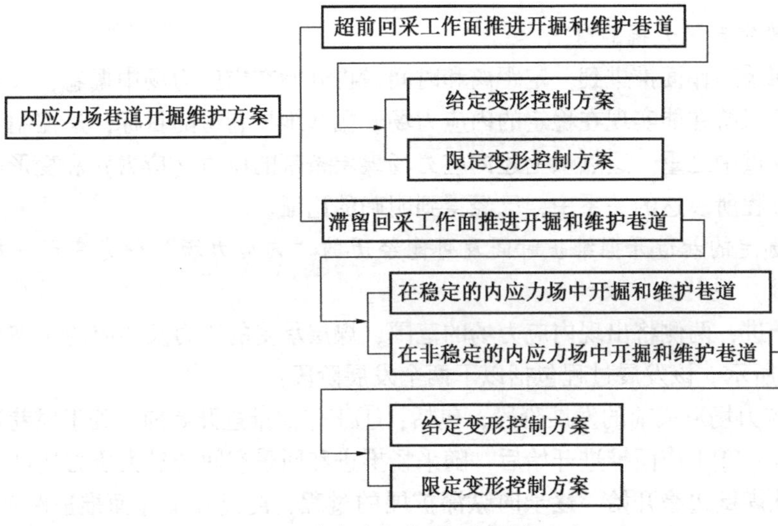

图 6-28　内应力场巷道开掘维护方案

三、在采场推进过程中未稳定的内应力场中开掘的巷道矿山压力控制设计

超前回采工作面推进开掘和维护的回采巷道将经历回采工作面推进内应力场形成和发展的全过程如图 6-29 所示。

如前所述，该条件下巷道侧帮煤柱上承受的垂直压力为

$$P_{SP} = (A + D_n) - C(S_i - S_A)^2 \tag{6-37}$$

在垂直压力 P_{SP} 作用下，促使巷道侧帮煤壁鼓出的侧向压力 F_{SP} 为

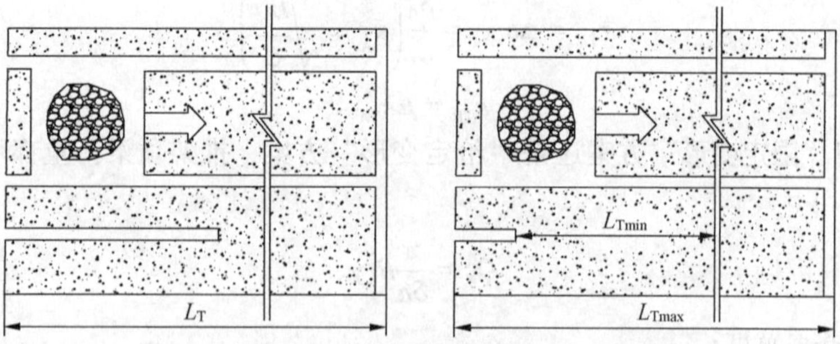

图 6-29　回采工作面推进开掘和维护的回采巷道图

$$F_{SP} = \lambda P_{SP} \tag{6-38}$$

式中 $\lambda = \dfrac{\mu}{1-\mu}$。

该条件下，如果不通过支架的阻抗力进行限制，巷道侧壁的最大压缩量 Δh_{max} 为

$$\Delta h_{max} = \frac{S_0}{d_1}\left(S_A + \sqrt{\frac{D_n}{C}}\right) \tag{6-39}$$

为此超前回采工作面推进预先开掘维护的回采巷道，在采用矩形断面框架支护条件下，按“限定变形”工作方案设计，框架立柱必需的纵向和侧向阻抗力分别为

$$R_{TP} = \frac{1}{2n}P_{SP} \tag{6-40}$$

$$R_{TF} = \frac{\lambda}{2n}P_{SP} \tag{6-41}$$

式中　n——框架支护密度（即每米巷道支护的框架数）。

为保证立柱不会被“压死”破坏，立柱的最小缩量 ε_T 为

$$\varepsilon_{Tmin} = \Delta h_T = \frac{S_0 \cdot S_T}{d_1} \tag{6-42}$$

式中　Δh_T——要求控制的巷道压缩变形量；

S_T——保证把巷道压缩变形量控制在 Δh_T 条件下，允许的下位岩梁沉降值；

S_0——内应力场煤柱宽度。

超前掘进和维护的巷道，采用框架支护时，按“给定变形”方案设计，立柱的阻抗力只需支撑直接顶重量即可，即

$$R_{TP} = \frac{1}{2n}P_{SP} \tag{6-43}$$

$$R_{TF} = \frac{\lambda}{2n}P_{SP} \tag{6-44}$$

其中 $P_{SP} = A = m_Z r_Z \dfrac{l^2}{S_0}$。

框架支护的纵向和侧向可缩量分别为

$$\varepsilon_{TA}=\Delta h_{max}=\frac{S_0}{d_1}\left(S_A+\sqrt{\frac{D_n}{C}}\right) \tag{6-45}$$

$$\varepsilon_{TB}=\mu\varepsilon_{TA} \tag{6-46}$$

无论采用“限定变形”方案还是“给定变形”方案，推架顶梁荷重都可按下式近似计算：

$$Q_T=\frac{\pi}{\delta n}B^2\gamma \tag{6-47}$$

式中 B——巷道宽度；

γ——上覆煤岩平均重力密度。

超前掘进维护的巷道采用锚网支护时，不可能采用“限定变形”控制设计方案。这是因为对于巷道两帮煤柱来说，无论采用何种锚杆固结强化，其垂直方向支撑能力仍然是决定于煤体自身的强度，无法抗拒内应力场大范围运动岩层压力，其大幅度的压缩变形将不可能避免。

超前掘进和维护的巷道，采用锚网支护时，巷道煤柱的最大纵向变形量 ε_h、横向变形量 ε_b 分别为

$$\varepsilon_h=\Delta h_{max}=\frac{S_0}{d_1}\left(S_A+\sqrt{\frac{\sum_1^n B_i}{C}}\right)$$

$$\varepsilon_h=\Delta h_{max}=\frac{S_0}{d_1}\left(S_A+\sqrt{\frac{D_n}{C}}\right)$$

$$\varepsilon_b=\mu\varepsilon_\tau$$

为保证该巷道回撤前必需的最小工作断面，以矩形断面巷道为例，相应的初始掘进断面尺寸分别为

$$h_T=h+\varepsilon_h \tag{6-48}$$

$$B_T=B+\varepsilon_b \tag{6-49}$$

式中 h_T、h——巷道掘进高度和最小允许工作高度；

B_T、B——巷道掘进宽度和最小允许工作宽度。

巷道锚固支护的宽度及其支撑能力必须保证在整个巷道变形过程中不出现因片帮造成的顶煤（顶板）垮塌事故（图6-30）。

对照图6-30b可知，实现上述要求的充分条件是由锚杆长度 l_T 及密度 n 所决定的锚固体支撑能力 R_{ST}，必须能够对抗承压煤柱的侧压力 P_{ST}。

$$R_{ST}=nFf[P_{SP}(l_T-l_b)+P_Tl_b]=P_{ST} \tag{6-50}$$

式中 n——锚杆密度，根/m；

F——每根锚杆固结的煤体表面积，m^2；

l_T——锚杆长度，m；

l_b——巷道煤柱在采场支承压力作用下的塑性破坏宽度，m；

f——摩擦因数。

将 $P_{ST}=\lambda P_{SP}$ 代入上式进行整理得锚固体的锚杆密度计算公式为

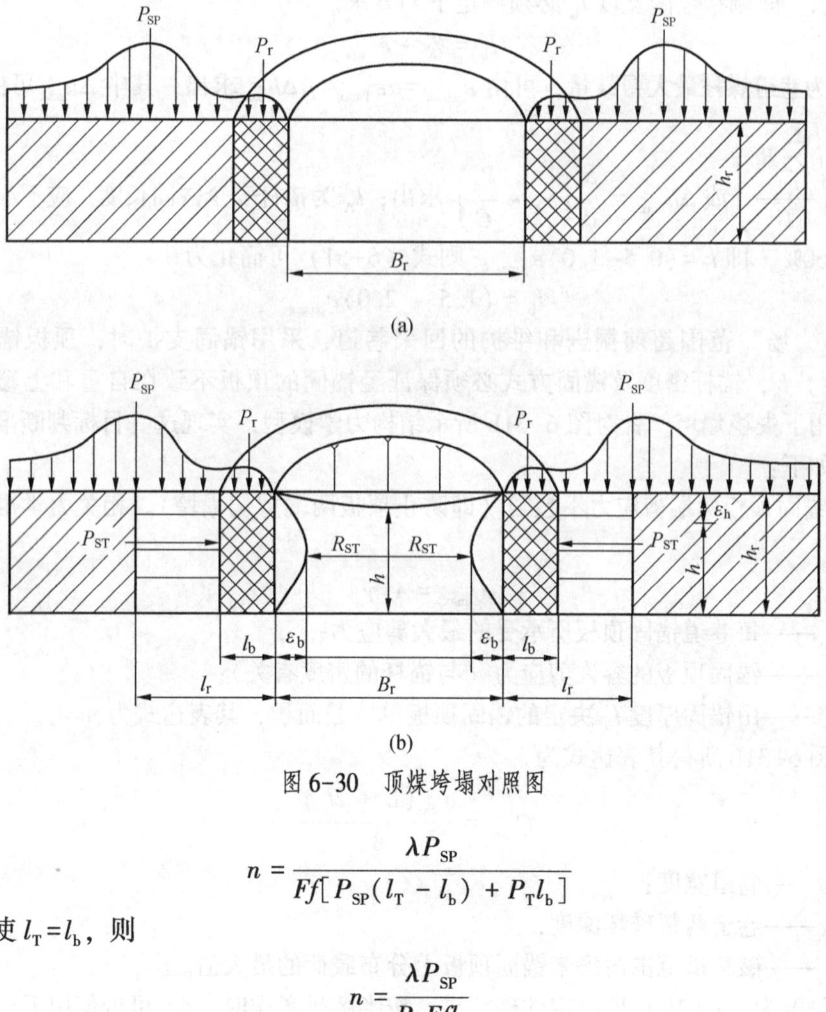

图 6-30　顶煤垮塌对照图

$$n=\frac{\lambda P_{SP}}{Ff[P_{SP}(l_T-l_b)+P_T l_b]} \tag{6-51}$$

如果使 $l_T=l_b$，则

$$n=\frac{\lambda P_{SP}}{P_T F f l_b} \tag{6-52}$$

式中 $P_{SP}=(A+D_n)-C(S_T-S_A)$；$P_T=\frac{1}{16}\pi\gamma_p(B_T+2l_b)^2$；其中 S_T 是要求控制的基本顶位态（即岩梁触矸处的下沉值），该位态由巷道要求控制（即允许的）压缩变形量 ε_T 决定，具体关系为

$$S_T=\frac{d_1\varepsilon_T}{S_0} \tag{6-53}$$

上述公式说明内应力场中超前掘进维护的回采巷道采用锚网支护时，锚固宽度（l_T）和锚杆密度 n 与要求控制的巷道变形量成反比。即允许巷道变形量越小，则要求的锚杆支护长度和密度越大。

必须明确指出，按上述计算实现巷道压缩变形量的控制，是从假设锚杆与所锚固的岩体周边不发生剪切破坏，以及锚杆固结范围内岩体本身在采场支承压力和基本顶运动作用下，不发生破坏为前提。超前工作面推进掘进和维护的锚固巷道煤柱，不可能在回采工作面推进过程中保持完整。因此“限定变形”的目标实际上是实现不了的。也就是说为了不出现片帮冒顶事故，两帮锚固的宽度（锚杆长度）仍然必须适应内应力场进入稳定前的全部变形要求。即侧帮锚固宽度 l_b 必须满足下列要求。

$$l_b = l_A + \varepsilon_{\mu max} \tag{6-54}$$

式中 $\varepsilon_{\mu max}$ 为巷道煤柱最大帮鼓量，可由 $\varepsilon_{\mu max} = \mu\varepsilon_{Tmax} = \mu\Delta h_{max}$ 求出，其中 Δh_{max} 可由 $\Delta h_{max} = \frac{S_0}{d_1}\left(S_A + \sqrt{\frac{\sum_1^n B_i}{C}}\right)$ 或 $\Delta h_{max} = \frac{S_0}{d_1}\left(S_A + \frac{P_n}{C}\right)$ 求出；l_A 为锚杆安全嵌固长度，应不小于最大帮鼓量的 50%，即 $l_0 = (0.5 \sim 1.0)\varepsilon_{\mu max}$。则式（6-51）可简化为

$$l_b = (1.5 \sim 2.0)\varepsilon_{\mu max} \tag{6-55}$$

“内应力场”范围超前掘进和维护的回采巷道，采用锚固支护时，顶板锚固的厚度（锚杆长度）l_h，锚杆密度及锚固方式必须保证经锚固的顶板不致在自重和上覆已移动岩层重力作用下失稳塌垮。针对图 6-31b 所示结构力学模型，实现这一目标判断准则及力学保证条件如下：

（1）锚固顶板两端剪应力不超限（即防止顶板两端剪切塌垮）。相关力学准则和平衡条件为

$$Q_{max} = A[\gamma] \tag{6-56}$$

式中 Q_{max}——每巷道锚固顶板所承受的最大剪应力；

$[\gamma]$——锚固顶板的容许剪应力（与锚杆的密度有关）；

A——由锚固厚度 l_h 决定的锚固顶板单位截面积，其表达式为 $A = l_h$。

对照图 6-31b 所得其表达式为

$$Q_{max} = \frac{q_{max}(B + 2l_b)}{3} \tag{6-57}$$

式中 B——巷道宽度；

l_b——巷道两帮破坏深度；

q_{max}——破坏拱范围内每米锚固顶板上分布载荷的最大值。

当以跨度为（$B+2l_b$）所决定的破坏拱，按半圆拱考虑时，δ_{max} 可近似用下式表出，即

$$q_{max} = \gamma_p h_g = \frac{1}{2}(B + 2l_b)\gamma_p \tag{6-58}$$

式中 γ_p——破坏拱内岩体平均重力密度。

将所列参数代入不难求得防止顶板剪切塌垮必需的锚固的顶板厚度 l_h 为

$$l_h = \frac{(B + 2l_b)^2 \cdot \gamma_p}{6[\gamma]} \tag{6-59}$$

式中 B——巷道宽度；

l_b——巷道两帮破坏深度；

γ_p——破坏拱内岩体平均重力密度；

$[\gamma]$——由破坏岩体强度和锚杆密度决定的锚固板允许剪应力。

如破坏拱按三心拱判断，则顶板锚固厚度 l_h 可按下式表达：

$$l_h = \frac{1.4(B + 2l_b)^2\gamma_p}{6[\gamma]} \tag{6-60}$$

为充分保证锚固的顶板抗剪切破坏能力，在采用上述计算确定必需的锚固厚度基础

上，可以在巷道边缘向顶板加打45°端部斜交锚杆加固。

（2）锚固顶板沉降的挠度不超限（即防止顶板中部沉降失稳垮落）。相关力学准则及平衡条件如下：

$$\delta_{max} \leqslant \frac{1}{2} l_h \tag{6-61}$$

式中　l_h——经锚固的顶板厚度。

在相应条件下，锚固板破坏拱内岩体重力作用下的最大挠度为

$$q_{max} = \frac{q_{max}(B + l_b)^4}{100EI} \tag{6-62}$$

式中　E——锚固板弹性模量；

I——相应单位截面的惯性矩，其值为 $I=\frac{\left(\frac{l_h}{2}\right)^3}{12}=\frac{l_h^3}{96}$。

将 $q_{max}=h_g\gamma_p$ 代入式（6-62）整理得，满足出现顶板中部挠曲塌垮必须锚固的顶板厚度 l_h 为

$$l_h = (B + 2l_b)\sqrt[4]{\frac{2h_g \cdot \gamma_p}{E}} \tag{6-63}$$

式中　γ_p——破坏拱内岩体平均重力密度；

E——锚固板压缩弹性模量；

h_g——破坏拱高，$h_g = (0.5 \sim 0.7)(B + 2l_b)$。

在厚煤层条件下“内应力场”范围超前开掘和维护的回采巷道，采用锚网支护时，必须考虑回采工作面推进过后进行二次支护。二次支护顶板锚固的厚度可采用相应力学模型近似按下列公式推算。其中，防止端部剪断必需的锚固厚度为

$$l_h = \frac{q'(B + 2l_b)}{2[\gamma]} \tag{6-64}$$

$$q' = h'_g\gamma_p = h_g\left(1 + \frac{h_g \tan\theta}{B + 2l_b}\right)\gamma_p$$

式中　h_g——巷道顶部煤厚（顶煤厚度）；

Q——顶煤滑移面的垂直夹角（15°左右）；其他符号同前。

防止中部挠曲超限塌垮必需的锚固厚度为

$$l_h = (B + 2l_b)\sqrt{\frac{q'}{2E}} \tag{6-65}$$

式中所列符号含意同前。

实现在稳定的“内应力场”开掘维护巷道的关键是使所选定的巷道开掘时间，能够切实保证全部巷道在开掘和维护期间都处于稳定的内应力场中。即巷道掘进到任何位置，该处“内应力场”范围煤层上承受的压力已“完全”实现了向采空区（矸石）和“外应力场”转移。煤层的压缩已基本停止。满足此要求开掘的回采巷道必须滞后回采工作面推进的最短时间 T_{min} 和距离 L_{min} 分别为

$$T_{\min} = \frac{L_B}{v_B} + \frac{L_{\max}(v_g - v_b)}{v_B \cdot v_g} \tag{6-66}$$

$$L_{\min} = v_B + T_{\min} \tag{6-67}$$

式中　L_B——内应力场岩层运动完成进入稳定回采工作面推进的距离；

L_{max}——从开切眼起回采工作面推进至采区边界的总长度；

v_B——回采工作面平均推进速度；

v_g——掘进工作面平均推进速度。

“内应力场”相关岩梁运动完成工作面推进的距离（L_B）包括从开切眼推进开始，经历直接顶垮落基本顶下位岩梁第一次裂断，直至由工作面长度决定的最上部岩梁裂断完成工作面推进的全过程。再加上采空区矸石压实期间工作面推进的距离。

在稳定的内应力场开掘和维护巷道支护设计面对的巷道围岩应力和变形特征是：

(1) 围岩承受的压力很小，只有采空区垮落的直接顶（包括已垮落的煤层和岩层）的重力。原悬露岩层（无论是处于运动状态或处于相对静止状态）的压力已完全实现了向采空区（矸石）和外应力场的转移。

(2) 围岩（特别是煤层）的破坏，包括压碎的程度和裂隙程度，已发展到最大限度且已进入稳定的状态。

针对上述特征的支护设计，无论采用框架支护或是锚网支护都无须考虑适应围岩变形的要求，以及二次支护的必要性。

支护的承载能力都要按“给定载荷”进行设计。其中，两帮支护的承载能力直接顶（垮落岩层）的重量 A 所给定。相应的力学平衡方程分别为

对于框架支护：

$$A = 2R_1 + \sigma_S(S_1 + S_2) = m_Z\gamma_Z S_0 \tag{6-68}$$

由此得出框架支护的纵向承载能力 R_1 为

$$R_1 = \frac{m_Z \cdot \gamma_Z S_0 - \sigma_S(S_1 + S_2)}{2} \tag{6-69}$$

或

$$R_1 = \frac{m_Z \cdot \gamma_Z S_0 - \sigma_S(S_0 - B)}{2} \tag{6-70}$$

框架支护的横向承载能力 R_2 为

$$R_2 = \lambda\sigma_S h \tag{6-71}$$

式中　m_Z——直接顶（采空区垮落岩层）厚度；

γ_Z——直接顶岩层平均容重；

S_0——内应力场宽度；

σ_S——内应力场煤层平均应力（单位长度支承压力）；

B——巷道宽度；

h——巷道高度。

对于锚网支护：

$$A = 2l_b\sigma_{R1} + \sigma_S(S_1 + S_2) = m_Z\gamma_Z S_0 \tag{6-72}$$

由此得锚网支护要求的纵向承载能力为

$$l_b\sigma_{R1}=\frac{m_Z\gamma_Z S_0-\sigma_S(S_1+S_2)}{2} \tag{6-73}$$

式中　l_b——巷道侧帮锚固宽度；

S_1、S_2——内应力场范围巷道两侧煤柱宽度；

其他符号意义同前。

相应要求的横向承载能力，即锚固体的抗剪能力为

$$n\cdot\sigma_{R2}=\lambda\sigma_S h \tag{6-74}$$

式中　n——单位长度锚杆数；

σ_{R2}——锚杆抗剪切能力。

其他符号意义同前。

上述在直接给定载荷下的平衡方程，表明支护纵向承载能力 R_1 越高，煤柱承受的压力 σ_S 及相应侧向压力 R_2 越小，支护的稳定性越好。相反，如果采用注浆强化煤柱，提高煤柱支承能力，则要求支护承载能力可以大幅度降低。

顶板支护的承载能力要求，视具体条件确定。其中，岩石顶板直接接触的巷道，除非岩层松软一般没有严格的下限值要求。对于厚煤层，则必须按顶煤的厚度给定的载荷进行准确的下限值计算。如果采用锚网支护，为确保安全应考虑增加锚头深入岩层的锚索吊顶。

在稳定的内应力场开掘维护巷道，当煤层再生裂隙十分发育，破碎块度很小的情况下，无论是采用框架支护或锚网支护，都应当采用注浆固结煤体提高围岩自身承载能力，保证支护构件能够充分发挥作用的措施，防止出现片帮塌顶事故。

在原始的应力场中开掘和维护巷道，围岩应力可能来源于单一的重力，也可能有构造残余应力的参与。对于单一的重力应力场，巷道顶板控制设计的关键内容，首先是正确地确定两帮破坏的深度及相应的顶板岩层破坏范围，从而奠定支护设计的基础。

单一重力应力场中开掘维护的巷道，如果假设支护前不出现片帮、冒顶，进入稳定后的结构力学模型如图 6-31 所示。

平衡方程为

$$2\int_0^{S_0}f(S_0)\,dS+2\int_{S_0}^{S_2}(S)\,dS=[(B+2S_2)H+\tan\theta H^2]\gamma_P \tag{6-75}$$

式中 $\int_0^{S_0}f(S_0)\,dS$ 为巷道破碎区（内应力场）承受的压力，其近似值可表达为

$$\int_0^{S_0}f(S)\,dS=\frac{1}{2}S_0\sigma_S=\frac{\pi\gamma_P(B+2S_0)^2}{16}$$

式中 $\int_{S_0}^{S_2}f(S)\,dS$ 为塑性破坏区承受的压力值，其近似表达式为

$$\int_{S_0}^{S_2}f(S)=\sigma_S S_1+\frac{1}{2}(K\gamma_P H-\sigma_S)S_1=\gamma_P H\left(S_2+\frac{B}{2}+\frac{H}{2}\tan\theta\right)-\frac{\pi\gamma_P(B+2S_0)^2}{16}$$

为此有

$$\frac{S_0}{2}\sigma_S+S_1\sigma_S+\frac{1}{2}(k\gamma_P H-\sigma_S)S_1=[(B+2S_2)H+\tan\theta H^2]\gamma_P$$

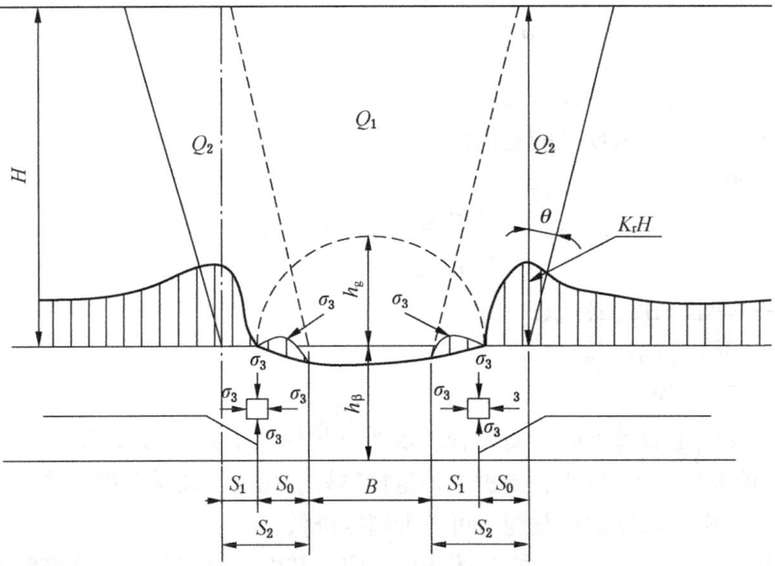

图 6-31　无支护巷道结构力学模型

整理可求得应力集中系数 K 值的表达式为

$$K = \frac{B + 2S_2 + \tan\theta}{S_1} - \frac{\sigma_S(S_0 + S_1)}{S_1\gamma_P H} \tag{6-76}$$

由于 $S_2=S_0+S_1$ 的关系存在 K 值，可相应表达为

$$K = \frac{\gamma_P \cdot H(B + H\tan\theta) - S_2(2\gamma_P H - \sigma_S)}{S_1\gamma_P H} \tag{6-77}$$

$$K = \frac{\gamma_P \cdot H(B + H\tan\theta) - (S_0 + S_1)(2\gamma_P H - \sigma_S)}{S_1\gamma_P H} \tag{6-78}$$

从式中可以看出 K 值随巷道宽度 B 增加而增加，在塑性区范围 S_1 不变的情况下，随破碎区 S_0 的扩大而降低。

上述各式中 σ_S 为破碎区与塑性区交界处的应力，表达式为

$$\sigma_S = Kp\sigma_3 + \sigma_{CP}$$

式中 $K_P = \frac{1+\sin\varphi}{1-\sin\varphi}$，$\sigma_3 = \lambda\sigma_{CP} = \frac{\mu}{1-\mu}\sigma_{CP}$，其中 μ 为泊松比，由于破碎区已进入塑性流动阶段，μ 可按 0.5 取值。由此：

$$\sigma_3 = \frac{0.5}{1-0.5}\sigma_{CP} = \sigma_{CP}$$

为此得

$$\sigma_S = (1 + K_P)\sigma_{CP} \tag{6-79}$$

蒋金泉教授采用图 6-32 所示岩石理想弹塑性软化模型，推导出巷道侧帮破碎区（S_0）、塑性区（S_1）及明显压缩破坏的范围（$S_2=S_0+S_1$）。其中：

$$S_1 = \frac{h_B}{M_0 b}(\sigma_C - \sigma_{CP}) \tag{6-80}$$

式中 h_B——巷道高度；

σ_C——侧帮煤（岩）单向抗压强度；

σ_{CP}——煤（岩）破碎后的残余单向抗压能力；

M_0——软化模量；

b——塑性区煤（岩）的压缩变形高度。

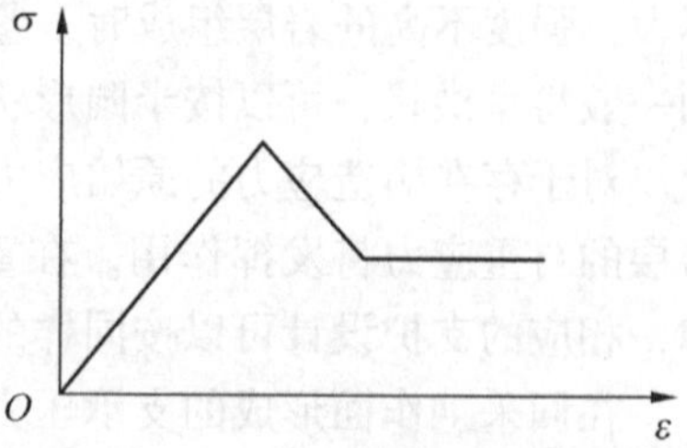

图 6-32 理想弹塑性软化模型

当煤（岩）软化段应力曲线平均软化角度 B 及塑性区顶底板相对移动角 α 已知时，M_b 及 b 值，可分别求出，得

$$M_0=A_g\beta$$

$$b=\tan\alpha$$

$$S_2=\frac{1}{D_2}\ln\left\{\frac{1}{\sigma_{CP}}\left[K\gamma_P H-D_2\left(\mathrm{e}^{(\sigma_C-\sigma_{CP}/D_2)}-1\right)\right]\right\} \tag{6-81}$$

$$D_2=\frac{M_0 b}{2f_1 K_P}$$

式中 f_1——压缩边界煤（岩）摩擦因数；

其他符号含意同前。

又因 $S_0=S_2-S_1$，联合求解出巷道侧帮破碎的深度 S_0 的表达式为

$$S_0=\frac{B_2-2}{D_2-B_1}$$

其中 $B_1=\dfrac{M_0 b}{M(\sigma_C-\sigma_{CP})}\left(\dfrac{2\gamma_P H}{\sigma_{CP}}-1\right)$；$B_2=\dfrac{1}{\sigma_{CP}}\left[D_2(1-l^{(\sigma_C-\sigma_{CP}/D_2)})+\gamma_P H\left(2+\dfrac{M_0 b(B+H\tan\theta)}{M(\sigma_C-\sigma_{CP})}\right)\right]$；

$D_2=\dfrac{M_{0b}}{2f_1 k_P}$；$K_P=\dfrac{1+\mathrm{Sh}\varphi}{1-\mathrm{Sh}\varphi}$；$f_1$ 为摩擦因数；M 为采高；M_0 为 $\tan\theta_0$，θ_0 为软化角；b 为 $\tan\alpha$；α 为塑性区顶底板变形角之和。

在求得 S_0 的基础上，即可按前述方法进行，包括两帮和顶板支护设计，相关控制设计的力学和数量模型不再重述。

在有构造应力的原始应力场开掘维护巷道，巷道变形和破坏首先是构造应力的作用。与单一重力原始应力场不同，巷道的破坏将首先从顶底板的屈曲破坏开始。

相应屈曲破坏的准则为

$$N\geqslant 0.8N_{C\gamma} \tag{6-82}$$

式中 N 为单位巷道长度顶板承受的轴向压力，由构造应力的大小决定。在构造应力 σ_B 已知的条件下，厚度为 m 的顶板岩层承受的轴向压力 N 值为：$N=m\sigma_B$，$N_{C\gamma}$为顶板岩层进入屈曲破坏时的极限轴向压力，$N_{C\gamma}=\dfrac{\pi^2 EJ}{B^2}$，其中 $N_{C\gamma}$为顶板岩层屈曲破坏的极限轴向压力值，E 为顶板岩层弹性模量，J 为顶板岩层单位厚度截面惯性矩$\left(J=\dfrac{m^3}{12}\right)$，$M$ 为顶板岩层厚度。

在构造应力的作用下，顶板屈曲破坏将由下向上逐层发展，一直到因悬跨度的减少，能够在轴向压力作用下保持稳定（不发生屈曲破坏）的岩层为止。当巷道顶板由分层厚度

不大，强度不高的岩层组成时，鉴于各岩层悬跨度由下而上逐渐变小。因此，顶板破坏范围一般将呈拱状，可以按半圆形状计算顶板的压力值考虑支护设计。

对于存在构造应力的原始应力场，巷道顶板破坏充分实现，构造应力释放之后，上覆岩层的自重应力将发挥作用。在重力作用下的巷道两帮破坏将遵循单一重力场的破坏规律，相应的支护设计可以按同样的程序进行。

在回采工作面形成的支承压力高峰区开掘和维护的巷道，巷道顶板控制和支护设计的关键同样是首先要正确地确定两帮破坏的深度和相应的顶板破坏范围。以此为基础进行巷道支护设计。该条件下的控制设计结构力学模型与原始应力场中开掘维护巷道时基本相同。只是要把垂直压力提高到与支承压力相对应的数值即可。

下　篇

第七章 采矿工程概述

第一节 采矿工程学科理论和实践基础

一、采矿（煤）工程在国家能源中的地位

人类社会发展的历史，就是一部追求身心健康的生存条件（包括美好的生活条件和生存环境）的相应工程创新发展的历史。其中保证人们健康生存的“基础设施建设工程”和“生活工作条件建设工程”首当其冲，相应的资源、能源开发工程，可以说是重中之重。

资源、能源开发工程是国民经济建设的基础，是带动国民经济发展的火车头。相关结论在英国、法国、德国、俄罗斯以及美国工业革命和国民经济发展的历程中得到充分证明。我们新中国成立初期国民经济快速恢复，第一个五年计划国民经济的高速健康发展，以及改革开放以来特别是2005年至2015年近10年煤炭、钢铁工业发展带动国民经济高速发展，GDP年增长持续超过10%的成就，同样都充分说明保持我国采矿工程特别是以煤为主体的能源保障工程健康发展的重要意义。

我国是美国之后的世界第二大经济体，但人均GDP只占美国的1/6，远远落后于世界发达国家。我国人均电力消耗量为3927 kW · h，远低于俄罗斯6603 kW · h/人，我国香港人均电耗为6073 kW · h，台湾则达10738 kW · h，充分说明要满足我国国民经济高速发展，实现人均GDP接近发达国家的“强国之梦”，资源、能源保障体系的建设刻不容缓。以煤为主体“煤电一体化”的发展战略，在近期（至少是50年内）仍将处于不可动摇的地位。

二、采矿工程学科结构体系及建设发展的理论基础

工程学科的科学体系包括工程理论、工程装备、工程材料和工程管理4个部分。

1. 工程理论

（1）工程物理（工程存在和发展的道理）及其科学体系包括工程（建设的）目标思想和理念；工程结构组成及特征；工程结构在灾害动力作用下存在和发展的道理。包括工程（结构）存在和发展的道理的“定性”描述和“定量”描述。定量描述主要通过（结构）力学模型和（结构）数学模型来描述。

（结构）力学模型：结构体系稳定破坏的力学模型和结构组成部分的稳定破坏力学模型；

（结构）数学模型：结构力学参数相互关系及其变化规律的数学表达方程式。

（2）工程力学模型的建设。

（3）工程数学模型的建设。

(4) 工程物理相关模型的图像转化——定量模型的数学化和计算机软件开发研究。

2. 工程装备

(1) 煤（岩）采集装备。

(2) 煤（岩）运输装备。

(3) 工作空间（包括采场及通道）支护装备。

3. 工程材料

(1) 工程装备材料。

(2) 采动空间围岩支护材料。

(3) 采动空间充填材料。

4. 工程管理

(1) 工程管理体制和运行机制（以人才培养和充分发挥作用为核心）。

(2) 工程决策和实施监控现代化管理手段（包括决策信息采集和决策软件开发）。

三、采矿工程学科发展战略研究的优先目标和相应工程技术突破的重点

(1) 适应重大事故和环境灾害控制的开采方法和开采技术创新。

(2) 实现煤炭开采决策和实施监控的信息化、智能化和可视化，即智能化管理的目标。

(3) 实现采用能采集所在工作地点安全生产环境信息和装备自身工况信息遥控操作的智能装备生产的目标。

第二节 煤炭生产建设发展成就及贡献

一、我国煤炭产能建设的成就

（一）煤炭产能与经济增长的关系

1995 年我国煤炭生产能力为 1298 Mt，经过 10 年到 2005 年达到 2190 Mt，平均年增长 50 Mt。到 2015 年又经过 10 年的高速增长达到了年生产 3750 Mt，占世界煤产量一半的水平，以年均增产 300 Mt 和占我国能源结构比重超过 65% 的贡献，对国民经济年增 GDP 超过 10% 高速发展的目标实现提供了很大支持。我国历年煤炭产能增长情况如图 7-1 所示，已探明煤炭储量世界占比情况如图 7-2 所示，历年国内生产总值和占比变化趋势图如图 7-3 所示，历年一次能源生产和构成、历年能源消费总量和构成如图 7-4、图 7-5 所示。

（二）矿区（产煤基地）建设成就

近 10 年来我国大型基地建设稳步推进，14 个大型基地产量占全国总产量的 92%，产量超过亿吨的 8 个省区产量比重占 84%，8 家龙头企业年产量超过 1300 Mt，占全国总产量的 35.8%。其中 13 个亿吨级煤炭能源基地概况如下。

1. 神东亿吨级煤炭生产基地

神东基地：以神府、东胜矿区为主。1984 年发现的神府煤田位于陕西榆林，面积约 26000 km^2，煤矿储量达 134.94 Gt，其与内蒙古东胜煤田连为一体，是我国规模较大的优质造气动力煤田。东胜煤田位于内蒙古自治区鄂尔多斯境内，面积 12860 km^2，探明储量

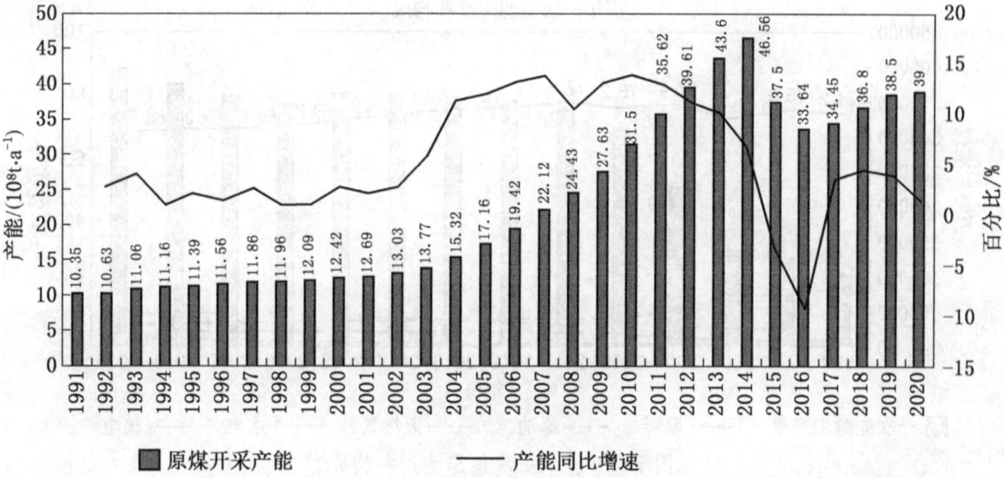

图 7-1　我国历年煤炭产能增长情况

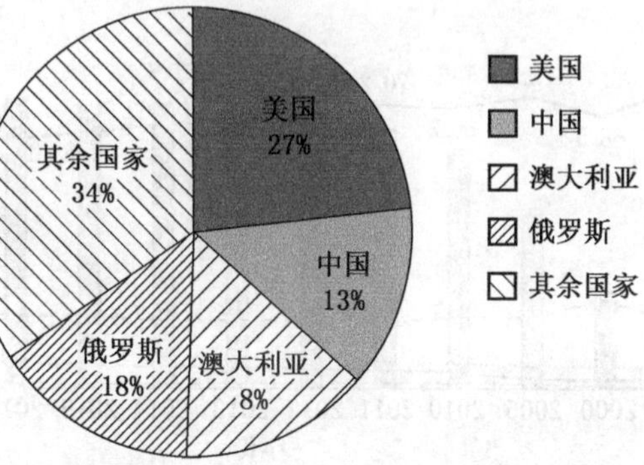

图 7-2　已探明煤炭储量世界占比情况图（2019 年）

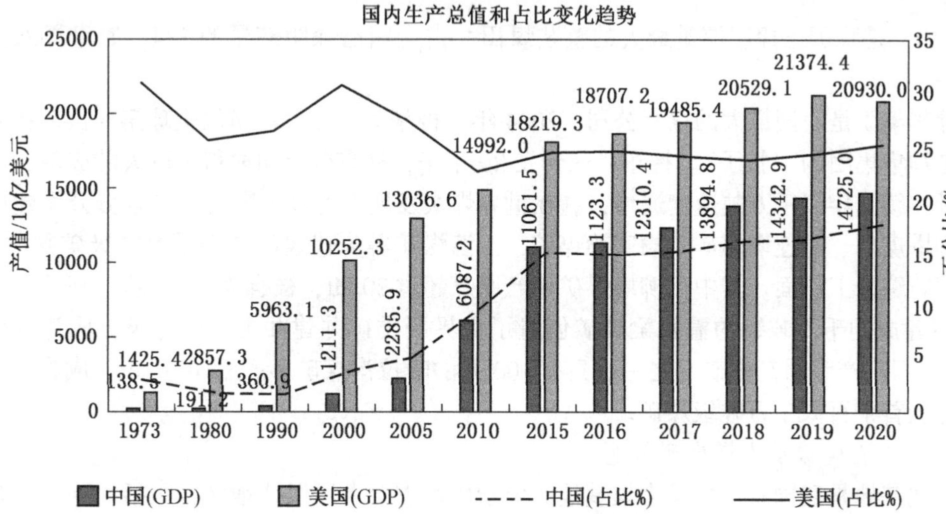

图 7-3　国内生产总值和占比变化趋势图

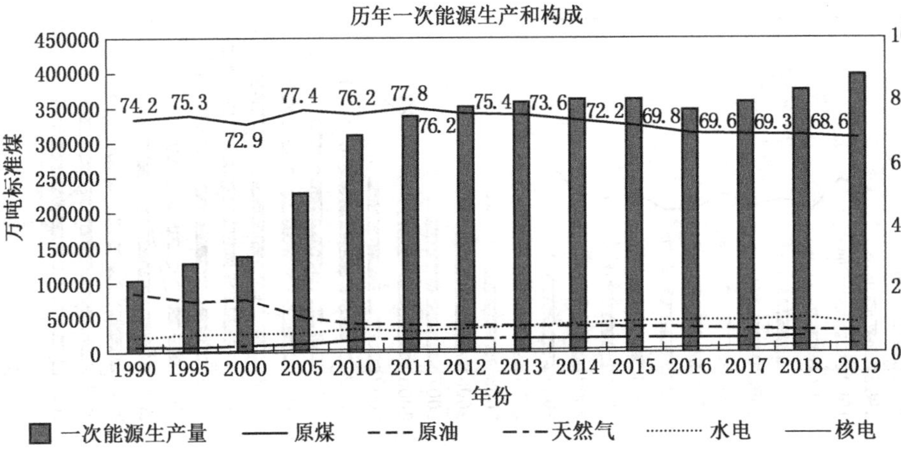

图 7-4　历年一次能源生产和构成

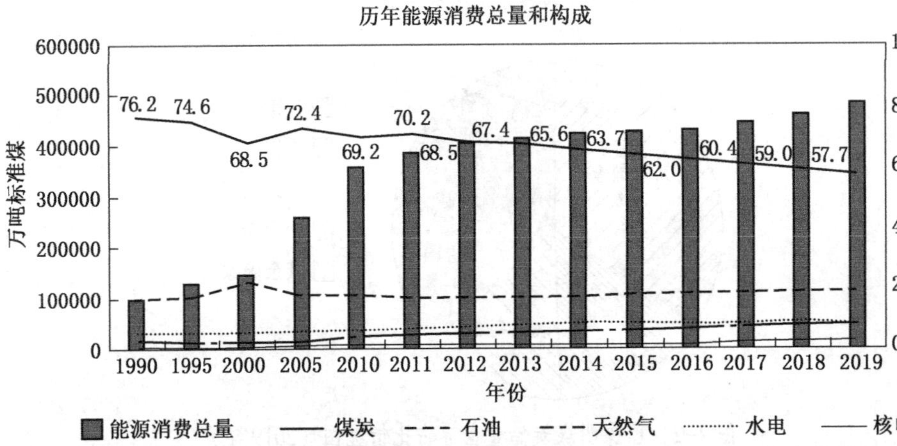

图 7-5　历年能源消费总量和构成

223.6 Gt，是我国已探明储量最大的整装煤田。占全国已探明储量的 1/4，属世界八大煤田之一。

神华集团是我国最大的煤炭公司，2004 年，神华集团原煤产量居全球第 5 位。神东分公司是神华集团的“长子”。神东矿区开发 20 年来，神东分公司取得了巨大的成就，其原煤产量连续 6 年以千万吨速度递增，这在世界煤炭发展史上极为罕见。神东分公司建成了以大柳塔煤矿、补连塔煤矿、榆家梁煤矿、上湾煤矿等为代表的 7 个千万吨级矿井群和 3 个千万吨综采工作面。其中大柳塔煤矿年产原煤超过 20 Mt，被誉为“世界第一矿”。仅用 10 个月建成的千万吨级的榆家梁煤矿创造了世界同类矿井建井史上的纪录，成为世界上“一井一面”产量最高的矿井之一。只有 100 人的哈拉沟煤矿年产原煤 10 Mt，成为我国乃至世界上首个百人千万吨级煤矿。

2. 晋北亿吨级动力煤生产基地

晋北基地是我国特大型动力煤基地，位于山西省会太原以北地区，包括大同市、朔州市、忻州市、太原市、娄烦县、吕梁市和岚县。由大同、平朔、朔南、轩岗、河保偏和岚县等 6 个矿区组成。这里动力煤资源丰富，又位于“西电东送”北通道中枢位置，正在推进由动力煤基地向煤电基地转变。

平朔矿区是晋北基地的主要矿区，生产优质动力煤，拥有煤炭资源总量近 9500 Mt。平朔矿区现有安太堡和安家岭 2 个露天矿以及安家岭一号、二号 2 个井工矿，在建的有安太堡井工矿，还在筹建的有东露天煤矿。随着生产规模的不断扩大以及自产商品煤结构的调整，平朔矿区的原煤生产成本有望进一步降低，2007 年平朔矿区煤炭开采成本仅 83.6 元/t。

大同市矿藏资源丰富，是我国著名的“煤乡”，煤炭储量大、质量好、热值高，已探明的煤炭总储量达 37690 Mt，是我国重要的优质动力煤生产基地。大同矿区位于大同市西南，矿区含煤面积约 1827 km^2，保有探明储量 38643 Mt，矿区现有生产煤矿 55 处，设计总规模 45 Mt/a。

3. 晋中亿吨级煤炭基地

晋中基地地处山西省中部及中西部，跨太原、吕梁、晋中、临汾、长治、运城 6 个市的 31 个县（市）。包括太原西山、东山、汾西、霍州、离柳、乡宁、霍东、石隰矿区，煤炭可采储量 19200 Mt。

西山矿区位于西山煤田西北部，分为前山区和后山区两部分，可利用储量 6520 Mt。汾西矿业集团公司汾西矿业集团公司前身是汾西矿务局，成立于 1956 年 1 月。矿区横跨霍西、河东、西山、沁水四大煤田，井田面积 625 km^2，地质储量 5800 Mt。

霍州矿务局位于山西省中南部临汾盆地北端，地处霍西煤田中部，矿区总面积为 700 km^2，地质储量 6500 Mt。

4. 晋东亿吨级无烟煤生产基地

晋东基地是我国最大和最重要的优质无烟煤生产基地，位于山西阳泉、长治、晋城和晋中等市县境内，由晋城、潞安、阳泉和武夏等 4 个矿区组成。这里地理位置优越，煤层气资源丰富，水资源充沛，化工用无烟煤质量优良，发展清洁能源，以煤、电、气、化为一体的晋东基地正在形成。

晋城矿区位于山西省沁水煤田南端，南起煤层露头线；北界为高平市南缘马村、河西一线。矿区面积约 280 km^2。

阳泉具有丰富的煤炭资源，井田含煤面积 1051 km^2，已探明地质储量 10400 Mt，其中地方煤矿井田面积约 340 km^2。

5. 蒙东亿吨级煤炭生产基地

内蒙古东部的呼伦贝尔市、通辽市、赤峰市、兴安盟和锡林郭勒盟，简称蒙东地区，总面积 664900 km^2，煤炭资源丰富，探明储量为 90.96 Mt，在全国五大露天煤矿中，伊敏、霍林河、元宝山三大露天煤矿处于蒙东地区。仅呼伦贝尔市煤炭探明储量就是东三省总和的 1.8 倍。伊敏煤田于 1959 年发现，北距海拉尔区 85 km，面积 35000 km^2，探明煤炭储量 5000 Mt。霍林河煤田位于内蒙古自治区通辽市扎鲁特旗境内，面积540 km^2，保有储量 13100 Mt。元宝山煤田位于内蒙古自治区赤峰市东南部，面积约612 km^2，煤炭保有储量 1600 Mt。

6. 两淮亿吨级大型煤电基地（计划投资 700 亿元）

2008 年 12 月 5 日，国家发展改革委、国家能源局在安徽淮南举行两淮亿吨级大型煤电基地竣工投产仪式。这是国家规划建设的 13 个大型煤炭基地中首个正式建成投产的基地。两淮大型煤电基地建成投产后，对促进皖北地区经济发展，缓解上海、浙江等地区高速增长的能源需求，保障区域能源安全，都具有十分重要的意义。

两淮基地包括淮南、淮北矿区，这个基地探明煤炭储量近30000 Mt。其中，淮南是不折不扣“煤的世界”，远景储量44400 Mt，探明储量15300 Mt。按照规划，到2010年，该地区煤炭年产量达100 Mt，形成10000 MW的火电装机容量。到2020年，煤炭年产量达150 Mt。

7. 云贵亿吨级煤炭生产基地（计划投资300亿元以上）

云贵两省是我国南方重要的煤炭生产基地，煤炭资源是两省的一大优势，但长期受“以运定产”的生产销售方式困扰，煤炭生产受到极大限制。贵州省已经初步探明南、北盘江腹地煤炭储量达33 Gt，其中可就近通过水运的煤炭储量达到9.2 Gt。云南省的文山、红河两州煤炭储量超过5 Gt，特别是贵州，为担起“西电东送”的重任，建设大型煤炭基地是必备条件。

云南省规划到2010年建成三大煤电基地和五大煤炭生产基地，形成三块一片的煤炭生产格局，全省形成20户以上百万吨级生产能力的煤炭企业。

三大煤电基地是：滇东煤电基地（火电9.7 GW，煤炭53 Mt/a）；滇东北煤电基地（火电3.6 GW，煤炭25 Mt/a）；滇中南煤电基地（火电4.835 GW，煤炭27 Mt/a）。

五大煤炭生产基地是：白龙山煤矿（18 Mt/a）、小龙潭矿务局（14.9 Mt/a）、昭通褐煤露天矿（12 Mt/a）、镇雄矿区（10 Mt/a）、恩洪矿区（10 Mt/a）。

8. 冀中亿吨级煤炭基地

冀中地区探明能源煤炭储量达到15 Gt，可采储量2 Gt以上。包括开滦、峰峰和蔚县矿区。

河北金牛能源集团于2005年12月由邢台矿业集团、邯郸矿业集团联合重组而成，后又兼并重组了井陉矿务局、中煤河北煤炭四处。现辖有金牛能源股份公司、邢矿集团公司、邯矿集团公司、张矿集团公司、井矿集团公司、机械装备集团公司6个子公司，拥有河北邢台、邯郸、井陉、张家口和山西晋中5个矿区21座生产矿井。企业煤炭生产规模22 Mt/a，年销售收入150亿元。

峰峰煤矿的开采利用至今已有130年的历史。1949年9月成立峰峰矿务局，1977年，峰峰矿务局跃升为全国十大千万吨级矿务局之一，成为我国重要的主焦煤和动力煤生产基地。2003年7月改制为峰峰集团有限公司。企业在册职工4.6万人，拥有13对生产矿井、2座大型选煤厂等18个分公司、23个子公司，是我国重要的冶炼焦精煤生产基地。目前，原煤年产量13 Mt，精煤年产量700多万吨，冶金焦年产15.5 Mt，发电总装机容量134.5 MW。

9. 鲁西亿吨级煤炭基地

鲁西基地范围覆盖兖州、济宁、新汶、枣滕、龙口、淄博、肥城、巨野、黄河北9个矿区。据了解，这些矿区探明煤炭储量为160多亿吨。

兖州矿区于1966年开发建设，1976年成立兖州矿务局，1996年整体改制为国有独资公司，1999年5月成立兖矿集团。拥有兖州和济宁东部两块煤田，矿区总面积435.44 km^2，截至2007年末，资源储量为3660 Mt，可采储量1770 Mt。

新汶矿业集团的前身为新汶矿务局，建企于1956年，1998年3月改制为国有独资公司，2000 年 7 月成立新汶矿业集团。现有煤炭生产矿井 10 个、在建矿井 4 个，设计能力 8.1 Mt/a，核定生产能力 9.35 Mt/a，实际年产原煤 14 Mt。

巨野矿区包括巨野煤田和梁宝寺煤田，含煤面积 1210 km^2，总地质储量 5570 Mt。其中巨野煤田南北长 80 km，东西宽 12 km，面积 960 km^2，地质储量 4870 Mt。主要可采煤层为 3 煤层，地质储量 3815 Mt。

10. 河南亿吨级煤炭基地

河南省是我国主要产煤大省，全省 2000 m 以上已探明的煤炭资源储量为 113 Gt，保有储量为 24.5 Gt。新中国成立以来河南省煤炭产量一直居全国前列，产量约占全国产量的 10%，60 多年来共生产煤炭近 3 Gt。由鹤壁、焦作、义马、郑州、平顶山、永夏 6 个矿区组成的河南煤炭基地，已列入国家发改委大型煤炭基地建设规划。豫西基地探明煤炭储量达 20 Gt。

鹤壁矿区面积 150 km^2，目前煤炭资源累计探明储量 1341 Mt，保有储量 1088 Mt，可采储量 474 Mt。

焦作煤业集团的前身是焦作矿务局，是全国主要无烟煤生产基地之一，已有百年的煤炭开采历史，1999 年 5 月改制为有限责任公司。焦作矿区东西长 60 km，南北宽 20 km，含煤面积 971 km^2，预测煤炭储量 8 Gt。

平顶山矿区位于河南省中部，京广和焦枝铁路干线之间。初步勘探表明，在东西长达 120 km、南北宽达 20 km 的范围内，煤炭储量超过 10 Gt。400 多年前已有人在这里剥土挖煤。1949 年以前只有几个人力开采的小煤窑。1955 年开始建设新井，到 1960 年，建成投产矿井 7 处，设计能力 5.01 Mt。1975 年超过了 10 Mt。1991 年有生产矿井 14 处，产原煤 16.89 Mt。

11. 陕北亿吨级煤炭基地

位于黄土高原的陕北地区是我国重要的煤炭基地。榆神、榆横矿区隶属于国家 13 个大型煤炭基地之一的陕北基地。1996 年陕西煤田地质局一八五队就已开始对榆神矿区进行详查。

榆神矿区位于神府矿区南部，面积为 5500 km^2，探明储量 30.1 Gt，矿区可采煤层 13 层，其中主要可采煤层 4 层，主采煤层厚度平均为 10 m，最厚可达 12 m。榆神矿区是国内外罕见的可建设特大型现代化矿区的条件优越的地区之一。

榆神矿区一期规划区是榆神矿区的一部分，南北宽约 29.38 km，东西长约 32.40 km，含煤面积 925 km^2，地质储量 16080 Mt。矿区规划总投资 104.746 亿元，计划总共建设 23 个井田，其中开发 16 个、7 个备用。榆横矿区以中部的无定河为界分为南北两个矿区，规划的榆横矿区（北区）东西宽约 50 km，南北长约 60 km，面积约 3200 km^2，其中含煤面积 2700 km^2，可采储量约 18889 Mt。矿区建设总投资 202.626 亿元，其中规划开发 11 个矿井，新建 7 个，改扩建 1 个，备用 3 个。

12. 宁东能源重化工基地

宁东能源重化工基地位于银川东部的灵武，该区域优质无烟煤储量达 27.3 Gt。宁东能源重化工基地规划区面积 645 km^2，主要包括鸳鸯湖、灵武、横城 3 个矿区，石沟驿井田和煤化工项目区，远景规划面积约 2855 km^2。宁东基地也是宁夏回族自治区最重要的能源建设项目。

宁夏以新建宁东煤田为基础，建设宁东能源重化工基地，项目计划实施周期 15 年，预计总投资 2055 亿元。宁东能源重化工基地，是大力发展和推广洁净煤技术以煤代油的产业，也是宁夏落实国家“西电东送”战略方案的重大举措。经初步测算到 2010 年、2020 年，将给宁夏分别新增工业增加值 136.7 亿元、297.6 亿元，同时分别拉动其他部门新增增加值 305.7 亿元、897.39 亿元，在经济上相当于再造一个新宁夏。正在建设的宁东煤田，煤炭探明储量 270 多亿吨，占宁夏煤炭资源总量的 85%。

13. 黄陇亿吨级煤炭基地

黄陇基地包括彬长（含永陇）、黄陵、旬耀、铜川、蒲白、澄合、韩城、华亭矿区。陕西黄陵、甘肃华亭等相近矿区，有探明储量近 15 Gt，具备建设大型煤炭基地的条件。

黄陵矿区煤炭储量丰富，煤田总面积 1000 km^2，地质储量 2 Gt，可采储量 1.5 Gt，地质构造简单，埋藏较浅，开采方便。华亭矿区作为黄陇基地的重要组成部分，已形成了 20 Mt/a的煤炭生产能力。

二、我国煤炭资源勘探的成就

我国初查预计的煤炭储量 4500~5000 Gt。2010 年勘测查明 2000 m 深范围内的可采储量为 1300 Gt，2015 年达到 1500 Gt，占全世界探明的煤炭储量 13%，处于世界第三位。按年产 5 Gt 保证供给，可持续近 300 年。我国煤炭资源储量分布如图 7-6 所示。我国煤炭产能建设和相应资源保证勘察的成就为保证我国煤炭生产供给的可持续发展奠定了基础。

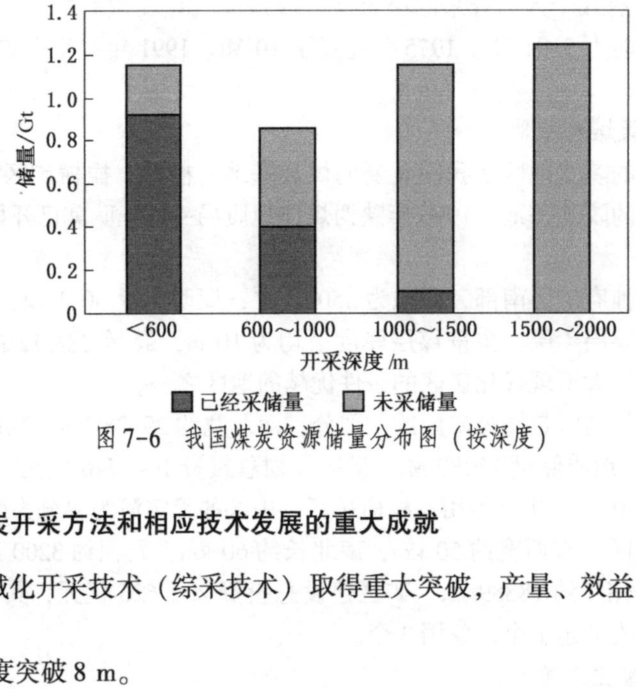

图 7-6　我国煤炭资源储量分布图（按深度）

三、我国煤炭开采方法和相应技术发展的重大成就

一是综合机械化开采技术（综采技术）取得重大突破，产量、效益、安全生产状况进入国际领先水平。

（1）机采高度突破 8 m。

（2）成功地制造使用了世界最高的液压支架（采高 6.2~7 m 的支架在神东、晋城等矿区使用，年产量超过 10 Mt）。

（3）神东矿区最大工作面长度达 400 m，年产超过 15 Mt，全员效率达到 140 t，是美国、澳大利亚等发达国家的 1.5~2 倍。

（4）百万吨死亡率为0~0.01，达到世界上最低的目标领先水平。

二是综放开采技术成套装备已形成体系，继续保持了国际领先地位。

（1）山西同煤集团综放开采的煤层厚度突破20 m。

（2）采用了每小时3000 t放煤输送机，实现了年产10 Mt的水平，最高月产突破1.5 Mt。近期采用了新型输送机和放顶煤高端自移支架，工作面长度300 m，年产突破15 Mt的目标已经实现。排除了“冲击地压”“煤与瓦斯突出”及“瓦斯爆炸”等重大事故灾害的威胁，实现了高效安全生产的目标。

（3）“淮煤集团”成功地开发和采用了矸石条带充填护巷综放开采、煤与瓦斯共采成套技术，排除了“瓦斯爆炸”“冲击地压”“煤与瓦斯突出”和“重大顶板事故”的威胁。

（4）“龙煤集团”2000 m海域海下三软煤层综放，安全高效开采成套技术的突破，使我国海下采煤技术走在世界前列。

（5）“冀中能源集团”在充填开采的控制地表沉陷、地下水害等灾害的研究理论、成套技术装备及充填材料的研究和成功实践方面取得了领先世界的创新性成果，在全国相关矿区推广应用，取得了创造性的发展成就，并且效益显著。

（6）“神华”“陕煤”等煤炭集团创造性地采用“110、N00工法”断顶留巷技术，实现了无煤柱开采技术的重大突破。在从根本上解决重大事故和沉陷环境灾害控制方面迈出了新的步伐。

四、关于能源结构调整和坚持以煤为主，煤电一体化战略的重要性

近几年来由于受控制地球变暖的“巴黎协定”和美国前总统奥巴马提出的非煤“清洁电力计划”等影响，我国能源结构调整的认识比较混乱，下列情况说明就我国的国情实际和经济高速健康发展的要求而言，在近20年到30年内坚持以煤为主“煤电一体化”战略是十分必要的。

（1）我国石油储量有限，天然气短缺，不可能取代煤炭的主体地位。

（2）核电安全问题和我国专家提出的“小型化核电站”建设战略（道路）的相关技术，特别是取代大量水封的耐高温材料护盒密封的材料有待突破。

（3）太阳能发电成本过高。煤电价约为0.22元/(kW·h)，太阳能电价约为1.5~1.8元/(kW·h)，国家补贴每年高达260亿美元（近2000亿元人民币）的代价近期内很难克服。风能发电破坏草原生态环境的认识还没有统一起来。

（4）CO_2排放导致地球气候变暖的科学基础还存在争议。“巴黎协定”的全球性意义有所动摇。最新研究显示，全球变暖的速度比10年前预测升高1.5 ℃的结论要小得多（只有0.9 ℃）。各国以目前的速度排放CO_2，至少需要20年（不是原预测的3~5年）才有可能超过既定的目标。因此，我们有比较充分的时间做CO_2减排的研究和实践工作。

（5）我国在“煤电一体化”前提下，实现CO_2减排、清洁空气减轻雾霾的研究和实践工作逐步深入及取得的部分成果为此目标提供了希望。

综上所述，承借党的十九大开始的习近平新时代的东风，利用我国的煤炭资源的优势及煤炭开采理论和开采技术创新的成就，在最近的20~30年期间坚持以煤为主的“煤电一体化”战略为国民经济发展和我国非煤能源结构调整做贡献的决策是完全正确和十分必要的。

第八章 “实用矿山压力控制”理论建设发展成就与重大事故灾害控制决策模型

第一节 “实用矿山压力控制”理论建设发展的成就

我国“实用矿山压力控制理论”（以下简称“理论”）是我国新中国成立后从事“矿山压力”研究的先驱平寿康教授、钱鸣高院士以及包括刘听成、陆士良、乔福祥等老教授在引进苏联、波兰等先进采煤国家研究成果的基础上，指导我国研究人员深入煤矿现场与生产第一线的领导、工程技术人员共同创造的成果。

从解决煤矿安全高效开采和重大事故和环境灾害控制的实际需要出发，创造性地建立了以揭示采动上覆岩层运动和支承压力分布发展变化规律为核心的科学理论体系。严格地区分和科学地定义了相关的学术名词和术语。

一、关于“矿山压力”及“矿山压力显现”的定义以及用于指导矿山压力控制实践的相关理念

（1）关于“矿山压力”及“矿山压力显现”的概念。“理论”严格定义了“矿山压力”及“矿山压力显现”两个最基本的名词和术语。其中，把“矿山压力”定义为采动后促使围岩向已采空间运动的力。这个力包括已采空间围岩相关岩体中的应力和采动引发的运动岩层在围岩边界（采动空间周壁）上的作用力两个部分。而“矿山压力显现”则指在矿山压力作用下，产生的围岩变形破坏及相关支护受力等现象。

（2）“理论”从矿山压力控制研究的实际出发，正确地指出了采动后“矿山压力”存在的“绝对性”（即一经采动就客观存在）和“矿山压力显现”的“相对性”。其“相对性”的含义包括：①采动空间的周壁岩体只有当承受的压力达到围岩破坏产生大变形的情况下才会明显地显现出来；②围岩受力的大小取决于支护本身的结构特征、力学特性以及对围岩变形的抵抗。以此为基础“理论”明确地指出矿山压力控制研究的目标（出发点）就是要把在矿山压力作用下发生的“矿山压力显现”，控制到安全上可靠（不出现灾害性的事故）、技术上可行和经济上合理的范围。这就是“实用矿山压力控制理论”中既相互区别又密切联系的两个关键名词在实用控制目标前提下的辩证统一。

二、关于“矿山压力”的来源及其两个组成部分

采动后促使围岩向采动空间运动的力——“矿山压力”，包括围岩中的应力和岩层运动作用力两个部分。

（1）围岩中的应力：指在原始应力场或已经历采动重新分布的应力场中开掘、维护巷

道和推进回采工作面形成的采动空间周围岩体（包括顶底板和两帮）中储存和分布的应力。该应力的存在是围岩运动破坏和相关事故灾害产生的根源。“理论”特别强调了原始应力场中“原始重力场”和煤田生成后在构造运动推动下形成的由残余构造应力组成的“构造应力场”的重大差异，并正确地指出，长期以来我国煤矿开采设计决策部署和安全生产管理工作中的重大失误，例如留设断层煤柱护巷的规定和用统计经验决策进行矿井分级管理等，以及由此引发的“冲击地压”“煤与瓦斯突出”等重大事故灾害，都是忽略了两类原始应力场重大差异造成的。

“理论”从实用目标出发，特别强调了经采动重新分布的应力场，是一个分布不均匀的应力场。处于该应力场应力高峰部位的应力有可能成倍地高出原岩重力场的应力值。经历采动失去支承踏空的岩层范围越大，应力高峰部位集中的应力值越高。目前我国煤矿现场沿用传统的煤柱护巷长壁开采，在没有搞清采动应力场分布的情况下，错误地在应力高峰位置掘进维护巷道和推进回采工作面，促使成倍高于原始应力的围岩向已采空间高速喷出，是当前“冲击地压”“煤与瓦斯突出”等重大事故灾害的根源。

（2）岩层运动作用力：主要指采动空间上覆岩层运动（包括均匀沉降或冲击性沉降）作用在围岩和支护上的力。显然这个力的大小和作用过程，由相应采动条件下参与运动的岩层范围确定。该范围内参与的运动岩层越多、相关岩层的厚度和覆盖悬空的面积越大，作用力的发展过程就越长，运动时的压力强度也越高。因此，搞清不同采动条件下参与运动的岩层范围及其相关岩层运动的发展规律，是预测和控制该作用力的关键。

三、关于采动应力场中“支承压力”的分布，和“两个应力场”的理论

“理论”把采场推进过程中分布在采动空间四周煤壁上的压力定义为“采动支承压力”。“理论”针对安全高效生产和相关事故灾害控制的实际需要，创造性地把采场推进过程中分布在四周煤壁上的支承压力分为两个部分：即煤壁已经在压力作用下破坏（塑性破坏），其受力由相应采动条件下形成的“结构拱”内岩层运动决定的“内应力场”和“结构拱”内、外参与运动的岩层决定的“外应力场”共同决定，如图 8-1 所示。“理论”正确地指出避免在外应力场应力高峰部位掘进和维护巷道以及实现在“裂断拱”内岩层裂断运动完成的稳定“内应力场”开掘维护巷道，是避免“冲击地压”“煤与瓦斯突出”等重大事故灾害和保持巷道围岩在安全、经济的支护条件下长期稳定的关键。

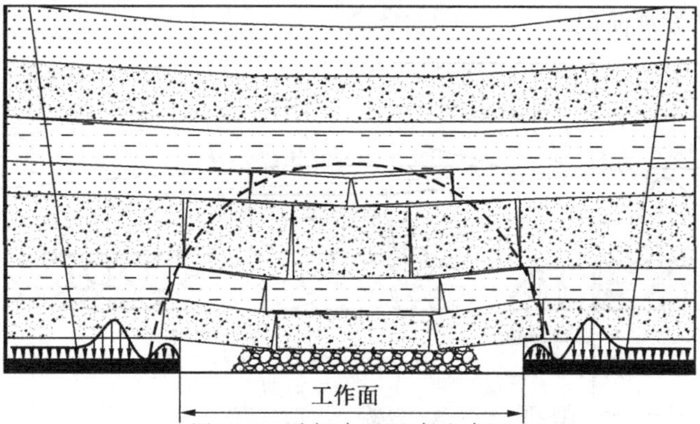

图 8-1 采场支承压力分布图

四、关于影响“矿山压力显现”的岩层范围及相应岩层运动和“支架工况”控制的相关理念

“理论”从实际应用目标出发建立了相关概念和理念。

1. 影响“矿山压力显现”的“岩层范围”及其两个组成部分

“理论”正确指出，在任何开采深度情况下掘进巷道和推进回采工作面，既定采动条件下所波及和需要支护控制的运动岩层范围都是有限的、可知的。“理论”突破传统的以岩层的强度、厚度等分类定义的理念，从相关岩层运动发展过程中的结构特征以及向采动空间围岩和支承上传递作用力的特征两个方面，科学地定义了其组成的两个部分。

(1)“直接顶”：由采动空间推进过程中控顶距外无支护支承的部位（采空区）自行垮落的岩层组成。该部分岩层（顶板）在采场推进过程中除因岩层坚硬出现大跨度的悬顶情况外，每一次裂断垮落运动的作用力都必须由支架完全承担。

(2)“基本顶”：由采场推进过程中运动明显影响采场“矿压显现”的“传递岩梁”组成。基本顶范围中每一“传递岩梁”，由同时运动或近乎同时运动，因而对采场矿压显现同时有影响的岩层（包括支托层和上覆随动层）组成。该岩梁在采场推进的全过程中，包括第一次裂断前保持连续梁状态、裂断运动发生后形成裂缝贯穿全厚的“砌体梁”、一直到沉降运动完成，都始终保持了将自身和上覆岩层的重力传递至采场和采空区支承上的“结构力学”联系。

2. 关于“直接顶”“基本顶”的控制及相应的“支架工况”的理念

“理论”对“直接顶”的控制，沿用了支架在“给定载荷”工况条件下工作的理念，即在一般情况下，支架必须承担直接顶裂断运动的全部作用力。只有当直接顶坚硬，采空区悬顶跨度特别大的情况下，才能在保持支架有足够初撑力控制直接顶动压冲击的前提下，按“给定变形”即使处于“悬臂梁”状态的直接顶在采空区触矸的工况状态下工作。

“理论”否定了对基本顶及其组成的“传递岩梁”（砌体梁）只能使支架在“给定变形”条件下工作的传统提法。补充了采场支架可以在对基本顶岩梁运动进行控制的“限定变形”工况条件下工作的理念，而且明确指出，在生产实际中对“基本顶”特别是其下位岩梁的“位态”进行控制，即使支架在要求的“限定变形”工况条件下工作，不仅可能而且在一定条件是十分必要的，如图 8-2 所示。为此，“理论”建立了岩梁位态控制的近似计算公式——“基本顶岩梁位态方程”，从而把采场顶板控制的理论推进到针对具体顶板条件科学定量的发展阶段。

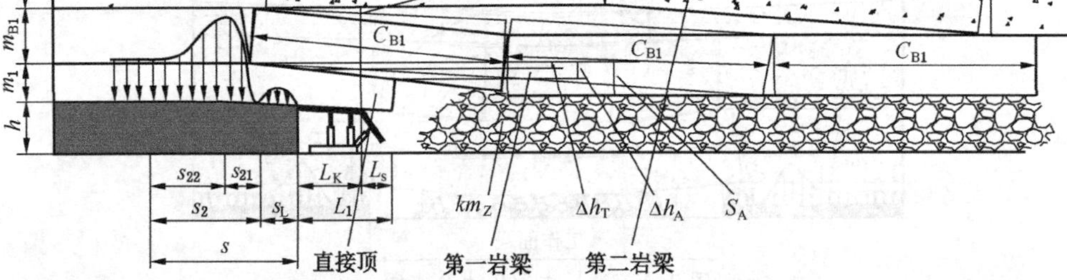

图 8-2 影响采场矿压显现的运动岩层范围

五、关于以“实用性”为特色的“实用矿压控制理论”体系及主要发展的小结

在比较深入地学习和研究国内外传统的矿压理论基础上，针对采场不断推进开采地质条件多变的工程特点所建立的“实用矿压控制理论”取得的重要进展包括：

(1) 进一步明确了研究的目标。“理论”明确地提出了“矿山压力控制”研究的目标就是把“矿山压力的显现”控制在安全上可靠、技术上可能和经济上合理的范围。

(2) 提出了“以岩层运动研究为中心”和把深入地揭示矿山压力显现及相关事故灾害与岩层运动和相关应力场应力分布特征关系的研究放在核心地位的指导思想。“理论”正确指出：“采场不断推进，不论是‘矿山压力’还是‘矿山压力显现’都是在不断发展之中，它的变化是有规律的，这个规律是由相关岩层的运动和破坏决定的”。“明确地提出矿山压力控制研究必须“以岩层运动为中心”，把不同采动条件下覆岩运动和支承压力大小分布范围及其随采场推进变化的规律，包括相关动态结构模型的建设和相关结构参数确定放在首要地位。

(3) 正确指出任何开采深度条件下影响“矿山压力显现”的运动岩层范围是“有限的”，即包括：采动后可能破坏失去向四周支承传递作用力能力的岩层（直接顶）和在运动全过程中始终保持了向四周支承传递自身和上覆岩重的力学联系、运动，对采场矿压显现明显影响的岩层（基本顶）等两个部分，并明确指出在既定采动条件下它们是“可知的”，即可以通过理论推导特别是采动空间周壁矿压显现动态的监测确定。“可变的”，即可以通过改变采煤工作面长度以及开采程序等采动条件加以改变。以此科学地界定了“矿山压力控制研究”的范围和突出了相关研究的重点。

(4) 在上述研究的基础上创造性地提出了通过监测采动空间周壁支承压力显现和顶板运动变化规律，推断支承压力分布和预报采场顶板来压的“井下岩层动态观测研究方法”，开发了 KY-82 顶板动态仪、KJ427 煤矿压力位移无线监测系统、KJ1100 煤矿沿空留巷围岩位移监测系统等监测装备，孵化了山东科大中天安控科技有限公司等一批矿压仪器企业，把矿山压力分布及顶板活动的预测预报、控制设计和控制效果的判断连成一体，实现“理论”和“方法”的统一。

上述研究成果为把传统的矿压理论的研究推进到能针对具体的煤层条件科学定量的发展阶段奠定了基础。

第二节　顶板灾害控制决策模型

一、采场顶板事故的原因及实现的条件

回采工作面掘进过程中顶板冒落（塌垮）事故的原因及实现的条件如下：

(1) 采动失去平衡的顶板破坏和运动。

(2) 支护不及时。

(3) 支护阻抗力不足或稳定性差。

因此，正确预测顶板失稳破坏运动的地点和时间，在顶板失稳运动前及时设置阻抗力足、稳定性强的支架，是控制事故发生的关键。

二、顶板事故的分类

1. 按事故范围大小分类

(1) 局部冒顶事故（发生在顶板破碎的部位）。

(2) 大面积切顶垮塌事故（发生在直接顶或基本顶来压运动时刻）。

2. 按事故的力源分类

(1) 直接顶（来压）运动造成的顶板事故。包括破碎的直接顶顶板局部冒落、直接顶运动压坏和推倒支架的大面积顶板垮塌事故。

(2) 基本顶（来压）运动造成的顶板事故。包括基本顶来压冲击破坏和推倒支架造成的大面积切顶垮面事故。

3. 按顶板塌垮运动和支架失稳破坏特征分类

(1) 压垮型事故：直接顶和基本顶来压时，支架阻抗力不足或承缩量不够被压损破坏（支柱被压弯或压断等），所造成的顶板垮塌事故。

(2) 推垮型事故：直接顶和基本顶来压时，支架因稳定性不够被推倒所造成的顶板垮塌事故。

常见采场顶板事故分类如图 8-3 所示。以单体木支柱示例的各类顶板垮塌事故运动的特征分别如图 8-4～图 8-7 所示。

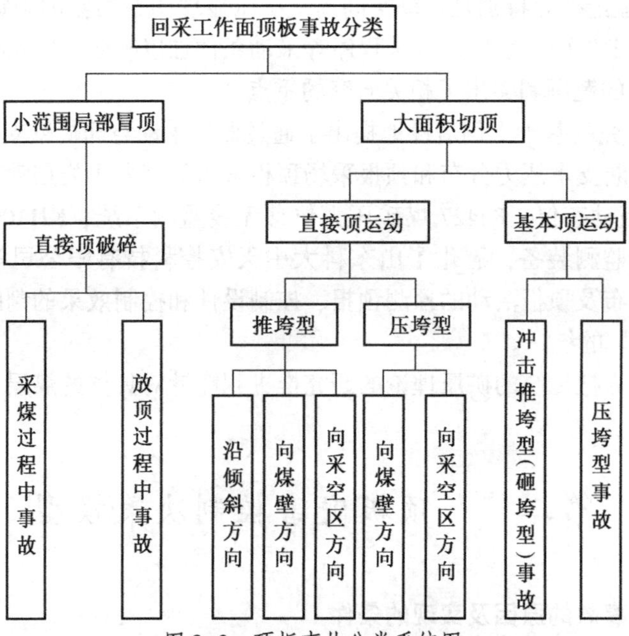

图 8-3 顶板事故分类系统图

三、采场顶板事故发生的时间和条件及事故的发展过程

1. 局部冒顶事故发生条件和发展过程

具备下列开采条件，支护不及时，容易发生局部冒顶事故：

(1) 薄层结构的复合顶板（容易在支承压力作用下破碎）。

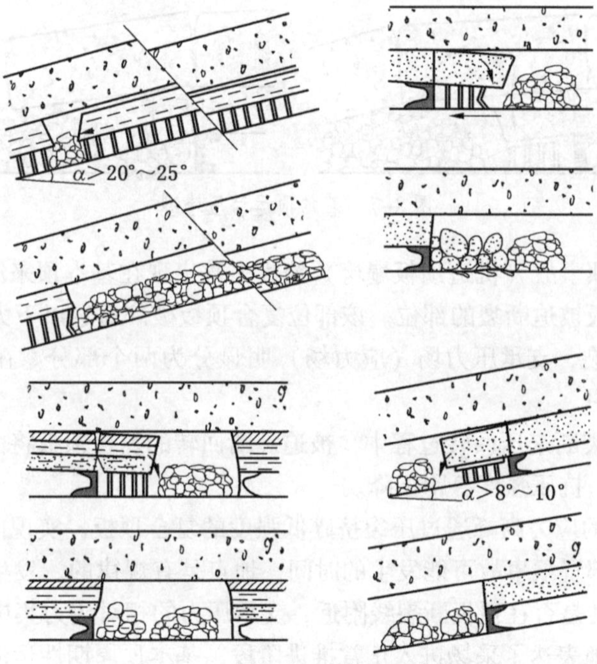

图 8-4 直接顶运动推垮型事故

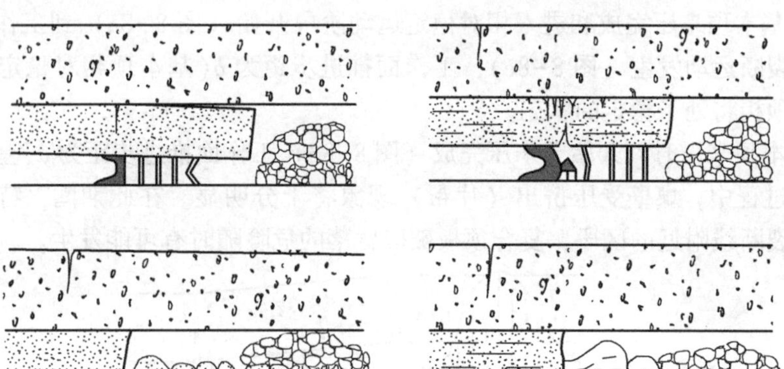

图 8-5 直接顶运动压垮型

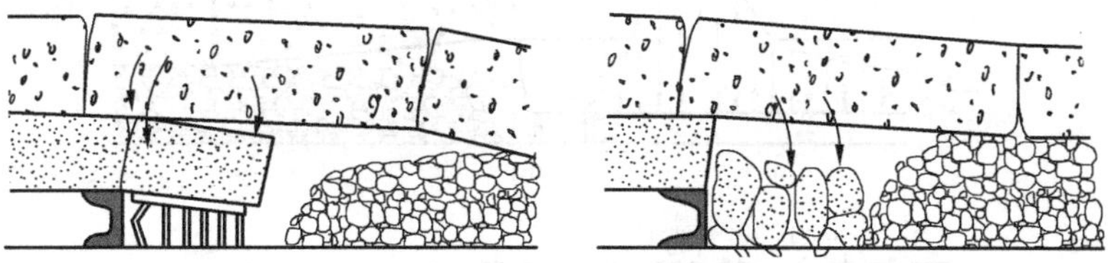

图 8-6 基本顶冲击推垮型

(2) 开采煤层埋藏深度、采高、开采宽度（工作面长度）较大。采动应力场高峰深入煤壁（工作面）前方，也就是出现内应力场的情况下。

上述条件下出现局部冒顶事故的时间和地点，由基本顶来压运动的规律决定。理论和

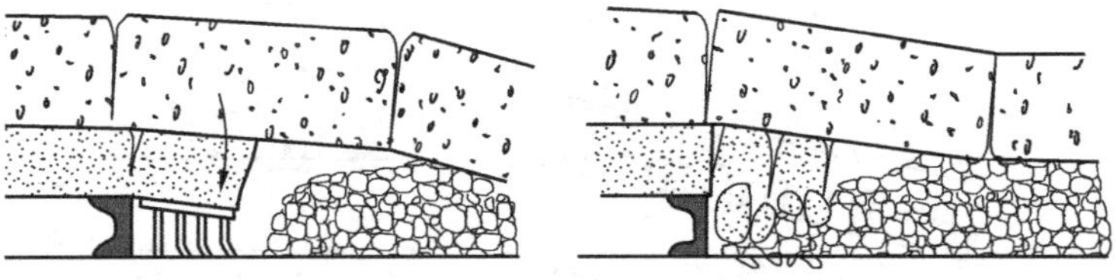

图 8-7　基本顶运动压垮型

实践证明，局部冒顶事故（机道顶板塌垮）绝大多数出现在基本顶来压过程中，特别是基本顶来压，复合顶板被迫断裂的部位。该部位复合顶板破碎通过以下力学机制实现。

(1) 基本顶断裂，支承压力场（应力场）明显分为两个部分。在顶板裂断线附近将有高强度的压力集中。

(2) 在基本顶裂断来压回转过程中，被迫裂断回转的复合顶板将由原三相压缩状态向单相压缩状态过渡。抗压强度急剧下降。

(3) 外应力场的应力高峰通过压裂挤碎低强度的复合顶板，实现向煤壁深部转移。

综上所述，局部冒顶事故可能发生的时间、地点是有规律的。发生的规律和实现的条件与基本顶岩梁运动是否在顶板断裂线附近，支承压力的相对应力集中和转移直接联系在一起。图 8-8 较好地表达了采场进入正常推进阶段，基本顶周期性运动阶段局部冒顶事故出现可能性的规律，即：

(1) 从基本顶来压完成和进入相对稳定运动阶段开始（图 8-8a）到工作面推进至下一次周期性裂断运动发生（图 8-8c），工作面推进步距为 b(基本顶相对稳定步距）的全过程中复合顶板将处于稳定的状态。

(2) 基本顶来压时刻开始至来压完成（图 8-8d）工作面推进步距为 a(基本顶显著运动步距）的过程中，煤壁受压挤出（片帮）现象将十分明显。在此期间，特别是在工作面推进靠近裂断线附近的区段，复合顶板破碎冒落的危险随时有可能发生。

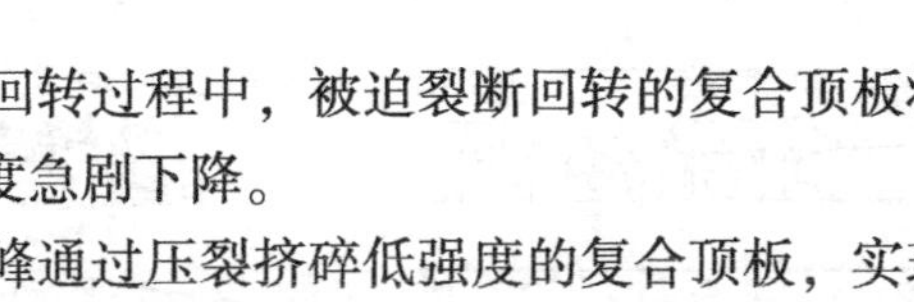

(a)

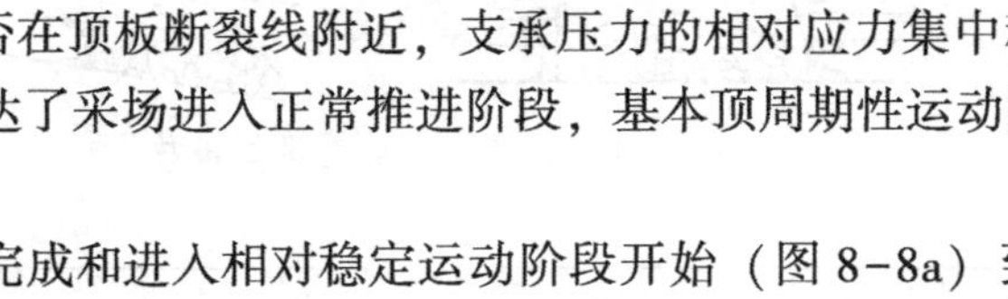

(b)

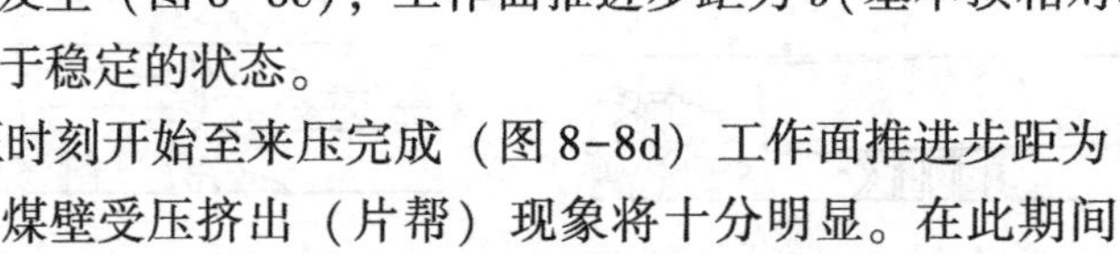

(c)

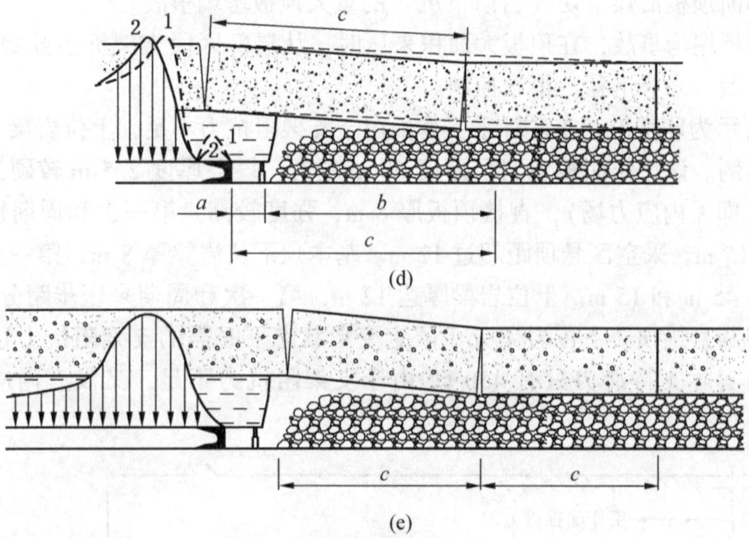

图 8-8 正常推进阶段局部冒顶规律

2. 压垮型顶板事故发生的条件和发展过程

顶板压垮支架，大面积垮塌事故发生在直接顶和基本顶大面积岩断来压过程中。

对于基本顶来压断裂深入煤壁前方（有内应力场）情况下，顶板大面积来压压垮支架垮塌事故在以下条件下实现：

（1）支架阻抗力不能平衡直接顶大面积运动的作用力，在顶板沉降过程中被压断裂，失去支撑能力。

（2）支架阻抗能力足以平衡直接顶沉降作用力，但允许压缩量不能适应基本顶沉降（至给定变形位置状态）的要求。在基本顶和已被迫裂断沉降的直接顶共同作用下被压裂或压断，失去支撑能力。这是采用木支柱等刚性支架工作面出现压垮型事故的重要原因。

在有“内应力场”条件下，采场顶板裂断来压运动过程的特征是顶板裂断深入煤壁（工作面）前方，大范围顶板沉降运动以“内应力场”的煤体为支承运转实现。因此，只要在有可能产生动压冲击的基本顶运动前，尽可能保持其下位岩层的“贴紧”（最小的离层）状态（也就是支架的阻抗力是以对其下位岩层运动采取“限定变形”的工作状态）的前提下，通过支架的缩量适应该岩梁沉到底（接触采空区已冒落的岩层）。压垮型的顶板塌垮事故即可避免。这正是在深部开采条件下，采场支架阻抗力往往可以比浅部采场低得多的原因。

在有“内应力场”条件下，顶板来压压垮工作面事故。首先从采场局部区段支柱压坏失效开始（启动）。如果该区段在顶板的沉降过程中支架的阻抗力不能通过及时补充支护恢复，又无法从相临区段支架的支撑能力中得到补充。顶板沉降压毁支架的事故将迅速向全部顶板范围扩展，直至大面积顶板垮塌事故的发生。因此，正确的支护设计，包括正确选择支护阻抗力和允许的缩量是控制压垮型顶板事故发生和发展的关键。

当基本顶来压断裂线在煤壁处（即在内应力场时）的情况下。支架阻抗力如不能平衡基本顶下位岩梁岩断来压（此时直接顶将被迫裂断）的作用力，使下位岩梁处于基本不下沉“限定变形”的位置状态。则高强度的上位岩梁裂断来压时，采场支架将承受动压冲击，出现工作面顶板沿煤下切（台阶下沉）的重大顶板垮塌事故。

压垮型顶板塌垮事故，在顶板大面积来压时，从局部区段支架拆损开始（启动），迅速向全范围扩展。来势迅猛，很难控制。

图 8-9 所示为印度巴兰布矿综采工作面由于支架阻抗力不足，上位岩梁来压时冲击压塌工作面的实例。该工作面覆盖岩层厚度 60 m 左右，煤层厚度 2.5 m 较硬，支承压力高峰在煤壁处（即无内应力场），直接顶板厚 8 m，强度较高。第一次和周期性运动步距分别为 30 m 和 15 m。采空区悬顶距超过 12 m。基本顶下位岩梁厚 8 m，第一次和周期性运动步距分别为 45 m 和 15 m。上位岩梁厚达 12 m，第一次和周期来压步距分别为 80 m 和 25 m。计算控制直接顶使下位岩梁处于限定变形状态下必需的支架阻抗力达 700~800 t。原设计支架的实际支持能力只有 450 t。由于支架阻抗力不足，又没有内应力场的煤壁支撑。

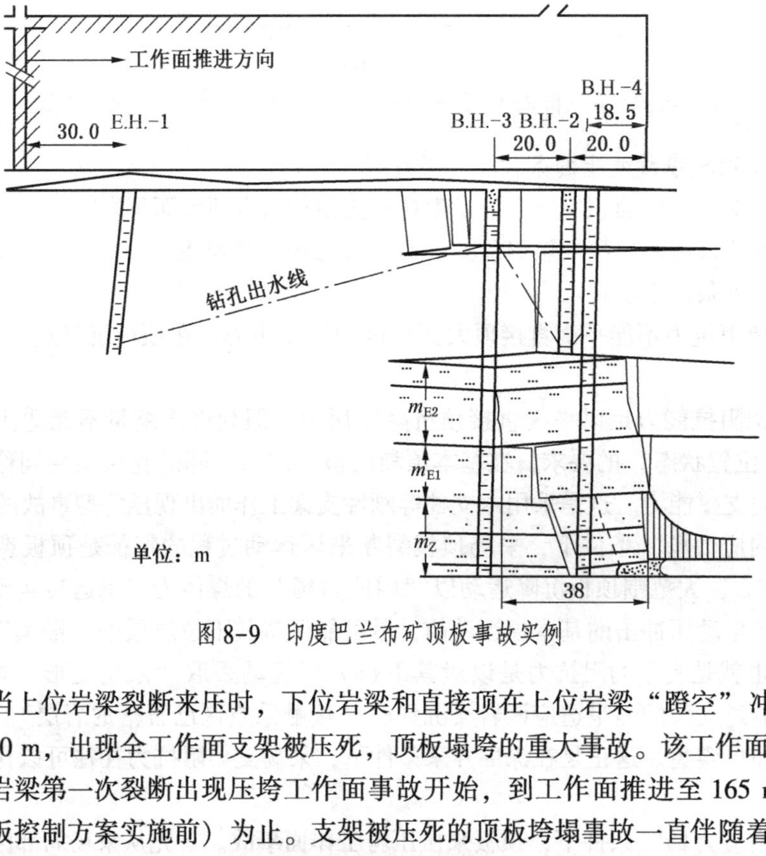

图 8-9 印度巴兰布矿顶板事故实例

因此，当上位岩梁裂断来压时，下位岩梁和直接顶在上位岩梁“蹬空”冲击下沿煤壁下切 0.8~1.0 m，出现全工作面支架被压死，顶板塌垮的重大事故。该工作面从推进 85 m 基本顶上位岩梁第一次裂断出现压垮工作面事故开始，到工作面推进至 165 m（中国专家工作组，顶板控制方案实施前）为止。支架被压死的顶板垮塌事故一直伴随着基本顶上位岩梁的周期性裂断（25~30 m）重复出现。充分说明对于不出现“内应力场”的工作面特别是顶板比较坚硬的条件下，没有高阻抗力的支架，阻止下位岩梁和直接顶的沉降，上位高强度岩梁运动时压塌工作面将不可避免。

3. 推垮型顶板大面积垮塌事故发生的条件和发展过程

推垮型顶板垮塌事故发生在顶板来压过程中。推垮型包括向采空区推垮、向煤壁推垮及沿倾斜方向推垮三种情况。推垮动力可能来源于直接顶板自身，也可能来源于基本顶裂断来压的冲击和推动力。

推垮型顶板事故实现的条件如下：

（1）直接顶与基本顶分界层间或复合结构的直接顶分层之间，出现较大的离层空间。从而失去层向运动的摩擦阻抗能力。实现的条件是：①支架设计阻抗能力（包括初垮力及工作阻力）不足；②支架架设质量不高，特别是初撑力不足；③顶底板松软，支架破顶钻底或因采用圆度低的鞋帽（背板）等辅助性支护结构，造成支架的实际（有效）支撑（承载）能力很低。

（2）直接顶或其下部分层处于四周割裂（切断）的孤岛状态，实现的条件是：①采空区直接顶板冒落；②直接顶板来压或在基本顶来压强迫下沿煤壁（或深入煤壁前方）裂断；③断层等构造切断，或回采巷道破顶掘进切割使直接顶在倾斜方向（垂直推进方向）被切断。

上述切断线部位的直接顶板局部冒落，为已成孤岛的直接顶板提供了层面方向运动的空间。这是推垮型顶板事故得以实现的最后防线。其中：①老塘（采空区）上方顶板冒落，可能发生向采空区方向推垮工作面的大事故；②煤壁上方直接顶板冒落，可能发生向煤壁推垮工作面的顶板事故；③倾斜方向（断层部位）顶板冒落，可能出现向倾斜方向推垮工作面的大事故。

四、回采工作面顶板事故的预测和控制

如前所述，顶板事故发生在顶板来压发生和发展的过程中。因此，排除一般顶板的关键在于正确地预测顶板来压的地点、时间、强度以及可能发生的事故类型，在此基础上采取针对性的控制措施（包括正确的支护设计和必要的顶板或煤层特殊处理方案等）两个方面。

顶板来压预测，建立在对采场推进上覆岩层运动破坏规律正确认识的基础之上。其中，直接顶及基本顶各“传递岩梁”第一次裂断来压的规律及力学过程如图 8-10 所示。

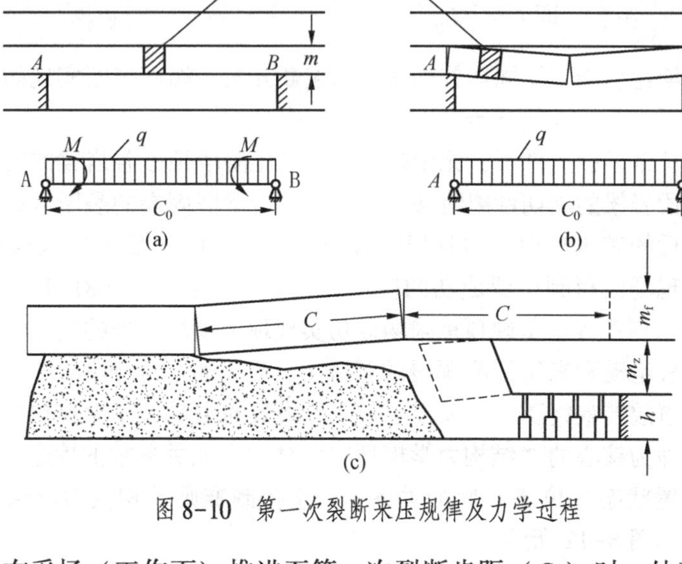

图 8-10　第一次裂断来压规律及力学过程

（1）岩梁在采场（工作面）推进至第一次裂断步距（C_0）时，处于两端嵌固的支承

状态（图 8-10a）。两弯矩 $M_A=M_B=\frac{qC_0^2}{12}$达到端部拉应力超限的极限值。此时梁中弯矩 $M_0=\frac{qC_0^2}{24}=\frac{M_A}{2}$。只有端部的一半。因此，裂断将首先以深入煤壁的端部开始。

(2) 岩梁端部裂断实现的过程中，弯矩将逐步向中部转移，直至梁端完全裂断进入简支状态（图 8-10b）。此时，$M_A=M_B=0$，梁中弯矩 M_0 达到最大值。即：$M_0=\frac{1}{8}qC_0^2$。虽然，其值远远超过端部裂断实现的弯矩值$\left(\frac{qC_0^2}{12}\right)$。因此，岩梁端部裂断实现之后，梁中裂断采场第一次来压随之发生。

采场进入正常推进阶段，“直接顶”及“基本顶”各“传递岩梁”处于“悬臂梁”支承状态。其中，处于完全自悬臂状态的“直接顶”，嵌固端弯矩 $M_0=\frac{1}{2}qC_0^2$，为该岩梁第一次裂断弯矩$\frac{qC_0^2}{12}$的 6 倍。因此，其最大的悬臂跨度 C 值将不超过第一次岩断步距的$\frac{1}{6}$，即 $C=\frac{1}{6}C_0$。其裂断位置视采场支架阻抗力，特别是初撑力的大小可能出现以下两种情况：

当 $P_T \geqslant q_o(\ell_K+C)^2/\ell_K^2$ 时，直接顶在支架后方切断；当 $P_T<q_o(\ell_K+C)^2/\ell_K^2$ 时，直接顶可能在煤壁处切断。式中 P_T 为支架强度（t/m²），ℓ_K 为支架控顶距，C 为直接顶采空区侧最大悬顶距，q_o 为直接顶重力密度（t/m²）。

基本顶来压时，直接顶将被迫在煤壁处切断，其来压步距由基本顶来压确定。因此，正确预测基本顶来压，是正常推进阶段顶板控制的关键。

进入正常推进阶段，“基本顶”各岩梁处于一端触矸的悬臂状态，如图 8-10c 所示。研究证明其周期断裂步距 C 从岩梁第一次裂断实现到开始按一小一大逐步过渡到恒等于第一次来压步距 C_0 的$\frac{1}{3}$左右。即 $C=\frac{1}{3}C_0$。

基本顶各梁周期性岩断来压同样首先从端部裂断开始。端部裂断实现的岩梁将因重力作用而下沉，采场顶板来压也就开始。

综上所述，在正常顶板条件下，无论是第一次来压阶段顶板各岩梁的第一次来压，或是进入正常推进阶段岩梁的周期性裂断来压，都是从岩梁嵌固端的裂断开始。因此，利用嵌固端岩梁裂断前后的矿压显现（包括岩梁裂断部位顶板的“反弹”及煤壁的压缩）预报采场来压在生产现场已得到广泛成功的应用。图 8-11 所示为 1981 年采用“顶板动态仪”在通化矿务局松树镇煤矿坚硬顶板采场成功实现顶板预测预报的实例。

在实现采场顶板运动和来压预测预报的基础上，针对性、正确地进行顶板控制设计。是排除顶板及相关事故的最终防线。顶板控制设计决策的主要工作内容包括：以需控制的顶板范围和支承条件为核心的“结构力学模型”的建立和相关参数的确定；采场支架阻抗能力与需控顶板位置状态（位态）间的关系，安全控制准则及相关力学保证条件的确定等，决策设计程序如图 8-12 所示。

(1) 顶板控制设计决策模型及相关结构参数。顶板控制设计决策模型（控制设计结

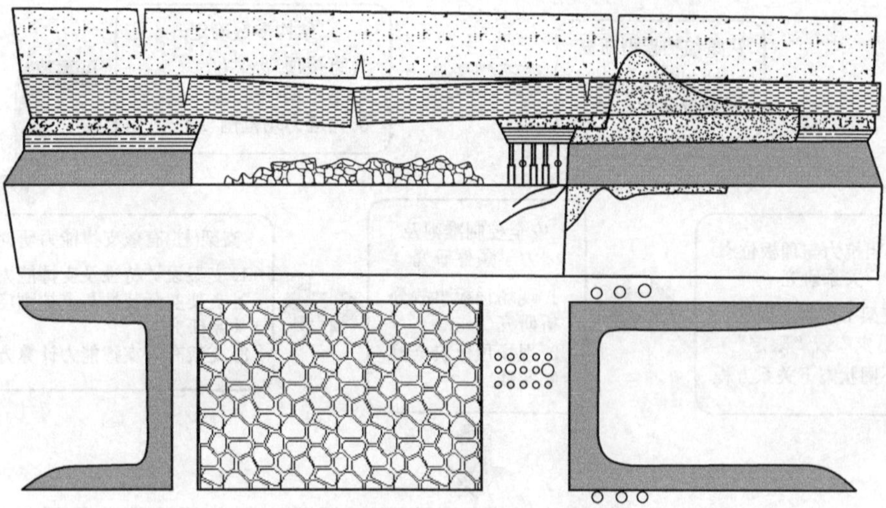

(a) 工作面动态仪安装部位示意图

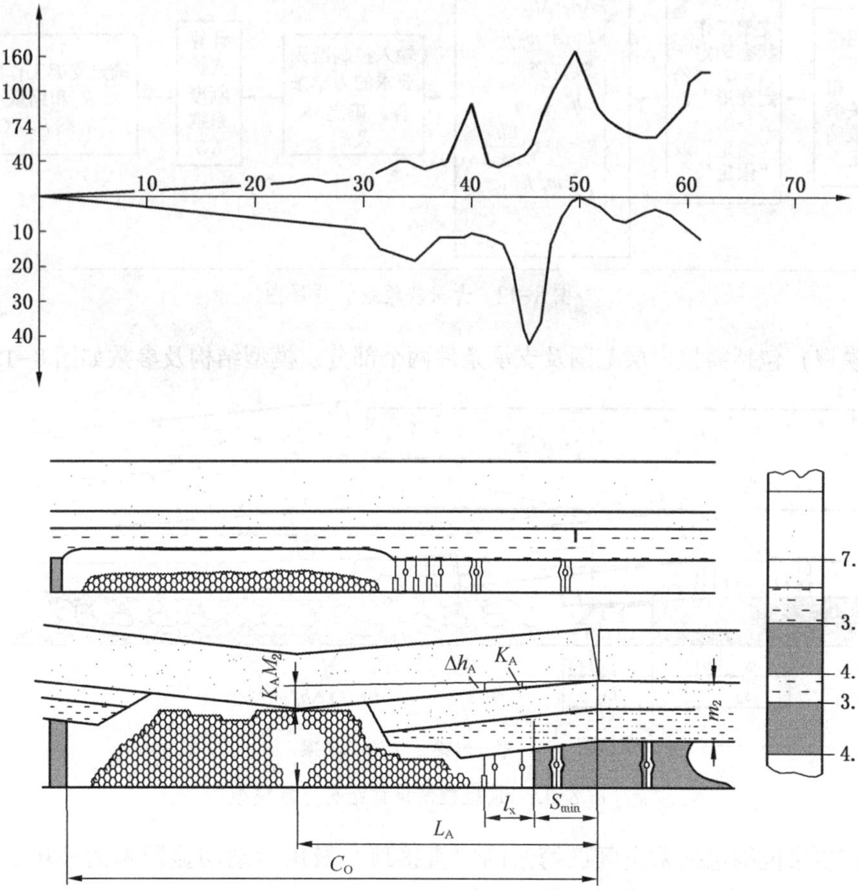

(b) 超前巷道及采场顶板动态曲线对比图

图 8-11 通化矿务局松树镇煤矿顶板来压预报实例

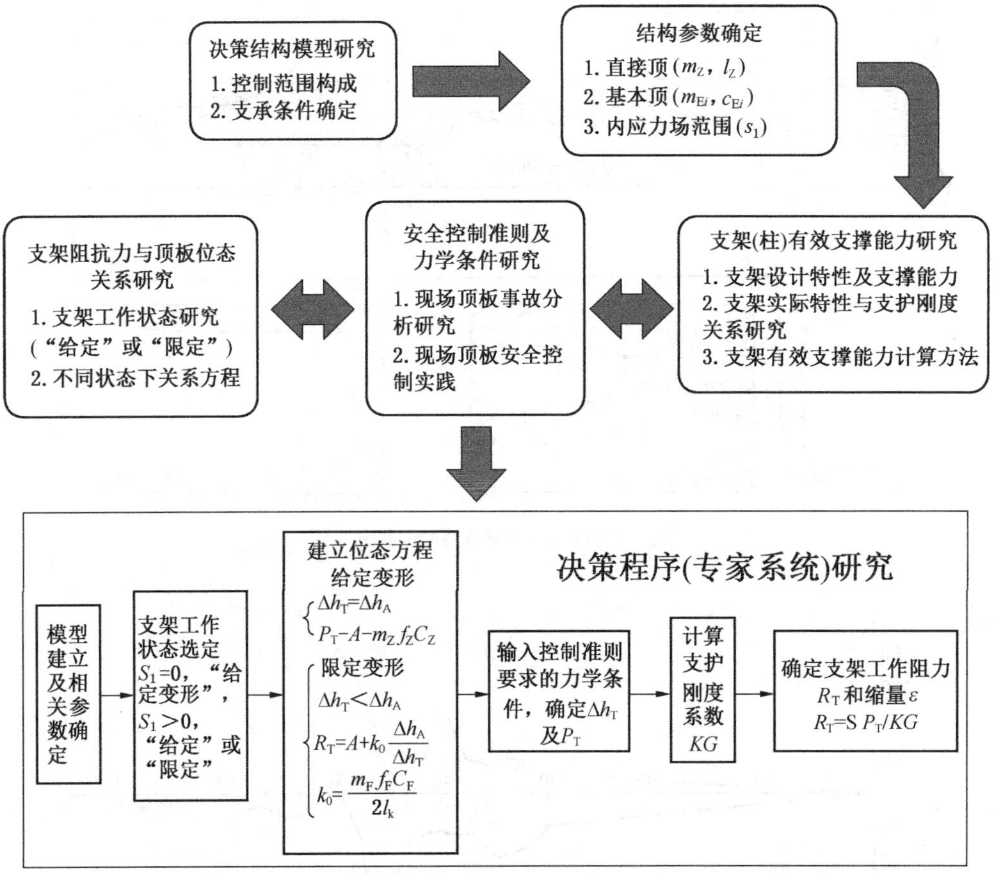

图 8-12　开采决策设计程序图

构力学模型）包括需控岩层范围及支承条件两个部分。模型结构及参数如图 8-13 所示。

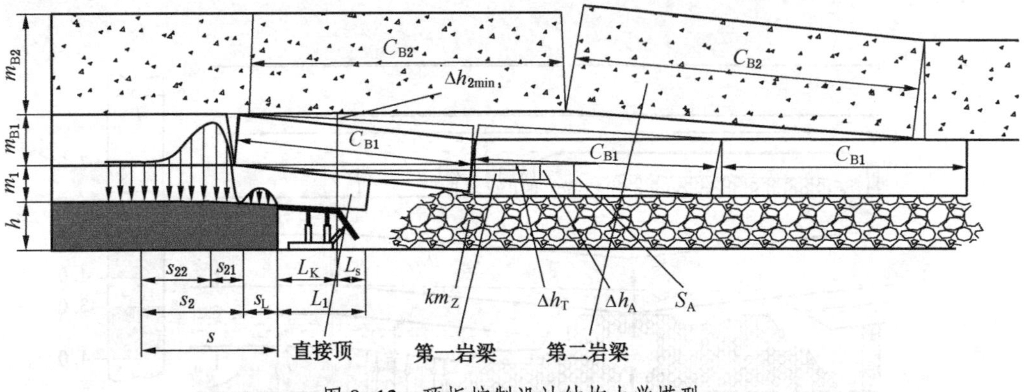

图 8-13　顶板控制设计结构力学模型

需控岩层范围包括采空区已垮落的“直接顶”及由运动明显影响的采场矿压显现的“传递岩梁”组成的“基本顶”两个部分。

直接顶厚度的表达式如下：

$$m_Z = \sum_1^n m_i = \frac{h - S_A}{K_A - 1} \tag{8-1}$$

式中 n——采空区已冒落的岩层数；

m_i——已冒落岩层的厚度，

h——采高；

K_A——已冒岩层碎胀系数；

S_A——基本顶下位岩梁触矸处的沉降值（恒小于该岩梁的老沉降值 S_0）。

常用直接顶厚度的确定方法，包括在实测基本顶下位岩梁第一次来压步距 C_0 和相应的采场顶板下沉量 Δh_0 的基础上用表达式（8-2）推断的“实测推断法”和直接根据采场上覆岩层钻孔柱状图按各岩层冒落条件判断的“钻孔柱状推断法”两种。其中“实测推断法”的推断程序是：

第一步：实测基本顶下位岩梁第一次来压步距 C_0 及相应控顶距 L_K 下的采场顶板下沉量 Δh_0；

第二步：按下式计算得下位岩梁触矸处沉降值 S_A；

$$S_A = \frac{C}{L_K}\Delta h_0 \tag{8-2}$$

第三步：用表达式（8-1）推断直接顶厚度。

$$m_Z = \frac{h - S_A}{K_A - 1}$$

式中碎胀系数 K_A 值由直接顶各岩层岩性强度确定。岩性强度较高，K_A 值越大。一般可取 $K_A = 1.25 \sim 1.35$。

“钻孔柱状推断法”按直接顶各岩层厚度小于其下部允许运动的自由空间高度的原理，由下而上逐层判断，即：

$$m_Z = \sum_1^n m_i \tag{8-3}$$

其中：

$$m_n \leqslant h - \sum_1^{n-1} m_i(K_A - 1)$$

$$m_{n+1} > h - \sum_1^{n} m_i(K_A - 1)$$

“基本顶”由运动明显影响采场矿压显现（包括支架载荷和沉缩等顶板压力显现及煤壁压缩等支承压力显现）的“传递岩梁”组成。“基本顶”中每一“传递岩梁”由包括支托层和随动层的同时运动（近乎同时运动）岩层组成。按下列公式进行判断。

相邻岩层同时运动（组成同一岩梁）则：

$$E_S m_S^2 \geqslant (1.15 \sim 1.25)^4 E_C m_C^2 \tag{8-4}$$

相邻岩层分别运动（分别构成“岩梁”）则：

$$E_S m_S^2 < (1.15 \sim 1.25)^2 E_C m_C^2 \tag{8-5}$$

上列公式中，m_S 和 E_S 分别为下位岩层的厚度和弹性模量；m_C 和 E_C 分别为上位岩层厚度和弹性模量。

研究及实践证明，一般顶板（上覆岩层）条件下，组成“基本顶”的“传递岩梁”

数不超过三个。总厚度为采高的 4~6 倍。单一岩梁和多岩梁的典型顶板（上覆岩层）结构组成情况及其采场矿压显现如图 8-14a 及图 8-14b 所示。相应现场实测案例分别如图8-15 及图 8-16 所示。

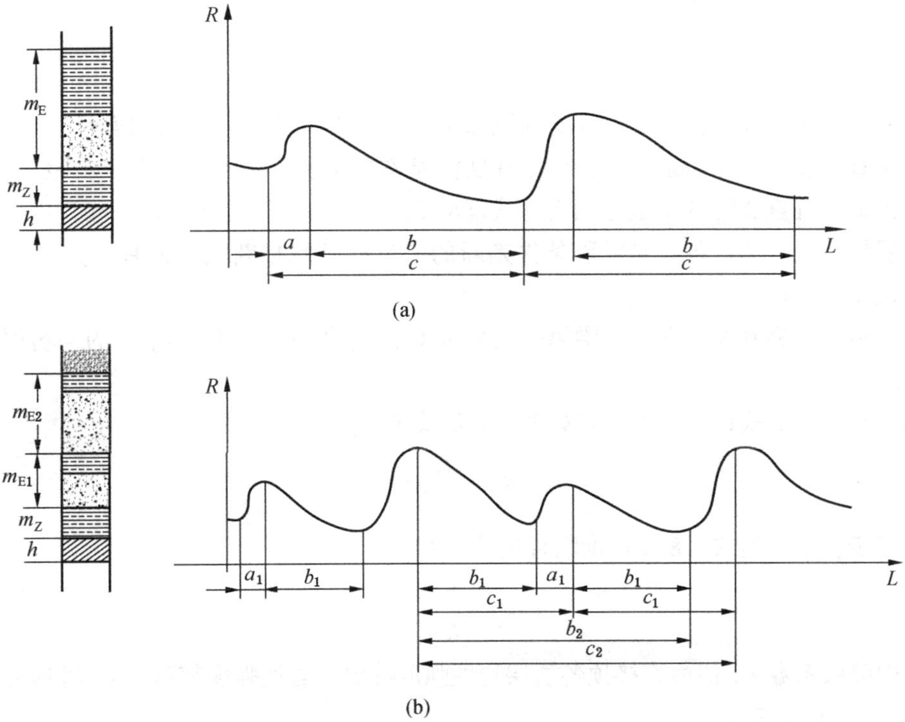

图 8-14　基本顶岩层结构及采场矿压显现

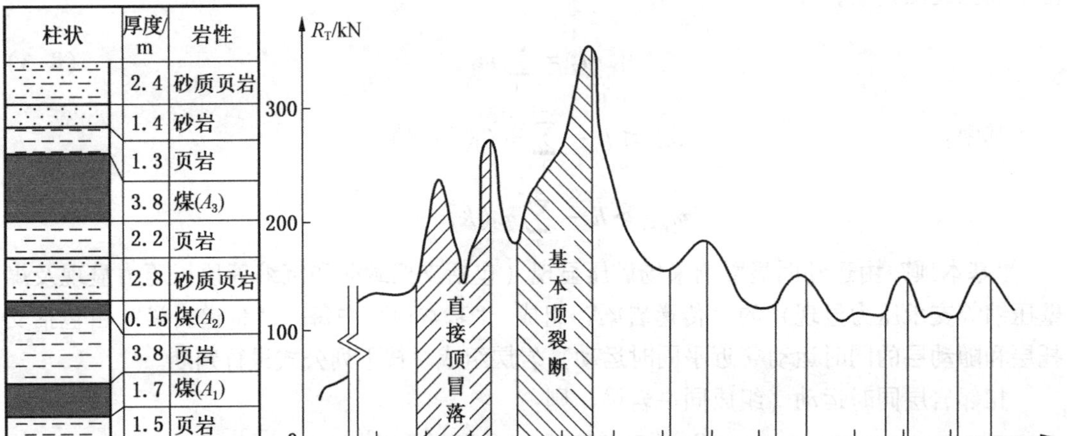

图 8-15　单岩梁结构基本顶采场矿压显现（新汶矿）

柱状	层厚/m	岩性描述
	11.4	灰白色粗粒铁质石英砂岩
	3.21	深灰色细砂岩与粉砂岩互层，下部以细砂岩为主，水平层理发育
	3.54	灰白色中粒石英砂岩
	3.20	深灰色细砂岩与粉砂岩互层
	1.56	灰白色中粒石英砂岩
	0.93	深灰色粗粉砂岩
	5.17	黑色煤($3_上$)
	2.76	灰黑色粉砂岩

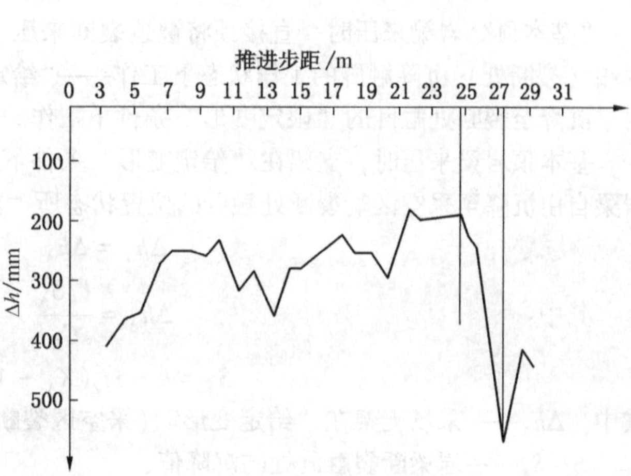

图 8-16 多岩梁结构基本顶采场矿压显现（兖州南屯矿）

“基本顶”各传递岩梁在自重作用下自行运动来压步距分别由式（8-6）及式（8-7）表出：

第一次岩断来压步距（C_0）：

$$C_0 = \sqrt{\frac{2m_S^2[\sigma_S]}{(m_S + m_C)\gamma}} \tag{8-6}$$

周期来压步距（C_i）：

$$C_i = \frac{1}{2}C_{i-1} + \frac{1}{2}\sqrt{C_{i-1}^2 + \frac{4m_S^2[\sigma_S]}{3\gamma(m_S + m_C)}} \tag{8-7}$$

上列各式中，m_S 和 m_C 分别为岩梁下部（支托）岩层和上部（随动）岩层厚度；$[\sigma_S]$ 为下部（支托）岩层允许拉应力；γ 为岩梁平均重力密度；C_i 及 C_{i-1} 分别为本次同期来压步距及与之关联的上一次周期来压步距。

如果同时运动的岩层只有一层（本层），则上列各式中随动岩层 m_C 则为零。该“岩梁”由单一岩层运动构成。

（2）采场支架阻抗能力与需控岩层状态间的关系——“传递岩梁”位态方程式。采场支架阻抗能力及其力学特性必须保证对直接顶裂断来压的绝对控制。即当直接顶在煤壁切断时，支架必须完全承担其全部作用力，也就是说支架必须保证在直接顶裂断来压所“给定载荷”下安全工作。满足此要求的支架工作阻抗力可由下式表出：

$$P_A = A = m_Z\gamma_Z f_Z \tag{8-8}$$

式中 m_Z——直接顶厚度；

γ——直接顶平均重力密度；

f_Z——考虑支架合力作用点位置和采空区悬顶的力矩系数。

当已知支架合力作用点距煤壁距离（l_i）、控顶距（l_K）及悬顶距 l_S 时。可用下式计算示出：

$$f_Z = \frac{\ell_K}{2\ell}\left(1 + \frac{\ell_S}{\ell_K}\right)^2 \tag{8-9}$$

“基本顶”岩梁来压时，直接顶将被迫裂断来压。此时，采场支架可以在该岩梁采空区端（裂断处）沉降触矸的工作状态下工作——“给定变形”条件下工作。也可以在阻止岩梁沉降至裂断处触矸的“限定变形”条件下工作。

基本顶岩梁来压时，支架在“给定变形”条件下工作时的采场顶板下沉量（Δh_T）由岩梁自由沉降至采空区端裂断处触矸的位置状态所“给定”，即：

$$\Delta h_T = \Delta h_A \tag{8-10}$$

其中：

$$\Delta h_A = \frac{\ell_K S_A}{C_E} \tag{8-11}$$

$$S_A = h - m_Z(K_A - 1) \tag{8-12}$$

式中　Δh_A——采场支架在“给定变形”（采空区裂断处触矸）条件下的采场顶板下沉量；

S_A——岩梁断裂触矸处的沉降值；

ℓ_K——支架控顶距离；

C_E——岩梁裂断来压步距；

m_Z——冒落直接顶厚度；

K_A——岩梁触矸处冒落岩层碎裂系数；

h——采高。

支架在“给定变形”条件下工作时的阻抗能力（P_T），可以在下列两个极限值间任意选择。其中：支架在“给定变形”条件下工作的上限值，不能超过直接顶作用力（A）和岩梁下沉到底给支架作用力（K_A）之和，即：

$$P_{T\max} = A + K_A \tag{8-13}$$

其中：

$$A = m_Z \gamma_Z f_Z$$

$$K_A = \frac{m_E \gamma_E C_E}{K_T \ell_K}$$

式中：K_T 为考虑支架承担岩梁重量的比例系数，一般顶板条件下可取 $K_T=2$。

支架在“给定变形”条件下工作的最低阻抗能力（$P_{T\min}$），不能低于直接顶作用力，即：

$$P_{T\min} = A = m_Z \gamma_Z f_Z \tag{8-14}$$

支架在“限定变形”条件下工作时，要求控制的采场顶板下沉量（Δh_T）将小于岩梁裂断处触矸时的采场顶板下沉量（Δh_A），即：

$$\Delta h_T < \Delta h_A$$

其中：

$$\Delta h_A = \frac{\ell_K \cdot S_A}{C_E}$$

$$S_A = h - m_Z(K_A - 1)$$

式中符号意义同前。

“限定变形”条件下支架必需的阻抗能力（P_T）值，针对已知岩梁结构参数的差异分别可由下列“位态方程”表达。其中：

当岩梁厚度（m_E）及裂断步距 C_E 已知时：

$$P_T = A + K_A \frac{\Delta h_A}{\Delta h_T} \tag{8-15}$$

其中：

$$A = m_Z \gamma_Z f_Z \tag{8-16}$$

$$K_A = \frac{m_E \gamma_E C_E}{K_T \ell_K} \tag{8-17}$$

式中所列符号含义及求取方法同前。

当岩梁结构参数 m_E 及 C_E 未知时的岩梁“位态方程”可以通过实测建立。其表达式为

$$P_T = A + K_0 \frac{\Delta h_0}{\Delta h_T} \tag{8-18}$$

其中：

$$A = m_Z \gamma_Z f_Z \tag{8-19}$$

$$K_0 = P_0 - A \tag{8-20}$$

式中 P_0 及 Δh_0 分别为支架在“限定变形”条件下工作时，实测所得顶板压力（支架阻抗力）和相应的采场顶板下沉量。

（3）顶板控制设计的准则及其力学保证条件。顶板控制设计的原则是在切实保证排除冒顶事故的前提下，争取最低的支护强度和最小的工作阻力。基本要求包括：①防止直接顶板破碎，排除局部冒顶事故；②杜绝切顶垮面等重大顶板事故的发生；③把采场顶板下沉量控制在支柱（活柱）压缩量所允许的范围。

实践证明，当基本顶裂断来压过程中，防止空顶区（机道）直接顶板破碎冒落的关键是使支架的阻抗力能保证“内应力场”范围（图 8-17 所示结构力学模型中，工作面从 A 推进至 B 处），煤壁承受的压力达到最低的可能值（即 $\sigma_{max} \to 0$），也就是要使支架的阻抗力能达到保证顶板的高速沉降和回转在断裂线进入采场（控顶区）后才发生。

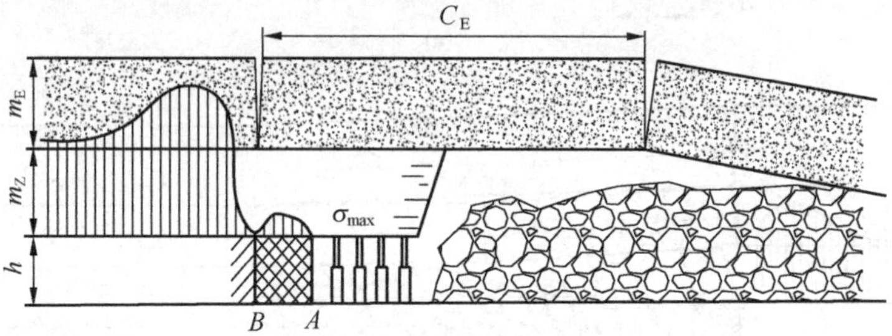

图 8-17 准则和力学条件图

重大顶板垮塌事故分解和控制实践证明，在直接顶和基本顶裂断来压前和发展过程中，防止（或尽可能地减小）采场上方（控制区范围内）直接顶与基本顶间的离层及基本顶“下位岩梁”和“上位岩梁”间的离层，是排除切顶垮面事故的关键。相应的控制准则是基本顶“上位岩梁”来压时，支架的阻抗力足以保持“下位岩梁”的工作处于图 8-18a 所示，与“上位岩梁”“贴紧”的位置状态。其相应力学条件中要求的支护强度（P_T 值）可由下列“位态方程”求出，即：

$$P_T = A + K_A \frac{\Delta h_A}{\Delta h_T} \tag{8-21}$$

其中：

$$A = m_Z \gamma_Z f_Z$$

$$K_A = \frac{m_E \gamma_E C_E}{K_T \ell_K}$$

$$\Delta h_A = \frac{\ell_K S_A}{C_{E1}}$$

$$S_A = h - m_Z(K_A - 1)$$

$$\Delta h_T = \Delta h_{min}$$

式中　m_{E1}、C_{E1}——下位岩梁厚度及来压步距；

Δh_{min}——上位岩梁（m_{E2}）来压前的最小采场顶板下沉量。

Δh_{min}可近似由下式求得：

$$\Delta h_{min} = \frac{\ell_K S_A}{2C_{E2}} \tag{8-22}$$

$$S_A = h - m_Z(K_A - 1) \tag{8-23}$$

显然，在上述支护强度条件下的支架阻力不能限制上位岩梁的沉降。因此，上位岩梁来压完成时，支架将在给定变形，即图 8-18b 所示条件下工作。此条件下支架（活柱）允许的缩量必须符合下式要求，否则在上位岩梁来压完成时，会出现“压死支架”的重大事故。

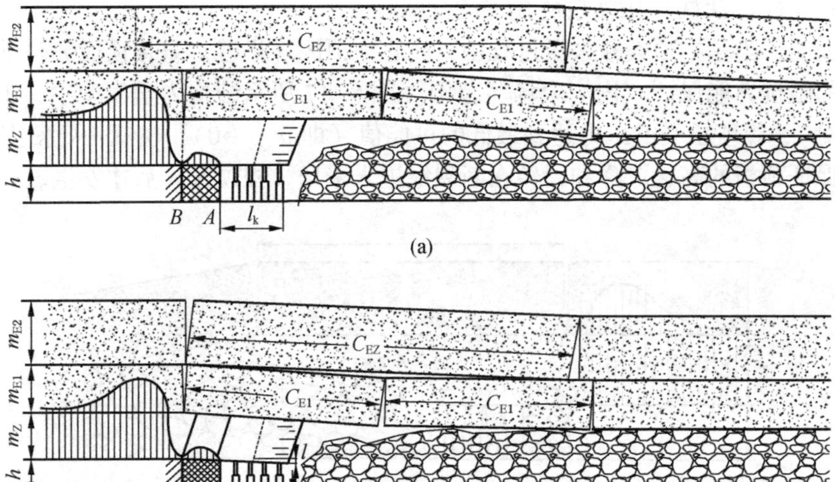

图 8-18　设计准则和力学条件示意图

$$\varepsilon_{min} \geqslant \Delta h_A - \sum \sigma_i \tag{8-24}$$

式中，ε_{min}为要求的支架（活柱）最小允许缩量，$\sum \sigma_i$ 为支架破顶、钻底和“穿鞋”“带帽”等半自动性支护结构压缩的总和。设计时可按 $\sum \sigma_i = 0$ 考虑。

Δh_A 为上位岩梁来压完成时采场顶板下沉量，可由下式求出：

$$\Delta h_A = \frac{\ell_K S_A}{C_E}$$

$$S_A = h - m_Z(K_A - 1)$$

式中 C_E 为上位岩梁来压时下位岩梁被迫裂断的步距。可近似用下位岩梁自由裂断来压步距代替。其他符号意义同前。

（4）采场支架有效支撑能力及其保证条件。由于复杂的采场地质和操作技术条件，设计选用的采场支架不可能按设计要求的阻抗能力工作。因此支架在采场工作的实际（或有效）支撑能力及其影响因素的研究，是采场顶板控制理论的一个重要组成部分。这点对于单体支柱工作面来说尤为重要。

单体支柱工作面自承支撑能力计算方法对照图 8-19 用下式表出：

$$P_T = K_T R_B \tag{8-25}$$

式中 R_B——回撤阻力（来压完成时回撤阻力）；

K_T——有效工作系数，$K_T = K_b K_Z$；

K_b——支柱（架）沿工作面方向承载不均系数；

K_Z——支柱在推进方向增阻（不均）系数。

K_Z 可根据要求控制的顶板下沉量（Δh_T）分以下两种情况确定：

一是支柱操作质量合乎要求（初撑力保证）不发生钻底时（图 8-19b），可直接用设计的 $R = f(\varepsilon)$ 曲线按下式确定：

$$K_Z = \frac{\int_0^{\varepsilon} TR_C d_{\varepsilon}}{R_B \cdot \varepsilon_T} = \frac{R_0 \cdot \varepsilon_{min} + R_B(\varepsilon_T - \varepsilon_{min})}{R_B \cdot \varepsilon_T} \approx 1 \tag{8-26}$$

二是支柱初撑力不足（不足以压缩中间介质）发生沉底时，（图 8-19c）则应根据 $R = f(\Delta h)$ 曲线按下式计算：

$P_i = R_0 >$中间介质压缩阻力；穿鞋防止沉底。

$$K_Z = \frac{\int_0^{\Delta h_T} R_{\Delta h} d_{\Delta h}}{R_B \Delta h_T} \tag{8-27}$$

虽然，出现图 8-19c 所示情况，则

$$K_Z \approx \frac{\frac{1}{2} R_B \Delta h_T}{R_B \Delta h_T} \approx 0.5$$

支柱有效支撑能力的保证：

初撑力 $R_0 \geqslant 8 \sim 10$ t。

研究证明，当 $R_0 = 8 \sim 12$ t，可使背板等支护辅助软件压缩在支护时间压缩完毕，即：

保证： $\sum \delta_i = 0$

穿鞋防止支柱沉底，即使：$h_d = 0$

（5）采场支架阻抗能力的计算。液压支架整体有效工作阻力由下式计算：

$$R_0 = K_T P_T S_T \tag{8-28}$$

式中 K_T——支架有效工作系数（可取 $K_T = 0.8 \sim 0.9$）；

P_T——按顶板控制要求的支护强度，t/m^2；

S_T——支架控顶面积，m^2。

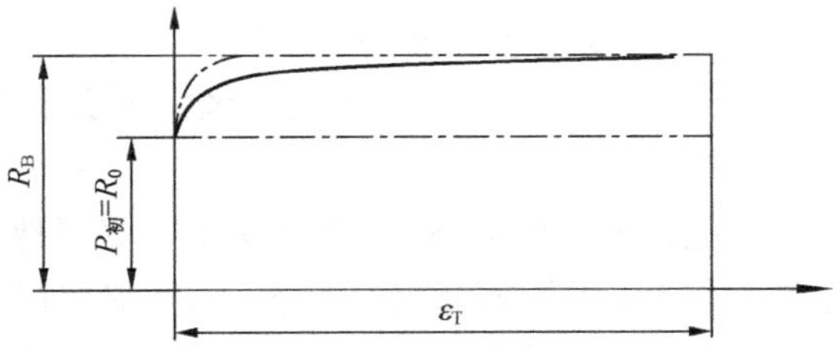

(a) $P_{初}=R_0$＞中间介质压缩阻力
$R_B=R_{终}$穿鞋防止钻底

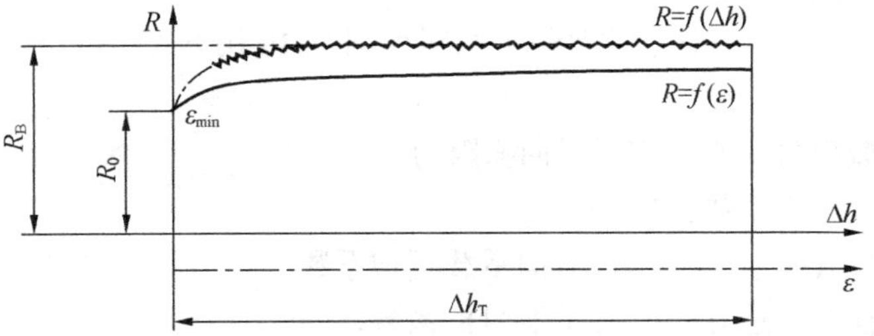

(b) $P_{初}=R_0$
$R_B=R_{终}$

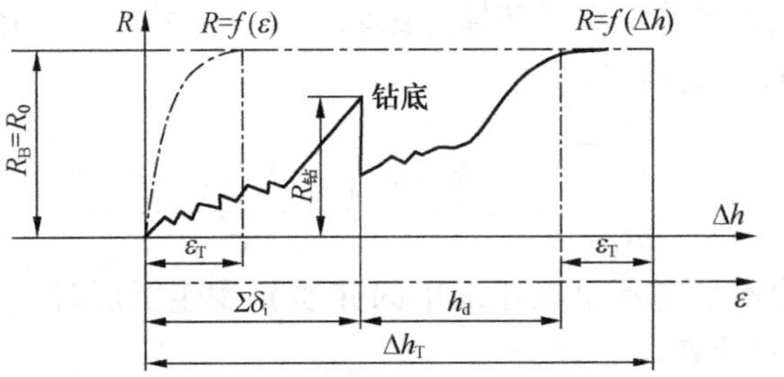

(c) $P_{初}=0$(忽略支柱本身压缩性)
$R_B=R_{终}$

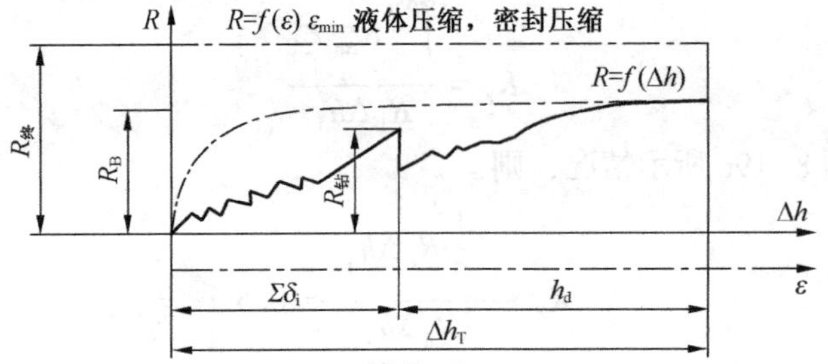

(d) $P_{初}=0$
$R_B<R_{终}$

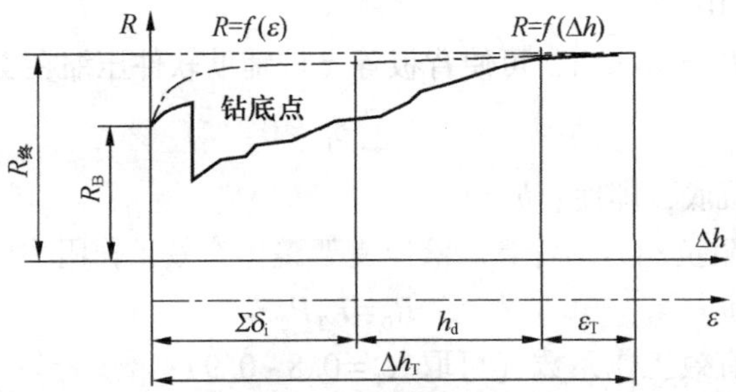

(e) $P_{初}$＞压缩介质阻力不穿鞋
$R_B=R_{终}$

图 8-19 单体支柱有效支撑能力计算图

立柱工作阻力 R_T：

$$R_T = \frac{R_0}{nK_T} \tag{8-29}$$

式中 n——支柱密度（根/架）；

K_T——支柱有效工作系数（$K_T \leqslant 1$）。

单体支柱工作面支柱的有效工作阻力由下式计算：

$$R_T = K_Z K_b R_B \tag{8-30}$$

式中 R_B——支柱回撤时达到的实际工作阻力；

K_Z——支柱增阻系数；

K_b——同排支柱承载不均系数。

其中，R_B 及 K_Z 在支柱和支护质量合乎标准的情况下，由支柱设计特性曲线［$R = f(\varepsilon)$］和回撤时的实际缩量 ε_B 决定。支柱回撤时的实际缩量（ε_B）由下式计算：

$$\varepsilon_B = \Delta h_T - \sum \delta_i \tag{8-31}$$

式中 Δh_T——设计要求控制的顶板下沉量；

$\sum \delta_i$——支柱压入顶底板以及柱鞋、背板等辅助性支护结构压缩量的总和。

同排支柱承载不均系数（K_b）与支柱力学特性有关，由支护架设质量和辅助支护结构的差异决定。在使用增阻支护时，一般为 0.75~0.85。对于单体液压支柱，由于初撑力较高且为得到保证，K_b 值可以达到 0.90~0.95。

回采工作面顶板事故控制的信息基础包括以下 3 个方面：

（1）需控岩层范围及其运动发展规律的信息。主要包括：直接顶厚度及第一次垮落和周期性自由垮落的步距，基本顶岩梁组成，相关岩梁厚度及第一次裂断和周期性裂断步距等。

（2）采场支承压力大小分布及发展规律的信息。主要包括煤壁前方压缩破坏即“内应力场”出现的地点和时间，以及随采场推进扩展的规律等。

（3）断层等断造破坏的位置及破坏特征，包括断层的断裂面走向、落差、倾斜角（特别是断层面相对工作面的夹角）以及贯通工作面的重大褶曲构造结构特征等。

第三节 冲击地压及煤与瓦斯突出动力灾害的控制

一、我国冲击地压机理及防治取得的创造性成就

煤矿冲击地压、煤与瓦斯突出是现今世界采煤国家谈虎色变的重大事故灾害，我国煤矿工作者在实用矿压理论指导下，深入实践取得的创造性成就包括：

（1）用爱因斯坦相对论的思想（理念），特别是所揭示的促使物体（结构体）破坏运动的能量（包括自身和外加的）E_0 和趋动的质量（或重量）m_0 及运行速度 c_0 之间质能转换的关系方程

$$E_0 = m_0 c_0^2 \tag{8-32}$$

指导了回采工作面在相应准备巷道冲击地压、煤与瓦斯突出等动力灾害的控制。

(2) 采用端部(或中部)切顶控制薄及中厚煤层回采工作面冲击地压事故。

(3) 采用大采高(超过6~8 m)综采和放顶煤开采控制厚煤层和特厚煤层回采工作面冲击地压灾害。

(4) 采用大变形锚索、锚网支护控制巷道冲击地压事故。

二、冲击地压原因及实现条件

(一) 概念、发生的原因、动力源

概念:“冲击地压”是采动空间周边煤(岩)在矿山压力作用下以煤(岩)突出为特征的矿山压力(动力)显现,是煤矿重大事故灾害。

发生原因:储存高强度压缩弹性能并有“冲击倾向性”的煤(岩)中,特别是能量聚集的部位,开掘巷道和推进回采工作面(即采动)引发相应弹性能的释放是冲击地压发生的根源。

动力源:采动围岩中储存的高强度压缩弹性能。包括煤(岩)中的压缩弹性能和采动空间覆岩(顶底板)岩层弯曲(压缩)弹性能是冲击地压发生的主动力。

开采深度越大,覆岩强度越高(即允许的悬露面积越大),受压煤层储存聚集的高强度压缩弹性能的可能性将越大,如图8-20所示。

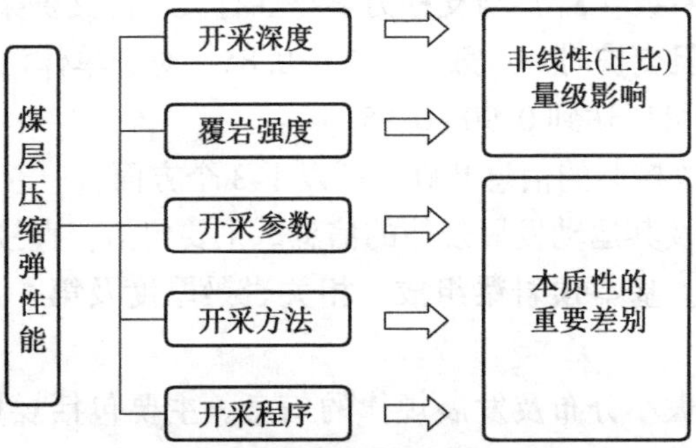

图8-20 煤层压缩弹性能影响参数

重力弯曲弹性能与支托岩层的强度和随动层的厚度成正比;构造弯曲弹性能受采深和顶底板岩层强度所决定的应力保持和释放条件控制。岩层强度越高,埋深越大,可能聚集和保持的弹性能的量级将越高,如图8-21所示。

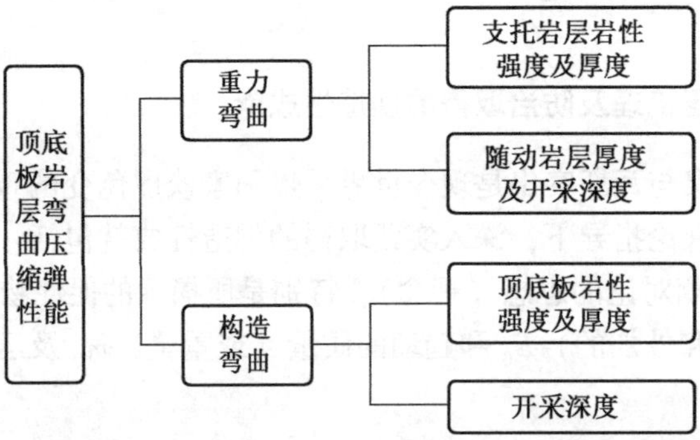

图8-21 顶底板岩层弯曲压缩弹性能影响参数

（二）冲击地压动力源的应力基础

冲击地压动力源的应力基础主要是构造应力和重力应力。

构造应力（构造驱动力作用后的残余应力）又分为垂直（沉积）岩层推动力形成的和平行（沉积）岩层推动力形成的两种情况。重力应力又分为原始应力场中的重力应力和采动重力场中的重力应力两种情况。

1. 垂直（沉积）岩层推动力形成的构造应力

1）形成机理

垂直（沉积）岩层构造应力形成的机理如图 8-22 所示。

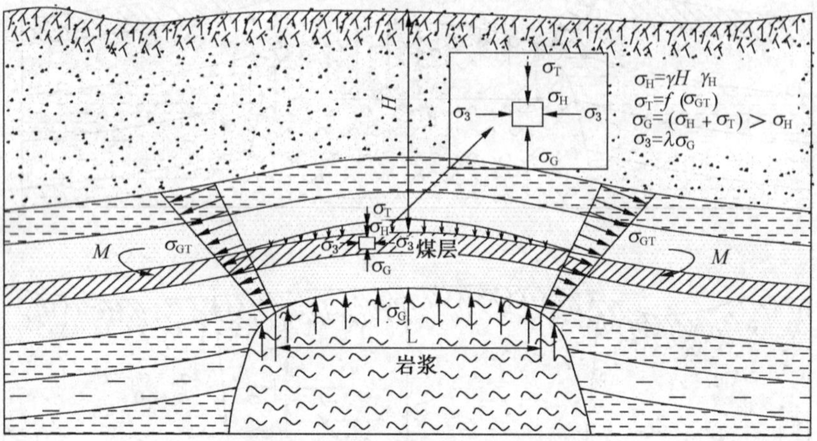

图 8-22 垂直构造应力形成的机理

受驱动力作用岩层的弯曲弹性能：$U=\dfrac{q^2L^5}{8Ebh^3}$。

2）存在条件

当岩层在垂直构造应力作用下未出现断裂构造时，岩层依然保持力的联系时，轴部存在巨大的构造应力；在断层出现的条件下，垂直构造应力即不复存在（图 8-23）。

3）垂直构造应力存在的条件下开掘巷道冲击破坏的过程及控制方案

（1）掘进围岩煤（岩）冲击喷出地点如图 8-24 所示。掘进头及两帮在垂直压力作用下将同时挤压喷出。

（2）巷道破坏发展过程如图 8-25 所示。①掘进头及两帮煤（岩）悬露，在支承压力作用下失去平衡同时喷出；②顶板在自重应力和水平推力$\left(\text{软弱岩层 } N=\int^{m}\lambda\sigma_G\right)$作用下破坏冒落；③底板（软岩）在水平推力$\left(N=\int^{m}\lambda\sigma_G\right)$作用下鼓起。

（3）控制方案：①注水软化煤层；②遥控掘进机掘进；③恒阻大变形锚索、锚网支护（防止掘进两帮再次喷出的可能性）。

2. 平行（沉积）岩层推动力形成的构造应力

1）形成机理

平行（沉积）岩层构造应力形成的机理如图 8-26 所示。

2）存在的部位

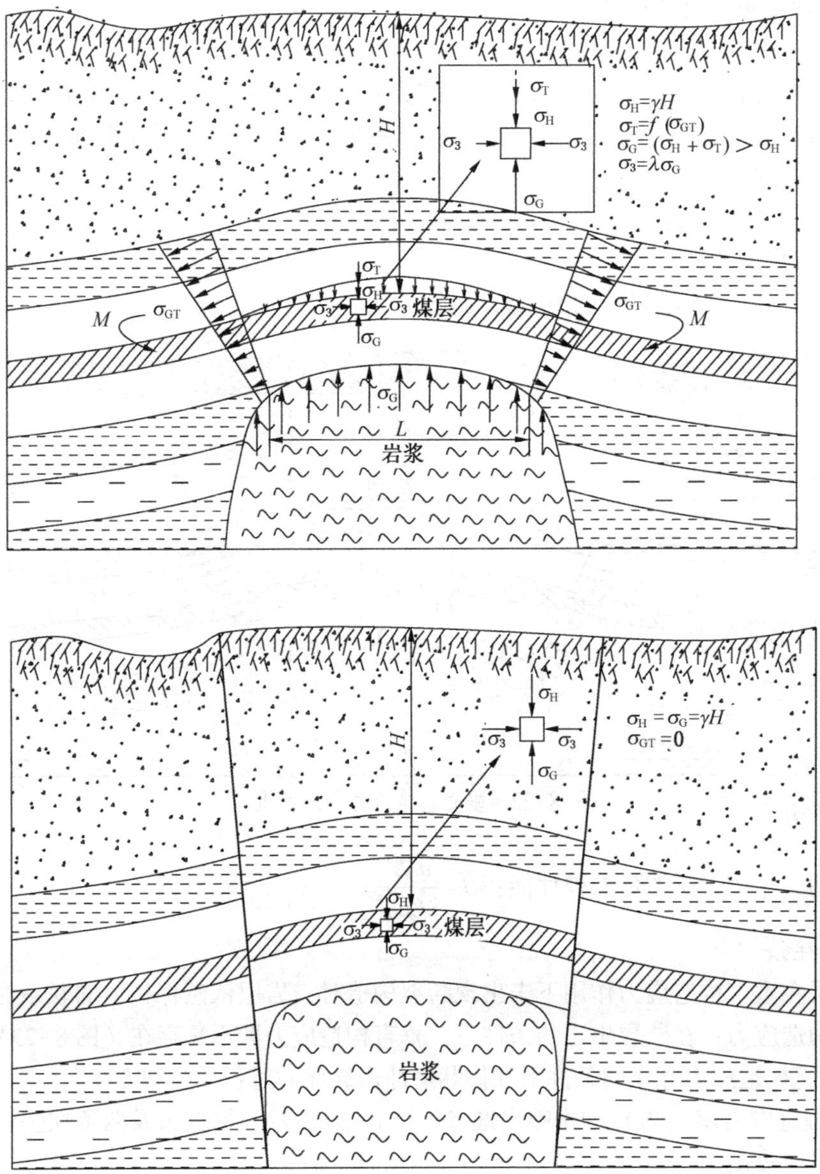

图 8-23　垂直构造应力存在的条件

平行（沉积）岩层构造应力存在的部位：①褶曲轴部；②断层附近。

3）平行构造应力存在的条件下开掘巷道冲击破坏的过程及控制方案

（1）掘进围岩煤（岩）冲击喷出地点如图 8-27 所示，一般为掘进头顶底板在构造应力作用下冲击喷出。

（2）巷道破坏发展过程如图 8-28 所示。①掘进头揭煤（岩）时，在支承压力 σ_G 作用下失去平衡喷出；②顶底板岩层在水平构造应力作用下破坏（垮落和底鼓）；③两帮在重力应力作用下破坏，应力高峰向深部转移。

（3）控制方案：①掘进头注水软化煤（岩）；②遥控掘进机掘进；③恒阻大变形锚索、锚网支护（防止掘进两帮再次喷出的可能性）。

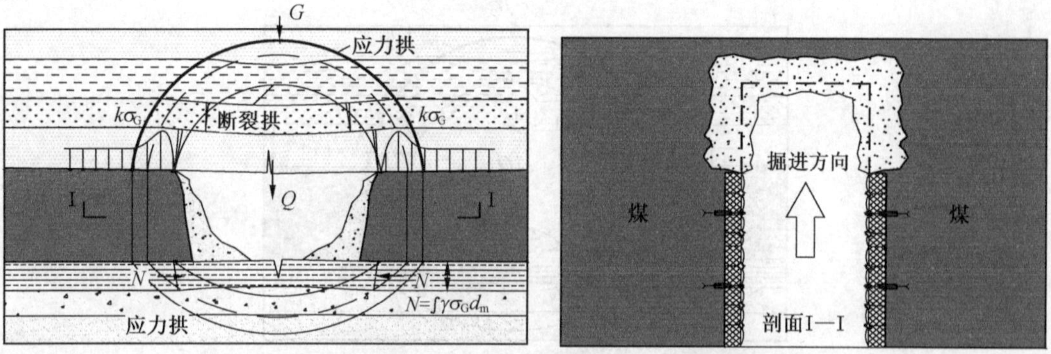

图 8-24 垂直构造应力下掘进巷道冲击破坏特征

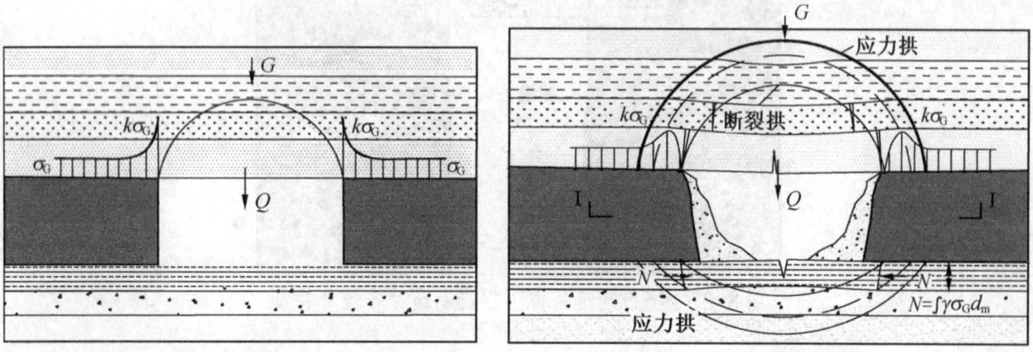

(a) 破坏前初始形态　　(b) 破坏后形态

图 8-25 巷道破坏发展过程

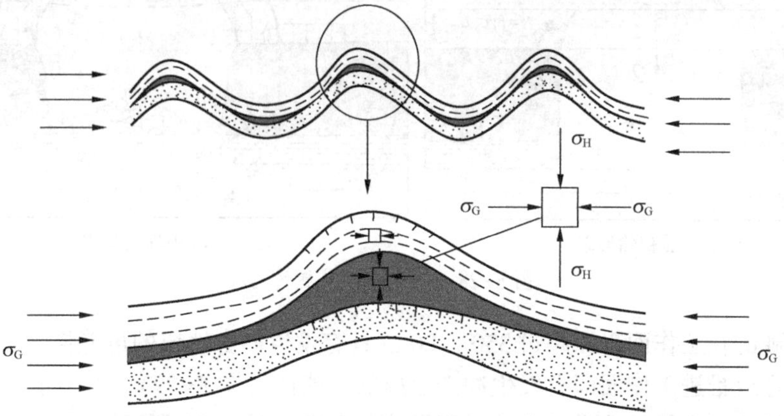

图 8-26 水平构造形成机理

3. 原始应力场中的重力应力

实践证明对具有“冲击倾向性”的脆性煤体（$f>2$），在原始应力场中开掘和维护巷道发生冲击地压的临界深度一般超过 700~800 m。

4. 采动重力场中的重力应力

对具有冲击倾向性的脆性煤体（$f\geqslant 2$），在外应力场中开掘和维护巷道产生冲击地压的可能性受工作面的长度和顶板的岩性强度（即可能产生的弯曲弹性能）控制。实践证

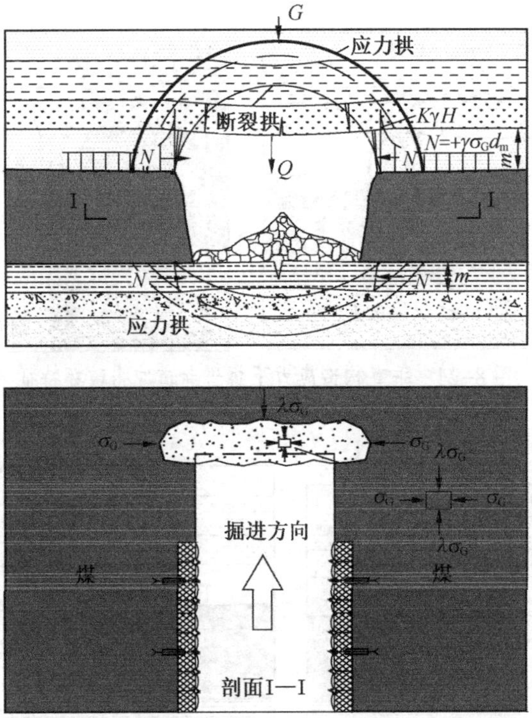

图 8-27　平行构造应力下掘进巷道冲击破坏特征

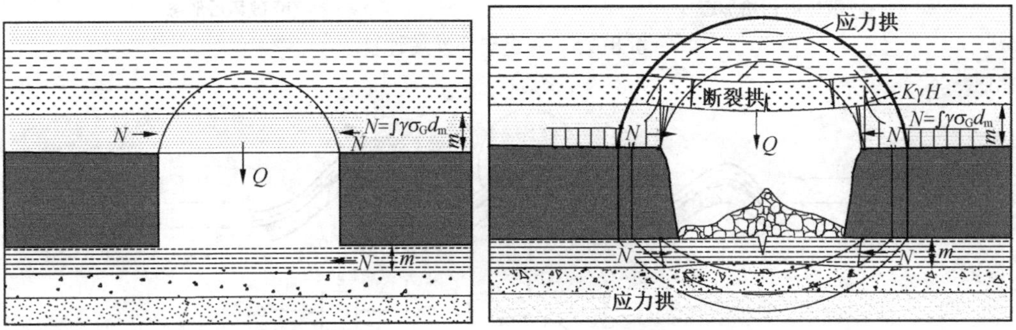

(a) 破坏前初始形态　　(b) 破坏后形态

图 8-28　巷道破坏发展过程

明，顶板坚硬的长工作面采深超过350~400 m具有发生冲击地压的可能性。在高应力区开掘和维护巷道或推进工作面即有发生冲击地压的可能性（图 8-29）。在可能发生冲击地压的重力应力场开掘和维护巷道破坏的过程及控制方案如图 8-30 所示。

（三）冲击地压实现的条件

（1）已采空间周围煤岩中聚集的压缩弹性能达到了足以产生煤岩冲击破坏的量级。

（2）采动，包括采掘工作面推进、爆破、顶板断裂等震动性破坏，改变了相关部位煤岩的受力条件和极限平衡状态。

（3）采动空间周围没有足够的缓冲体（包括已破坏的煤岩和柔性支护等构筑物等），把煤岩弹性能释放可能动力显现控制到安全的范围内。

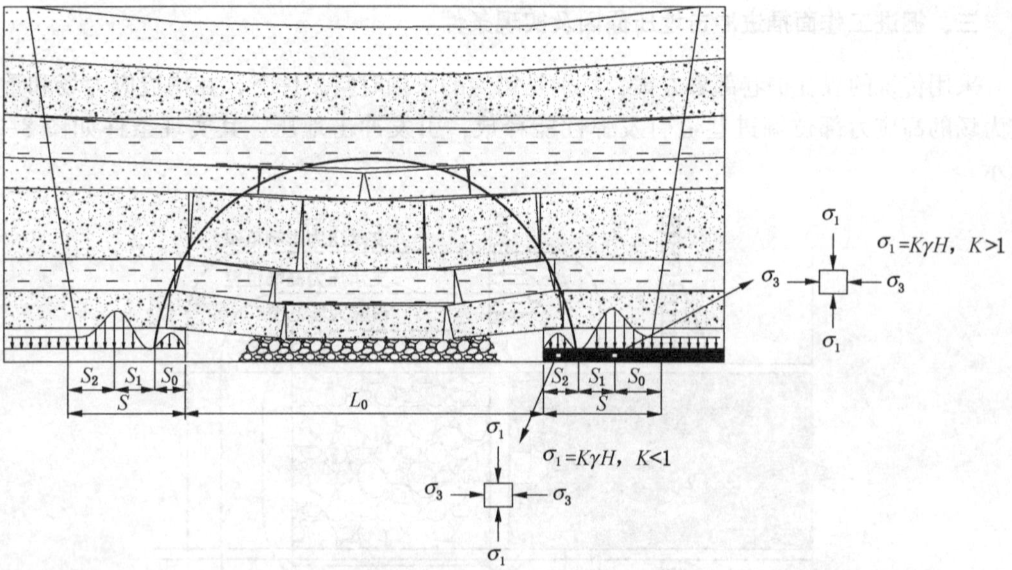

图 8-29 采动重力场中的应力

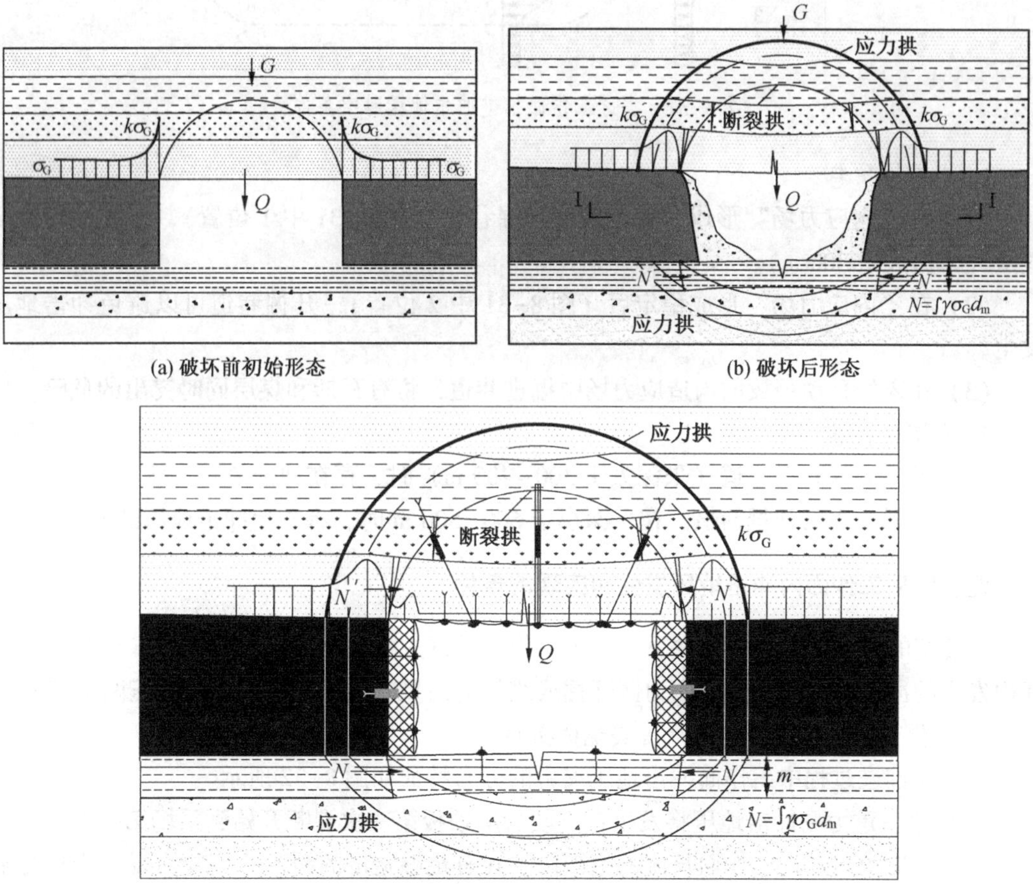

(c) 在重力应力场中掘进的巷道破坏及控制方案

图 8-30 在重力应力场开掘和维护巷道破坏的过程及控制方案

三、掘进工作面推进冲击地压原因及实现条件

采用传统的煤柱护巷部署方案，特别是错误的采掘时空条件下，在构造应力场和重力应力场的高应力部位掘进巷道引发弹性能释放，引发冲击地压。其实现条件如图 8-31 所示。

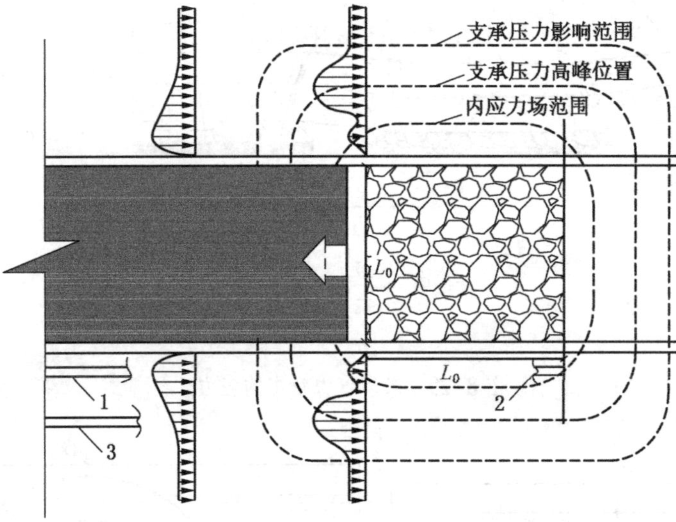

图 8-31 掘进工作面推进冲击地压时空条件

1. 小煤柱护巷

(1) 在“内应力场”形成和稳定之前开掘巷道（图 8-31 中 1 位置），存在冲击地压危险（采深大于 300 m）。

(2) 在“内应力场”形成稳定后（图 8-31 中 2 位置），开掘巷道可以避免冲击地压发生。

(3) 在未经采动释放的构造应力场中掘进巷道，将有瓦斯和煤层同时突出的危险。

2. 大煤柱护巷

(1) 高应力区开掘巷道（采深大于 300~400 m）时，存在冲击地压危险。

(2) 在低应力区开掘巷道，在采深小于 600~800 m 时，将避免冲击地压的发生。

四、回采工作面内冲击地压发生和实现的条件

在传统的煤柱护巷方案条件下，回采工作面推进过程中发生的冲击地压，包括在工作面内发生的冲击地压以及在高应力区开掘或维护的回采巷道中发生的冲击地压两个部分。

1. 工作面推进过程中冲击地压实现的条件

工作面推进过程中工作面冲击地压灾害的分布特征如图 8-32 所示。

(1) 单一重力场冲击地压将发生在坚硬岩层顶板第一次裂断开始到采场第一次来压阶段完成，推进距离接近工作面长度的范围内。在有足够宽度的缓冲“内应力场”形成之后的周期来压阶段，采场推进全过程中出现冲击地压的可能性将很小。

工作面内冲击地压是顶板弯曲弹性能和煤壁压缩弹性能共同作用的结果，其最大强度

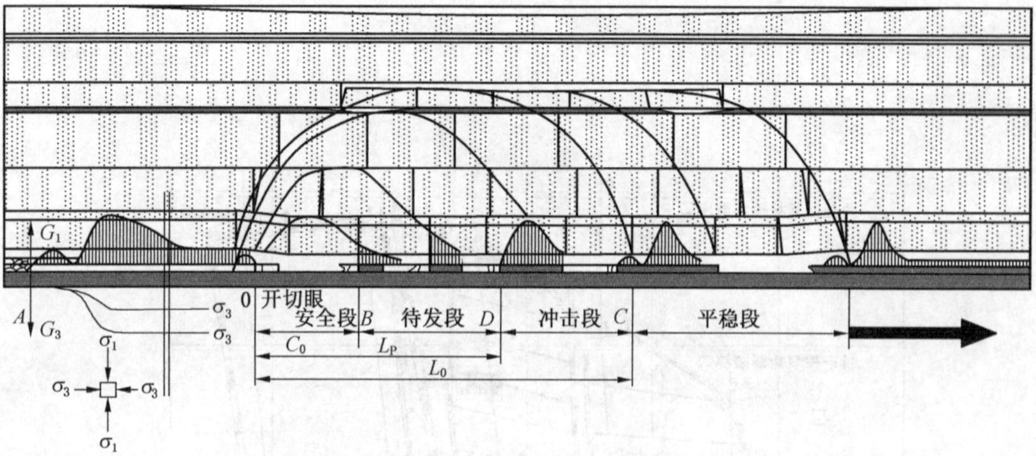

图 8-32 工作面推进过程中冲击灾害的分布特征

由顶板第一次裂断步距决定。

（2）临近构造应力场应力高峰区掘进开切眼至坚硬岩层裂断来压完成期间时，始终存在冲击地压的威胁，进入出现"内应力场"的正常推进阶段后，冲击地压事故灾害出现的可能性同样将很小。

2. 回采巷道冲击地压实现的条件

在不同位置开掘回采巷道，其发生条件不同，其特征如图 8-33 所示。在高应力区开掘巷道，冲击地压实现的条件为：

（1）在采场推进全过程中，伴随坚硬顶板裂断，始终存在诱发冲击地压的威胁。

（2）随采场推进和坚硬顶板垮落，以及支承压力的增加，伴随坚硬顶板裂断，回采巷道破坏的范围将进一步加大，进入正常阶段将达到最大化。

（3）受两侧坚硬顶板悬露，支承压力叠加的影响，回风巷道冲击地压破坏的范围远比运输巷道大得多。

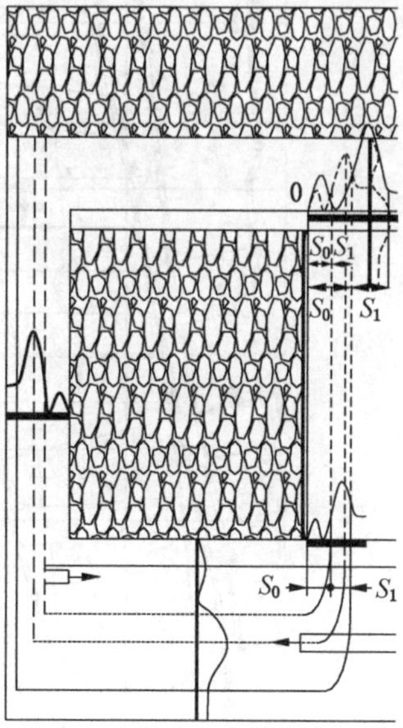

图 8-33 回采巷道冲击地压实现的条件

五、冲击地压典型事故案例分析

1. 峻德煤矿 9103 工作面冲击地压典型案例

峻德煤矿位于黑龙江鹤岗矿务局，其 9103 工作面布置图如图 8-34 所示。

峻德煤矿 9103 工作面回采巷道掘进期间冲击地压发生位置如图 8-35 所示，分析可知：

（1）掘进工作面推进发生冲击地压灾害的护巷煤柱宽度为 10~25 m。

（2）频繁发生冲击地压灾害破坏范围最大部位的护巷煤柱宽度为 10~15 m，破坏巷道长度超过 110 m。

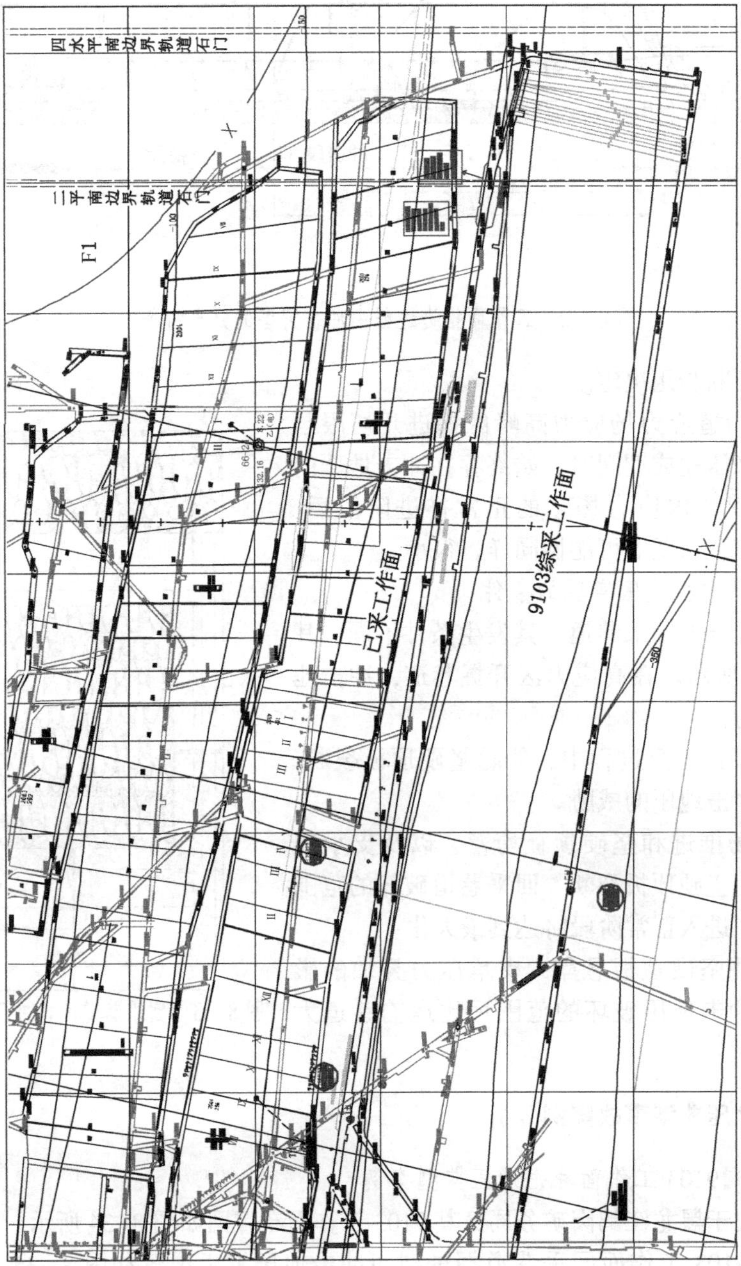

图8-34　峻德煤矿工作面布置平面图

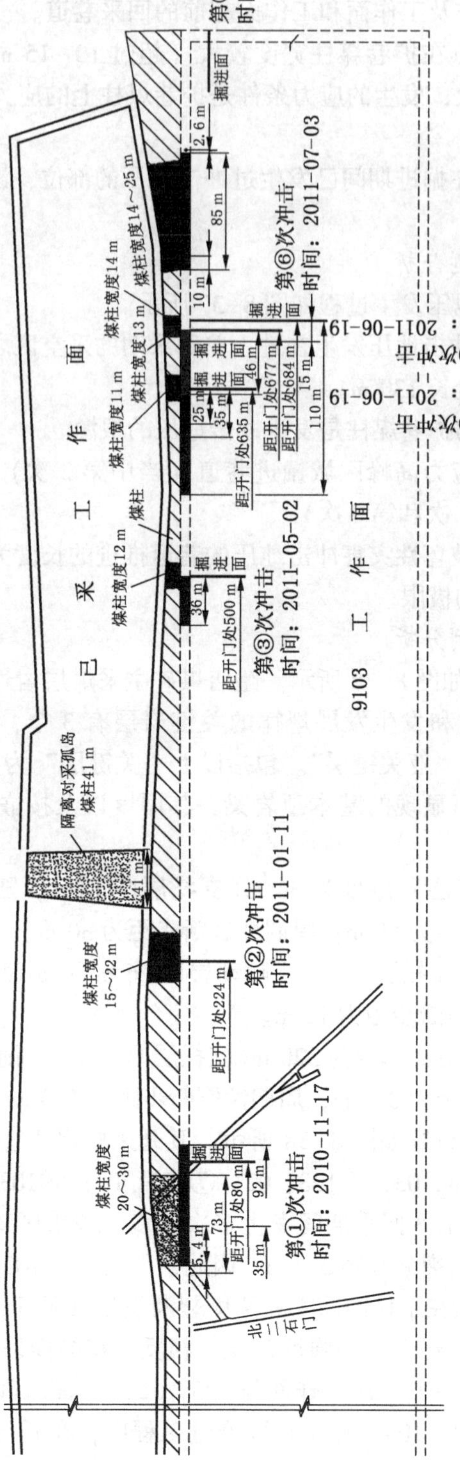

图8-35 峻德煤矿9103工作面掘进期间冲击地压发生位置

(3) 已采工作面支承压力分布范围超过 30 m，应力高度在 15 m 左右，可供安全掘进，巷道的内应力范围可在 5 m 左右。

峻德煤矿 9103 工作面回采期间冲击地压发生过程如图 8-36 所示。

(1) 留设煤柱护巷的回采工作推进的回采工作面冲击地压由基本顶裂断诱发煤壁突出，顶板鼓出等事故灾害将波及工作面和工作面超前的回采巷道。

(2) 冲击地压发生的地点在护巷煤柱宽度较大（超过 10~15 m）的部位。煤柱宽度越大破坏的超前巷道长度越大，发生的应力条件是护巷煤柱上的应力工作面超前支承压力叠加的结果。

(3) 护巷煤柱宽度小且在掘进期间已发生过冲击地压的部位，没有再出现冲击地压的情况。

2. 兴安煤矿冲击地压案例分析

兴安煤矿某工作面冲击地压发生过程如图 8-37 所示。

(1) 回采准备巷道掘进冲击地压发生在进入单侧采动的采空区之后。灾害波及的范围包括单侧采动工作面推进的全长 130 m。

(2) 留设 15~110 m 宽的护巷煤柱是发生冲击地压的根源。

(3) 在单背斜轴部构造应力高峰区域掘进巷道（当中第 2 次）和推进回采工作面冲击地压将不可避免（当中第 7 次和第 8 次）。

(4) 进入高应力区产生破坏性灾害冲击地压的巷道推进的长度为 130 m 左右，说明破坏性压缩弹性能聚集有既定的极限。

3. 鲍店煤矿冲击地压案例分析

鲍店煤矿 10 采区布置图如图 8-38 所示。鲍店煤矿主采煤层岩性见表 8-1。研究表明开采 $3_{上}$ 煤层，影响矿震强度和发生发展规律的关键岩层有 3 个，包括高位的细粉砂岩“主关键层”和其下部的两个“亚关键层”。包括以上“关键层”为支托层在内，在 $3_{上}$ 煤层工作面推进过程中影响矿压显现的基本顶岩梁，其厚度以及按嵌固组合梁计算的运动（来压）步距分别为：

第一岩梁：(下部亚关键层）厚度为 36 m(支托层厚 18 m，随动层厚 18 m)；运动（裂断）步距中第一次裂断步距为 60 m；周期性裂断步距为 30 m。

第二岩梁：厚度为 33 m(支托层 6.5 m，随动层厚 26 m)；运动（裂断）步距中第一次裂断步距为 38 m；周期性裂断步距为 12 m。

第三岩梁：(上部亚关键层）厚度为 320 m(支托层厚 200 m，随动层厚 120 m)；运动（裂断）步距中第一次裂断步距为 313 m；周期性裂断步距为 100 m。

鲍店煤矿 10 采区工作面布置如图 8-38 所示。其开采顺序为①$103_{上}$ 01；②$103_{下}$ 01；③$103_{上}$ 05；④$103_{上}$ 04；⑤$103_{上}$ 03；⑥$103_{上}$ 02；⑦$103_{下}$ 02；⑧$103_{下}$ 03；⑨$103_{下}$ 04。矿震发生过程如图 8-39 所示，采区回采期间发生多次矿震。该采区工作面长度都在 200 m 以下，远小于“主关键层”的裂断步距 314 m。因此，无论是在 $103_{上}$ 01 或是 $103_{下}$ 01，工作面推进过程中，除上覆岩梁在工作面前方和两侧裂断发生（低于二级）的小型矿震外，没有发生高部位“主关键层”运动的高强度矿震。相反，在同样采用放顶煤开采的 $103_{上}$ 01 工作面，情况则完全不同。$103_{上}$ 01 工作面与 $103_{上}$ 02 工作面之间留有不到 3 m 的小煤柱，该小煤柱处于内应力场中。$103_{上}$ 02 工作面推进工程中，在开切眼以及工作面推进过

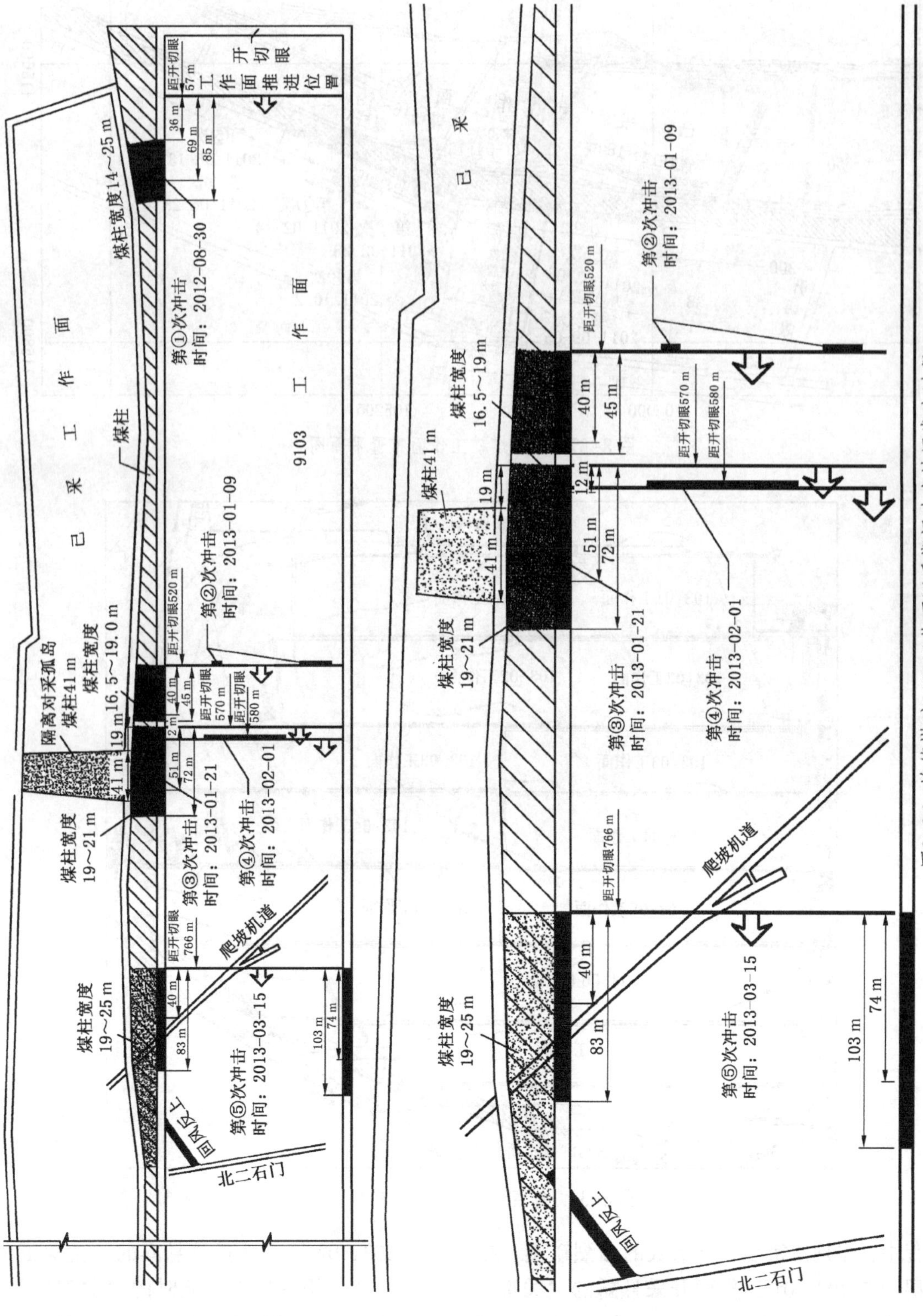

图8-36 峻德煤矿9103工作面回采期间冲击地压发生过程

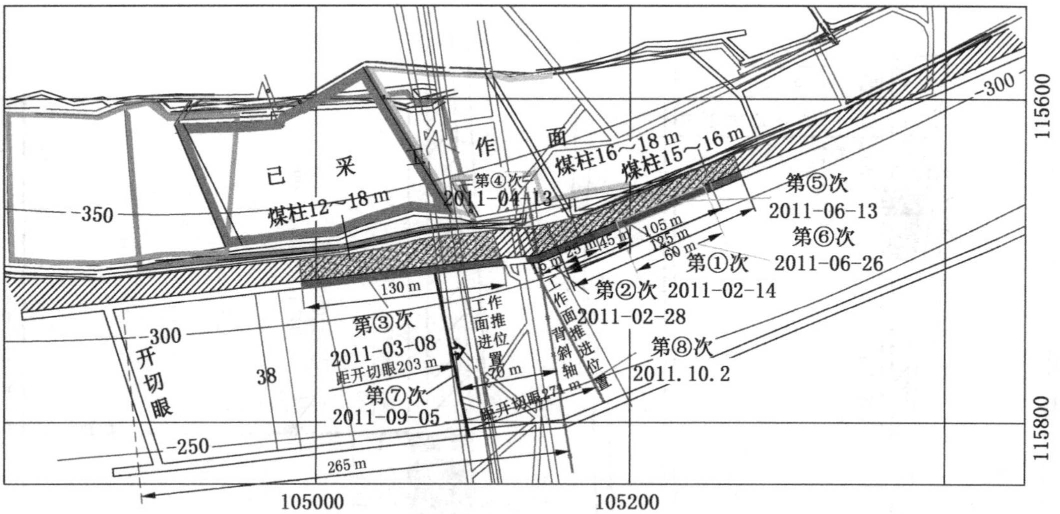

图 8-37 兴安煤矿工作面布置平面图

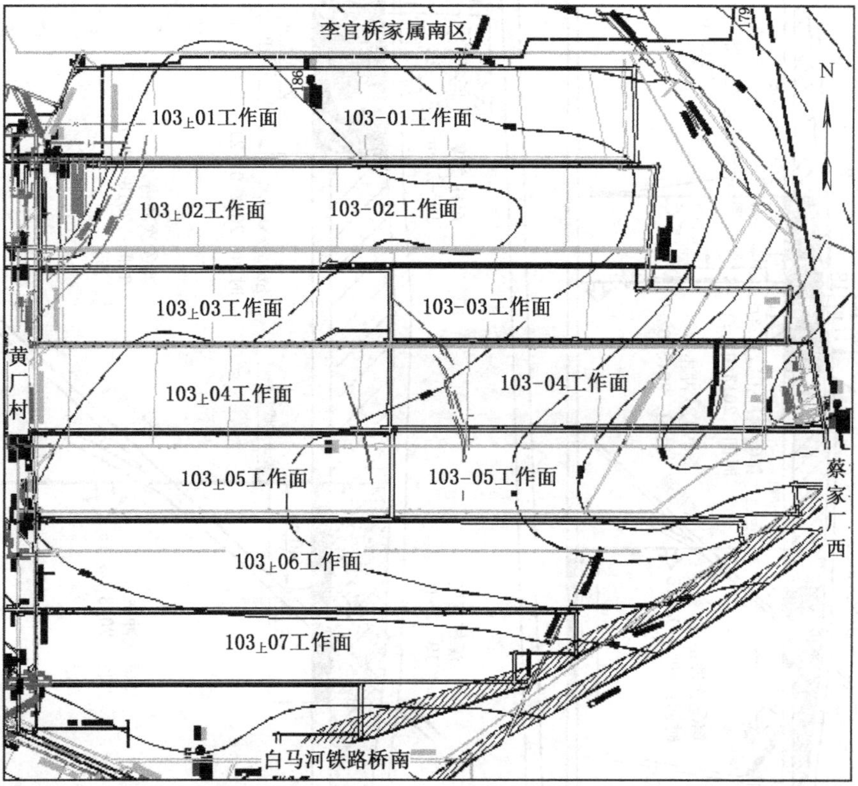

图 8-38 鲍店煤矿工作面布置平面图

程中，出现高密度和高量级的强烈矿震。显然这是 $103_{上}$ 02 工作面推进悬露的“主关键层”与 $103_{上}$ 01 工作面开采悬露的“关键层”连成一体作用的结果，此时的“关键层”悬跨度 400 m，超过其裂断步距（315 m）。相同的情况在 $103_{上}$ 05 和 $103_{上}$ 04 两个相邻工

表 8-1 煤层顶底板情况一览表

层序	岩性	厚度/m	抗压强度/MPa	抗拉强度/MPa	弹模/GPa	体积力/$(kN \cdot m^{-3})$	关键层位置
	表土	120			5	18	随动层
	细粉砂岩（巨厚岩层）	200	70	9	5	26	主关键层
第三岩梁	砂页岩	9.65	30	3	2.5	25	随动层
	粗粒砂岩	13.15	80	7	6	26	
	砂页岩	11.53	30	3	2.5	25	
	细砂岩	19.45	70	10	5	26	支托层
第二岩梁	砂岩	1.99	60	7	6	26	随动层
	中砂岩	1.23	80	10	5	26	
	黏土岩	3.31	30	3	2.5	25	
	中砂岩	0.81	80	10	5	26	
	铝质泥岩	7.17	30	3	2.5	25	
	砂岩	2.82	80	10	5	26	
	铝质泥岩	9.85	30	3	2.5	25	
	中砂岩	6.49	80	10	5	26	支托层
第一岩梁	粉砂岩	9.88	50	3	4	26	随动层
	铝质泥岩等	5.99	40	2	2.5	22	
	粉砂岩	2.74	50	3	4	26	
	粗砂岩	18.02	90	10	6	27	支托层
直接顶	粉砂岩	3.56	50	3	4	26	
	$3_{上}$ 煤层	6.29	30	2	2	14	
基本顶	中细砂岩为主	14.88	60	3	4	26	
直接顶	粉砂岩为主	1.97	50	3	4	26	
	$3_{下}$ 煤层	3.18	30	2	2	14	
直接底	粉砂岩为主	1.06	60	3	4	26	
基本底	粉细砂岩为主	13.07	50	3	5	26	

作面以及 $103_{下}03$ 和 $103_{下}04$ 两个相邻工作面重复出现。由此可以得出，巨厚坚硬岩层覆盖下的煤层，正确设计工作面长度（使之超过巨厚坚硬岩层第一次裂断步距）和选择合理的接替顺序对安全生产具有重要意义。此类顶板条件下的采区，在设计工作面长度时，工作面长度必须大于巨厚岩层裂断步距。当工作面长度已被选定且小于巨厚岩层裂断步距时，要杜绝跳采，以免形成孤岛工作面。鲍店 10 采区工作面长度为 200 m，“关键层”第一次裂断来压的面积达到 $(315\times400)\,m^2$，如果采用跳采形成孤岛工作面推进，主关键层第一次裂断来压的面积将再增加 1/3，达到 $(315\times600)\,m^2$，由此将引发通达地表的强烈矿震，甚至是重大灾害。通过理论分析和工程实例验证，可以得到坚硬岩层覆盖下，工作面参数选取及其布置对矿震发生量级及规律有很大影响，同时合理选取工作面参数及工作面布置可以有效控制大量级矿震事件的发生。

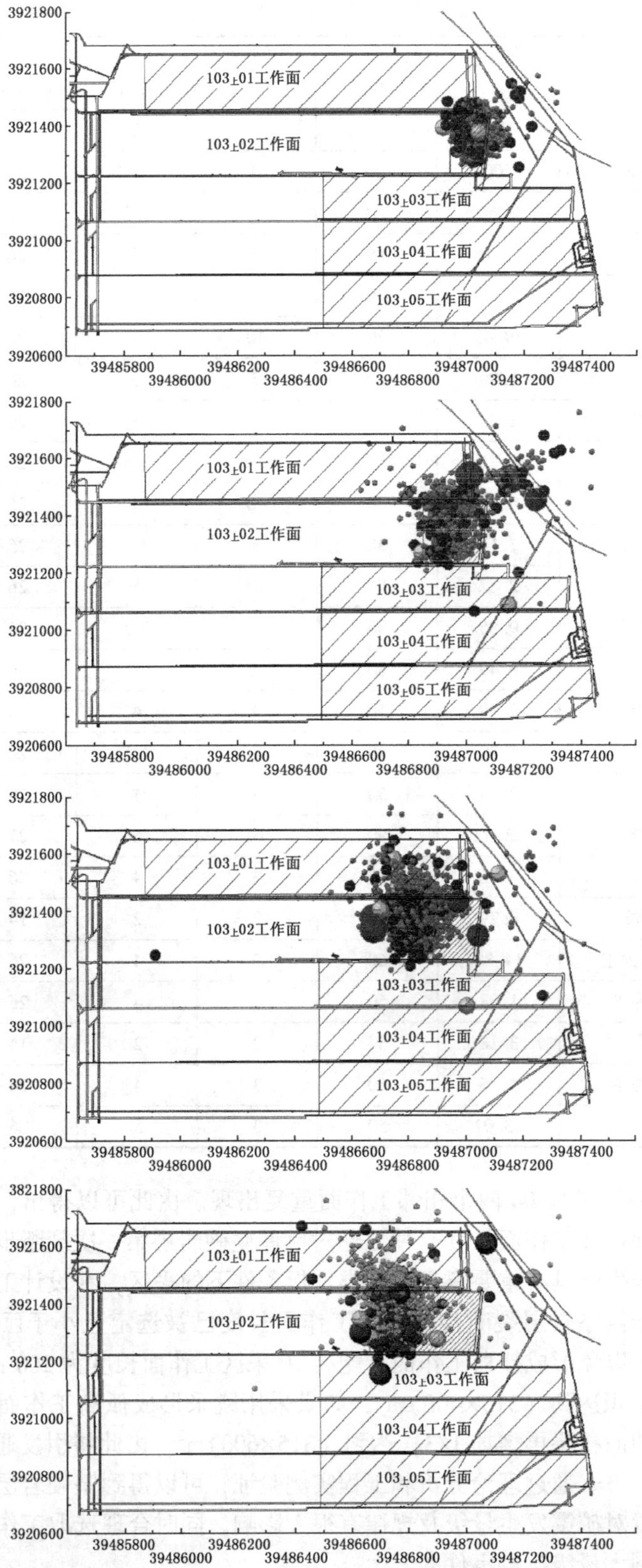
3921800
3921600
3921400
3921200
3921000
3920800
3920600
103上01工作面
103上02工作面
103上03工作面
103上04工作面
103上05工作面
39485800
39486000
39486200
39486400
39486600
39486800
39487000
39487200
39487400
3921800
3921600
3921400
3921200
3921000
3920800
3920600
103上01工作面
103上02工作面
103上03工作面
103上04工作面
103上05工作面
39485800
39486000
39486200
39486400
39486600
39486800
39487000
39487200
39487400
3921800
3921600
3921400
3921200
3921000
3920800
3920600
103上01工作面
103上02工作面
103上03工作面
103上04工作面
103上05工作面
39485800
39486000
39486200
39486400
39486600
39486800
39487000
39487200
39487400
3821800
3921600
3921400
3921200
3921000
3920800
3920600
103上01工作面
103上02工作面
103上03工作面
103上04工作面
103上05工作面
39485800
39486000
39486200
39486400
39486600
39486800
39487000
39487200
39487400

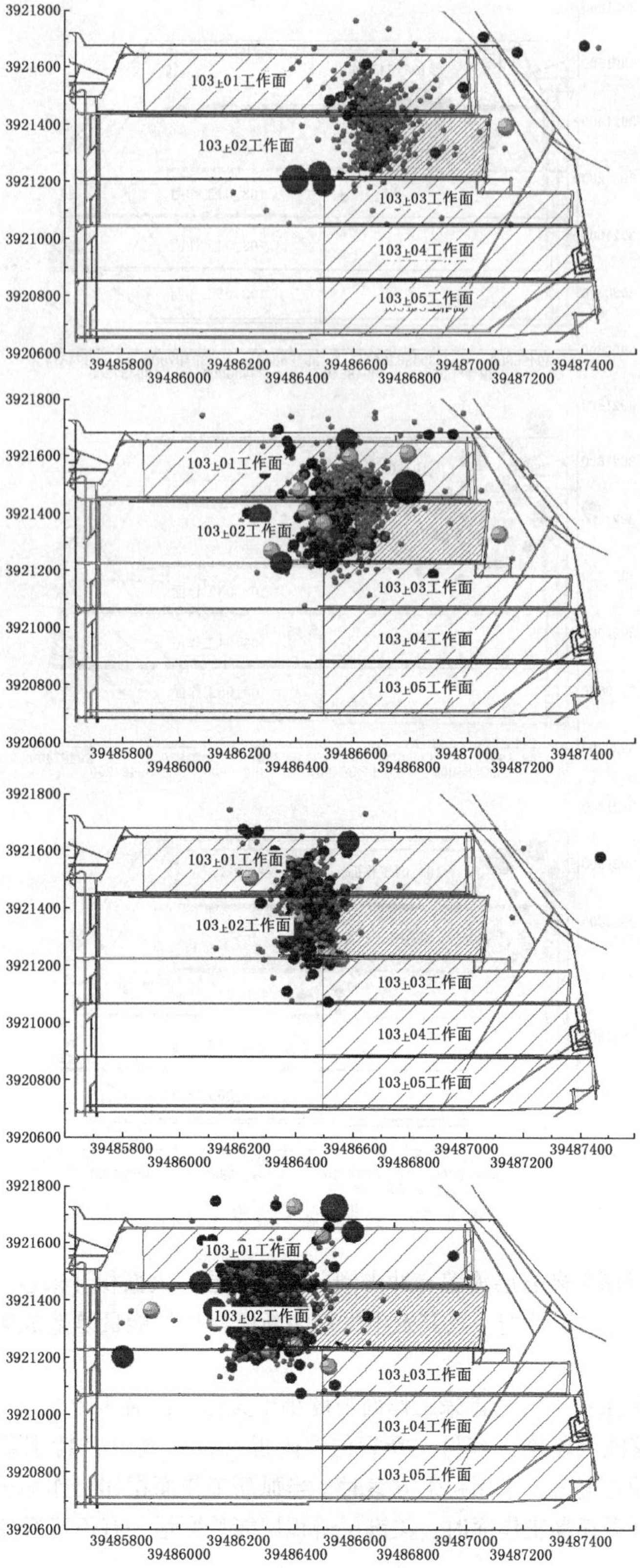
3921800
3921600
3921400
3921200
3921000
3920800
3920600
39485800
39486000
39486200
39486400
39486600
39486800
39487000
39487200
39487400
103上01工作面
103上02工作面
103上03工作面
103上04工作面
103上05工作面

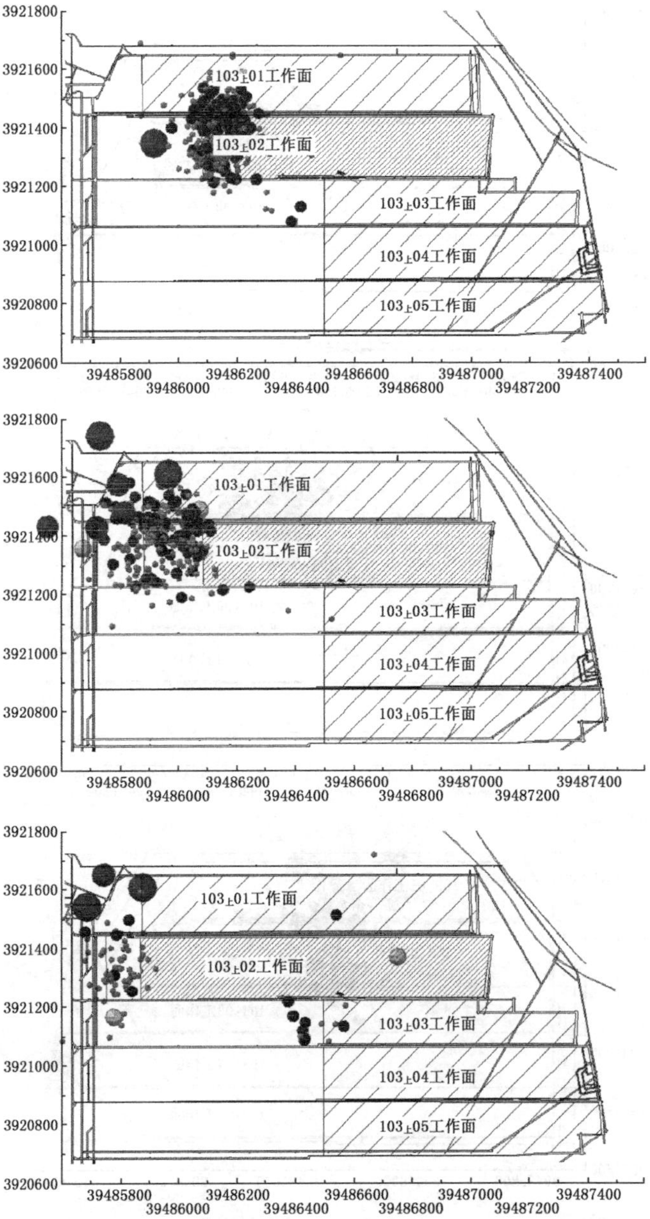

图 8-39 鲍店煤矿矿震发生过程

(1) 开采由巨厚坚硬岩层覆盖有冲击倾向性的煤层，大面积开采悬空而未塌垮的坚硬岩层储存有大量的弯曲弹性能，当其发生失稳裂断所释放的能量是造成矿震、冲击地压等动力灾害的动力源。

(2) 连续开采条件下，当首采工作面长度小于关键层断裂步距时，在下一工作面开采后，关键层所积聚能量剧增，容易在断裂位置附近（回采巷道）特别是沿空巷道发生矿震、冲击地压等动力灾害。采用跳采方案时，当孤岛工作面相邻工作面长度小于基本顶初次断裂步距时，开采孤岛工作面时，关键层所积聚能量剧增，有不可避免的矿震危险。

(3) 在保证选定的工作面长度大于巨厚岩层第一次断裂步距的前提下，加大采高扩大“内应力场”范围，采用跳采（孤岛工作面）实现在稳定的内应力场中开掘维护巷道能够有效排除冲击地压和灾害性矿震的威胁。

4. 陶庄水采冲击地压事故灾害的控制案例

陶庄煤矿 272 采区位于陶庄井田的东北部，东邻本区三号上山采空区。可采煤层为二层煤，倾角为 6°~18°，厚度为 2~5.5 m，局部冲刷地区厚度为 1.2 m 左右。煤质中硬，f=1.5~2.0。其中，单一水道回采的水道多次发生冲击地压，如图 8-40 所示，该采场尺寸小，大部分煤体处于上方采空区的支承压力作用下，并且采煤，掘进必须平行作业，相互不干扰。

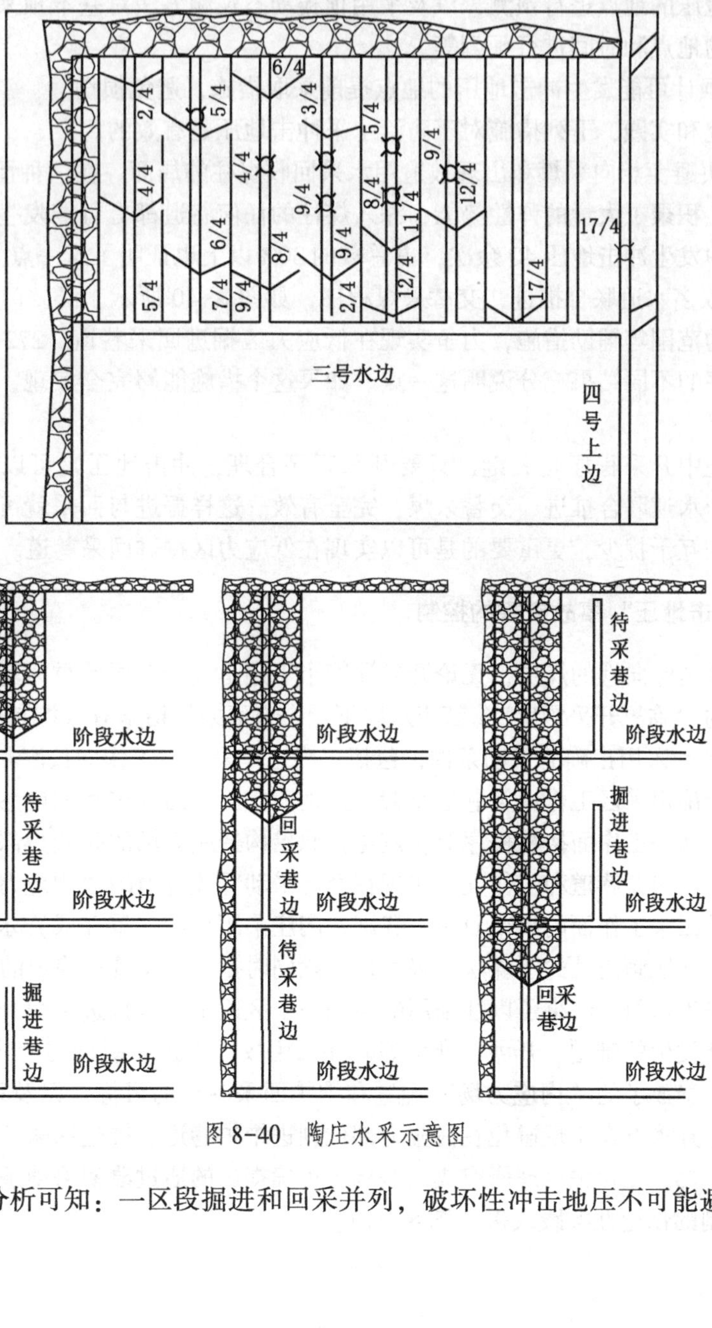

图 8-40 陶庄水采示意图

由图 8-40 分析可知：一区段掘进和回采并列，破坏性冲击地压不可能避免，该种情况是在高应力区开掘回采巷道（枪眼），造成煤体极限平衡状态破坏引起的冲击地压。从发生冲击地压的情况可以明显看出，绝大部分冲击地压都是在距煤壁 10 m 以外的位置开掘回采巷道发生的。相反在距煤壁 10 m 以内的地方开掘回采巷道都没有出现过冲击地压。

针对上述情况解决陶庄水采冲击地压问题包括以下 4 个方面：

(1) 在理论上和实践上搞清支承压力分布规律问题，包括支承压力形成的原因，支承压力高峰的位置，可供开掘巷道的低应力区的界线以及应力高峰区转移的条件。

(2) 采取正确的措施，实现在低应力区开掘巷道，并力争把必须通过高应力区的巷道减少到最低限度。

(3) 对可能发生冲击地压的地点和时间进行预测，包括根据理论研究和实践经验对可能发生冲击地压的地点进行预测，以及采用顶板动态观测方法对基本顶来压过程中可能出现冲击地压的地点和时间进行预测等。

(4) 在预计可能发生冲击地压的地点提前采取措施，避免损伤。

通过研究和实践，下列措施对于防治水采冲击地压是有效的。

(1) 坚决避免相向采煤和出现被迫用水采回收煤柱的局面。在这种情况下，由于煤柱中应力很高，积聚了大量的弹性势能，深入煤柱的任何巷道都有可能发生冲击地压，陶庄煤矿在煤柱中发生冲击地压 40 余次，占总数的 30% 以上也证明了这一点。

(2) 采取多水道联合推进，交替采煤程序，如图 8-40 所示。必要时采取煤层注水扩大低应力区的范围等辅助措施，力争实现在低应力区掘进回采巷道。272 采区四号上山不同的开采程序的不同结果充分说明这一点。如果这个措施能够完全实现，冲击地压可完全避免。

上述措施中开采程序是关键，只要开采程序合理，冲击地压是可以避免的。事实证明，采用三个水道联合推进、交替采煤，完全有效。这样掘进与回采就可以分别在三个阶段内进行，相互干扰少，更重要的是可以实现在低应力区掘进回采巷道。

六、"冲击地压"事故灾害的控制

开采有冲击倾向性的煤层，无论开采深度小于还是大于在原始重力场中掘进巷道即发生冲击地压的"临界开采深度"，都应从以下七个方面采取措施有效控制冲击地压灾害：

(1) 设计和采用正确的采动条件，包括正确选择采高、工作面长度和推进长度等工作面参数，合理确定采区工作面及巷道布置，正确安排工作面推进和相应巷道掘进准备的时间空间关系和回采工作面接替程序等，避免在原始构造应力场的高应力部位和采动应力场中的高应力部位布置巷道和工作面。实现在经历采动释放应力的"内应力场"中掘进和维护巷道、推进回采工作面的战略目标。我国在陶庄采用短壁（漏斗式）水力开采坚硬顶板覆盖的有冲击地压倾向性的厚煤层，采用多区段同时推进，实现在稳定的"内应力场"掘进和推进回采工作面，解决了以往采用的在同一个区段中同时推进采煤掘进工作面，冲击地压灾害不断发生的难题。开滦、淮南等矿井采用放顶煤扩展缓冲的"内应力场"范围，实现在经采动释放了的"内应力场"掘进和维护回采巷道的目标，以及采用无煤柱护巷、开采解放层等开采方案实现避免在高应力部位掘进维护巷道、推进回采工作面等开采方法的重大突破，都是在相关机理研究成果基础上正确提出的通过改变采动条件实现"冲击地压"有效控制的创造性实践成果（图 8-41）。

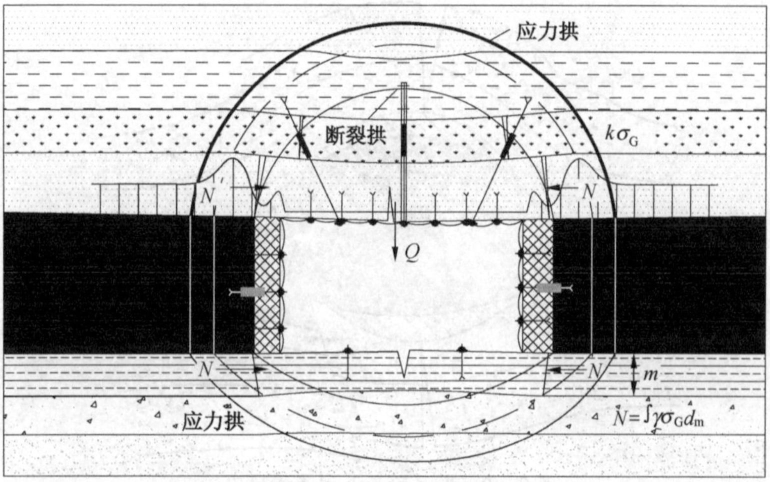

图 8-41 巷道围岩控制方案

(2) 当开采深度超过“临界开采深度”或相关开采条件不具备，被迫在有冲击倾向性煤层相关应力场的变应力部位开掘回采巷道和掘进回采工作面时，应采取遥控操作的高压注水压裂技术和爆破松动技术提前释放煤（岩）应力后再进行采动的方案，控制冲击地压的发生。其中在掘进工作面推进时，采用的预裂释放应力的范围（宽度），应当等于或大于巷道设计宽度（b）和必需的两侧缓冲条带宽度之和。煤壁缓冲条带的宽度应根据相应煤层条件下采用“井下岩层动态观测研究方法”“微震检测法”进行支承压力分布相关实测研究的成果确定。

(3) 采用恒阻大变形锚索或能适应大变形要求的可缩支架配合掩护锚网支护巷道，排除冲击地压动力显现伤人毁物灾害的发生。

(4) 实现无煤柱开采技术的创新和突破。采用“无煤柱”开采有冲击倾向性煤层，特别是开采深度超过在原始重力场掘进巷道即发生冲击地压的“临界开采深度”条件下的“有冲击倾向性”煤层，是控制冲击地压及相关重大事故灾害的重中之重。当前存在的主要问题包括：①在“沿空掘巷方案”中实现内应力场掘巷留设小煤柱护巷的做法，存在煤柱漏风，可能引发煤尘自燃、采空区浮煤自燃和瓦斯爆炸事故的隐患；②在“沿空留巷方案”中采用刚性墙体造成巷道底鼓和因墙体破坏漏风带来的相关事故危险，以及过高的墙体建设成本和可能限制回采工作面推进速度的低工作效率等。

(5) 采用综放开采和大采高综采等扩大“内应力场”范围的措施，控制回采工作面及相关巷道冲击地压事故灾害。

(6) 采用通过开切眼断顶控制坚硬顶板第一次断裂步距，控制煤壁压缩弹性能和顶板弯曲弹性能的措施控制回采工作面及相关巷道冲击地压事故灾害。

(7) 在有断层、褶曲等构造切割的煤层，坚决摒弃留设煤柱隔离的传统部署，采用远离构造轴部部署开切眼向构造轴部推进，通过顶底板运动释放构造应力的部署，控制在原始残余构造应力场部位掘进巷道和推进回采工作面引发“冲击地压”等事故灾害的发生（图 8-42）。

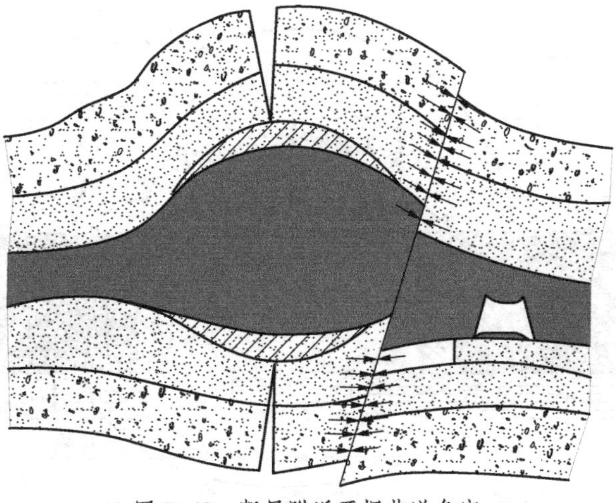

图 8-42　断层附近开掘巷道危害

七、煤与瓦斯高速喷出事故灾害控制设计

（一）发生的原因和条件

回采工作面推进四周煤壁破坏，煤与瓦斯高速喷出事故灾害发生的原因和条件：

（1）采场支承压力的分布在煤壁边缘，煤层的塑性破坏没有出现，即塑性破坏区宽度 $x_0=0$（或很小）。

（2）煤壁边缘处于弹性压缩状态。

（3）采场推进范围上覆岩层聚集的能量（压缩弹性能）E_0 达到或超过了处于弹性压缩状态煤壁破坏的极限，即

$$K_{\max}\gamma H \approx (2\sim3)\gamma H \geqslant [\sigma_0] \tag{8-33}$$

式中　H——采场煤层深度；

γ——采场上覆岩层平均重力密度；

$[\sigma_0]$——开采煤层单向抗压强度；

$K_{\max}$——开采煤层煤壁应力集中系数。

（4）采场上覆坚硬岩层（基本顶）裂断弹性能释放诱发。

（二）冲击地压及煤与瓦斯高速喷出事故控制设计

1. 煤体喷出速度表征模型

控制回采工作面冲击地压灾害的关键是控制煤壁喷出的速度 c_0 值。利用爱因斯坦相对论揭示物体（结构体）能量、质量（重量）、运行速度关系的方程 $E=m_0c_0^2$ 以及能量和质量可以相互转换的原理，不难导出坚硬基本顶裂断来压时刻推出的煤壁运行速度的表达式，分别为

（1）煤壁处于弹性压缩状态时：

$$c_0=\sqrt{\frac{l_0m_0}{h_T l_T}} \tag{8-34}$$

式中　l_0——坚硬基本顶岩梁裂断步距；

m_0——坚硬基本顶岩梁的厚度；

h_T——煤壁高度（即采高）；

l_T——处于弹性压缩性能状态的煤壁宽度。

（2）煤壁深入前方出现塑性破坏区（x_0）时：

$$c_0 = \sqrt{\frac{l_0 m_0}{h_T x_0}} \tag{8-35}$$

式中 l_0——坚硬基本顶岩梁裂段步距；

m_0——坚硬基本顶岩梁的厚度；

h_T——煤壁高度（即采高）；

x_0——开采煤层进入塑性破坏状态的宽度

研究已经证明，在既定的煤层条件下煤壁出现塑性破坏的开采深度是一定的，塑性破坏区的宽度（x_0）与采高（h_T）紧密联系在一起。采高越大，塑性破坏区的宽度也越大。因此通过加大采高控制煤与瓦斯突出速度的意义重大。通过端部切顶控制薄及中厚煤层速度喷出事故的模型，如图 8-43~图 8-46 所示。

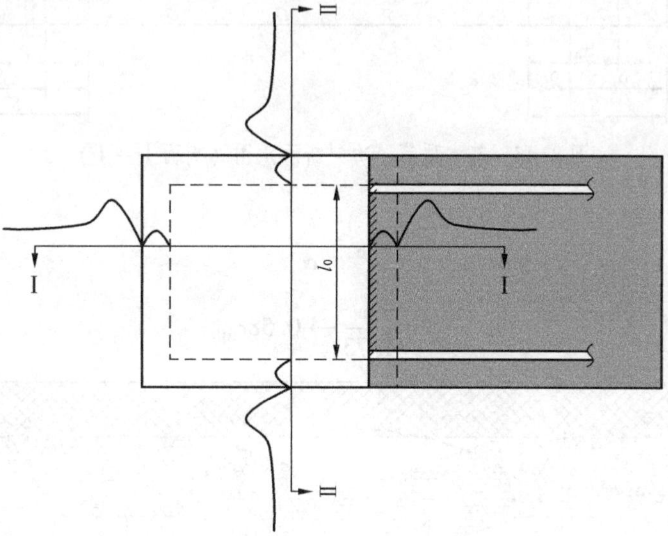

图 8-43 薄及中厚煤层冲击地压事故控制

该条件下坚硬基本顶第一次裂断时煤壁运行速度表达式为

$$c_{01} = \sqrt{\frac{l_0 m_0}{h_T x_0}} \tag{8-36}$$

其中
$$x_0 = \frac{h_T}{\alpha}$$

在工作面未开采前，通过切断顶板使其由嵌固梁变为悬臂梁，其初次来压步距将变为原来的 1/3，该条件下坚硬顶板裂断时煤壁运行速度表达式为

$$c_{02} = \sqrt{\frac{\frac{1}{3} l_0 m_0}{h_T x_0}} = \sqrt{\frac{1}{3}}\sqrt{\frac{l_0 m_0}{h_T x_0}} \tag{8-37}$$

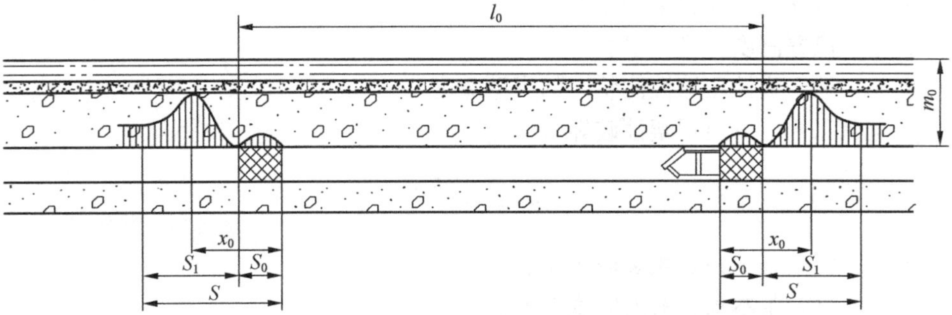

图 8-44　不切顶条件下薄煤层采场推进模型（剖面Ⅰ—Ⅰ）

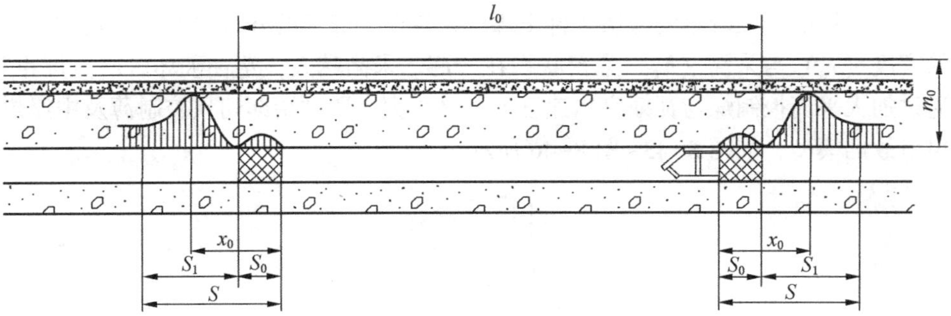

图 8-45　基本顶第一次裂断示意图（剖面Ⅰ—Ⅰ）

其中

$$x_0 = \frac{h_T}{\alpha}$$

即

$$c_{02} = \frac{c_{01}}{1.73} \to 0.58c_{01}$$

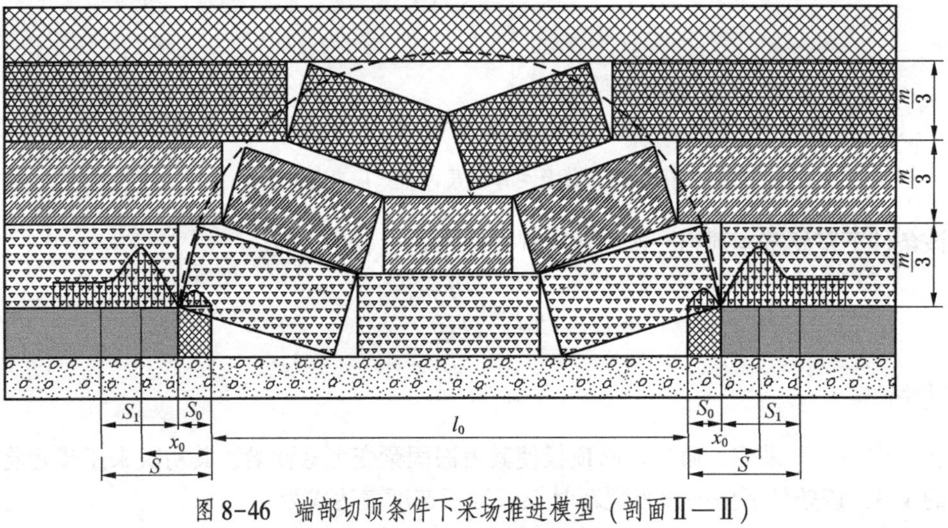

图 8-46　端部切顶条件下采场推进模型（剖面Ⅱ—Ⅱ）

2. 特厚煤层开采煤与瓦斯突出速度表征

开采厚煤层及特厚煤层时，通过增大采高控制采场冲击地压和煤与瓦斯突出灾害取得的实践成果案例丰富。图 8-47~图 8-49 所示为我国采用大采高综采和放顶煤综放开采控制特厚煤层回采工作面冲击地压的创造性成果。

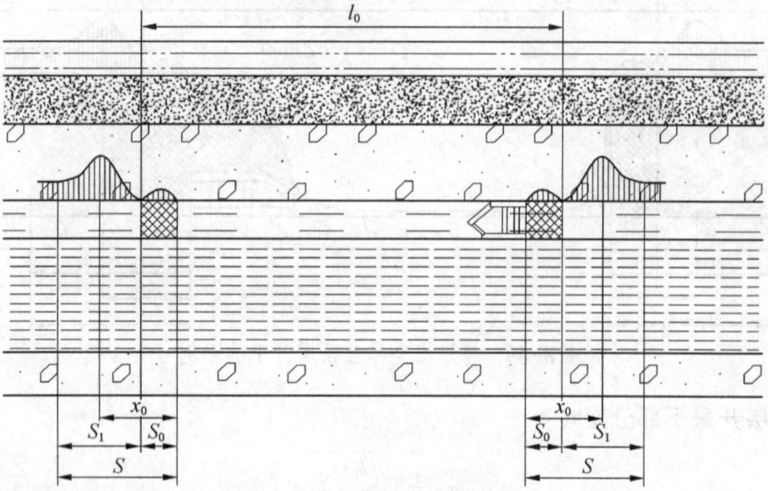

图 8-47 大采高综采示意图

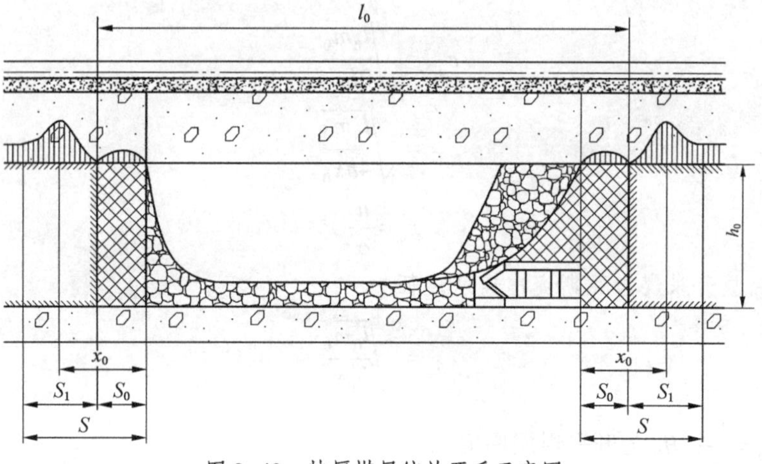

图 8-48 特厚煤层综放开采示意图

该条件下由于采高 h_T 加大，工作面煤壁挤压出的速度 c_0 将很小。在煤层相对瓦斯含量低的情况下可以确保工作面安全。在煤层相对瓦斯含量高的情况下，由于底部分层瓦斯同时涌出通过工作空间，没有足够风量稀释将是不安全的。

显然该条件下全厚开采工作面煤与瓦斯突出的速度很低，大采高煤壁片帮的区域很小。工作面空间通过的瓦斯量及要求风速都将大幅度降低。淮南、大同等矿务局开采受冲击地压、瓦斯煤层突出煤层的成功经验，为特厚煤层的开采做出了史无前例的贡献。

3. 分层开采煤与瓦斯突出速度表征

相应开采方法煤壁挤压出的相对速度表达式分别为

(1) 分层开采第一分层时：

$$c_{上} = \sqrt{\frac{l_0 m_0}{h_T l_T}} \tag{8-38}$$

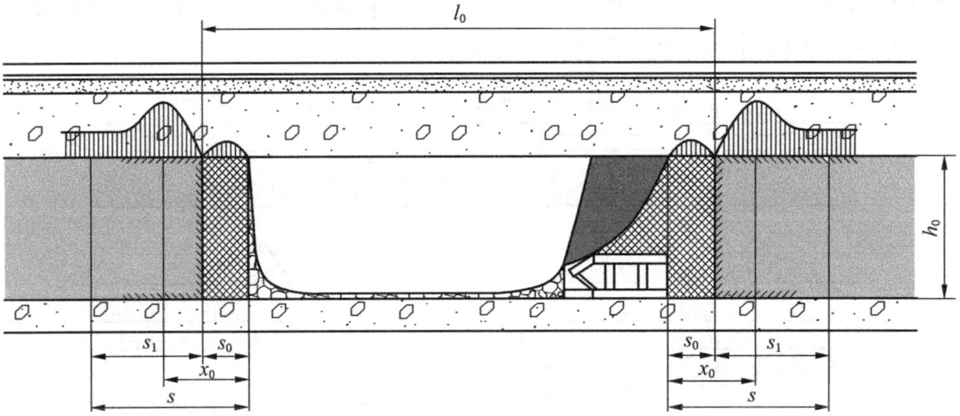

图 8-49　特厚煤全厚放顶煤开采的示例

(2) 分层开采下部分层时：

$$c_{下} = \sqrt{\frac{l_0 m_0}{2h_{T} l_{T}}} \tag{8-39}$$

(3) 大采高两层同采时：

$$c_{上} = \sqrt{\frac{l_0 m_0}{2hx_0}} \tag{8-40}$$

$$c_{下} = \sqrt{\frac{l_0 m_0}{4hx_0}} \tag{8-41}$$

其中

$$x_0 = \frac{h}{\alpha}$$

4. 全厚综放开采煤与瓦斯突出速度表征

$$c_{全} = \sqrt{\frac{l_0 m_0}{h_0 x_0}} \tag{8-42}$$

其中：$x_0 = \dfrac{h_0}{\alpha}$；$H_0$ 为开采煤层厚度。

上述所列表达式充分说明了厚及特厚煤层开采方案大幅度降低煤壁挤出速度，从而取得有效控制重大事故灾害的创造性成果。

采用大变形锚索、锚网支护控制巷道冲击地压的模型如图 8-50 所示。该方法的核心技术就是用锚网和锚索或锚杆固结冲击地压发生时可能推出的“内应力场”范围内的煤体并用“生根”（固定）于应力高峰部位的大变形锚索控制实现整体移动。

有效控制的关键就是要用“井下岩层动态观测研究方法”可靠地确定“内应力场”的范围。当前在“无煤柱开采”广泛应用的情况下，不采集岩心和煤粉的智能钻机的开发意义重大。

八、无煤柱护巷冲击地压控制

1. 沿空掘巷“U”型通风方案（图 8-51）

(1) 实现了在稳定内应力场掘进，从而避免了掘进中发生冲击地压和瓦斯煤层突出

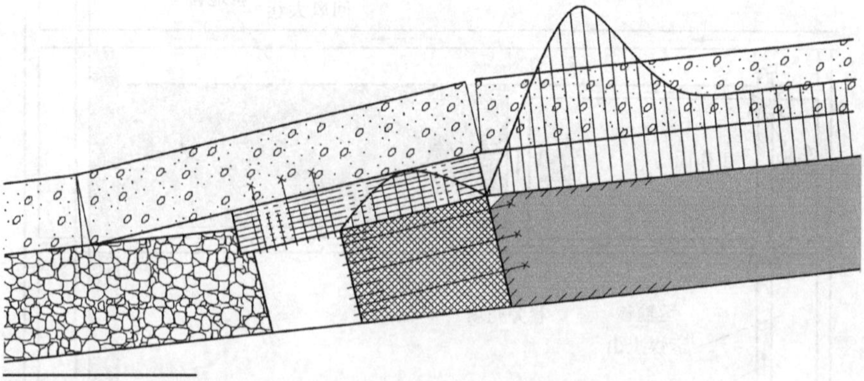

图 8-50 回采巷道冲击地压控制设计模型

事故。

（2）排除了护巷煤柱聚集高强度压缩弹性能的条件，使回风巷道始终处于已破坏的煤壁缓冲保护之下。

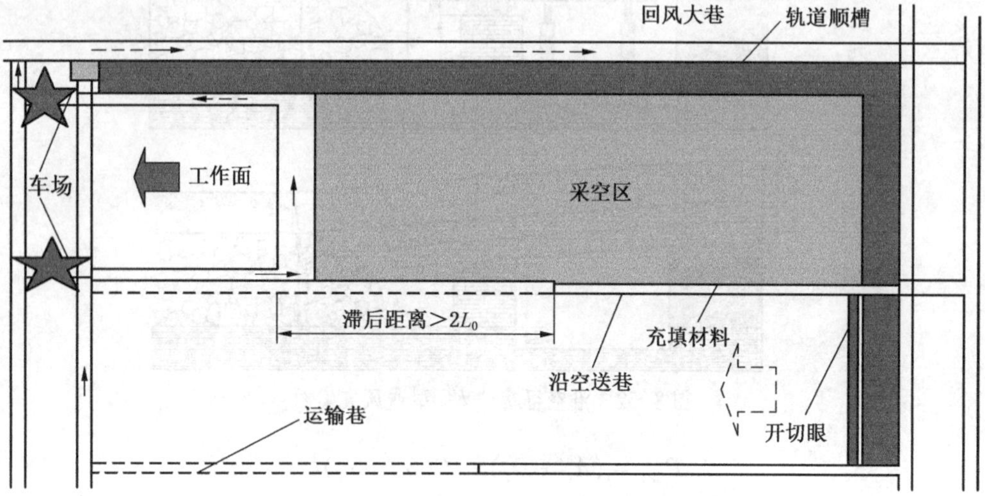

图 8-51 沿空掘巷“U”型通风方案图

2. 沿空留巷“Y”型通风方案（图 8-52）

（1）实现了在稳定内应力场掘进，从而避免了掘进中发生冲击地压和瓦斯煤层突出事故。

（2）排除了护巷煤柱聚集高强度压缩弹性能的条件，使回风巷道始终处于已破坏的煤壁缓冲保护之下。

（3）当前解决这些问题的重大技术突破方案包括：

一是在“沿空留巷方案”中采用柔性墙体的突破（图 8-53、图 8-54）。

柔性墙体设计结构模型建设的核心是解决采场推进过程中裂断拱内岩层运动中发展的规律和内应力场煤层压力发展的规律问题。在此基础上解决柔性墙体的结构设计、相关结构组成的材料选择以及墙体建设工艺技术突破等问题。

下位岩梁单独裂断来压作用力方程（位态方程）为

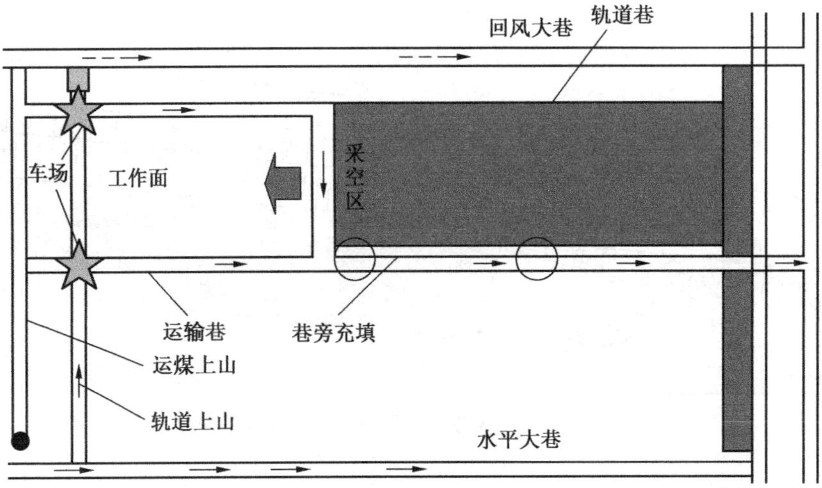

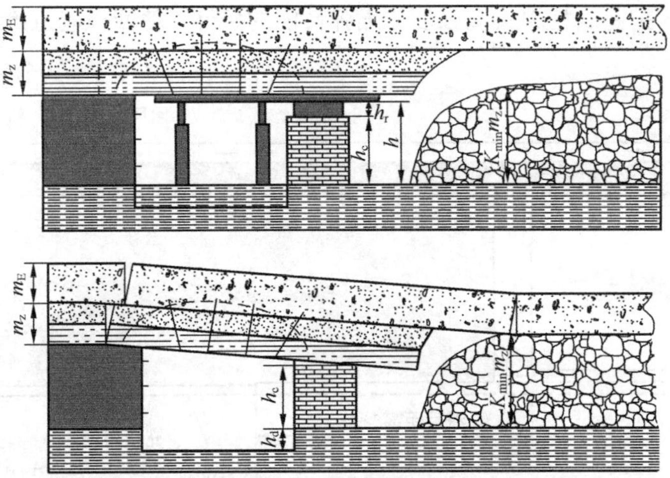

图 8-52　沿空留巷“Y”型通风方案图

$$P_{SP1} = (A_1 + D_1) - C(S_i - S_A)^2 \tag{8-43}$$

式中

$$A_1 = m_Z \gamma_Z \frac{l_Z^2}{S_0} \tag{8-44}$$

$$D_1 = \frac{m_{E1}\gamma_{E1}d_{E1}(e_1 + d_1)}{S_0} \tag{8-45}$$

$$C = \frac{d_{E1}e_1E_{max}}{S_0(S_{max} - S_A)} \tag{8-46}$$

$$S_{1max} = \sqrt{\frac{D_1}{C}} + S_A \tag{8-47}$$

裂断拱内所有岩梁来压作用力方程（总体位态方程）为

$$P_{SP} = (A_1 + D_n) - C(S_i - S_A)^2 \tag{8-48}$$

式中

$$A = m_Z \cdot \gamma_Z \cdot \frac{l_Z^2}{S_0} \tag{8-49}$$

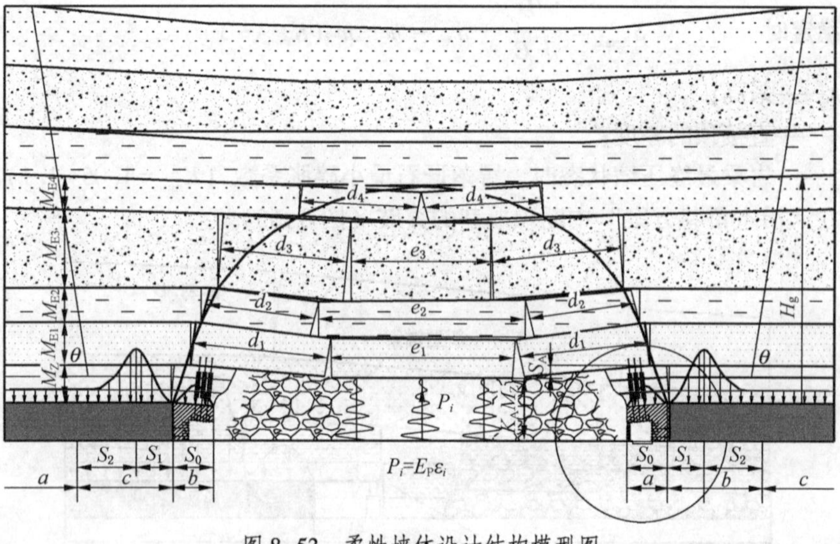

图 8-53 柔性墙体设计结构模型图

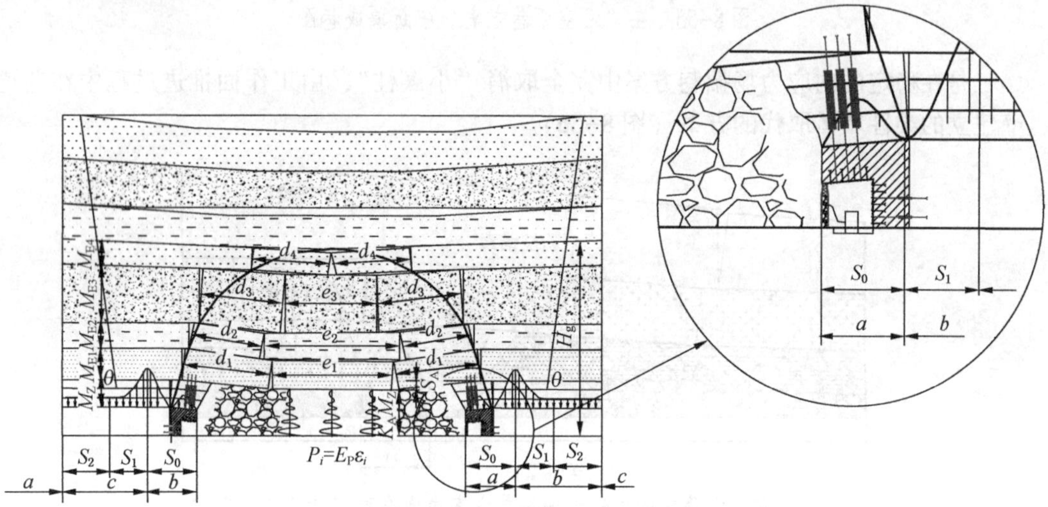

图 8-54 柔性墙体设计结构模型图（局部视图）

$$D_n = \frac{\sum_{1}^{n} m_i \gamma_E d_i (e_i + d_i)}{S_0} \tag{8-50}$$

$$C = \frac{d_{E1} e_1 E_{max}}{S_0 (S_{max} - S_A)} \tag{8-51}$$

$$E_{max} = \frac{D_n S_0}{d_1 e_1 (S_{max} - S_A)} \tag{8-52}$$

$$S_A = h - m_Z (K_A - 1) \tag{8-53}$$

$$S_{max} = h - m_Z (K_{min} - 1) \tag{8-54}$$

最终稳定时
$$S_{nmax}=\sqrt{\frac{D_n}{C}}+S_A\approx h-m_Z(K_{min}-1) \qquad (8-55)$$

式中　h——采高；

m_Z——直接顶的厚度；

K_{min}——岩梁最终压缩状态时，冒落矸石最小碎胀系数（$K_{min}=1.05\sim1.1$）。

二是在“沿空留巷方案”中断顶成巷的突破（图 8-55）。

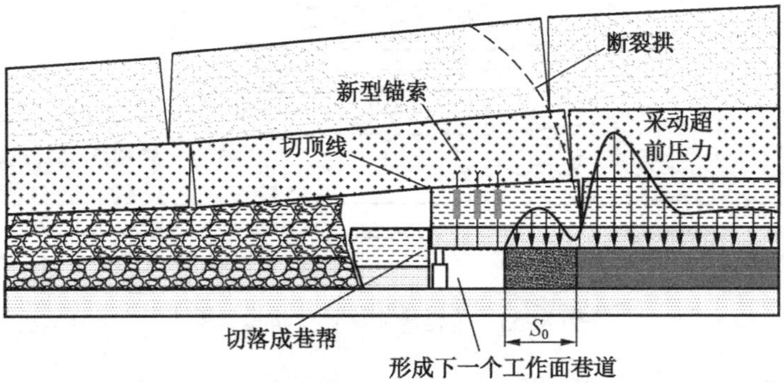

图 8-55　在“沿空留巷方案”中断顶成巷图

三是在稳定的内应力场掘巷方案中完全取消“小煤柱”，由工作面推进过程中在巷道边壁建立的柔性墙体取代的方案（图 8-56）。

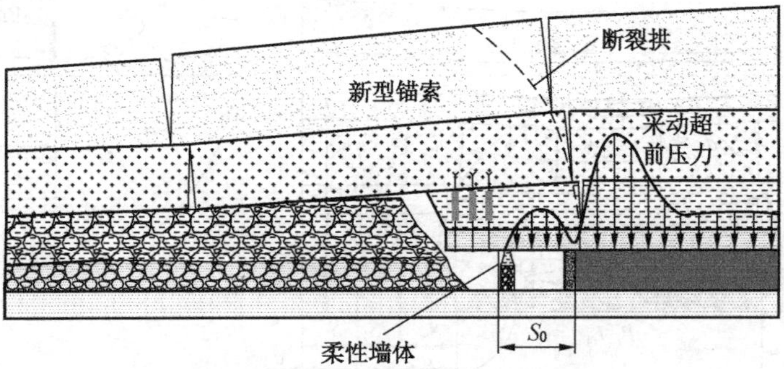

图 8-56　在稳定的内应力场掘巷方案中完全取消“小煤柱”

第四节　顶板透水和底板突水动力灾害控制理论及模型

采掘工作面推进过程中的顶板透水和底板突水，都有可能造成淹没工作面和水流流经的工作场所，甚至整个井的重大事故。顶板透水引发大范围的顶板垮塌，压死采场支架的重大顶板事故也时有发生。因此，控制水害是煤矿安全生产的重大课题。

一、顶板透水事故的预测和控制及相关信息基础

（一）事故原因及实现的条件

1. 事故的原因

工作面推进断裂破坏的岩层波及含水岩层，特别是原有构造破坏的富水区域。

2. 事故实现的条件

（1）采场上覆岩层中存在水量富集的含水岩层，特别是经历构造破坏的富水区域。

（2）随采场推进沉降裂断的岩层与水量富集的含水层沟通。包括进入含水岩层（图 8-57a）及直接接触（图 8-57b）两种情况。

（3）透水量超过工作面排水能力（淹没工作面）或超过矿井排水能力（淹没矿井）。

（4）大范围裂断岩层在水的长时间渗透浸泡下，弱化、滑移失稳塌垮压死支架。

（5）透水发生后工作面停滞的时间超过限度，工作面被透水灌满淹没。断裂岩层、断口咬合面浸泡时间过长，抗剪强度降低。

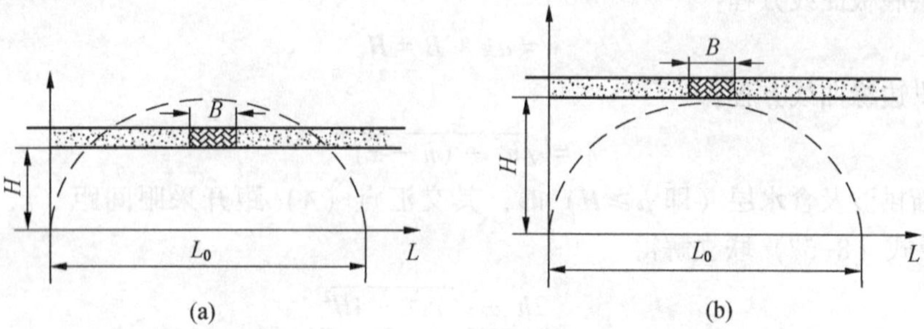

图 8-57 “砌体梁”断裂的岩层运动分类图

（二）顶板透水事故的预测和控制

顶板透水事故预测和控制，主要包括透水可能性的预测和控制，及透水量的预测（预计）和控制两个方面。

1. 透水可能性预测

预测的主要目的：在既定开切眼位置和工作面长度条件下，推进工作面进入断裂破坏（形成砌体梁）的岩层，波及含水岩层，特别是富水区域的可能性。

当含水层与煤层平行时，判断透水可能性的模型及相关参数可由图 8-58 表出。

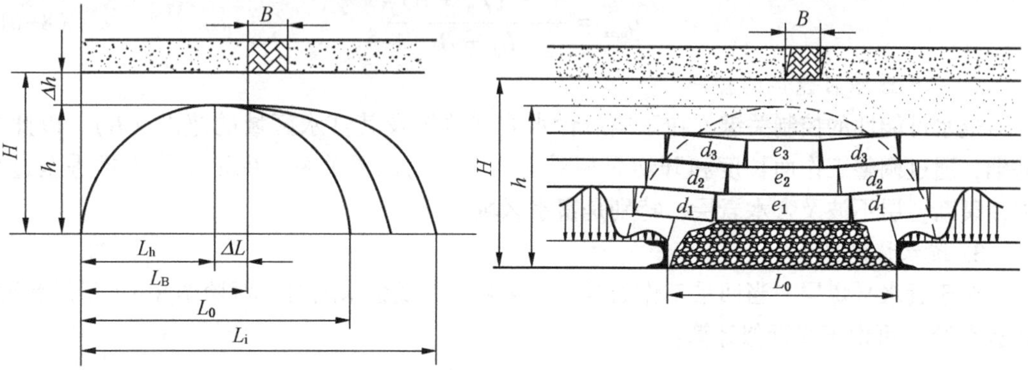

L—工作面推进步距；L_0—工作面长度；L_B—含水岩层富水区距开切眼位置；L_h—裂断岩层（裂断拱）中心距底部开切眼位置；h—裂断岩层发展高度；H—含水岩层高度；B—富水区宽度

图 8-58 透水可能性预测图

对于首采工作面，研究得到发展的破坏拱等工作面长度（L）的关系为

$$h=K_hL \qquad K_h=0.5\sim0.7$$

达到破坏拱高时工作面推进的步距（L_0）及中心距（L_h）分别为

$$L_0=L \qquad L_h=0.5L$$

以图 8-58 为基础建立的透水可能性预测的模型和相关准则可由图 8-59 表出。

图 8-59 中模型图 d 中 A 点为裂断拱边缘线与含水层富水区的交汇点。L_A 为交汇点距开切眼间的距离。由图 8-60 可知，当已知工作面推进方向上含水层底板分布曲线和裂断拱边缘曲线方程，通过联立求解即可得到交汇点位置 A 及与工作面开切眼距离 L_A。

如果含水层与煤层在推进方向上基本平行，中间所含岩层强度差异不大且赋存平稳。则相关曲线近似方程分别为

含水层底板曲线方程：

$$y = ax + B = H \tag{8-56}$$

裂断拱边缘曲线方程：

$$y = \sqrt{h^2 - (h - x)^2} \tag{8-57}$$

当裂断拱波及含水层（即 $h \geqslant H$）时，其交汇点（A）距开采眼间距（L_A），可由式（8-56）及式（8-57）联立解得

$$L_A = \frac{2h \pm \sqrt{4h^2 - 4H^2}}{2} \tag{8-58}$$

其中，$h=0.5L$，由此得

$$L_A = \frac{L \pm \sqrt{L^2 - 4H^2}}{2} \tag{8-59}$$

显然，当含水层富水区宽度为 B 的情况下，开切眼距富水区边缘的最小距离 L_{Bmin} 为

$$L_{Bmin} = L_A - B \tag{8-60}$$

同样，当已知开切眼距含水层富水区位置，则可反求出不出现透水事故的最大允许工作面长度 L_{max} 为

$$L_{max} = \frac{H^2 + (L_B + B)^2}{L_B + B} \tag{8-61}$$

2. 顶板透水可能性的控制

透水可能性的控制关键，在于搞清含水岩层位置及其富水区域的范围（B）。以此为基础，通过调整工作面长度和开切眼相对富水区域的位置关系，保证工作面推进全过程中，裂断岩层不波及含水岩层，特别是富水区域。

3. 透水量的预计

对于近水平煤层，当回采工作面推进、裂隙带波及含水层时，对照图 8-61 所示状况，其透水量 Q 可由下式近似计算：

$$Q = 2(Q_1 + Q_2) \tag{8-62}$$

式中　Q_1——含水层第一次裂断破坏时，推进方向断裂面的涌水量；

Q_2——含水层第一次裂断破坏时，工作面长度方向断裂面的涌水量。

推进方向断裂面涌水量可由下式计算：

$$Q_1 = k\omega_c I \tag{8-63}$$

模　型	工作面条件	判别准则	
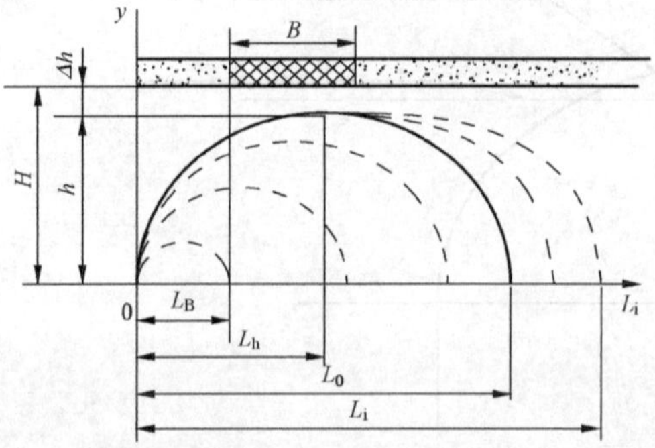	$h<H$ 即：$L<\frac{H}{K_h}$	$L_B>L_h$	不透水
		$L_B<L_h$	不透水
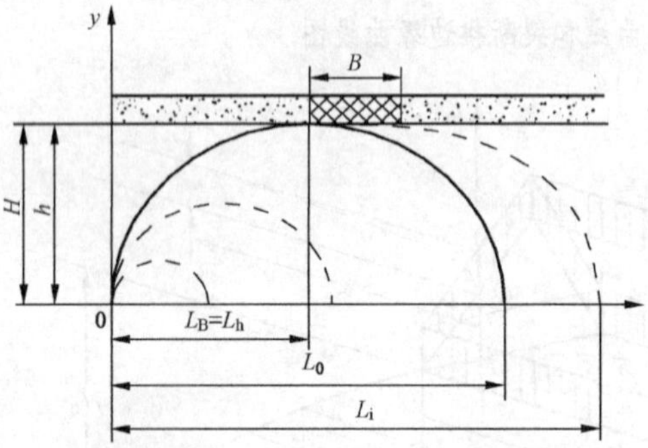	$h=H$ 即：$L=K_hH$	$L_B\geqslant L_h$	透水
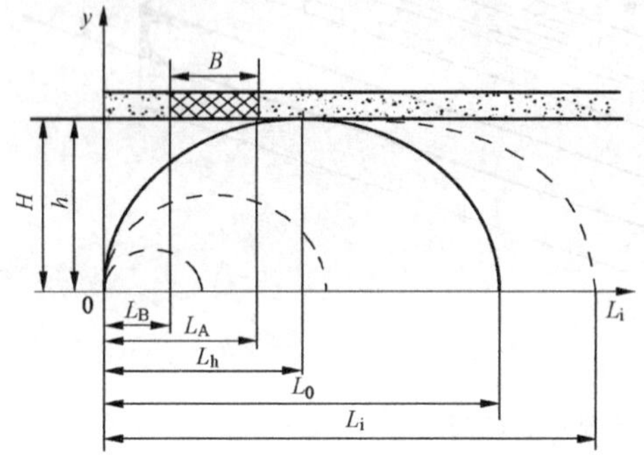	$h=H$ 即：$L=K_hH$	$L_B<(L_A-B)$	不透水
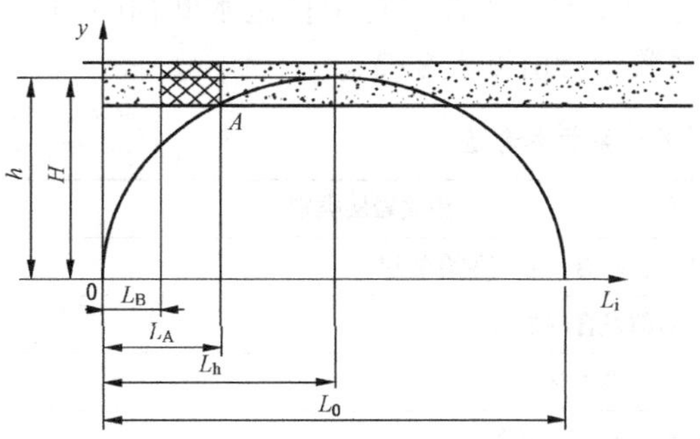	$h>H$ 即：$L>K_hH$	$L_B>(L_A-B)$	透水
		$L_B<(L_A-B)$	不透水

图 8-59　透水可能性预测的模型及相关参数图

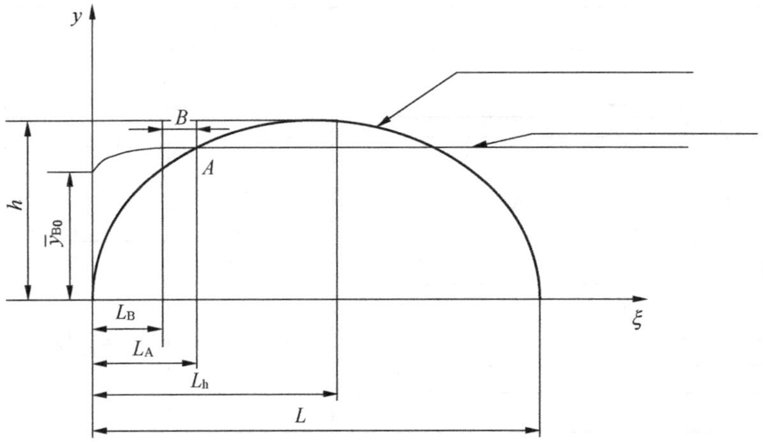

图 8-60 含水层底板分布曲线和裂断拱边缘曲线图

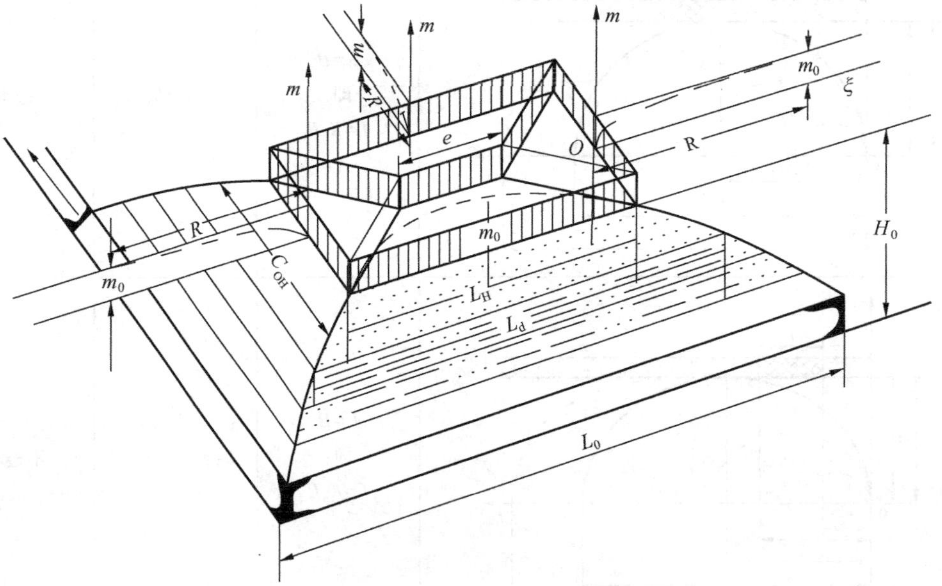

图 8-61 透水量的预计对照图

式中：k 为含水层渗透系数，即水压坡度 $I=1$ 时，水流通过单位过水断面时的流量。实测研究所得不同粒度和孔隙率岩层的透水系数参考值见表 8-2。

表 8-2 透水层渗透系数参考值

渗透层分类	透水系数	相关岩层类别
强透水岩层	$k>10$ m/d	粗砂岩，砾岩，岩溶发育岩层
透水岩层	$K=(10-1)$ m/d	砂，裂隙发育的岩层
微透水岩层	$K=(1-0.01)$ m/d	亚砂土，裂隙微弱岩层
极弱透水岩层	$K=(0.01-0.001)$ m/d	亚黏土，黏土，淤泥
不透水岩层	$K<0.001$ m/d	致密坚硬岩层（包括坚硬沉积岩，岩浆岩，变质岩）、黏土、淤泥、泥岩

ω_c 为推进方向含水层的出水断面积。在已知含水层厚度 m_0 条件下，该断面积由第一次裂断步距离 C_{0H} 大小决定，即：

$$\omega_c = C_{0H} m_0 \tag{8-64}$$

封闭含水层的水压坡度 I 值由下式表出，即：

$$I = \frac{dm_0}{dx} \tag{8-65}$$

代入式（8-63）得：

$$Q_1 = k \cdot C_{0H} \cdot m_0 \cdot \frac{dm_0}{dx} = C_0 \cdot q \tag{8-66}$$

其中：q 为单位长度过水断面的涌水量，其表述式为

$$q = k \cdot m_0 \cdot \frac{dm_0}{dx} \tag{8-67}$$

为此，有：

$$\frac{q}{k}dx = m_0 dm_0 \tag{8-68}$$

相对含水层涌水影响范围及两段之间进行积分：

$$\int_0^r \frac{q}{k}dx = \int_0^{m_0} m_0 dm_0$$

即得：

$$q = k\frac{m_0^2}{2R} \tag{8-69}$$

由此求得 Q_1 为

$$Q_1 = kC_{0H}\frac{m_0^2}{2R} \tag{8-70}$$

式中　k——渗透系数；

m_0——含水层厚度；

C_{0H}——含水层裂断步距；

R——含水层涌水影响半径。

式中 R 为含水层裂断涌水影响半径（即其水位开始降低处距断裂出水面距离）。如果该范围不知道时，可以采取向含水层打钻测定。

由图 8-62 可知：如果测压孔距出水断面距离为 R_i，测出水压为 m_i，且 $m_i < m_0$，则不难求得影响半径 R 值为

$$R = \frac{m_0}{m_i}R_i \tag{8-71}$$

同理可以推出工作面长度方向涌水量 Q_2 为

$$Q_2 = kL_H\frac{m_0^2}{2R} \tag{8-72}$$

式（8-72）中 L_H 为工作面长度方向含水层第一次裂断线长，取决于回采工作面长度（L_0）及含水层距所采煤层高度（H_0）。鉴于多数情况下，裂断岩层发展的高度大致为工作面长度的一半。因此，采场推进断裂岩层的裂断边界可近似图 8-63 所示半圆拱表达。

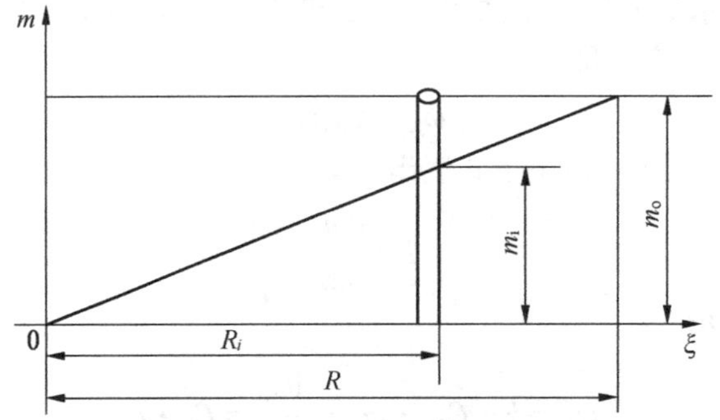

图 8-62　含水层裂断距离值

由此可以近似求得已知含水层高度为 H_0 时，含水层第一次裂断线长的 L_H 表达式为

$$L_H = L_0 - 2X_i \tag{8-73}$$

其中：

$$X_i = \frac{L_0}{2} - \sqrt{\left(\frac{L_0}{2}\right)^2 - H_0^2} \tag{8-74}$$

故得：

$$L_H = \sqrt{\left(\frac{L_0}{2}\right)^2 - H_0^2} \tag{8-75}$$

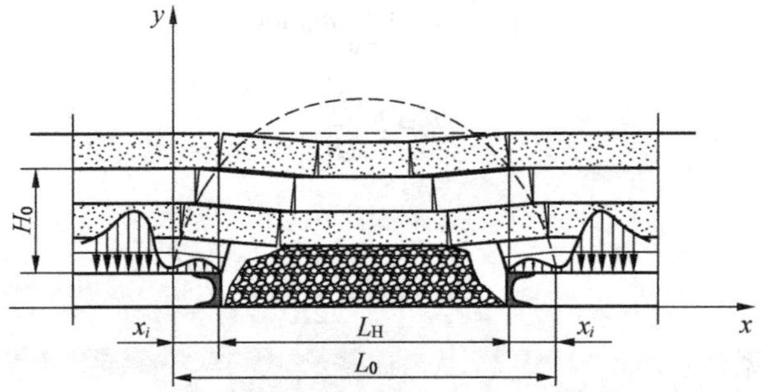

图 8-63　含水层裂断线长与工作面长度关系

上述计算式表明，含水层的透水量随工作面长度增加而增加，随含水层距所采煤层高度增加而减少。

开采倾斜煤层裂隙带波及含水层时的透水量由下式表示：

$$Q = 2(Q_1 + Q_2) \tag{8-76}$$

式中 Q_1 为工作面推进方向含水层第一次裂断面上涌水量。可近似接下式估算：

$$Q_1 = kC_{0H}m_0I \tag{8-77}$$

式中 I 为水力坡度，其他符号同前。倾斜煤层的水力坡度由煤层倾斜角度 α 决定，即：

$$I = \tan\alpha$$

为此，得 Q_1 的表达式为

$$Q_1 = kC_{0H}m_0\tan\alpha \tag{8-78}$$

Q_2 为工作面长度方向含水层断裂面上涌水量，其表达式为

$$Q_2 = kL_Hm_0\tan\alpha \tag{8-79}$$

其中：
$$L_{\mathrm{H}}=\sqrt{\left(\frac{L_0}{2}\right)^2-H_0^2}$$

(三) 顶板透水事故预测和控制的信息基础

顶板透水事故预测控制的信息，包括水源信息、构造运动破坏情况、采动顶板运动破坏信息及采动支承压力分布信息四个方面。

1. 水源信息

(1) 顶板含水层数目、位置、厚度、含水特征（包括含水性质、面积、富水区域分布、水压力及补给水源情况等）。

(2) 顶板隔水层位置、厚度。

(3) 顶板褶曲、断层。

2. 构造破坏情况

(1) 褶曲破坏情况。

(2) 断层破坏情况。

正是构造破坏沟通了各含水层及补给水源的联系，形成富水区域。

3. 采动顶板运动破坏信息

采动顶板运动破坏信息包括在不同工作面长度条件下，上覆岩层运动破坏情况及随采场推进的发展变化规律等。关键的信息有：

(1) 在既定工作面长度下，进入破坏的上覆岩层范围，包括直接顶厚度、基本顶厚度及导水裂隙带高度等。

(2) 直接顶导水裂隙带各岩梁在重力作用下的运动步距，特别是第一次裂断步距等。

(3) 可能进入导水裂隙带的含水层，在重力作用下第一次裂断和周期性裂断步距。

4. 采动支承压力分布信息

采动支承压力分布信息的重点是采场四周煤壁进入破坏的“内应力场”宽度，是布置预测基本顶来压测试手段的可靠区间，也是预测顶板透水可能发生的时间和地点的依据。

二、底板突水事故的预测和控制及其动力信息基础

受复杂的矿井水文地质条件影响，我国在煤矿开采中矿井突水事故的发生非常频繁。据不完全统计，目前已经发生的各类矿井突水事故在3000次以上，其中由奥灰含水层所导致的底板突水事故约占30%，往往具有突水水量大、危害严重的特点，常常导致全矿井被淹。例如：肥城矿务局杨庄煤矿 9101 工作面处于两个走向断层之间，断裂构造沟通了底板徐灰及奥灰承压水，导致工作面先后两次发生突水，其中第 2 次突水水压达8. 5 MPa，终因抗灾能力不足，矿井全部被淹没。研究奥灰岩溶及水压形成发展过程、底板突水机理及相关突水预测控制理论意义重大。

(一) 奥灰岩溶及水压形成发展过程

奥陶纪灰岩在我国华北的分布非常广泛，厚度较大，简称为“奥灰”，是岩溶水的主要赋存空间。在海侵广泛的奥陶纪时期，由于海水中的流水搬运作用、化学作用和生物化学作用，溶解在海水中的碳酸钙逐渐沉积下来，形成了奥陶纪灰岩。由于岩溶的作用，奥灰通常含有非常丰富的地下水，是重要的含水层。岩溶的形成和发展是石灰岩在水流的腐蚀作用下，经过漫长的地质年代，从很小孔隙逐渐向周围扩大的结果。地质学家通过研究

认为岩溶的形成必须满足以下 4 个基本条件：岩石具有可溶性，岩石具有渗透性，水具有溶蚀性，水具有流动性。石灰岩的主要成分是碳酸钙（$CaCO_3$）。在有水和二氧化碳的条件下，碳酸钙可以发生化学反应生成碳酸氢钙［$CaCO_3+H_2O+CO_2 \longrightarrow Ca(HCO_3)_2$］，而碳酸氢钙可溶于水，能够被水流带走。自然界中，地下的岩层一直受到地应力的作用，当地应力大到一定程度的时候，坚硬而致密的岩石就会破裂，形成裂隙，甚至断层。由于其中裂隙或断裂构造的存在为水的侵入提供了通道，石灰岩具有渗透性。大气降水中通常会含有丰富的 CO_2，具有一定的溶蚀性，大气降水通过断裂构造、裂隙等通道渗入地下，转变为地下水以后，就形成了具有溶蚀性的水。携带有二氧化碳的水不断地补充进来，与石灰岩发生岩溶反应，生成的可溶于水的碳酸氢钙并不断地被流水从出水口带走。岩溶反应过程中伴随着水的流进与流出，只要水是流动的，溶蚀反应就会一直进行下去，岩溶的发育也就越来越强烈，岩溶范围会越来越大。由于水流会带着泥沙等颗粒物，当出水口被堵住后，水的流动受到限制，岩溶反应生成的碳酸氢钙无法被流水带走，溶洞范围将不再扩大，溶洞会逐渐被水充满。我国华北广泛分布的奥灰，由于厚度大、岩溶强烈发育和具有良好的地下水补给条件，一般是含水非常丰富的强含水层。它一方面可作为供水水源，另一方面又会对煤矿开采造成重大的水害威胁。

随着水流对石灰岩的逐渐腐蚀，溶洞范围不断扩大，溶洞被水充满的条件为：进水口流量大于出水口流量，一旦有适当的导水通道（主要为断裂构造、裂隙等）揭露含水层，其中的地下水可沿导水通道上升到超出含水层顶板以上的高度，具有一定的承压性，有时甚至可以上升到地表以上，形成泉或者自流井。在未受采动的情况下，岩溶水压一般由水头高度决定，在含水层埋深较浅的情况下，水位差较小，水压一般较小。但是随着煤层埋深的增大，其水压也不断增大，在有些矿区，奥灰含水层的水压已达 10 MPa 以上。在这种情况下，如果煤层与奥灰之间的隔水层厚度不足以抵抗水压的破坏，就可能发生矿井突水事故。溶洞的出水口和进水口常常会被水流带来的泥沙等颗粒堵住，形成封闭型溶洞，此时其水压为静水头高度，即进水通道堵住的地方即为水头高度。受采动影响后，上覆运动岩层的自重会转移到采场四周煤壁上形成高于原始应力的支承压力，支承压力会对底板有压缩作用，使岩溶水腔受到压缩，周围储水空间减小，水压急剧增大，特别是对于封闭的充满水的溶洞，水压增大更为剧烈，其进水口及出水口被堵住，若把溶洞看为封闭的容器，由于水是不可压缩的，能够把它所受到的压力，按照原来的大小，向着各个方向传递，底板受支承压力的压缩起到“水压机”作用，水压可达到支承压力最大值 $K_{max}\gamma H$（K_{max}为支承压力集中系数；γ 为岩层平均重力密度；H 为采深）如图 8-64 所示。因此，岩溶水压的大小与采动条件变化所引起的支承压力分布的变化密切相关，采动所引起的岩溶水压的剧增是突水事故的重要因素。

（二）突水事故原因及实现的条件

1. 事故的原因

采动（采掘工作面推进）支承压力及围岩破坏波及承压水源。

2. 事故实现的条件

（1）开采煤层底板存在富集储水溶洞的巨厚石灰岩层（即有承压水源存在）。

（2）采动（采掘工作面推进）支承压力及造成的围岩破坏，波及并沟通富含承压水的相关溶洞，形成突水通道。

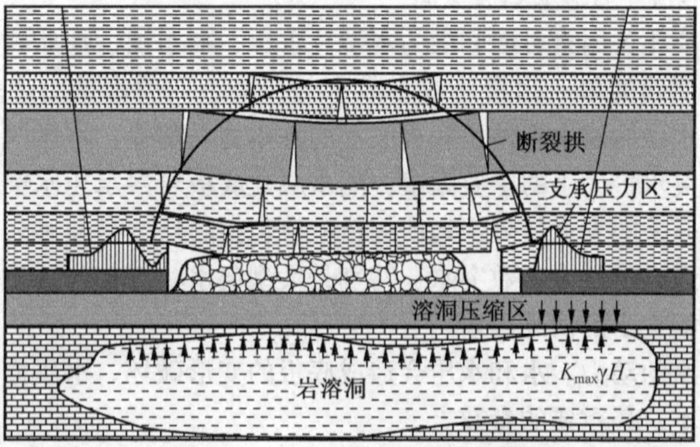

图 8-64 采动影响后的岩溶水压

(3) 受采动支承压力叠加的溶洞承压水通过突水通道涌出的流量超过淹没工作空间(包括采场、巷道及矿井)的界限。

以突水淹井事故为例，其实现条件的判别模型为

$$Q_E \leqslant \int_0^{T_0}(q_T - q_p)\,dt \tag{8-80}$$

式中 q_T——矿井突水强度，m^3/min；

q_p——矿井排水能力，m^3/min；

T_0——矿井突水发生时安全撤出全部人员的时间；

Q_E——矿井安全储水能力，m^3。

其中，矿井安全储水能力 Q_E 包括水仓容量及相关巷道（针对某一突水时刻是一个既定的量）。排水能力 q_p 也是一个保证一定储备的常量。取决于矿井突水灾害安全预警系统、抢救装备的水平和组织管理能力。

突水事故发生地点的突水强度 q_T 是一个涉及水源位置、储水量、水压、突水通道网络断面及水流阻抗力等复杂因素的变量。其相互关系可表达为

$$q_T = v_i S_i \tag{8-81}$$

其中：
$$v_i = f(P_i,\ R_i) \approx \alpha \frac{P_i^{n_1}}{R_i^{n_2}} \quad (n_1 \text{ 及 } n_2 > 0)$$

$$S_i = f(P_i) \approx \beta P_i^{n_3} \quad (n_3 > 0)$$

式中 q_T——既定时刻的突水强度；

v_i——既定时刻的突水速度，m/min；

S_i——既定时刻的突水通道网络断面积；

P_i——既定时刻水源的水压力；

R_i——既定时刻的突水通道网络阻力。

研究和实践证明，v_i、S_i 及其相关影响因素，都直接与采场支承压力的大小和分布联系在一起。控制采掘工作面推进过程中支承压力的“增压”（提高突水水压）和“扩网”（扩大突水通道面积）等破坏作用是防止突水事故灾害的关键。

（三）底板突水预计的影响因素分析

底板突水的主要相关因素可以归纳为水源、水压、隔水层、地质构造和采掘活动。其中，除水压是一个明确的单一因素（或参数）外，其余四项都是由许多因素构成的复合项。水源即岩溶含水层的赋水条件是底板突水的基本物质前提；水压既是突水的动力，又是决定突水与否和突水量大小的主要因素；隔水层是底板岩溶承压水突水的阻抗因素，是岩溶承压水上煤层开采的安全屏障；地质构造应该包括断层、褶曲和岩溶陷落柱等，地质构造是底板突水的通道，绝大多数突水，特别是大型突水一般都与地质构造有关，采掘活动和矿山压力是底板突水的诱导因素。

水压是底板突水的动力。水和水压会造成底板的变形破坏。水压值是决定突水与否和突水量大小的最基本、最重要的参数。

水和水压对底板岩层的作用主要表现在5个方面：

（1）水对岩石的软化作用。岩石力学研究表明，饱和水岩石、原始湿度岩石和干燥岩石的强度是不同的，饱和水岩石的强度最低，特别是沉积地层中的软弱岩石受含水量的影响更大，有的软弱岩石浸水后甚至会崩解破坏而丧失强度。

底板隔水层的下部岩石往往处于饱和水状态。因此饱和水岩石的强度才是底板岩石的真实强度。饱和水状态下的岩石强度与干燥岩石强度有如下换算关系：

$$\sigma_w = k_w \sigma_0 \quad (k_w < 1) \tag{8-82}$$

式中　k_w——岩石软化系数，其大小主要取决于岩石的岩性。

部分岩石的干燥强度与水饱和强度见表8-3。

表8-3　部分岩石的干燥强度与水饱和强度

岩石名称	石灰岩1	石灰岩2	白云质灰岩	泥灰岩	页岩	砂岩	泥岩	黏土岩
$\sigma_{0干}$/MPa	150.2	88.4	126.6	43.7	154	155.1	29.2	12.4
$\sigma_{0湿}$/MPa	123.8	85.7	63.4	23.3	81.4	125.2	崩解	崩解
k_w	0.82	0.97	0.50	0.53	0.53	0.81	0	0
饱和吸水率/%	0.24	0.14	0.56	3.61	1.59	0.32	16.5	32.2

（2）水压对裂隙岩体的有效应力作用。现场岩体最主要的特征之一是其非连续性。岩体中普遍存在着孔隙、节理、裂隙等细观尺度和宏观尺度的小型非连续面，还存在更大规模的断层面和沉积层面。这里主要分析细观尺寸和宏观尺度的小型非连续面中水压的力学作用。岩体裂隙、孔隙中的水压作用比较复杂，很难分析计算单个裂隙或孔隙中的水压效应，有效的方法只能是统计方法。可以采用岩土力学中太沙基的有效应力定律：

$$\sigma' = \sigma - P_w \tag{8-83}$$

式中　σ——应力；

P_w——水压；

σ'——有效应力。

根据莫尔-库伦强度定律，在承压水作用之下，岩体强度计算公式应为

$$\tau_f = c + (\sigma - P_w)\tan\varphi \tag{8-84}$$

式中 τ_f——抗剪强度；

c——内聚力；

σ——应力；

P_w——水压；

φ——摩擦角。

对于某个采掘工作面，由于承压水的水压 P_w 与其埋深成正比，而采掘后底板岩层铅直向卸压。这时，水压 P_w 对岩石强度的影响就会显得更加突出。

(3) 水压在断层中的水楔作用。大量突水案例统计分析表明，80%以上的大型、特大型突水与断层有关。水在断层中，对断层面的水压作用是值得重视和研究的。下面的研究包括两个方面，一是反映断层与回采工作面相对位置的结构模型，二是水压的力学作用。

力学结构模型如图 8-65 所示，有一小倾角的逆断层，它与回采工作面的相对位置如图 8-65 所示，底板灰岩中承压水水压为 P_w。

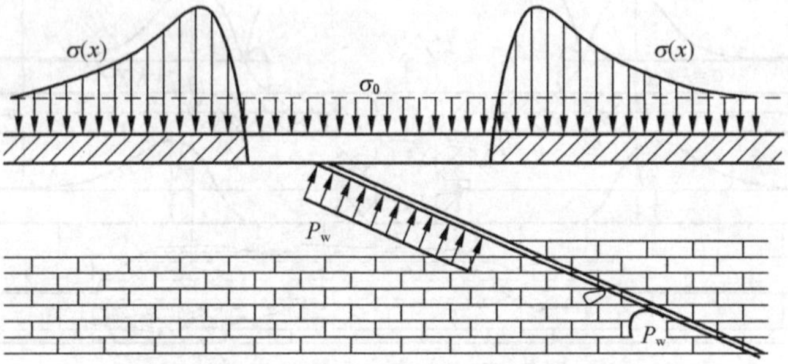

图 8-65 水压在断层中的水楔作用示意图

在工作面回采前，煤层底板上作用着原始铅直向压应力。断层处于闭合状态，断层中无水及水压作用。

回采后，采空区范围内的底板岩层原始铅直压力应力 σ_0 解除，而在采空区四周分布着的支承压力 $\sigma(x)$ 作用于煤层底板上。采空区范围内的底板岩层会因 σ_0 的解除而产生弹性恢复变形，即铅直向的上升位移（这已为现场实测所证实），这会引起断层面的相对位置发生变化。承压水则会渗入原为闭合的断层面内，由于水压的作用，即对断层面产生法向压应力，会引起断层面的法向位移，从而使承压水进一步向上导升。在这一过程中，水在压力的作用下，像楔子一样逐渐沿断层面向上“挤”，这就是回采工作面滞后突水的一般模型。突水滞后的时间长短，取决于回采工作面的开采条件（采空区大小、推进速率）、与断层的相对位置、断层的性质和底板隔水层的厚度及力学性质等具体条件。对具体问题可建立岩石力学模型计算、分析和判断。水在水压作用下沿断层面的导升可称之为水楔作用。

(4) 水流的冲刷扩径作用。水流的冲刷扩径作用是指突水过程中突水通道在水流的冲刷下使孔径逐渐扩大的力学作用。

在一般突水过程中，突水量变化曲线具有图 8-66 所示的特征。图中水量递增的 OA 段，水量增大的原因就是突水通道在水流的冲刷下不断扩大。底板突水是承压水由底板灰岩经突水通道进入采掘空间的，因此，我们可以建立图 8-67 所示的突水模型。

水压为 P_w 的承压水由底板突出，假定突水通道为圆柱状，某一时刻的孔径为 D_t，突

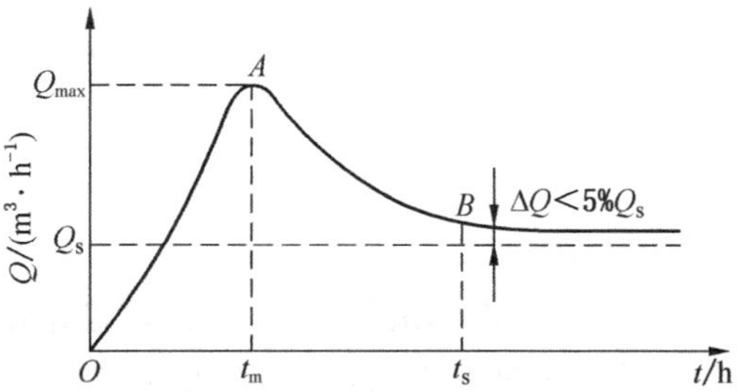

Q_{max}—最大突水量；t_m—达到最大突水量所需时间；Q_s—稳定突水量；t_s—达到稳定突水量所需的时间

图 8-66　突水量变化曲线

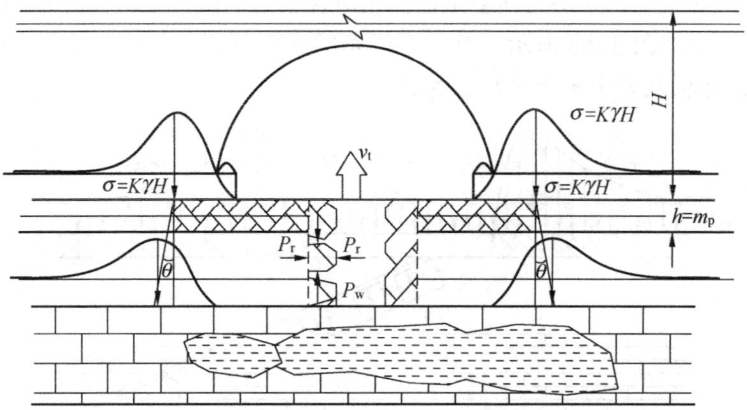

图 8-67　水流冲刷扩径模型

水量为 Q，则突水孔中的水流速度 v_t 为

$$v_t = \frac{4Q}{\pi D_t^2} \tag{8-85}$$

则孔内水流作用在孔壁上的压力 P_r 为

$$P_r = P_w - \frac{\gamma}{2g}v_t^2 \tag{8-86}$$

式中　P_w——水压；

γ——水的重力密度；

g——重力加速度。

由于 $v_t > 0$，故 $P_r < P_w$。

一般岩层中都存在节理裂隙，假定在突水孔孔壁周围存在一组裂隙与水压为 P_w 的承压水源相通。而孔壁上水压为 P_r，则当压力差 $\Delta P = P_w - P_r \geqslant C + P_r\tan\alpha$ 时。岩石就会断裂破坏，从而造成突水通道的孔径扩大。这就是突水通道逐渐扩大的力学原因。

（5）水压决定了突水量的大小。考虑两种特定条件：

一是灰岩中水源为溶洞-裂隙网络型，动储量充足。水压能完全用于克服突水通道的管道阻力和转化为水的动能，则根据伯努利（Bernoulli）能量方程：

$$z_1 + \frac{P_1}{r} + \frac{v_1^2}{2g} = z_2 + \frac{P_2}{r} + \frac{v_2^2}{2g}\Delta h' \tag{8-87}$$

式中 $\Delta h'$——沿程水头损失；

z_1、P_1、v_1——灰岩中的水位标高、水压和水流速度，$P_1=P_w$，$v_1=0$；

z_2、P_2、v_2——突水口的水位标高、水压和水流速度，$P_2=0$，假定 $z_2=z_1$，则有

$$\frac{P_w}{r}-\Delta h'=\frac{v_2^2}{2g}$$

$$v_2=\left[2g\left(\frac{P_w}{r}-\Delta h'\right)\right]^{\frac{1}{2}} \tag{8-88}$$

其中：
$$\Delta h'=f\left(\frac{1}{A_n}\right)$$

由式（8-88）可以看出，水流速度 v_2 随水压 P_w 的增大而增大，随过水断面增加而减少。因此，可以看出水压 P_w 决定了突水量的大小。

二是突水通道足够大，灰岩为溶蚀裂隙网络型，水压全部消耗于渗流途径中。则根据 Daxcy 渗流定律，有

$$Q=KA\frac{\Delta H}{l} \tag{8-89}$$

式中 Q——渗流量；

K——渗透系数；

A——渗流断面积；

ΔH——水头差；

l——渗流长度。

上式可写成

$$Q=KA\frac{P_w}{l} \tag{8-90}$$

由式（8-90）可见，流量 Q 与水压 P_w 成正比。

（四）矿山压力与底板突水的关系

采掘生产活动和矿山压力与底板突水的关系表现为三个方面：①对于导水的断裂构造和岩溶陷落柱，采掘一旦揭露就会引发突水；②开采造成底板应力场的变化，造成采场底板变形破坏，从而增大了采场底板突水的可能性；③开采活动和矿压力引起断裂构造活动，从而引发突水。

采场矿压对底板岩层的作用，包括：①工作面煤壁前方的超前支承压力和上下平巷两侧的固定支承压力对底板岩层的压缩作用，如图 8-68 所示；②回采工作面推进和顶板基本顶岩梁超前断裂等应力场的急剧变化，对底板岩层应力场的扰动破坏。

底板岩层在采场开采活动影响下，应力场与开采前相比发生显著变化，应力场重新分布，在平面上形成层面法向应力的应力升高区、应力解除区和应力恢复区，相应的底板岩层的变形，也就分为压缩区、膨胀区和变形恢复区，如图 8-69 所示。

底板岩层在矿山压应力作用下所产生的移动变形，在采场推进方向的纵剖面上，一般表现为压缩→膨胀→再压缩的规律，如图 8-70 所示。

底板破坏深度，一般是根据开采前后底板岩层的声波速度、注放水消耗量、移动变形量和压力等参数综合判定的。

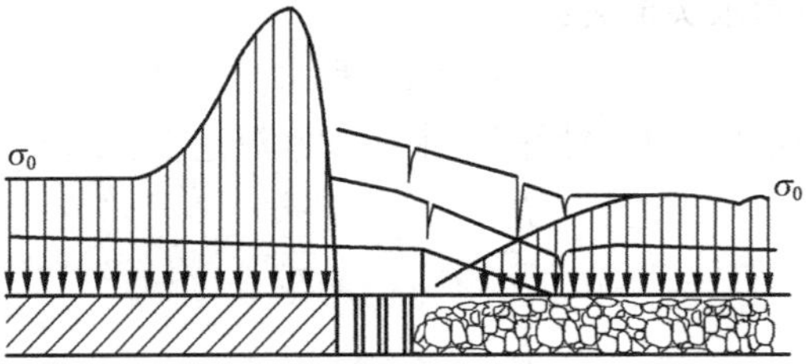

图 8-68 回采工作面超前支撑压力示意图

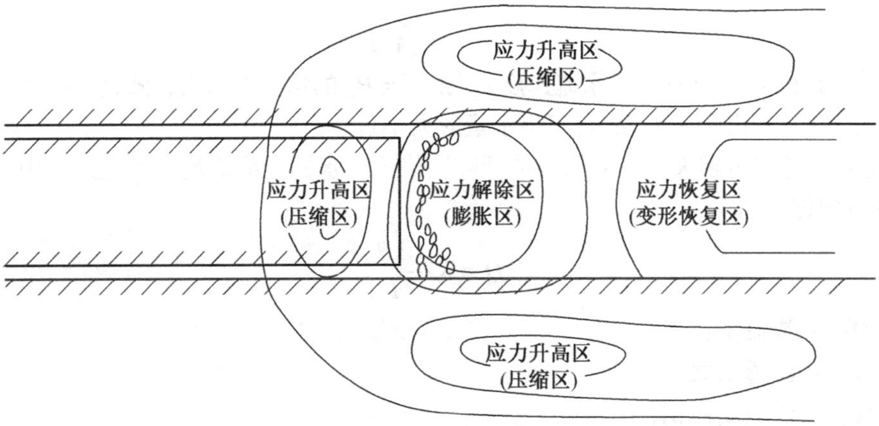

图 8-69 底板岩层法向应力与变形分区示意图

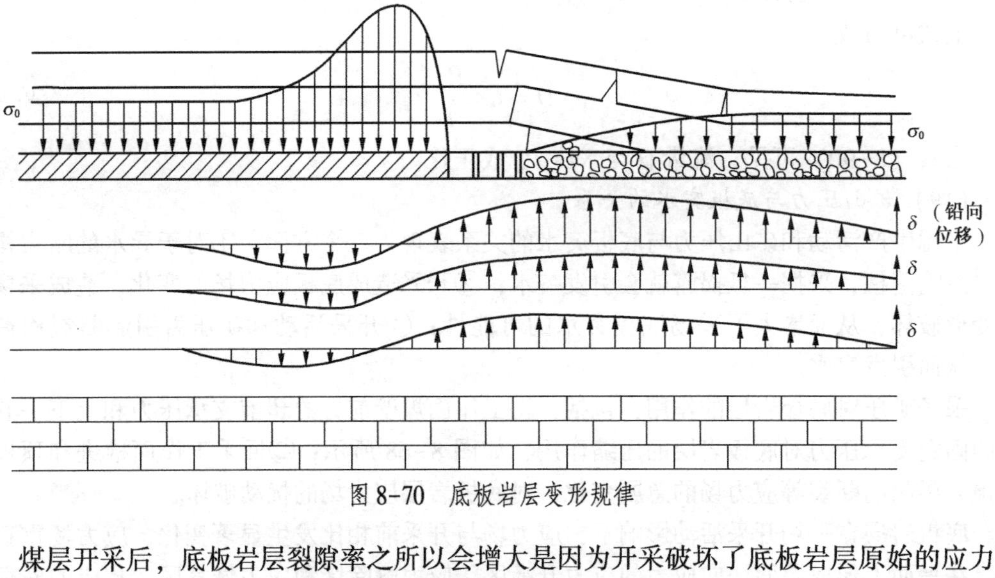

图 8-70 底板岩层变形规律

煤层开采后，底板岩层裂隙率之所以会增大是因为开采破坏了底板岩层原始的应力平衡状态。采空区内原始的法向压应力被解除，采空区周边产生应力集中的缘故。在开采过程中，底板岩层的每一点都经受了“压缩→应力解除→再压缩”的过程，正是这些应力的作用才导致了底板岩层裂隙率的变化。因此，底板变形破坏程度将取决于以下两方面的因素：

(1) 岩层抗破坏能力，包括岩层强度、岩层组合和原始裂隙率等因素。

(2) 作用于底板的应力，其制约因素有采深、倾角、工作面斜长、采厚、推进速度和来压步距等。

通过对各种因素的初步对比分析，同时考虑到数学描述的可能性，仅选取几个主要参数（岩石强度、采深、煤层倾角、工作面斜长）进行回归分析。

回归计算中用到的参数见表 8-4，原始资料中采深（H）、煤层倾角（α）、工作面斜长（L）和底板岩层破坏深度（h）均具有定量数据，而底板岩层无岩石强度定量数据，仅有岩性描述。本书采用了岩石综合性指标“坚固性系数（F）”来定量表达岩层的强度。底板岩层的 F 值，是根据破坏深度范围内各岩层 F 值加权平均后求得的。

表 8-4 工作面参数与底板破坏深度表

参数	h/m	H/m	α/(°)	底板岩层		L/m
				岩性	F	
鹤壁三矿 128 工作面	20	230	30	页岩（11 m）、砂页岩互层、灰岩等	3	200
淮南新庄孜 4303 工作面	16.8	310	26	砂质泥岩、页岩	2	128
峰峰二矿 2701 工作面	14	145	16	砂质泥岩夹薄层灰岩	3	120
韩城马沟渠 1100 工作面	13	230	10	泥岩、砂质泥岩、细砂岩互层夹煤线	2	120
峰峰三矿 3707 工作面	10	130	15	泥岩、泥质砂页岩	3	135
邯郸王风矿一坑 1930 工作面	10	118	16	砂质页岩（10 m）	5	80
邯郸王风矿 1830 工作面	7	123	15	砂质页岩（3~4 m）、灰岩、煤层等	8	70
井陉一矿 4707 大工作面	6.5	445	9	页岩（4.5 m）灰岩（7.5 m）	6	45
井陉一矿 4707 小工作面	6	405	9	页岩（4.5 m）灰岩（7.5 m）	6	34
井陉三矿校场斜井 5701 工作面	3.5	227	12	砂质泥岩、薄层灰岩、铝土页岩	6	28

根据底板破坏深度与各地质、开采条件的关系，建立如下两种回归方程：

线性方程：

$$h = b_0 + b_1H + b_2\alpha + b_3F + b_4L \tag{8-91}$$

非线性方程：

$$h = b_0 + b_1H + b_2\alpha + b_3F + b_4\ln L \tag{8-92}$$

由显著性检验和复相关系数值，可以判定应用非线性方程进行的回归计算结果更可靠，因而有如下公式：

$$h = -2.79 + 0.006H - 0.0085\alpha + 0.4541F + 0.1105L \tag{8-93}$$

$$h = -25.18 + 0.00911H + 0.0448\alpha - 0.3113F + 7.9291\ln L \tag{8-94}$$

采场矿压不仅使底板岩层应力场重新分布，使底板岩层产生法向压缩和膨胀变形；更重要的是使底板岩层产生变形破坏导致底板突水。采场矿压作用的底板破坏引发突水主要有 3 种类型：

(1) 矿压作用导致断层活化引发底板突水。

(2) 矿压作用下底板裂隙进一步扩展、连通，造成底板突水。

(3) 矿压作用在底板灰岩岩溶发育带引起隔水层塌落破坏，发生底板突水。底板突水点的平面分布规律，可以充分证实和说明采场矿压和底板突水的关系。图 8-71 所示为突水点在工作面相对位置统计图。其中右图为开切眼到工作面的推进距离小于或等于 40 m 时所发生突水的突水点相对分布。左图为工作面正常推进过程中发生突水的突水点在工作面内的相对位置。

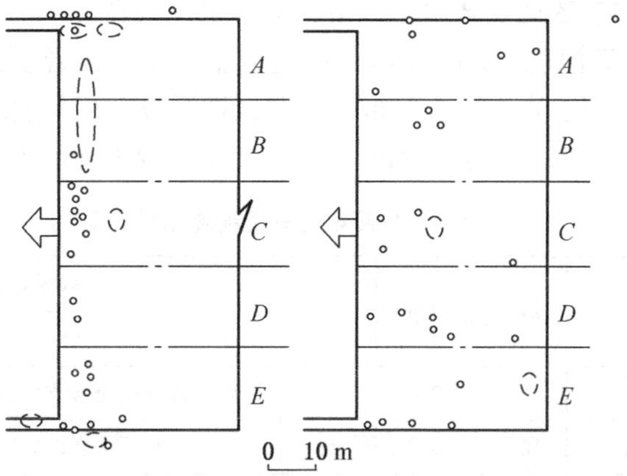

图 8-71　工作面突水点相对位置分布图

根据突水点分布总结出了如下几点规律：

（1）当同一个工作面内同期发生多点突水时，突水点呈分散分布。

（2）在工作面上下两平巷近侧发生突水的概率最大，工作面中部次之。

（五）杨庄煤矿 9101 工作面突水淹井事故案例分析

实践证明煤矿重大底板突水淹井事故，几乎都是采掘工作面推进的围岩破坏波及贯穿巨厚石炭岩层的断层发生的。下列事故案例及相关分析，充分说明了采场矿山压力控制研究与煤矿承压水上煤层安全开采的重要意义。

1. 突水地点及水文地质条件

该矿位于肥城煤田最东部，井田面积为 10.21 km^2。煤层走向东西，倾向南北。井田范围内地形平坦，向西南缓慢倾斜，地面标高+110~+135 m，东部及南部为奥陶纪石灰岩山丘。井田为一不完整的马鞍形构造，区内断裂构造非常发育，共有落差大于 5 m 的断层 25 条，且均为高角度张性正断层，在大断裂附近伴有小型褶曲及同向断层。

下组煤太原群中有七、八、九、十 4 个可采煤层，其中九层煤底板岩性如图 8-72 所示，徐灰（即五灰）与奥灰间距 12 m 左右，其中间一层六灰（草埠沟灰岩），裂隙溶洞发育，含水丰富、补给源充足。

9101 工作面位于 YF-5 和 YF-1 两个走向断层之间，由落差 5 m 左右的 YF-2 断层拦腰切割而分为上下两个工作面，如图 8-73 所示，9101 工作面地质构造剖面图如图 8-74、图 8-75 所示。

由图 8-75 可知，9101 工作面处于走向正断层造成的地堑构造中（断陷深度达12~25 m）。实际是处于相互沟通的承压水体之上，水压达 9 kg/cm^2。通过工作面内的 345 观测孔测得单位涌水量达到了 10.4 L/(s·m)。此外，由图 8-73 可知 9101 工作面上部边界所处位置通过 YF-1 断裂挤压破碎带，实际上已与徐灰对口。这些情况，使 9101 工作面的开采处于一触即发的突水危险中。

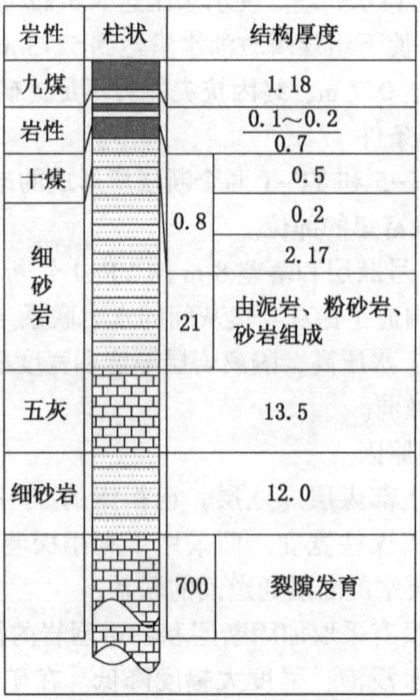

图 8-72 九层煤底板柱状图

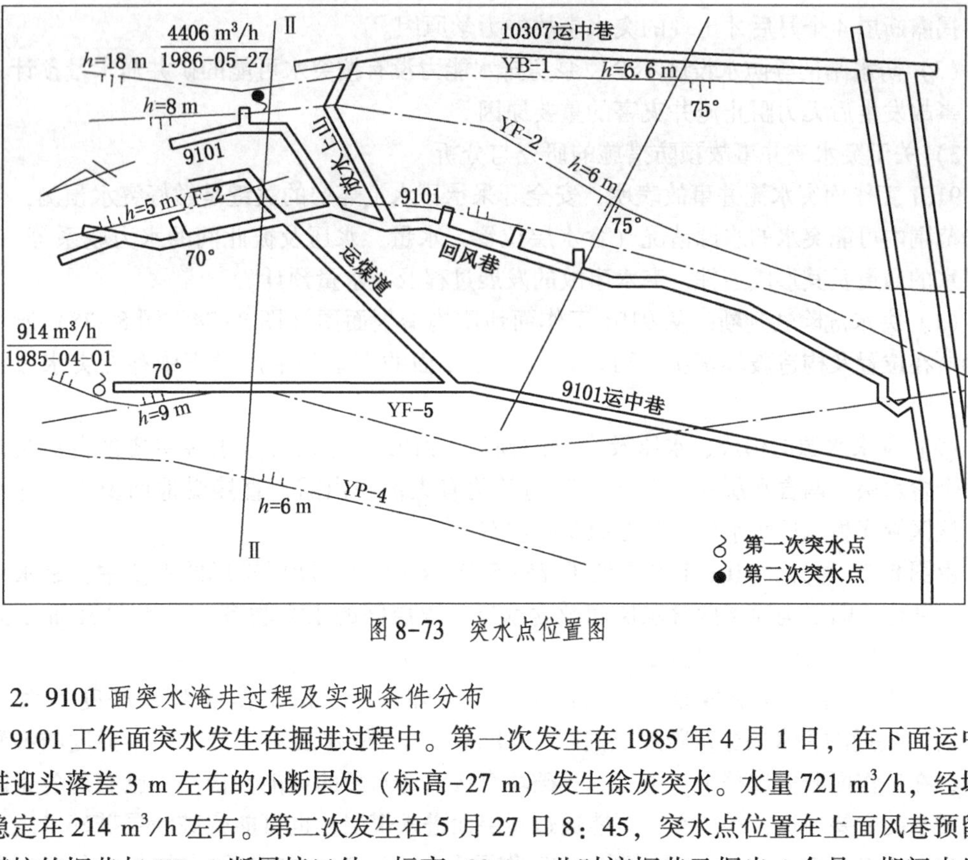

图 8-73 突水点位置图

2. 9101 面突水淹井过程及实现条件分布

9101 工作面突水发生在掘进过程中。第一次发生在 1985 年 4 月 1 日，在下面运中巷掘进迎头落差 3 m 左右的小断层处（标高-27 m）发生徐灰突水。水量 721 m^3/h，经堵水后稳定在 214 m^3/h 左右。第二次发生在 5 月 27 日 8：45，突水点位置在上面风巷预留断层煤柱的探巷与 YF-1 断层接口处，标高-32 m。此时该探巷已掘出 4 个月，期间未发生明显突水现象，也未进行预防突水处理。突水水压达 8.5 kg/cm^2，初始水量约为 600 m^3/h，16 h 水量猛增至 4409 m^3/h，使下组煤瞬时涌水量达到 5273 m^3/h，大大超过了矿井的排水能力；19 h 后井底车场水深达 0.7 m，终因抗灾能力不足，矿井全部被淹没。

1）突水淹井事故的客观条件

（1）9101 工作面处于 YF-5 和 YF-1 两个断层所形成的地堑中，是煤层底板承受水压最高（接近 9 kg/cm^2）、水量富集的部位。

（2）落差 18 m 的 YB-1 号断层和落差 8 m 的 YF-1 号断层使 9101 工作面上部边界隔离断层破碎带与徐灰对口，沟通了徐灰与奥灰间的水力联系。

（3）承压水补给源丰富，水压高，隔离岩层厚度和宽度小，并遭到断层切割破坏，张性裂隙发育，阻抗水压能水微弱。

2）突水淹井事故的主观原因

（1）没有充分利用开采上部煤层（八层）已揭露的 YF-1 号断层方位直接确定 9101 工作面上风巷位置和断层隔离煤柱宽度，而采用了利用探巷揭露断层直接定位的冒险措施，从而沟通了井巷与可能突水的断层通道间的联系。

（2）探巷揭露断层后，没有采取加固断层和巷道围岩的措施，也没有及时封堵巷道，使断层和巷道围岩长时间被水浸泡，强度大幅度降低。在矿压作用下的破坏范围逐步扩大，防水原岩的实际厚度逐渐减小；同时，由于水的长期浸泡作用，断层结构上的泥质胶结物质（断层泥），由浅而深地被水解而失去黏结能力，最终被承压水所突破。这是该项探巷揭露断层 4 个月后才出现的突水事故的力学原因。

（3）防水闸门等防水设施不全，泵房排水能力没有按突水可能的矿井涌水量预计，是突水事故发生后无力阻止淹井灾害的重要原因。

3）关于突水淹井事故预防措施的研究与分析

9101 工作面突水淹井事故表明，安全开采承压水上煤层的关键是做好突水预测，包括开采范围内可能突水的水源情况（含水层位置、水量、水压及彼此间的水力联系等）；可能突水的通道及其形成条件，突水事故的发展过程及突水量预计。

（1）突水危险性判断。从 9101 工作面地质构造剖面图（图 8-74、图 8-75）所示含水层所在位置及构造破坏情况，可以得出该工作面的准备和生产过程中存在突水威胁的结论。

（2）突水水源的构成、水压及水量的预计。9101 工作面突水水源主要来自徐灰及奥灰两个含水层。两含水层在井田东部和南部均有大面积出露，直接受地面及大气降水补给。该区域底板承压水水位标高在+60 m 左右。

由图 8-75 可知，9101 工作面处于 YF-5 及 YF-1 号正断层构成的地堑中，是水量最富集的部位，断层沟通了两含水层间及含水层与煤层间的水力联系，因此 9101 面是处于一个承压水量极大的承压水体之上。

（3）突水通道及形成条件。由图 8-75 可知，由于该工作面开采深度不大（约 150 m），最近的含水层徐灰距煤层间距在 21 m 左右，隔水层大部分由中等强度的细砂岩组成，在工作面开采过程中，由于底板破坏直接沟通水源的可能性极小。已有的各条断层将是突水的主要通道，承压水有可能通过新层面进入煤层，也可能突破断层破碎带进入煤层。由图 8-73 和图 8-75 可以判断，在工作面上部 YF-5 和 YF-4 两断层接近的部位及工

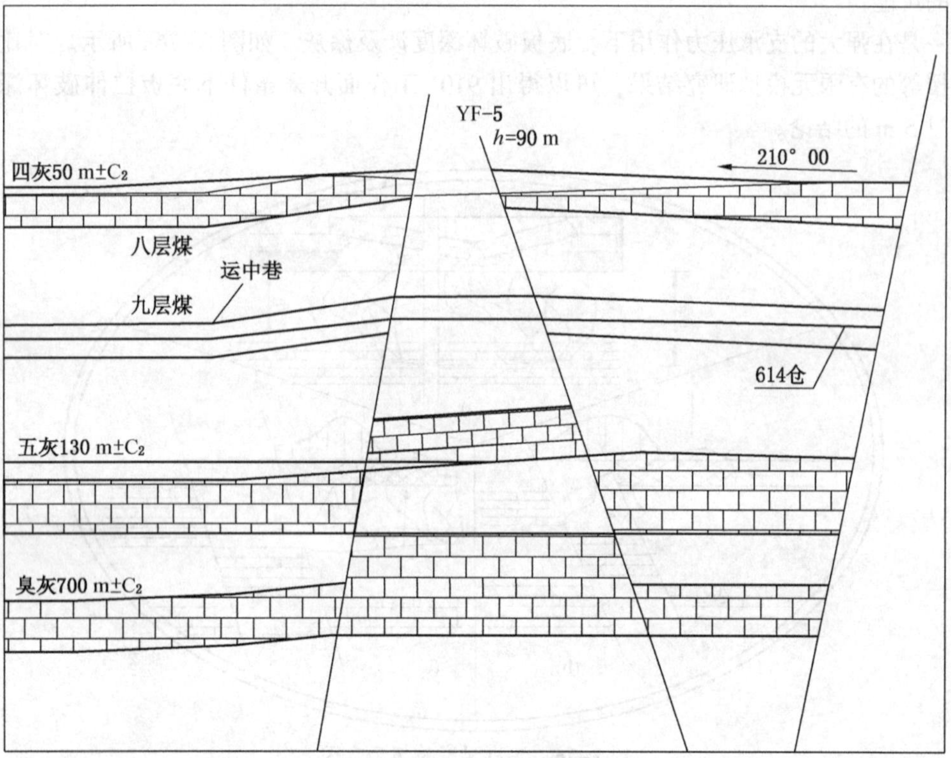

图 8-74 Ⅰ—Ⅰ剖面图

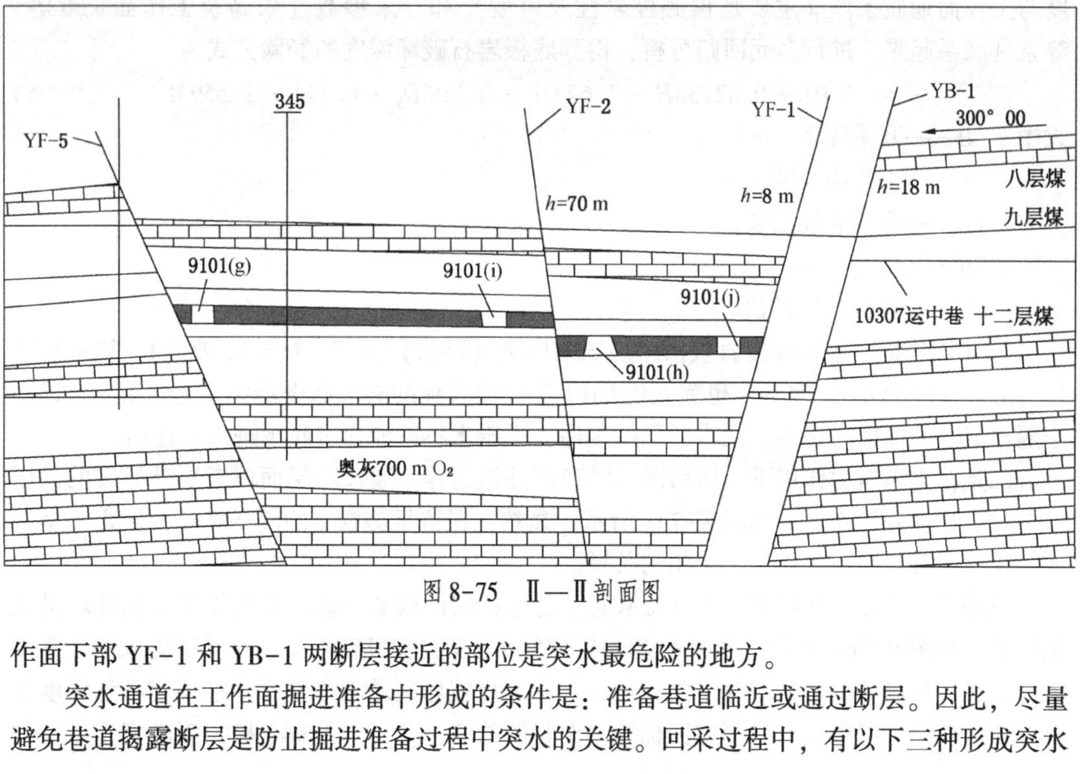

图 8-75 Ⅱ—Ⅱ剖面图

作面下部 YF-1 和 YB-1 两断层接近的部位是突水最危险的地方。

突水通道在工作面掘进准备中形成的条件是：准备巷道临近或通过断层。因此，尽量避免巷道揭露断层是防止掘进准备过程中突水的关键。回采过程中，有以下三种形成突水通道的可能：

一是在强大的支承压力作用下，底板破坏深度涉及徐灰，如图 8-76a 所示。对比蒋金泉教授等的有限元模拟研究结果，可以得出 9101 工作面开采条件下底板拉伸破坏深度不会超过 5 m 的结论。

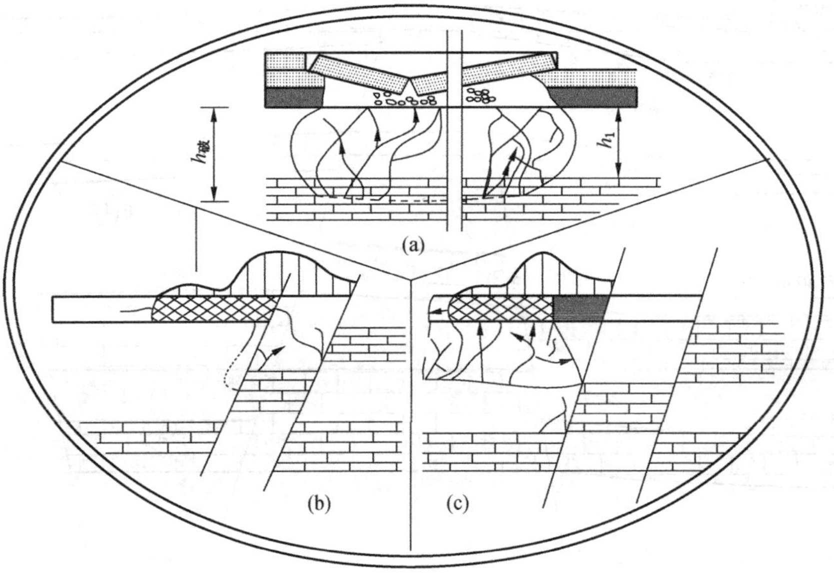

图 8-76　底板深度破坏示意图

根据山东科技大学特采研究所对一些矿井底板破坏深度的综合测试结果，可将破坏深度与工作面地质条件（主要是顶底板岩性及厚度）和开采参数（采高及工作面长度等）等条件联系起来，进行多元回归分析，得到底板岩石破坏深度的经验公式为

$$h=-2.01+0.02735H-3.678D_1+1.796D_2+0.11L-1.559M \qquad (8-95)$$

式中　H——开采深度，m；

L——工作面长度，m；

D_1——底板岩性指数；

M——采高，m；

D_2——顶板岩性指数。

9101 工作面，破坏深度直接由十层煤的底板（砂岩）算起，$D_1=1$；$D_2=1$，则底板砂岩的破坏深度为 $h=3.75$ m，也就是说 9101 工作面底板的破坏深度最大不超过 8 m，远小于隔水岩层的厚度。显然，没有断层的沟通，承压水不可能通过底板进入工作面。

二是在支承压力作用下，所留断层隔离煤柱被压碎，通过断层面或断层破坏带的承压水突破煤柱进入工作面，如图 8-76b 所示。显然，保留足够宽度的隔离煤柱，使之不至于被支承压力破坏是防止承压水突出的关键。

三是在支承压力作用下煤层底板破坏，通过断层面或断层破坏带的承压水由底板进入工作面，如图 8-76c 所示。这一通道形成条件涉及煤层底板破坏深度和煤层支承压力高峰的位置及破坏延伸的方位。为了防止承压水从底板破坏区进入工作面，必须使破坏深度线和剪切破坏延伸线的交点与断层面保持一个足够的安全距离（约等于破坏深度值）。

针对本工作面的地质条件，第一种可能性不存在，后两种都有可能。而排除后两者中任一种可能性的关键是选择一个适当的断层隔水煤柱宽度值，控制工作面巷道与断层的距离。显然，只要保证隔离煤柱宽度能排除第三种危险性，第二种突水危险性也就不存在了。为此，应当根据排除第三种突水可能性来确定断层隔水煤柱的宽度，其关键就是确定该煤层底板可能的破坏深度（h）、支承压力、高峰位置及其向底板延伸的方位角。其计算模型如图 8-77 所示。

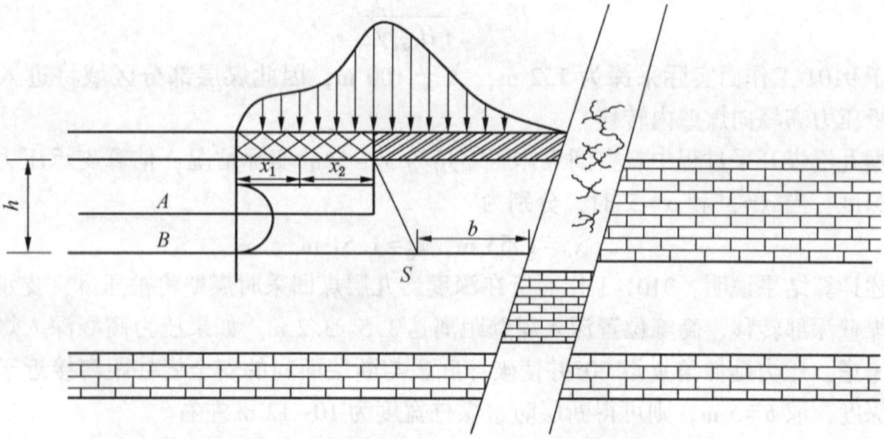

图 8-77 断层（煤层破坏带）突水示意图

根据有限元研究结果，在一般底板条件下，底板破坏可能存在拉伸和层面剪切两个区域。如前所述，针对 9101 工作面底板实际情况估计的最大破坏深度（h）不超过 8 m。

支承压力高峰位置一般不处于弹塑性两个区域的交界处。其宽度（x_0）可根据下列有支承压力分布的研究结果进行估算。

（1）根据煤体的应力软化变形特征建立的弹塑性软化模型，推导支承压力分布所得高峰位置表达式为

$$x_0 = \frac{1}{D_1}\ln\left\{\frac{1}{\delta_c^x}\left[P - D_2\left(e^{(\delta_c-\delta_c^x)/D_2} - 1\right)\right]\right\} \tag{8-96}$$

其中：

$$D_1 = \frac{2f_1KP}{M} \qquad D_2 = \frac{M_D b}{2f_1KP}$$

P 为集中压力（$P=K_{max}\gamma H$，式中 H 为开采深度，γ 为上覆岩层平均重力密度，K_{max} 为高峰压力集中系数）。

杨庄矿九层煤 9101 工作面，$M=2$ m；$H=152$ m，

$$D_1 = 0.5466 \text{ m} \qquad D_2 = 3.834\times10^3 \text{ m}$$

P 分两种情形：

一是不考虑断层影响（$K_{max}=3$），则

$$P = 1140\ (\text{t/m}^2)$$

二是考虑断层面切断压力影响（$K_{max}=4$），则

$$P = 1520\ (\text{t/m}^2)$$

代入公式计算得：不考虑和考虑断层影响的情况下分别为

$$x_D = 2.17\ \text{m} \qquad x_D = 3.2\ \text{m}$$

(2) 根据理想弹塑性模型并考虑煤体压缩所得结果：

在煤层不出现塑性区（压力高峰在煤壁处）的临界深度和既定采深条件下的塑性区宽度（压力高峰位置）为

$$H_{max} = \frac{\sigma_0 + \dfrac{c}{f}}{H_{max}\gamma} \tag{8-97}$$

由于 9101 工作面实际采深为 152 m，大于 100 m，因此煤层部分区域将进入塑性状态，支承压力高峰向煤壁内转移。

根据九层煤开采过程中观察到煤体压缩角为 3°~5°的实际情况，估算支承压力高峰进入煤壁深度：当 $\alpha=3°$和 $\alpha=5°$时，分别为

$$x_0 = 1.53\ \text{m},\ x_0 = 1.51\ \text{m}$$

上述计算结果说明：9101 工作面所在深度，九层煤回采时煤壁将被压酥，支承压力高峰将向煤壁深部转移，高峰位置深入煤壁距离达 1.5~3.2 m。如果压力高峰深入煤壁距离按 3 m 考虑，压力延伸角 ψ 取 20°并使破坏底板与断层面间的安全岩柱距离接近于砂岩底板破坏深度，取 $b=5$ m，则可得断层防水煤柱宽度为 10~12 m 左右。

4) 突水水量及其发展过程的预测

预先做好突水水量及发展过程的预测，使人们在突水事故发生后能够根据突水的发展情况，对淹井的可能性进行正确的判断。可以建立图 8-78 所示水力学模型进行突水量和突水发展过程的预测。

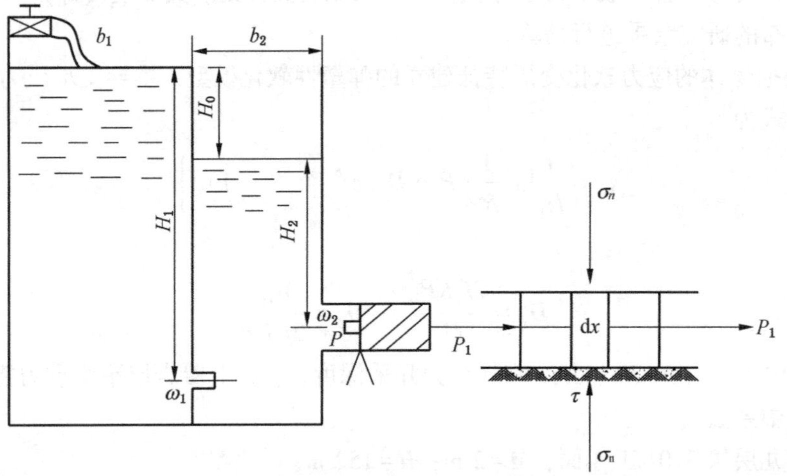

图 8-78　突水过程的水力学模型图

H_1 及 H_2 分别代表奥灰及徐灰两含水层的水位高度，ω_1 代表两含水层通道间的过水面积；ω_2 代表工作面突水点的过水断层面积。P_1 为作用于隔水岩块上的水压力（$P_1=\omega_2 H_2$），P_2 为隔水岩块受到的正压力。当巷道开掘后则有 $P_2=0$，此时如果防水岩块 k 的水压力 P_1 超过摩擦阻力 $2\sigma_n fA$(A 为岩块侧向夹持面积)，即可能发生突水事故。

采用图 8-78 所示水力学模型，可以预计突水点的流速 u_2(单位 m/s) 及流量 Q_2(单位

m^3/s）分别为

$$u_2 = \psi\sqrt{2gH_2} \qquad Q_2 = u_2\omega_2\sqrt{2gH_2}$$

由突水点标高及徐灰实际水位测得最大承水压力 $H_2=90$ m 水柱。则

$$U_{max} = 39.9 \text{ m/s}$$

如果出水口过水断面 $\omega_2=0.05$ m^2，则最大涌水量 Q_{max} 为 4536 m^3/h。

根据图 8-78 所示模型预计突水发展过程可能有图 8-79 所示几种情况。

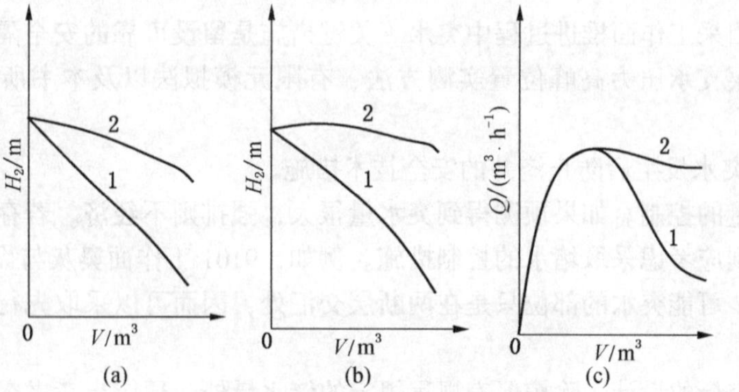

图 8-79 突水发展过程的分类模型图

（1）两含水层间未沟通，不存在水力联系。即：$\omega_1=0$，$Q_1=0$。

这种情况下，如果大气补给水为零，由于徐灰含水量较少，因此，随突出总水量（V）的增加和突水时间的延续，徐灰水位（H_2）及涌水量（Q_2）将迅速下降。如图 8-79a、图 8-79b、图 8-79c 中的曲线 1 所示。如果奥灰水位不变（即 H_1 为常数），即徐灰水没有得到奥灰水的补给（$Q_1=0$），两含水层间水力联系的可能性极小。

（2）两含水层完全沟通构成一个整体，则 ω_1 很大。整个突水发展过程中两含水层水位将基本上保持一致。奥灰水量丰富，两含水层的水位将同时缓慢下降。如图 8-79b 中曲线 2 所示。此时，单位时间的突水量 Q_2 将随突水断面 ω_2 扩大而迅速上升，如图 8-79c 中曲线 2 所示。

（3）两含水层间在断层切割破坏下，隔水层处于沟通前的极限状态，或者在两含水层间存在着较小的过水断面，单位时间内由奥灰向徐灰补给的水量 Q_1 及由徐灰突出的水量 Q_2 分别为

$$Q_1 = u\omega_1 2g(H_1 - H_2)$$

$$Q = u\omega_2 2gH_2$$

Q_1 随 H_2 的下降及 H_0 的增加而逐渐增加。达到一个相应的数值 Q_0。

分析上述公式，不难得出下列结论：

突水发生后，突出水量 Q_2 与补给流量 Q_1 平衡时，突水量 Q_0 将由储水量大的奥灰水位确定。

两含水层间的过水通道断面 ω_1 越大，突水发生后由奥灰开始补给所需的时间越短，达到统一流量所需的水位差（H_0）将越小。

相反，当 $\omega_1=0$，随突水时间的延续，$H_0 \to H_1$，$Q_1=0$，这就是说两含水层间基本不存在通道。

以上三种情况是可能发生突水的几种典型情况。实际上由于突水过程中 ω_1 及 ω_2 都有可能发生变化，因此还可能出现一些更复杂的突水过程。

在对矿井突水淹井危险做出正确预测和判断的基础上，就有可能制定可靠、经济的措施，达到安全生产的目的。其中重要的有以下两个方面：

一是防止掘进过程中发生突水事故的措施。要尽可能避免巷道通过断层，尤其是多个断层交汇的部位；必须通过时，应先打钻探水，必要时应注浆加固断层破坏区，再行掘进通过。

二是防止回采工作面推进过程中突水。关键措施是留设可靠的安全隔离煤柱。具体方法包括井下煤层支承压力高峰位置实测方法、有限元模拟法以及本书所用的理论计算方法等。

(4) 制定突水发生后防止淹井的安全技术措施。

一是突水量的控制。如果预测得到突水量很大，强排则不经济。若存在着堵水控制涌水量的条件，则应考虑采取堵水的控制措施。例如，9101 工作面奥灰与徐灰间的通道是淹井的主要因素，可能突水的部位只是在两断层交汇处，因而可以采取先行注浆固结断层破坏带的措施。

二是水仓容量的设计。除按保安规程规定的储水量外，还应当考虑突水发生后，安全撤人关闭水闸门期间所必需的存水量。

三是排水能力的选择。矿井同时出现几个大涌出量突水点的概率极小，因此，矿井排水能力按一个突水点可能的最大涌水量选择将比较合理。

四是防水闸门的设置及其启用时间的控制。在多水平多采区同时生产的条件下，凡是在预测中肯定有突水危险的水平和采区，都要设置防水闸门，以便在突水发生时切断突水区域与其他区域的联系。突水发生后防水闸门是否启用及关闭的时间控制应根据突水发生后涌出水量变化情况确定。

(六) 底板突水事故预测和控制模型及其信息基础

煤矿底板突水事故包括掘进工作推进过程中的突水事故和回采工作面推进过程中发生的突水事故两部分。在存在可能沟通承压水的构造破坏区域，控制突水事故灾害的开采设计原则为：

(1) 绝对避免在储存高能级弹性能（即高的压缩构造应力）的断层和褶曲轴部布置和掘进巷道。对于必须垂直通过的巷道，应采取超前探水和在通过前后注浆锚固围岩的措施。

(2) 平行于断层和褶曲轴布置的回采巷道的保护煤柱宽度，在考虑避开构造应力集中部位的同时，应当满足确保采场支承压力破坏的岩层，不致延伸到与构造破坏带相沟通。即图 8-76 所示情况。

(3) 垂直断层褶曲轴方向推进回采工作面时，应采用把开切眼布置在经相邻工作面推进，构造应力已经释放的“内应力场”中。采用图 8-80a 所示不留采区实体隔离煤柱，以最短距离推过断层的方案。实践证明，采取图 8-80b 所示保留实体高度煤柱方案，随采场推进在煤柱上递增的叠加支承压力，将加速断层等构造部位底板的破坏，最终导致采空区突水事故的发生。

(4) 在大面积“岩溶水库”上跨断层等构造部位推进回采工作面时，应按图 8-81 所

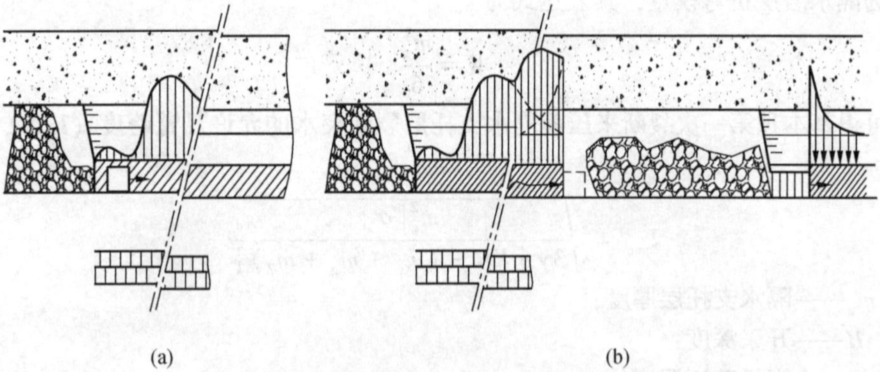

图 8-80　留煤柱与不留煤柱与突水的关系图

示悬臂梁结构力学模型判断底板破坏和突水的可能性。模型所示隔水层裂断破坏的准则为

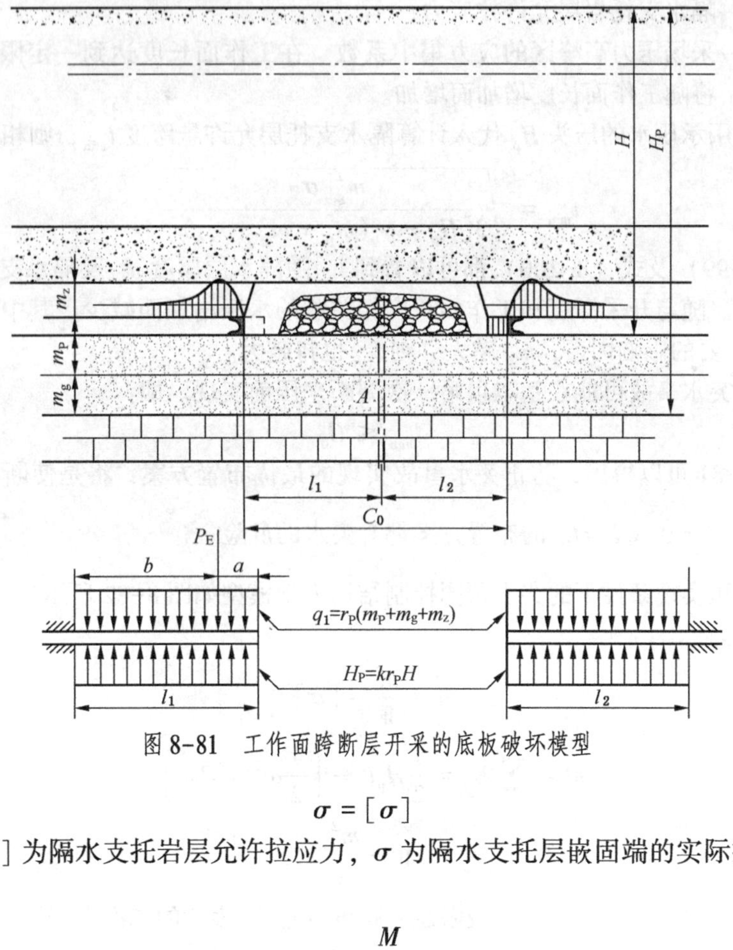

图 8-81　工作面跨断层开采的底板破坏模型

$$\sigma = [\sigma] \tag{8-98}$$

式中：$[\sigma]$ 为隔水支托岩层允许拉应力，σ 为隔水支托层嵌固端的实际拉应力，可由下式求出。

$$\sigma = \frac{M}{W}$$

其中：弯矩 M 是水压力与悬臂梁重力弯矩之和，其表达式为

$$M = \frac{\gamma_p}{2}[KH - (m_p + m_g + m_Z)]l_i^2$$

W 为隔水岩层抗弯模量，其表达式为

$$W=\frac{m_g^2}{6}$$

则可得基本顶第一次裂断来压前隔水支托层裂断突水的允许悬臂跨度（l_{min}），其表达式为

$$l_{min}=\sqrt{\frac{m_g^2[\sigma]}{3\gamma_p[KH-(m_p+m_g+m_Z)]}} \tag{8-99}$$

式中 m_g——隔水支托层厚度；

H——开采深度；

m_p——底板破坏深度；

m_Z——垮落岩层（直接顶）厚度；

γ_p——岩层平均重力密度；

$[\sigma]$——隔水支托岩层允许拉应力；

K——采场压力高峰区的应力集中系数。在工作面长度达到一定限度之前，K 值将随工作面长度增加而增加。

如果直接用承压水的压头 H_p 代入计算隔水支托层允许悬跨度 l_{min}，则相应表达式为

$$l_{min}=\sqrt{\frac{m_g^2[\sigma]}{3[H_p-\gamma_p(m_p+m_g+m_Z)]}} \tag{8-100}$$

从式（8-99）及式（8-100）都可以看到 l_{min} 随隔水层厚度 m_g 及隔水支托层距煤层距离增加而增加。随与开采深度和工作面长度相关联的水压增加而减少。其中，直接顶厚度 m_Z 也是一个重要的影响因素，m_Z 越大，则 l_{min} 也将越大。

如果假设突水事故可能在基本顶第一次裂断来压前实现。即：

$$l_{min}\leqslant C_0 \tag{8-101}$$

对照图 8-81 可以得出，防止突水事故实现的最优布置方案，将是使断层距开切眼的距离 $l_1=\frac{1}{2}C_0$。$l_1=0$ 或 $l_1=C_0$ 的布置方案都有突水的危险。

基本顶来压实现条件下的突水预测控制结构力学模型如图 8-82 所示。

同样判断准则为

$$\sigma=\frac{M}{W}=[\sigma] \tag{8-102}$$

其中：

$$M=\sum M_i=\frac{1}{2}H_p l_i^2-\left(\frac{1}{2}q l_i^2+P_E b\right)$$

$$W=\frac{m_g^2}{6}$$

代入整理可得隔水支托层突水极限悬臂跨度（l_{min}）表达的二次方程为

$$3(H_p-q)l_{min}^2-P_E l_{min}+(P_E a-m_g^2[\sigma])=0 \tag{8-103}$$

由此得：

$$l_{min}=\frac{P_E\pm\sqrt{P_E^2-4\times3(H_P-q)(P_E a-m_g^2[\sigma])}}{6(H_P-q)}$$

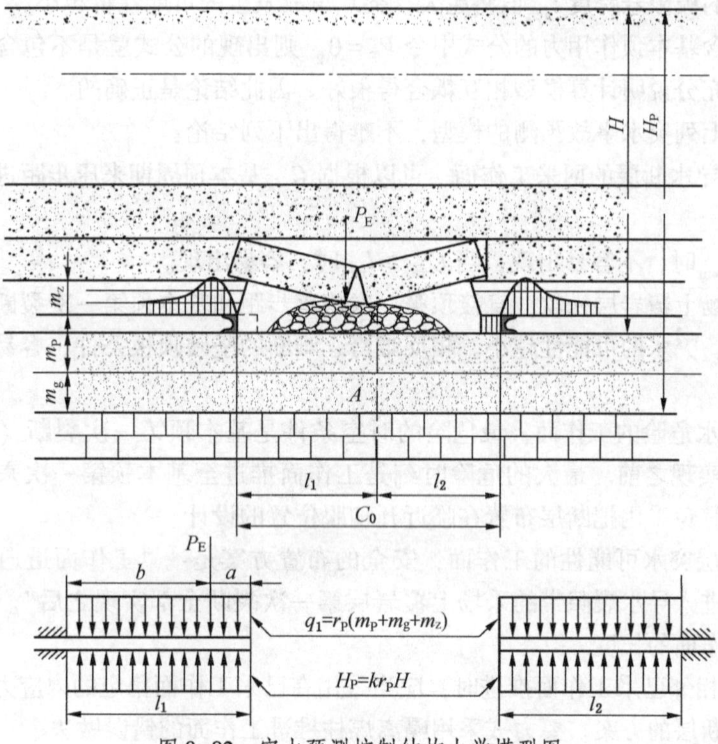

图 8-82 突水预测控制结构力学模型图

即：

$$l_{min}=\frac{P_E\pm\sqrt{P_E^2-12(H_P-q)(P_Ea-m_g^2[\sigma])}}{6(H_P-q)} \tag{8-104}$$

式中：

$$q=\gamma_p(m_p+m_g+m_z)$$

$$a=l_i-b$$

其中，l_i 为断层距开切眼或现推进工作煤壁间的距离，b 为完成裂断来压的基本顶合力作用点距离煤壁的距离。

基本顶作用力 P_E，取决于实现裂断来压基本顶岩梁的数目和岩梁的厚度。裂断沉降实现的岩层总厚度，也就是导水裂隙带高度（H_d）是工作面长度（L_0）的函数。近似关系为 $H_d=0.5L_0$。基本顶所有岩梁实现也就是最上部岩梁第一次裂断完成工作面推进的距离，大致也近似于工作面长度。因此，当工作面推进距离超过工作面长度（L_0）一定距离后，即使出现导水断层，由于基本顶裂断运动完成，是很难出现灾害性突水事故的。为此，可以明确提出基本顶岩梁（导水裂隙带）第一次裂断完全实现后，工作面遭遇导水断层突水可能性的判断准则为

$$C_{max}\geq l_{min} \tag{8-105}$$

式中：C_{max} 为基本顶中最坚硬（裂断步距最大）岩梁周期性裂断（来压）步距，l_{min} 为按该岩梁以下的基本顶岩梁（下位岩梁）给底板的作用力，代入式（8-103）计算的隔水支托层极限悬臂跨度值。如果基本顶坚硬岩梁直接接触垮落岩层（直接顶），则 l_{min} 可用式（8-101）即不包含基本顶作用力（$P_E=0$）的公式计算。

分析包括基本顶作用力的计算式，可以得出：随直接顶厚度（m_Z）和基本顶作用力

的增加，允许的极限悬跨度 l_{min} 值将越大。突水事故发生的可能性将越小。

如果在包含基本顶作用力的公式中令 $P_E=0$。则出现的公式就是不包含基本顶作用力的计算公式，充分说明计算模型相互耦合得很好。因此结论是正确的。

分析研究上列突水事故预测的模型，不难得出下列结论：

(1) 存在导水断层的回采工作面，可以根据 C_{max} 基本顶周期来压步距进行判断突水的可能性。其中：

当 $C_{max}<l_{min}$ 时，不容易出现；当 $C_{max}\geqslant l_{min}$ 时，容易出现。

因此，采场上覆岩层松软，直接顶第一次垮落步距和基本顶第一次裂断步距越小，则工作面推进时，突水的可能性越小。相反难垮、难断的坚硬顶板条件，容易出现断层突水事故。

(2) 有突水危险的工作面，最危险的时空条件是基本顶第一次裂断（即采场第一次基本顶来压）实现之前。最大的危险时刻是工作面推进至基本顶第一次来压的前夕。因此，必须绝对避免采用把断层布置在临近开切眼位置的设计。

(3) 有断层突水可能性的工作面，安全的布置方案是：“工作面遭遇断层的时空条件，放在可能进入导水裂隙带的采场上覆岩层第一次裂断全部实现之后”。最小的遭遇距离不得小于工作面的长度。

(4) 紧接相邻已采工作面推进时，应当采用在已采工作面稳定的内应力场中布置开切眼，直接推过断层的方案。要力戒采用隔离煤柱推进工作面的错误做法。

(5) 要修正“工作面长度大，突水可能性大”的简单化的陈旧观点，恰恰是工作面长度小于基本顶第一次裂断步距的工作面，在整个工作面推进过程中都有发生突水事故的可能性。

综上所述，可以明确地提出下列信息为矿井突水事故预测和控制的信息基础。

(1) 井田褶曲、断层相应部位及原始构造应力场特征的信息。

(2) 井田富水厚层石灰岩底板位置及承压溶洞水分布的信息。

(3) 承压水上煤层开采时，采场支承压力大小、分布特征及其关键影响因素（包括采深、采高、工作面长度等）的信息。

(4) 矿井排水能力、储水能力等突水事故预防措施等。

第五节　沉陷控制研究的相关理论

通过不同工作面长度和开采深度条件下地表沉陷实测分析研究抽象建立的采动沉陷预测控制结构力学模型如图 8-83 所示。

在既定工作面长度（L_0）条件下的地表最大沉陷值 ω_{max} 为

$$\omega_{max}=\bar{y}_0+\delta_0+\varepsilon_\rho \tag{8-106}$$

式中　$\bar{y}_0$——裂断拱两侧煤壁压缩量；

δ_0——裂断拱上部岩层最大挠曲沉陷值；

ε_ρ——表土含水层水位下降后压缩沉陷值。

上述公式近似计算可表示为

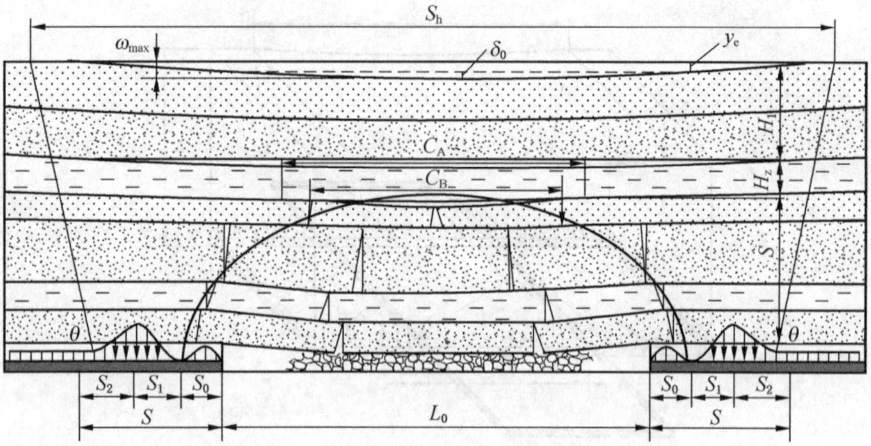

图 8-83 采动沉陷预测控制结构力学模型图

$$y_0 = \frac{3Q_{TS}}{G_S \cdot S} \tag{8-107}$$

$$Q_{TS} = (L_0 + 2S + 2H \cdot \cot\theta) \cdot H\frac{\gamma_P}{2} \tag{8-108}$$

式中 Q_{TS}——沉陷岩层面积；

H——开采深度；

θ——沉陷岩层边界移动角；

S——采场支承压力分布范围；

γ_P——沉陷岩层平均重力密度；

G_S——煤层抗压刚度；

L_0——工作面长度。

既定工作面长度下，支承压力范围 S 分布如图 8-84 所示，模型由下列平衡方程表示：裂断拱上岩层挠曲沉陷值可用下式近似计算：

$$\delta_0 = \frac{C_0^4 \cdot a_p}{32}\left[1 + \frac{2H_b}{2(H - H_b) - L}\right] \tag{8-109}$$

$$a_p = \frac{\gamma_p}{E} \tag{8-110}$$

式中 E——岩层弹性模量；

γ_p——岩层重力密度。

既定采深 H 和工作面长度 L_0 条件下的沉陷范围 S_b 可由下式表示：

$$S_b = (L_0 + 2S + 2H \cdot \cot\theta) \tag{8-111}$$

根据针对具体煤层条件（包括煤层地理、地质条件和不同采动条件）科学定量决策需要，建立了随采场推进运动和支承压力分布的“动态结构力学模型”和相应“事故灾害的结构力学模型”，为实现煤矿安全高效开采决策和灾害监控的“信息化”（即在可靠的地理、地质信息和不同采动条件下岩层运动和支承压力分布信息基础上决策）、“智能化”（即在正确的监控理论和定量决策模型的指导下依靠智能通信网络计算机决策和监控）和

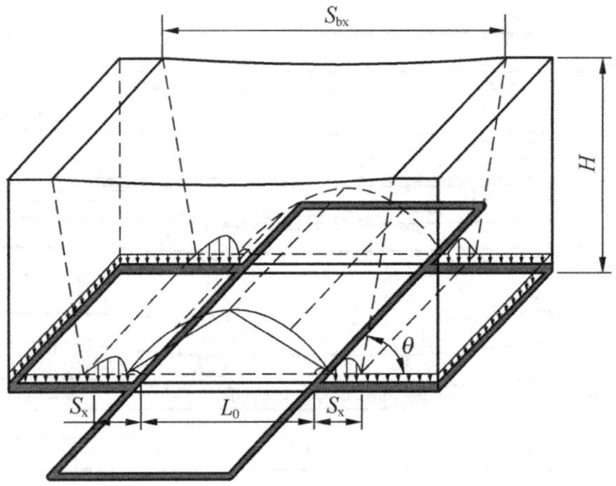

图 8-84　采场支承压力三维结构力学模型图

"可视化"（即通过设计和网络视频形象化地输出决策和实施监控结果）奠定了扎实的理论基础。

第六节　煤矿重大事故灾害控制实践发展的成就

引用"实用矿山压力控制理论"指导生产现场安全生产，特别是开采方法和开采技术革新及重大事故灾害控制实践方面取得了重要成就。相应的成果包括：

（1）在顶板事故控制理论和控制实践方面的成果，包括：①建立了"需控岩层"等不同的理念及相应"需控岩层"，包括"直接顶""基本顶"岩梁厚度及断裂步距确定的方法；②建立了支架阻抗力与岩梁沉降位置状态（岩梁位态）关系方程——"岩梁位态方程"；③在深入实践研究重大顶板事故原因基础上，正确地提出了排除事故控制的准则（力学保证条件）；④解决了利用建立的力学模型解决支架选型设计的方法、步骤问题；⑤在深刻地揭示采场矿压显现与上覆岩层运动关系的基础上，创造性地建立了"井下岩层动态观测研究法"，实现了准确预测预报顶板裂断来压的目标。

（2）在"冲击地压""煤与瓦斯突出"等重大灾害控制研究方面，纠正了开采煤层厚度和采高越大越危险的传统认识，取得了厚煤层综放安全开采采高突破 20 m 的重大成果。

（3）在"三带"划分及开采沉陷控制研究方面，纠正了根据采高和开采煤层厚度确定"三带"高度和采用概率积分、拟合确定地表沉陷范围的传统理论和方法，正确地建立了以开采工作面长度和上覆岩层裂断步距相关性为核心的采场上覆岩层运动发展规律结构模型和地表沉陷控制决策模型。明确地指出，采场上覆岩层中的任何岩层在工作面长度方向悬空（落）跨度小于该岩层第一裂断步距的情况下，是不可能发生裂断沉降情况的。

（4）纠正了通过留设工作面煤柱和断层煤柱来控制相关事故灾害的传统认识，实现了无煤柱开采理论和技术的重大突破。

第九章　采矿工程学科建设面临的形式和核心前沿技术突破的重点

第一节　我国煤炭开采工程学科建设发展面临的形势

当前我国煤炭开采工程学科建设发展面临的主要问题包括：

(1)“煤与瓦斯突出”“冲击地压”“突水”等重大动力灾害的控制仍然停留在主要依靠传统的“统计经验决策条例管理模式”运行的阶段，还没有实现在正确的事故控制理论指导下，依靠高端生产技术装备生产和可靠的监控手段管理的目标，与从根本（本质）上排除相关事故的要求还有一段距离。

(2) 到目前为止采用留设“煤柱护巷”控制相关灾害的传统认识以及相应的开采方法和技术，仍然控制了我国绝大多数煤矿。

我国近30年的研究和实践充分证明，正是这种错误的认识和做法，导致了煤矿“冲击地压”“煤与瓦斯突出”“突水”等重大事故灾害的发生。带来煤炭资源开采超过30%~40%的损失，违背节约资源可持续发展的目标。

(3) 保证低成本运行、有效控制环境灾害的“绿色开采理论和技术”有待取得创造性的突破。

(4) 过去依靠产能高速发展的竞争优势以及按照脱离实际安全管理标准和管理模式造成的高投入、高成本运行的矿井将逐步失去市场竞争能力。我们必须改变传统的管理模式，实现针对具体煤层条件科学定量决策，依靠高新技术武装和低成本运行的目标。

当今世界包括我国在信息技术高端（设计）制造技术和相关材料科学技术发展成就，特别是我国煤矿安全高效开采科学定量决策理论的突破性成就，为低成本地实现上述战略目标奠定了基础。

通过上述战略目标的实施，使我国以煤炭资源为主体的能源保障体系的建设走在世界前列。以此保证我国工程建设高速发展和推动高端信息产业、高端制造业和相关材料（包括传统的钢材、水泥材料和新材料等）制造业的发展，为国民经济建设发展做出新的贡献。

第二节　采矿（煤）工程学科发展战略研究的优先目标和相关技术突破的重点

一、煤矿安全高效开采（重大事故和环境灾害控制）智能决策系统的开发研究

1. 煤矿安全高效生产和重大灾害预测控制的理论和定量决策模型的建设与相关决策

手段开发的重点

（1）“实用矿山压力控制理论”的要点和不同采动条件下“动态结构模型”的建设。煤矿重大事故灾害包括“顶板”“冲击地压”“煤与瓦斯突出”“顶板透水和底板突水”等重大事故灾害都与不同采动条件下推进的工作面参与运动的岩层范围及其支承应力分布状态直接相关。因此，了解和掌握以岩层运动为中心的实用矿山压力理论以及不同采动条件下推进的采掘工作面岩层运动范围和支承压力分布发展变化规律，以及描述该规律的“动态结构模型”建设，是相关事故灾害控制定量决策模型建设的基础。

（2）煤矿重大事故灾害预测和控制决策的理论及模型。在“实用矿山压力控制理论”的指导和相应采动条件下建立的“动态结构模型”基础上建立的相关事故灾害预测和控制决策理论和模型。包括“采掘工作面顶板控制决策模型”，以无煤柱开采技术为核心“煤与瓦斯突出冲击地压动力灾害控制的理论和决策模型”“顶底板突水事故预测和控制的理论及决策模型”以及“开采沉陷控制的理论和决策模型”。

（3）相关事故决策软件的开发和“事故动力”信息基础的建设。必须明确指出，当前利用信息技术武装煤矿监控井下生产过程和遥控矿井通风、排水运输等装备运行的信息通信网络建设和地表信息中心与相关平台建设，已经取得重要成就，但是与要求实现煤矿智能化生产和智能化决策（包括决策实施监控）等目标相距甚远。因此，进一步完善事故灾害预测控制的理论和定量决策模型以及相应的“事故动力基础”的建设，以此为基础开发出相应的定量决策软件和相关信息采集、传输和整理分析技术装备等硬件和实施监控操作平台的建设是煤矿安全生产和相关灾害控制的关键。当前必须把正确的理论建设和相关定量决策软件的开发放在首要地位。否则不可能面对当前煤炭生产形势实现高端技术武装低的成本投入和运行的战略目标。

必须指出，有关重大事故灾害决策理论和相应定量决策模型的建设以及它能够作为指导相应软件和硬件的开发建设的基础在于它是长时期深入生产第一线学习和实践的产物。包括了相关事故案例的分析研究以及成功地用于指导生产现场重大事故控制实践的检验。与此同时也必须强调相关理论和模型的正确性是相对的，必须在深化实验研究和用于指导实践的检验过程中不断发展和完善。这正是我们提出运用现代化高科技成就在尽可能真实的信息基础上遥控生产和决策，最大限度地避免失误损害的原因。

2. 煤矿高效生产和重大灾害预测控制的关键技术开发研究及亟待突破的重点

（1）以有效控制“冲击地压”“煤与瓦斯突出”“突水”等动力事故和沉陷环境灾害和保证最少的煤炭开采损失为目标，实现无煤柱开采技术的创新和突破。当前必须解决采用高强度刚性墙体留巷和留设小煤柱“内应力场”掘巷高成本低效率的现行技术，没有从根本上排除采空区漏风引发采空区浮煤自燃和瓦斯爆炸事故以及留设的小煤柱自燃引发瓦斯爆炸事故的可能性的缺陷。要在“实用矿山压力控制”理论的指导下，实现采用适应基本顶岩梁沉降过程中能隔绝采空区漏风的“柔性墙体”以及相关智能装备技术突破方面取得创造性的成果。

（2）要坚决地摒弃违背采掘工作面推进地质条件和采动条件多变的特点，采用传统的统计经验决策条例管理的模式。在决策理论和定量决策模型建设、相关软件信息采集技术开发，以及决策及遥控生产指挥中心和相应工作平台的建设等方面取得创造性的技术突破。以此为基础，坚定不移地实现采矿工程决策和实时监控的“信息化”（在可靠的地理地质信息和采动覆岩运动和支承压力分布动态信息的基础上决策)、“智能化”(在正确的决策理论和定量决策模型指导下开发的软件高端计算机决策)、“可视化”(采用高端计算机和通风网络技术及视频图像输出决策结果)。

(3) 实现采掘工作面生产操作的智能化，要设计制造相关智能装备能使其能反映所在工作地点安全环境信息并实现远程遥控操作武装采掘工作面。

二、无煤柱开采理论相关技术和装备研究

(一) 现行无煤柱开采方案（110、N00 工法）简介

采用“无煤柱开采方法”（包括何满潮、王安等院士提出的“100、N00 工法”），领先世界，实现从传统的留设煤柱护巷开采方法，向不留设煤柱、不超前掘进准备巷道的开采方法的过渡，从而创造性地把控制开采动力灾害，实现煤炭安全高效生产、高技术武装、低成本运行和最少的开采资源损失整合成一体，实现煤矿安全高效生产的目标。

必须指出，通过我国近几十年来在采用靠“充填墙体留巷”和实现在稳定的“内应力场掘巷”等“无煤柱开采”的实践，当前在全国推行“断顶留巷”、柔性帘隔绝采空区的“无煤柱开采方法”，在理论上和开采技术方面已经成熟，相应的开采方案设计已有扎实的实践基础。

1. 无煤柱开采方法

无煤柱开采方法 110 工法如图 9-1 所示。

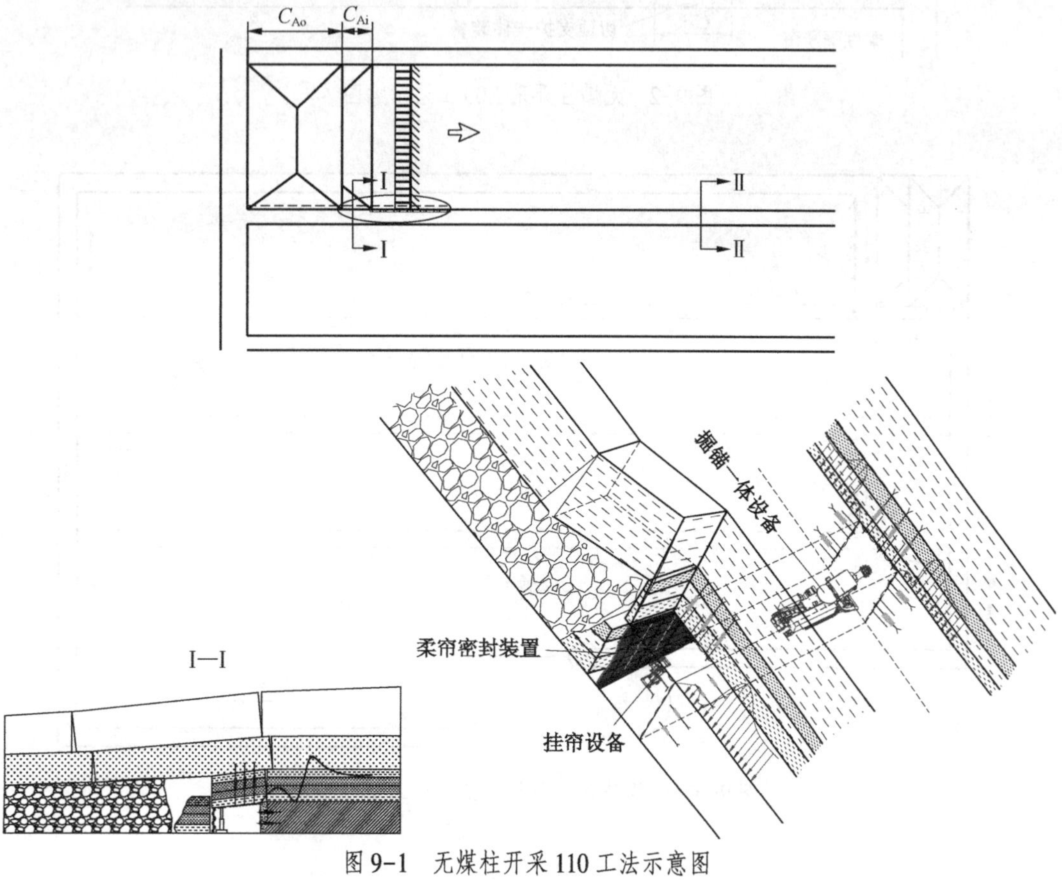

图 9-1　无煤柱开采 110 工法示意图

2. 无煤柱开采方法

无煤柱开采 N00 工法示意图如图 9-2 所示，N00 工法开采工作面部署如图 9-3 所示。

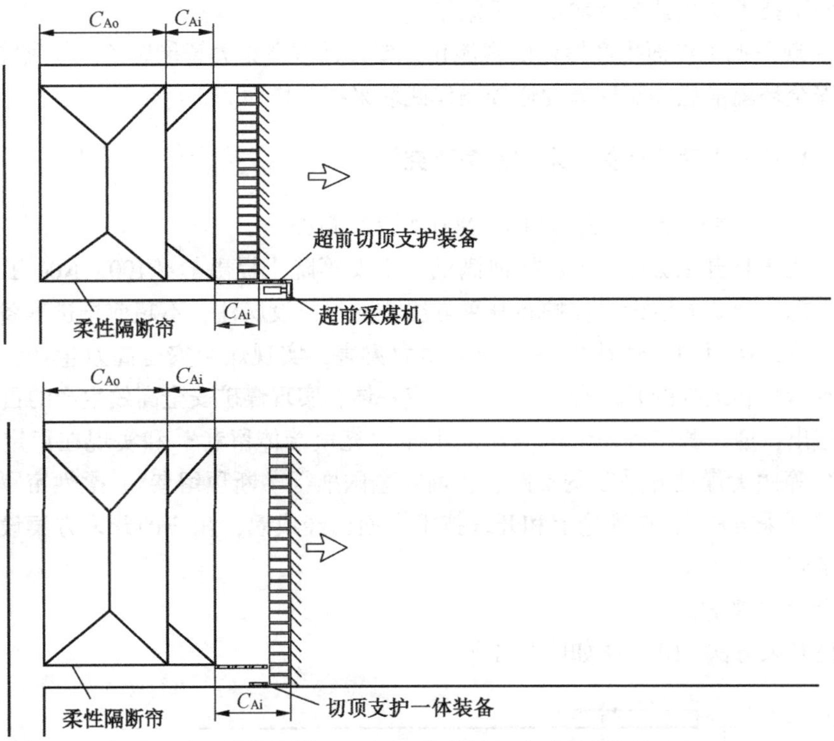

图 9-2　无煤柱开采 N00 工法示意图

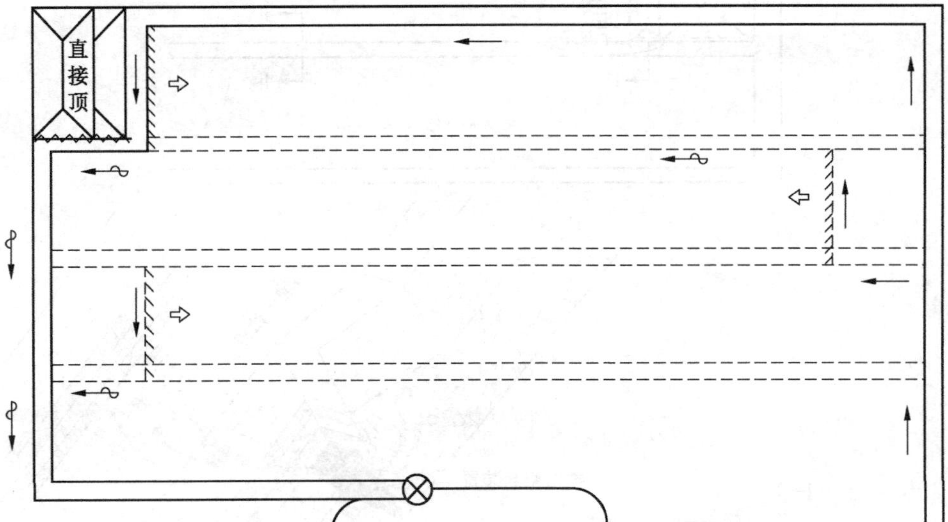

图 9-3　无煤柱开采 N00 工法开采工作面部署

(二) 近水平煤层N00工法开采系统部署

1. 上盘区区段下行(工作面装备不经过巷道搬家)(图9-4)

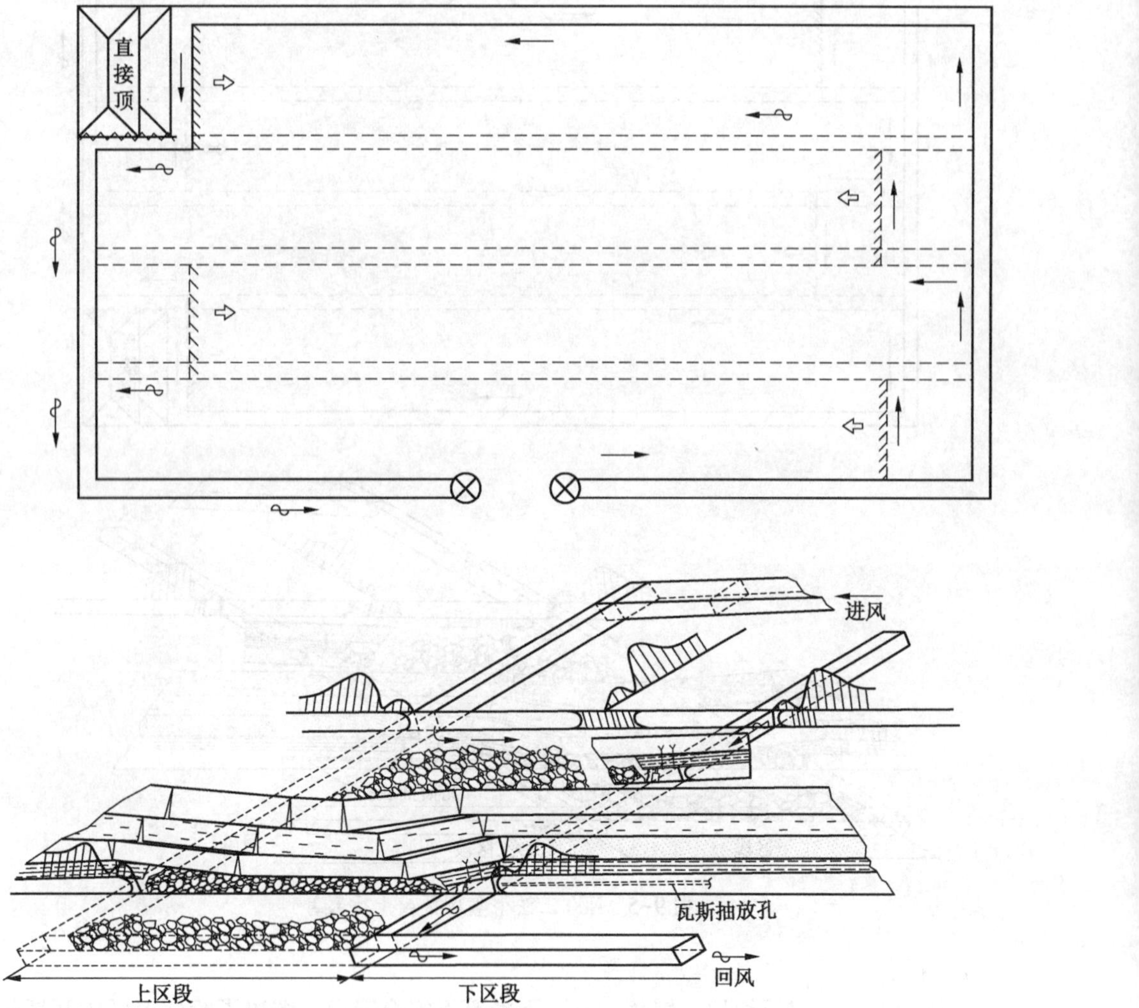

图9-4 N00工法上盘区区段下行部署

1)特点

(1)不掘进区段回采巷道，全靠工作面推进留巷道解决工作面通风运输问题，避免在高应力部位掘进、维护巷道造成冲击地压等重大事故。

(2)采用巷旁预先切断直接顶控制动压冲击，锚索吊顶、护帮锚网支护以及对裂断岩梁(基本顶)采用“给定变形”方案。控制巷道矿山压力措施，实现把留巷矿压显现控制在安全高效低成本的目标。

(3)工作面装备顺上山下滑入新工作面(新开切眼)。

2)问题

(1)在煤层倾角较大时，存在工作面下行风和上隅角瓦斯聚集以及下行钻孔抽放瓦斯的困难。

(2)在煤层倾角较大时，存在切顶时冒落直接顶矸石下滑等不安全因素。

2. 下盘区区段上行（工作面装备不经过巷道搬家）（图 9-5）

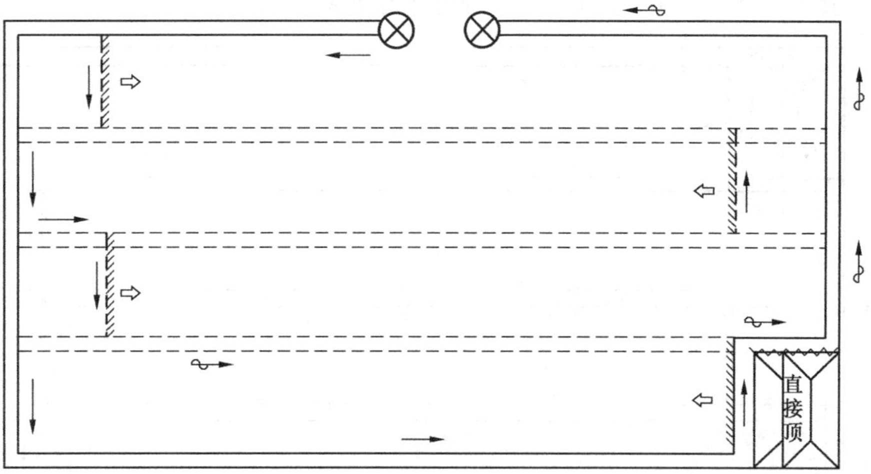

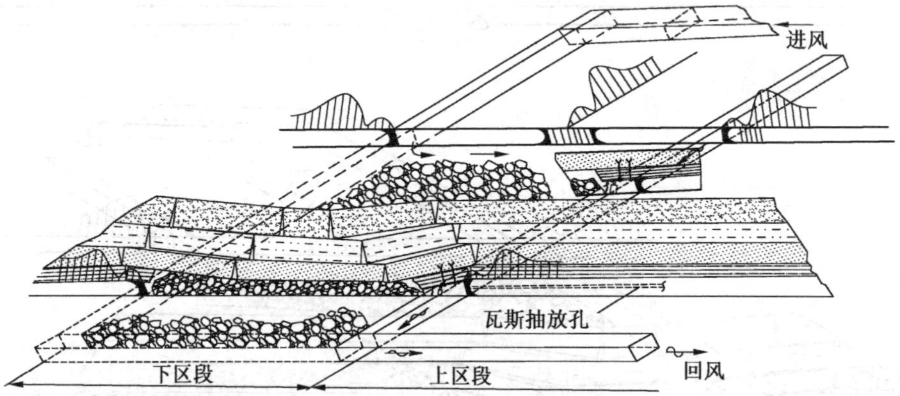

图 9-5 N00 工法下盘区区段上行部署

1）特点

消除了非水平煤层切顶、冒落、矸石下滑等不安全因素，解决了相邻上区段瓦斯抽放（瓦斯孔上行）的难题。

2）问题

部分工作面风流下行。

（三）倾斜煤层 N00 工法开采系统部署

1. 倾斜煤层区段上行工作面同向推进系统布置（图 9-6）

1）特点

（1）切顶矸石下串到下部采空区保证切顶操作安全。

（2）乏风上行避免瓦斯在巷道隅角聚集。

（3）瓦斯抽放孔上行解决接续工作面瓦斯抽放问题。

2）问题

接续工作面装备必须通过运输巷道拆运。

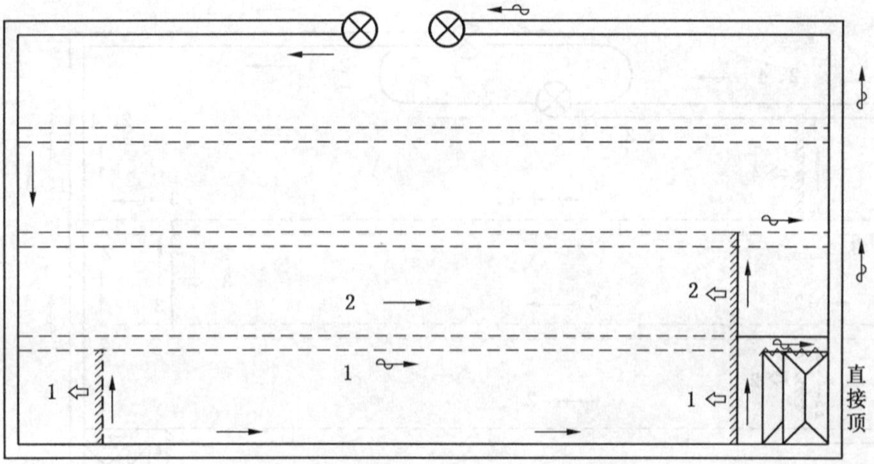

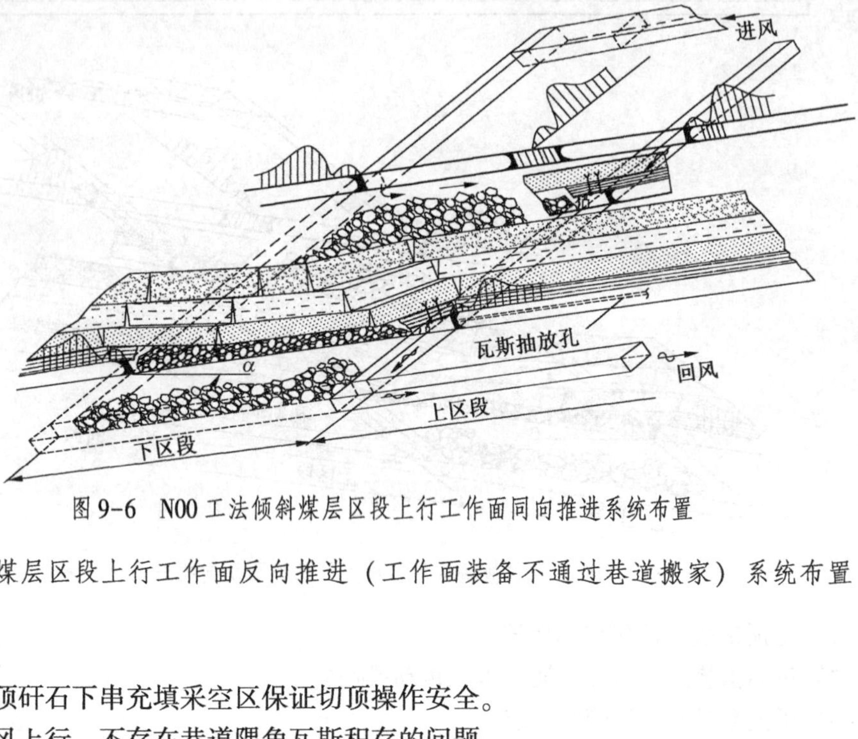

图 9-6　N00 工法倾斜煤层区段上行工作面同向推进系统布置

2. 倾斜煤层区段上行工作面反向推进（工作面装备不通过巷道搬家）系统布置（图 9-7）

1）特点

（1）切顶矸石下串充填采空区保证切顶操作安全。

（2）乏风上行，不存在巷道隅角瓦斯积存的问题。

（3）解决接续工作面瓦斯抽放。

（4）接续工作面装备拆装由上山下放，无须通过回采巷道搬运。

2）问题

接续工作面上山风流反向，井底车场相关通风巷道需交叉布置，风路相对复杂。

（四）N00 工法开采设备系统

1. 切顶抗冲击掩护式自移支架

1）结构组成

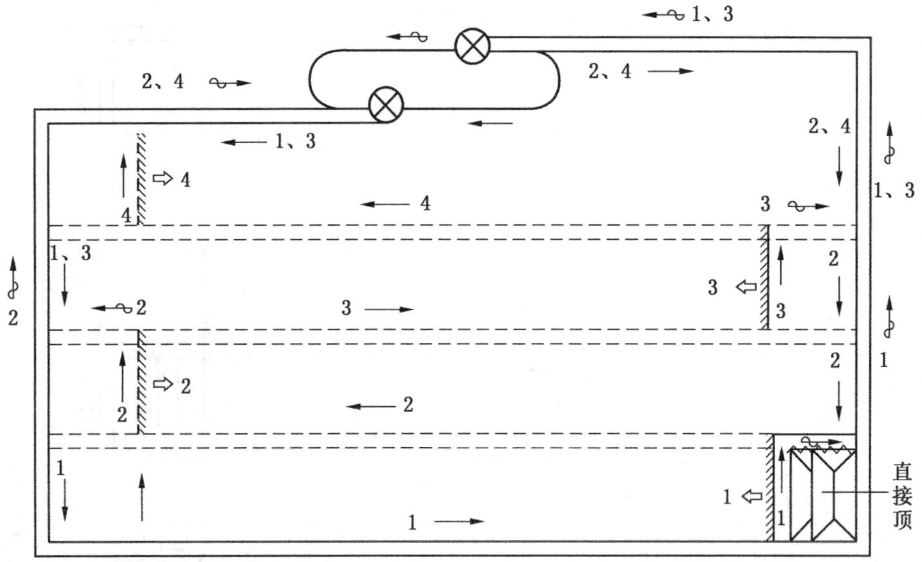

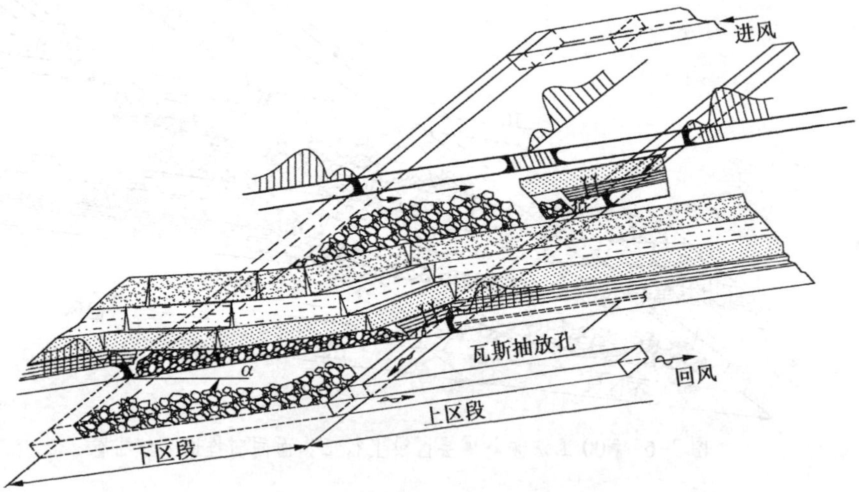

图 9-7　N00 工法倾倾斜煤层区段上行工作面反向推进系统布置

（1）切顶钻机（液压传动操控）。

（2）抗冲击掩护式自移支架（液压传动操控）。

（3）供液泵站及高压管路系统。

2）数量及控制总长

（1）控制总长等于直接顶周期性垮落步距，$L=C_i$。

（2）单架长度 l_i，根据切顶钻孔布置和回采工作面推进速度确定。

（3）布置数量 n 架 $=C_i l_i$。

2. 留巷钻锚支护装备

（1）集中式：移动机体+铺网+钻锚一体化巷道支护装备。

（2）分列式：铺网+钻锚一体化自移支架，数量由巷道宽度决定。

3. 护巷柔性隔绝挡帘装备（图 9–8）

（1）防火柔性挡帘。

（2）柔性挡帘架设装备。

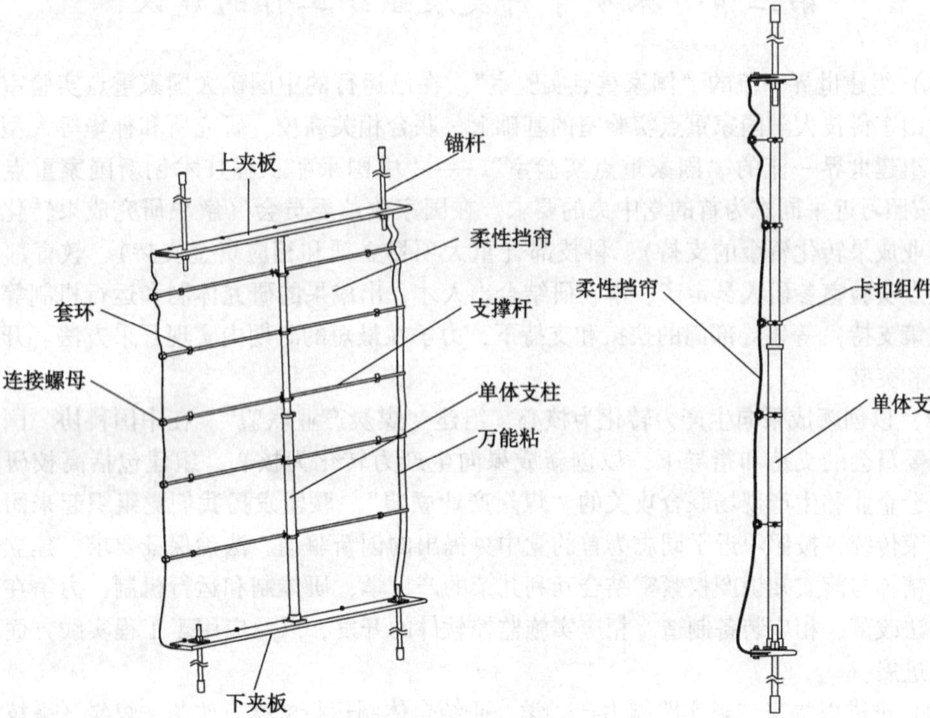

图 9–8　柔性挡帘

（五）无煤柱开采的重大意义

（1）控制煤矿“冲击地压”“煤与瓦斯突出”及“突水”等重大事故灾害的发生。

（2）最大限度地减少煤炭资源开采损失。

（3）有效地控制地表沉陷等环境灾害。

（4）大幅度地降低了回采巷道的掘进和维护工作量。

（六）无煤柱开采巷道矿压控制设计

1. 控制设计的思想和原则

（1）无特殊局部需要坚定取消单体框架支护方案，采取护顶护帮单一锚网支护方案。

（2）支护巷道的断面在正确预计顶底板和两帮移近量的基础上按通过巷的风速和风量需求确定。

（3）支护设计需要严防直接顶的冒落和控制冲击地压等重大事故，要把煤帮的固结和生根于压力高峰部位的“大变形锚索”的应用放在重要的地位。

2. 巷道支护设计

根据上述巷道支护设计的原则和锚网支护设计方案，回采内容包括：

（1）用锚杆或锚索控制直接顶的离层和冒落，锚索或锚杆贯穿可能冒落的直接顶全厚。

（2）采用生根于基本顶的锚索控制直接顶的沉降，数量及预紧力满足直接顶与基本顶间离层和直接顶冒落为准。

(3) 巷道沿空帮采用防火不透风柔性挡帘支护封闭采空区。

第三节 采矿学科发展组织工作的建议

(1) 组建世界一流的“国家重点实验室”。在已运行的中国矿大国家重点实验室和正培育的山东科技大学国家重点实验室的基础上，联合相关高校、研究所和神华等大型煤业集团，组建世界一流的“国家重点实验室”——“中国采矿工程技术创新国家重点研究室”，按照习近平同志为首的党中央的要求。在国家改革委员会（解决研究成果转化的政策和企业成果转化资金的支持）、科技部（重大项目立项和相应资金支持）、教育部（在保证重点实验室参研人员走产、学、研结合出人才、出成果的研究体制和运行机制等方面给予政策支持）等领导部门的扶持和支持下，力争在最短的时期内实现开采方法、开采技术创新和突破。

(2) 以创新成果向生产力转化为核心，组建“煤炭产业联盟”。在中国科协、国家发展改革委员会的支持和指导下，以创新成果向生产力转化为核心，组建包括高校研究单位、制造企业和生产现场联合攻关的“煤炭产业联盟”。联盟发扬我们党组织起来团结奋斗的光荣传统，按照习近平同志为首的党中央提出的创新驱动、法治保证要求，建立以无私奉献精神与落实知识产权紧密结合互利共荣的产、学、研体制和运行机制，力争在相应开采方法改革、相应装备制造、相应实施监控软件的开发，以及应用于工程实践方面取得最快的进展。

(3) 推进以提高创新实践能力产、学、研结合体制运行的教育改革。煤炭开采技术创新和技术突破需要青年人才，创新成果的转化和应用需要人才。因此，培养适应采矿工程技术和装备创新以及智能化生产管理要求的专门人才是当务之急。为此建议在教育部的领导和支持下，成立包括教育部领导、相关高校领导和从事采矿工程教育的院士参与的采矿工程专业教育改革小组，深入研究采矿工程专业，按照提高创新实践能力产、学、研结合体制运行的教育改革方案，在培养目标、教育思想（就业教育还是创业教育）、教学方法（课堂教学和通过学生参与创新研究、实践锻炼教学）以及适应工程技术创新需要的课程设置以及相应的教学计划的安排方面取得突破。

(4) 组织各部委、能源集团联合论坛，统一煤炭发展战略的认识，研究和制定发展的相关政策。在国家发改委、国家安全监察局（煤炭安全监察局）、“煤炭学会”“能源协会”的领导和支持下，组织“中国煤炭安全高效生产和环境灾害控制”发展论坛，就煤炭生产在我国能源保障体系建设中的主体地位，煤炭开采技术创新发展的方向和相应的政策保证方面取得共识。以此为基础组织专门委员会，讨论制定创新发展的相关措施和政策。其中，必须把落实适应我国国情的“煤电一体化”互利共荣和共同承担推进国民经济高速发展和有效控制相应环境灾害通力合作的相关政策研究和实施放在首要的地位。

参 考 文 献

[1] 宋振骐．实用矿山压力与控制［M］．中国矿业大学出版社，1988.
[2] 宋振骐，蒋宇静，等．“实用矿山压力控制”的理论和模型［J］．煤炭科技，2017(2).
[3] 宋振骐，郝建，等．“实用矿山压力控制理论”的内涵及发展综述［J］．山东科技大学学报（自然科学版），2019(38).
[4] 宋振骐，郝建，等．断层突水预测控制理论研究［J］．煤炭学报，2013(38).
[5] 宋振骐，汤建泉，等．我国冲击地压研究现状及发展方向［J］．煤炭与化工，2015(38).
[6] 宋振骐，崔增娣，等．无煤柱矸石充填绿色安全高效开采模式及其工程理论基础研究［J］．煤炭学报，2010(35).
[7] 宋振骐．顶板事故防治［M］．煤炭工业出版社，1991.
[8] 钱鸣高，赵国景．老顶断裂前后的矿山压力变化［J］．中国矿院学报，1982.
[9] 何满潮，宋振骐，等．长壁开采切顶短壁梁理论及其110工法——第三次矿业科学技术变革［J］．煤炭科技，2017(01)．
[10] 姜福兴．放顶煤采场的顶板结构型式与支架围岩关系探讨［R］．第二届全国放顶煤开采理论与实践研讨会，1995.
[11] 蒋金泉．采场围岩应力与运动［M］．煤炭工业出版社，1993.
[12] 宋振骐，等．采场上覆岩运动的基本规律［J］．山东矿业学院学报，1979(1).
[13] 钱七虎，等．岩爆、冲击地压的定义、机制、分类及其定量预测模型［J］．岩土力学，2014(35).
[14] 谢和平．矿山岩石力学发展战略与思考，跨世纪的矿业科学与高新技术［R］．中国科协14次青年科学家论坛报告文集，煤炭工业出版社，1996.
[15] 宋振骐，蒋金泉．煤矿岩层控制的研究重点与方向［J］．岩石力学与工程学报，1996(2).
[16] Priest S. D，Hudson J. A．．Estimation of Discontinuity spacing and trace length using scanline surveys［J］，Inter. J. Rock Mech. Min. Sci. and Geomech. Abstr．，1981，18.
[17] 宋振骐．推动煤炭安全高效生产和相关环境灾害控制［J］．中国煤炭报，2017.
[18] 蒋金泉，等．硬厚岩层下逆断层采动应力演化与断层活化特征［J］．煤炭学报，2015(40).
[19] 钱鸣高．采场围岩控制理论与实践，矿山压力与顶板管理，1999(Z1).
[20] 李白英．预防矿井底板突水的“下三带”理论及其发展与应用［J］．山东矿业学院学报（自然科学版），1999(4).
[21] 钱鸣高，刘听成．矿山压力及其控制［M］．煤炭工业出版社，1991.
[22] 宋振骐，等．“中国制造2025”背景下中厚煤层智能开采技术发展方向［J］．同煤科技，2016(1).
[23] 布霍依诺．矿山压力和冲击地压［D］．李玉生，译．煤炭工业出版社，1985.
[24] 武强．我国矿井水防控与资源化利用的研究进展、问题和展望［J］．煤炭学报，2014，39(5).
[25] 宋振骐，陈立良，王春秋，等．综采放顶煤安全开采条件的认识［J］．煤炭学报，1995(4).
[26] 蒋金泉．老顶初次断裂过程及其矿山压力显现［J］．山东矿业学院学报，1989(1).
[27] 姜福兴．煤矿采场来压预测预报专家系统［D］．中国矿业大学博士学位论文，1994.
[28] 宋振骐，蒋金泉．关于采场周围巷道矿压控制设计问题［C］．国际采矿科学技术讨论会论文集．徐州，1985.
[29] 武强．我国矿井水防控与资源化利用的研究进展、问题和展望［J］．煤炭学报，2014(39).
[30] 宋振骐，卢国志，等．一种计算采场支承压力分布的新算法［J］．山东科技大学学报（自然科学版），2006(1).
[31] 蒋金泉．老顶周期断裂及来压预报［J］．山东矿业学院学报，1989(2).
[32] 蒋金泉，张培鹏，等．高位硬厚岩层破断规律及其动力响应分析［J］．岩石力学与工程学报，

2014(33).
[33] 宋振骐，等．直接顶厚度确定方法的探讨［J］．第一届煤矿采场矿压讨论会论文选编，1982.
[34] 秦广鹏，蒋金泉，等．硬厚岩层破断机理薄板分析及控制技术［J］．采矿与安全工程学报，2014(31).
[35] 宋振骐，等．采场支承压力显现规律与上覆岩层运动的关系［J］．煤炭学报，1984.
[36] 董方庭，等．巷道围岩松动圈支护理论［J］．煤炭学报，1994(1).
[37] 宋振骐．我国采矿工程学科发展现状及其深层次发展问题的探讨［J］．隧道与地下工程灾害防治，2019(1).
[38] 靳钟铭．坚硬顶板长壁采场的悬梁结构及其控制［J］．煤炭学报，1986(2).
[39] 王清标，蒋金泉，等．不同开挖方式对近距离交叠隧道影响模拟研究［J］．岩石力学与工程学报，2013(32).
[40] 蒋金泉，等．一侧采空高位硬厚关键层破断规律与微震能量分布［J］．采矿与安全工程学报，2015(32).
[41] 宋振骐，等．内外应力场理论及其在矿压控制中的应用［C］．水电与矿业工程中的岩石力学问题：中国北方岩石力学与工程应用学术会议文集，1991.
[42] 蒋金泉，王普，等．上覆高位岩浆岩下离层空间的演化规律及其预测［J］．岩土工程学报，2015，37(10)
[43] 姜福兴，等．冲击地压实时监测预警技术及发展趋势［J］．煤炭科学技术，2011(39).
[44] 蒋金泉，宋振骐．回采工作面底板活动及其对突水影响的研究［J］．山东矿业学院学报，1987.
[45] 谭云亮．矿山岩层运动非线性动力学特征研究［D］．东北大学博士学位论文，1996.
[46] 蒋金泉，孙春江，等．深井高应力难采煤层上行卸压开采的研究与实践［J］．煤炭学报，2004(1).
[47] 宋振骐，等．底板巷道矿压显现规律与合理位置的研究［J］．矿山压力，1988(1).
[48] 姜福兴，等．采场覆岩空间结构观点及其应用研究［J］．采矿与安全工程学报，2006(1).
[49] 侯朝炯，勾攀峰，等．巷道锚杆支护围岩强度强化机理研究［J］．岩石力学与工程学报，2000(3).
[50] 宋振骐，等．综采放顶煤工作面顶煤破碎机理探讨［J］．矿山压力，1988(2).
[51] 钱鸣高．20年来采场围岩控制理论与实践的回顾［J］．中国矿业大学学报，2000(1).
[52] 谭云亮，宋扬．煤矿顶板断裂过程的损伤分析［A］．中国岩石力学与工程学会第三次大会论文集［C］．科学出版社，1994.
[53] 宋振骐．安全高效智能化开采技术现状与展望［J］．煤炭与化工，2014(37).
[54] 姜福兴，等．冲击地压防治关键理论与技术分析［J］．煤炭科学技术，2013(41).
[55] 康红普．高强度锚杆支护技术的发展与应用［J］．煤炭科学技术，2000(2).
[56] 司荣军，王春秋，等．采场支承压力分布规律的数值模拟研究［J］．岩土力学，2007(2).
[57] 平寿康，等．急倾斜近距离薄煤层联合开采巷道矿压显现［J］．煤炭科学技术，1994(10).
[58] 袁亮，等．煤矿深部岩巷围岩控制理论与支护技术［J］．煤炭学报，2011，36(4).
[59] 黄建功，平寿康，等．大倾角煤层采面顶板岩层运动研究［J］．矿山压力与顶板管理，2002(2).
[60] 何满潮，谢和平，等．深部开采岩体力学研究［J］．岩石力学与工程学报，2005(16).
[61] 康红普，等．煤矿巷道锚杆支护应用实例分析［J］．岩石力学与工程学报，2010(29).
[62] 宋振骐，等．采场老顶岩梁的超前破断与矿山压力［J］．煤炭学报，2001.
[63] 钱鸣高．采场上覆岩层的平衡条件［J］．中国矿院学报，1981.
[64] 钱鸣高，缪协兴．采场上覆岩层结构的形态与受力分析［J］．岩石力学与工程学报，1995(2).
[65] 谢和平，等．深部岩体力学研究与探索［J］．岩石力学与工程学报，2015(34).
[66] 康红普，等．高预应力强力支护系统及其在深部巷道中的应用［J］．煤炭学报，2007(12).
[67] 陈炎光，钱鸣高．中国煤矿采场围岩控制［J］．中国矿业大学出版社，1994.

[68] 宋振骐，等．老顶的基本结构形式［J］．岩石力学与工程学报，1993(4)．
[69] 宋振骐．大力发展煤电一体化事业［J］．太行日报，2021.
[70] 何满潮，邹友峰，等．岩石力学发展的新阶段工程岩体力学［J］．水文地质工程地质，1994(1)．
[71] 钱鸣高，张顶立．砌体梁的“S—R”稳定及其应用［J］．矿山压力与顶板管理，1994(3)．
[72] 周宏伟，等．深部高地应力下岩石力学行为研究进展［J］．力学进展，2005(1)．
[73] 蒋金泉，等．硬厚覆岩正断层附近采动应力演化特征［J］．采矿与安全工程学报，2014(31)．
[74] 王崇革，等．近水平煤层开采上覆岩层运动与沉陷规律相关研究［J］．岩土力学，2004(8)．
[75] 石永奎，等．软煤层综放工作面沿空掘巷支护设计［J］．岩土力学，2001(4)．
[76] 袁亮．卸压开采抽采瓦斯理论及煤与瓦斯共采技术体系［J］．煤炭学报，2009(34)．
[77] 张农，等．沿空留巷围岩控制理论与实践［J］．煤炭学报，2014，39(8)．
[78] 宋振骐，等．GIS与工程模型耦合应用模式研究［J］．计算机应用，2002(10)．
[79] 谢和平．不同开采条件下采动力学行为研究［J］．煤炭学报，2011(36)．
[80] 孙晓明．薄煤层切顶卸压沿空留巷关键参数研究［J］．岩石力学与工程学报，2014(33)．
[81] 宋振骐，等．采场矿山压力控制设计结构力学模型及其理论基础［J］．煤，1992(1)．
[82] 袁亮．留巷钻孔法煤与瓦斯共采技术［J］．煤炭学报，2008(8)．
[83] 宋振骐，等．回采工作面顶板控制设计的方法与步骤［J］．煤炭科学技术，1990(1)．
[84] 郭惟嘉，刘立民，等．采动覆岩离层性确定方法及离层规律的研究［J］．煤炭学报，1994(1)．
[85] 谢和平，等．基于能量耗散与释放原理的岩石强度与整体破坏准则［J］．岩石力学与工程学报，2005(17)．
[86] 郭惟嘉，刘立民，等．矿层开采后的地面沉陷和应力分析［J］．岩土工程学报，1996.
[87] 康红普，等．我国煤矿巷道锚杆支护技术发展60年及展望［J］．中国矿业大学学报，2016(45)．
[88] 宋振骐，等．软煤层综放工作岩空掘巷支护设计［J］．岩土力学，2001(4)．
[89] 姜耀东，等．我国煤炭开采中的冲击地压机理和防治［J］．煤炭学报，2014(39)．
[90] 宋振骐，等．煤矿岩层控制研究重点与方向［J］．岩石力学与工程学报，1996(2)．
[91] 何满潮．恒阻大变形锚杆力学特性及其工程应用［J］．岩石力学与工程学报，2014(33)．
[92] 张玉卓，等．岩层与地表移动计算原理及程序［M］．煤炭工业出版社，1993.
[93] 程远平，等．中国煤矿瓦斯抽采技术的发展［J］．采矿与安全工程学报，2009(26)．
[94] 胡千庭，等．煤与瓦斯突出过程的力学作用机理［J］．煤炭学报，2008(33)．
[95] 潘一山．煤与瓦斯突出、冲击地压复合动力灾害一体化研究［J］．煤炭学报，2016(41)．
[96] 康红普，等．我国煤炭开采与岩层控制技术发展四十年及展望［J］．采矿与岩层控制工程学报，2019 (1)．
[97] 卢国志，等．传递岩梁周期裂断步距与周期来压步距差异分析［J］．岩土工程学报，2010(32)．
[98] 宋振骐，等．煤炭资源的开采现状及发展方向［J］．科技导报，2011(29)．
[99] 康红普，等．煤矿巷道支护技术的研究与应用［J］．煤炭学报，2010，35(11)．
[100] 宋振骐，等．综采工作面煤壁片帮影响因素研究［J］．湖南科技大学学报（自然科学版），2011 (26)．
[101] 文志杰，等．沿空留巷围岩结构灾变系统及控制力学模型研究［J］．湖南科技大学学报（自然科学版），2011(26)．
[102] 侯朝炯，等．我国煤巷锚杆支护技术的发展方向［J］．煤炭学报，1996(2)．
[103] 程远平，等．中国煤矿瓦斯抽采技术的发展［J］．采矿与安全工程学报，2009(26)．
[104] 潘一山，等．我国冲击地压分布、类型、机理及防治研究［J］．岩石力学与工程学报，2003(11)．
[105] 钱鸣高，等．采场支架与围岩的耦合作用机理研究［J］．煤炭学报，1996(1)．
[106] 彭赐灯，矿山压力与岩层控制研究热点最新进展评述［J］．中国矿业大学学报，2015(44)．

[107] 左建平等，岩层移动理论与力学模型及其展望 [J]. 煤炭科学技术，2018(46).

[108] 袁亮．低透高瓦斯煤层群安全开采关键技术研究 [J]. 岩石力学与工程学报，2008(7).

[109] 李化敏，等．煤矿采场智能岩层控制原理及方法 [J]. 煤炭学报，2019(44).

[110] 钱鸣高．绿色开采的概念与技术体系 [J]. 煤炭科技，2003(4).

[111] 蓝航，等．我国煤矿深部开采现状及灾害防治分析 [J]. 煤炭科学技术，2016(44).

[112] 宋振骐．我国煤矿开采技术发展现状及方向 [C]. 重大地下工程安全建设与风险管理——国际工程科技发展战略高端论坛论文集．中国工程院：中国岩石力学与工程学会，2012,

[113] 谢和平．“深部岩体力学与开采理论”研究构想与预期成果展望 [J]. 工程科学与技术，2017(49).

[114] 姜耀东．我国煤矿冲击地压的研究现状：机制、预警与控制，岩石力学与工程学报，2015(34).

[115] 谢和平，等．煤炭开采新理念——科学开采与科学产能 [J]. 煤炭学报，2012(37).

[116] 钱鸣高，煤炭的科学开采 [J]. 煤炭学报，2010(35).

[117] 钱鸣高，等．再论煤炭的科学开采 [J]. 煤炭学报，2018(43).

[118] 宋振骐，等．回采工作面顶板控制设计理论的研究 [J]. 地层环境力学新进展，1994.

[119] 袁亮，等．我国绿色煤炭资源量概念、模型及预测 [J]. 中国矿业大学学报，2018(47).

[120] 吴达．我国煤炭产业供给侧改革与发展路径研究 [D]. 中国地质大学（北京），2016.

[121] 张海龙．中国新能源发展研究 [D]. 吉林大学，2014.

[122] 王国法，等．煤矿智能化（初级阶段）研究与实践 [J]. 煤炭科学技术，2019(47).

[123] 缪协兴，等．综合机械化固体充填采煤方法与技术研究 [J]. 煤炭学报，2010(35).

[124] 袁亮．煤炭精准开采科学构想 [J]. 煤炭学报，2017(42).

[125] 谢和平，王家臣，等．坚硬厚煤层综放开采爆破破碎顶煤技术研究 [J]. 煤炭学报，1999(4).

[126] 程远平，等．中国煤矿瓦斯抽采技术的发展 [J]. 采矿与安全工程学报，2009(26).

[127] 王家臣．我国综放开采技术及其深层次发展问题的探讨 [J]. 煤炭科学技术，2005(1).

[128] 谭云亮，郭伟耀，等．煤矿深部开采冲击地压监测解危关键技术研究 [J]. 煤炭学报，2019(44).

[129] 潘立友，蒋宇静，等．煤层冲击地压的扩容理论 [J]. 岩石力学与工程学报，2002(增2).

[130] 王春秋．综放采场顶板事故及沉陷灾害预测与控制研究 [D]. 山东科技大学，2005.

[131] 侯朝炯，等．综放沿空掘巷围岩大、小结构的稳定性原理 [J]. 煤炭学报，2001(1).

[132] 宋振骐，等．创新驱动智能制造的信息基础 [J]. 科技导报，2020(38).

[133] 钱鸣高，等．论科学采矿 [J]. 采矿与安全工程学报，2008(1).

[134] 柏建彪，等．沿空留巷巷旁支护技术的发展 [J]. 中国矿业大学学报，2004(2).

[135] 袁亮．高瓦斯矿区复杂地质条件安全高效开采关键技术 [J]. 煤炭学报，2006(2).

[136] 张丽峰．中国能源供求预测模型及发展对策研究 [D]. 首都经济贸易大学，2006.

[137] 范立民．论保水采煤问题 [J]. 煤田地质与勘探，2005(5).

[138] 王国法．煤炭智能化综采技术创新实践与发展展望 [J]. 中国矿业大学学报，2018(47).

[139] 王琦．深部厚顶煤巷道围岩破坏控制机理及新型支护系统对比研究 [D]. 山东大学，2012.

[140] 赵勇．隧道软弱围岩变形机制与控制技术研究 [D]. 北京交通大学，2012.

[141] 王金华．我国煤巷锚杆支护技术的新发展 [J]. 煤炭学报，2007(2).

[142] 潘一山，等．冲击地压矿井巷道支护理论研究及应用 [J]. 煤炭学报，2014(39).